智能无人机集群网络优化技术

姚昌华　马文峰　田　辉　邱俊飞　阮　朗　著

科学出版社

北　京

内 容 简 介

智能无人机集群是未来无人化时代大国战略技术竞争的制高点之一。集群网络优化是实现集群智能协同、发挥集群数量优势的基础。本书紧密围绕智能无人机集群网络优化关键技术展开阐述，主要介绍作者在该领域的系列研究工作。全书共 9 章，首先分析了无人机集群网络的地位作用、归纳总结了无人机集群网络的特点、梳理了网络优化的挑战与潜力，在此基础上提出了智能无人机集群网络优化在目标、机制、方法等方面的新思考。然后分别针对资源分配、数据接入、路由选择、拓扑优化等几个关键主题，详细介绍相关的问题分析、模型建立、算法设计和实验结果。最后介绍了智能无人机集群网络优化的场景运用。

本书适合高等院校无人系统、无线通信及相关专业的本科生、研究生阅读，也可供相关科技人员参考。

图书在版编目（CIP）数据

智能无人机集群网络优化技术 / 姚昌华等著. —北京：科学出版社，2023.1

ISBN 978-7-03-074413-5

Ⅰ. ①智⋯　Ⅱ. ①姚⋯　Ⅲ. ①无人驾驶飞机－集群－网络化　Ⅳ. ①V279

中国版本图书馆 CIP 数据核字（2022）第 253943 号

责任编辑：闫　悦 / 责任校对：胡小洁
责任印制：吴兆东 / 封面设计：蓝正设计

科 学 出 版 社 出版

北京东黄城根北街 16 号
邮政编码：100717
http://www.sciencep.com

北京中石油彩色印刷有限责任公司 印刷

科学出版社发行　各地新华书店经销

*

2023 年 1 月第 一 版　开本：720×1 000　B5
2023 年 1 月第一次印刷　印张：21 1/4　插页：2
字数：410 000

定价：**169.00 元**
（如有印装质量问题，我社负责调换）

作 者 简 介

姚昌华，2005 年毕业于浙江大学电气工程学院自动化专业，获学士学位。2010 年、2016 年毕业于解放军理工大学通信工程学院通信与信息系统专业，获硕士、博士学位。2017 年 7 月至 2019 年 12 月，于解放军理工大学通信工程学院从事博士后工作。历任原南京军区某部通信排长、作训参谋、信息化参谋、指挥自动化站助理工程师等职。先后从事嵌入式系统开发、无线自组织网络协议设计、认知无线网络、电磁频谱数据分析与决策、智能无人集群优化等研究。2020 年 5 月自主择业退役。2020 年 6 月至今，任南京信息工程大学电子与信息工程学院教授、龙山学者、硕士生导师。2021 年获昆山双创领军人才，2022 年获姑苏领军人才。以第一/通信作者发表 SCI 论文 19 篇，EI 论文 8 篇，中文北大核心 7 篇。第一发明人授权国家发明专利 13 项，实用新型专利 2 项，软件著作权 11 项。第一作者出版学术专著 1 部。主持国家自然科学基金面上项目、中国博士后基金特别资助项目、中国博士后基金面上一等资助项目、江苏省自然科学基金面上项目、江苏省军民融合发展重点专项各 1 项，以及军工横向课题 4 项。参与无线网络和电磁频谱领域国家重点研发计划、国防 973、军委科技委战略先导、前沿科技创新、军委装发预研等 5 项。

马文峰，2002 年毕业于解放军理工大学通信工程学院通信与信息系统专业，获博士学位。现为陆军工程大学副教授、硕士生导师。先后负责或参与国家 863 计划项目、973 项目、国家重大科研专项、"十二五"军队通信装备预先研究项目等近 20 项；发表主要学术论文 40 篇，授权国家发明专利 12 项，申请国家发明专利 14 项；获得国家科技进步二等奖 1 项，教育部科技进步一等奖 1 项，军队科技进步二等奖 2 项，军队科技进步三等奖 5 项。

田辉，2016 年毕业于解放军理工大学通信工程学院通信与信息系统专业，获博士学位。现为陆军工程大学讲师。先后主持国家自然科学基金青年项目、江苏省博士后科研资助计划等项目 3 项，参与军委科技委重点项目、国家自然科学基金、国家 530 专项等重大项目近 10 项；发表学术论文 29 篇，其中，SCI 收录 16 篇，EI 收录 10 篇；申请发明专利 10 项；获军队科技进步三等奖 1 项。

邱俊飞，2021 年毕业于英国约克大学电子工程专业，获博士学位。2020 年 12 月至今，担任北京信息技术研究所工程师。先后荣获"英国博士研究学者奖（UK Doctoral Researcher Awards）"、江苏省优秀硕士学位论文、全国电磁频谱管理大会优秀论文奖、*IEEE Transactions on Wireless Communications* 杰出审稿人等。

阮朗，2016 年 6 月毕业于浙江大学数学科学学院信息与计算科学专业，获学士学位。2018 年、2022 年毕业于陆军工程大学通信工程学院信息与通信工程，获硕士、博士学位。2022 年 6 月，任海军航空大学讲师。以第一作者发表 SCI 论文 4 篇，EI 检索论文 2 篇，中文核心期刊 1 篇；授权国家发明专利 1 项；参与国家国防科研项目 7 项。

前　　言

智能无人机集群具有平台小型化、功能分布化、系统智能化、体系生存强、系统成本低、部署简便、使用灵活等特性，受到国防领域、工业界、学术界等的重点关注。在军事领域，无人机集群将带来作战模式的颠覆性变革，成为无人化作战的样板；在民用领域，无人机集群将带来维稳处突、活动安保、国土监测、城市管理、物流运输、农业植保、灾害救援等领域的深刻变革。世界强国争相投入资源抢占该战略性技术研究的制高点。

集群网络是保障集群成员之间及时可靠的信息交互，实现密切协同，进而将集群数量优势转变为集群效能的基础。智能无人机集群网络兼具高动态、自组织、超密集、大规模、多约束、异构性等特点，传统网络优化技术难以解决，是当前制约无人机集群自主、智能协同的命门之一。智能优化决策成为无人机集群网络优化的必然选择，也符合无人机集群智能化、自主化的发展趋势。

本书基于作者在相关领域的研究和思考，系统梳理智能无人机集群网络的特点，分析特有的挑战，挖掘其独有的潜力，进而创新优化思路，构建优化机制，并选择合理的技术路线，对研究和解决智能无人机集群网络优化问题进行探索。按网络优化中的关键要素，从资源分配、数据接入、路由选择、拓扑优化几个方面，进行主题式的讨论和研究，给出问题、模型、方法以及研究结果，试图能对读者的相关学术研究起到启发作用。

本书重点关注智能无人机集群网络的优化决策理论和方法，不关注具体的组网协议设计和具体实现。基于智能无人机集群分布式特点和智能化、自主化的发展趋势，贯穿博弈理论指导下的分布式学习和决策的思想。本书写作以问题牵引下的研究性风格为主，给予读者研究问题、解决问题的思维启发和技术引导，并提供进一步的开放讨论空间。

本书的主要内容包括：第 1 章，无人机集群的神经系统；第 2 章，无人机集群网络的特点和研究现状；第 3 章，无人机集群网络优化的挑战与潜力；第 4 章，智能无人机集群网络优化的新思考；第 5 章，智能无人机集群网络频谱资源分配；第 6 章，智能无人机集群业务数据传输动态接入；第 7 章，智能无人机集群网络路由选择；第 8 章，智能无人机集群网络拓扑优化；第 9 章，智能无人机集群网络优化的场景运用。读者可以根据自身需要，按顺序或者选择性阅读。当然本书只是作者在该领域研究的梳理和思考总结，如需更为全面地了解相关研究，可以仔细阅读本书所列参考文献以及更多的专业书籍和学术论文。

感谢本书全体作者的辛勤工作和通力协作。本书的写作过程离不开很多人的帮助,请原谅不能在此一一列出表示感谢。首先感谢我的博士导师吴启晖教授,是他指引并带领我进入该领域的研究。特别感谢朱磊教授、倪明放教授的指导。感谢徐煜华教授、丁国如教授两位师兄的帮带。感谢俞璐、武欣嵘、王磊、郑翔、曾维军等老师的无私帮助。感谢杜智勇、殷文龙、孙有铭、冯硕、张玉立等师兄弟的鼎力支持。特别感谢韩贵真、范浩人、朱凡芃等同志的辛勤劳动。感谢在写书的过程中家人对我的鼓励和信任。由于本人水平有限,书中难免存在纰漏,敬请读者批评指正。

作 者

2023 年 1 月于南京信息工程大学

目　　录

彩图

第 1 章　无人机集群的神经系统

　　无人机集群是将大量无人机在开放体系架构下综合集成，以平台间协同控制为基础，以提升协同任务能力为目标的分布式系统[1]。无人机集群由于其平台小型化、功能分布化、系统智能化、体系生存强、系统成本低、部署简便、使用灵活等特性，便于发挥数量规模优势，实现集群侦察、打击、干扰等功能，可以应用于反恐、突防、护航等作战任务，被世界各军事强国视为未来无人化作战的样板，受到国防领域、工业界、学术界等的重点关注。各国争相研究和发布无人机集群试验原型系统，争抢该研究的制高点。

　　在军事领域，无人机集群将带来作战模式的颠覆性变革，可广泛应用于广域搜索侦查监视、边境巡逻搜救、城市反恐维稳等领域，并可衍生新的作战模式，提升体系作战效能。2016 年 5 月，美国空军提出《2016—2036 年小型无人机系统飞行规划》，希望在 2036 年实现无人机系统集群作战。2016 年 10 月美军三架海军 F/A-18F "超级大黄蜂" 战斗机成功抛洒出 103 架 "灰山鹑" 微型无人机，并自动组成集群队形。美国国防部高级研究计划局（Defense Advanced Research Projects Agency，DARPA）主导的小精灵（Gremlins）项目致力于可快速部署与多次回收利用的无人机集群，拒止环境中的协同作战（collaborative operations in denied environment，CODE）项目力求发展无人机协同自主作战的能力。为显著提升小型地面部队在城市环境下的作战效能，DARPA 在 2016 年 12 月启动了 "集群使能攻击战术"（offensive swarm-enabled tactics，OFFSET）项目，旨在快速生成集群战术，评估集群战术的有效性，并将最佳集群战术整合到野外作战中。

　　在民用领域，无人机集群在智能交通、物流运输、森林火灾监测、地质灾害探测、农业植保、国土资源监测、对地观测和遥感、高速公路管理、小区环境监测等场景中具备特有的优势。例如，无人机集群在精准农业方面从单纯的农药喷洒逐渐扩展到农业信息采集、光谱数据分析等领域。在抢险救灾方面，相比卫星通信，大规模无人机集群构建的临时中继网络更加灵活，成本也更低。顺丰、京东等企业已经开始无人机物流快递的尝试，在不久的将来，大量的物流快递无人机将在城市上空组成大规模无人机集群。在国土资源监测中，无人机集群以协同模式同时对区域进行监控，可以很大程度上实现区域的同步监控，增加有效覆盖面积，节约执行任务时间。

　　在工业界，2016 年 11 月 4 日，英特尔公司实现了 500 架无人机同时升空并编队。新加坡 SwarmX 公司针对无人机集群研制了哈夫曼（HiveMind）无人机操作系统，采用了"基于目标的集群管理"和机器学习算法来有效地部署集群。我国十分重视无人机集群技术的研究。2017 年 6 月 11 日，中国电子科技集团展示了 119 架无人机编队飞行的"集群"技术。紧接着，我国又实现了 1000 架无人机的编队飞行。

在学术界，IEEE 通信协会的旗舰级刊物 *IEEE Communications Magazine* 于 2016 年 5 月刊发了题为 *Wireless Communications, Networking, and Position with UAVs* 的学术专刊，展开对无人机集群通信的理论研究。可见，世界强国已经掀起无人机集群研究竞赛的热潮。

集群的本质属性之一是协同。把数量规模优势转变为集群效能，其关键在于：在统一行动任务之下，集群内无人机之间的密切协同，形成有机整体。而密切协同的基础在于：构建能够保障及时、可靠的信息交互的集群网络。无人机集群的群内网络优化问题，是当前制约无人机集群自主化、智能化协同的命门。没有通信就没有指挥，没有通信也谈不上充分协同。而没有协同，集群就丧失了意义。没有一个健壮的"神经系统"，无人机集群的效能就得不到发挥。

相比于传统的无线网络，无人机集群网络面临着复杂环境、高动态、高自主、多约束、小体积、低成本等技术挑战，采用传统无线通信手段的简单移植无能为力。如图 1-1 所示，与传统的蜂窝网络、物联网、车联网等无线通信不同，在对抗条件下，支撑无人机集群任务行动的集群网络，面临多约束、强对抗、高动态等诸多全新挑战。

图 1-1　无人集群网络系统场景示意图

（1）无人机集群网络面临更多更强的约束，需要具备高效通信能力。任务指标的刚性约束、复杂多变的电磁频谱约束、无人机能量瓶颈的约束、机载通信设备的性能约束等给无人机通信组网带来了挑战。同时，无人机集群需要进行指挥调度和编队调整等大量的、实时性的集群控制，需要占用大量的通信资源。这使得无人机集群通信和控制之间的矛盾异常突出。

(2)无人机集群网络面临更强的对抗性干扰,需要具备可靠通信能力。对无人机进行干扰使其丧失或降低作战效能被视为高效的对抗手段。无人集群在战场环境中将不可避免地遭受敌方高强度的对抗性干扰,而且干扰手段越来越智能化。受限于无人机个体信息获取能力、机载设备性能、有限能量等条件,传统的抗干扰方法很难与敌抗衡。同时,传统的独立抗扰行动(如增大功率、扩频、跳频等)会对集群内部的通信造成严重互扰。

(3)无人集群网络优化面临更高的动态性,需要具备捷变的响应能力。环境的高动态、拓扑的高动态、业务的高动态、任务的高动态,将给无人集群带来陌生环境信息获取难、决策信息不完全、信息交互代价高等问题,给集群通信的动态优化决策带来了挑战。尤其是无人集群的路由决策问题,更是极具挑战性。

综上,无人集群通信面临着多约束条件下的高效通信、强对抗条件下的可靠通信和高动态条件下的捷变响应等新的挑战,传统的无线网络设备难以应对。因此,需要对无人机集群网络优化理论和方法展开深入研究,需要根据无人机集群的新特点,挖掘其通信网络优化的新潜力,将认知无线电、机器学习、协同通信等最新技术与无人机集群的特点和需求紧密结合,定制开发,才能研发出满足大规模、高动态、多约束特征要求的无人机集群网络。

国内外也对无人机集群网络展开了深入研究。从不同的应用角度,美军对无人机集群自组网展开了广泛的研究,但项目的详细资料均未公开,其中,美国DARPA支持的"小精灵"项目,研究了侦察和电子战无人机蜂群"有效、安全的自组织无线网络"的设计问题。波兰世行集团的蜂群察打一体系统体现出了无人机协同作战的未来发展趋势。瑞士洛桑联邦理工学院智能系统实验室开发了基于微型无人机的灾区通信保障网络。国内一些著名专家及团队也展开了无人机集群优化的深入研究。例如,南京航空航天大学吴启晖教授团队对无人机集群频谱资源动态优化进行了深入研究,推动了无人机集群智能通信的前沿探索。北京航空航天大学向锦武院士团队在无人机的智能感知等领域取得了丰硕成果。中山大学成慧教授团队在无人机集群的飞行控制研究方面进行了深入的创新研究。沈阳航空航天大学陈侠教授团队在无人机协同任务分配、决策理论与应用等方面取得了丰硕成果。西北工业大学高晓光教授团队在人机协同智能决策方面进行了深入研究。一些著名团队也在开展基于群体智能的无人集群研究工作。例如,大连理工大学谭国真教授团队进行智能无人系统群体智能分布式理论及应用项目研究。北京航空航天大学段海滨教授团队开展"基于群体智能的多无人机编队自主协调及验证"和"基于鸟群行为的无人机自主控制"项目研究。这些研究取得了多项创新成果,对推动无人机集群网络控制和通信的智能化做出了重要贡献。我国在2021年珠海航展上展示的67架规模固定翼集群的主要目的之一就是验证无人机集群基于点对点(Ad hoc)的自组网通信系统。中央军委科技委在无人机集群通信方向展开了立项研究。在学术界，无人机集群通信研究的相关论文等成果已经陆续刊出。

但是，当前公开的资料中，无人机集群网络尚无法真正应对面临的能量、频谱和刚性任务需求等挑战。当前展示的无人机集群编队飞行试验，多数执行预先设定的飞行动作和控制规则，使用相对固定的频谱分配，执行预定的通信组织规划，离真正实现自主控制、自主协调、自主决策还有差距，集群成员的智能特性体现得还不够明显。无人机集群的神经系统——无人机集群网络还不够高效、健壮。

1.1　无人机集群的发展及趋势

1.1.1　无人机集群发展概况

自 20 世纪 90 年代以来，无人机在军民领域受到了空前的关注并得到了迅速发展。因响应速度快、使用成本低、部署灵活等独特优势，无人机被普遍认为是未来信息化发展的重要平台。近年来，无人机平台的发展取得了长足的进步，出现了各种性能优异的无人机。

但是，受限于单个无人机的功能，无人机难以携带一些体积较大、质量较重的作业载荷，这就限制了无人机作业的精度及范围。特别是随着无人机应用对自主性、智能化、多任务等方面的要求越来越高，无人机单机作业效能和智能水平已逐渐无法满足任务应用需求，一些比较复杂的任务不能得到满意的执行。尤其是在复杂恶劣的战场环境、遮蔽物众多的城市环境等，独立的无人机受限于搭载的设备数量、性能以及个体视角等缺陷，往往难以执行持续目标跟踪、全方位饱和攻击等任务。因此，无人机集群自然成为发展趋势，并成为当前研究的重点和热点。

无人机集群是来自对自然界生物集群现象的研究。早在 2000 年，美国国防部就开始了一个名为无人机集群空中战役的研究计划，该计划通过对蚁群信息素的模拟来实现对无人机行为的控制。美国联合部队司令部于 2002 年对无人机集群的作战效率和适合类型进行了研究。美国还大力开展了无人机集群实验研究，通过无人机编队飞行来实现无人机集群体的控制。国外加紧推进无人机集群履行任务的能力研究和方案验证，美国是其中的先进代表，全力投入进行研究，已经进行了若干典型的无人机集群任务执行验证项目，包括低成本无人机集群技术[2]、"灰山鹑"无人机集群[3]、近战隐蔽自主一次性无人机[4]、可空中回收无人机集群"小精灵"等[5]。相关项目基本情况如表 1-1 所示[6]。

表 1-1 美国推行的部分无人机集群验证项目

典型蜂群系统	应用场景	无人机平台能力	规模/架	发射/回收	主管单位
低成本无人机集群技术(LOCUST)	舰船前出侦察	郊狼无人机(时速 140km,航时 1h,重量<5.9kg)	30(2016 年)	管射(1 架/s),陆地滑降	美国海军研究办公室
灰山鹑集群	代替空射诱饵,执行诱导欺骗、前出侦察等任务	灰山鹑无人机(3D 打印,机长<0.3m,重量<0.5kg)	103(2017 年)	飞机抛撒	美国战略能力办公室
近战隐蔽自主一次性无人机(CICADA)	形成探测矩阵,用于收集气象资料	微型无人机(3D 打印,重量<65g)	>100(2019 年)	大型无人机抛撒	美国海军研究实验室
小精灵	区域 ISR、电子战、破坏导弹防御系统	小精灵无人机(重量 320kg,马赫速度 0.8,载重>50kg,作战半径>900km,航时 3h,重复使用 20 次以上)	8(2020 年)	B52/-13 投送,C130 回收(30 分钟 4 架)	DARPA

低成本无人机集群技术(low-cost unmanned aerial vehicle swarming technology,LOCUST)项目由美国海军研究办公室(Office of Naval Research, ONR)主导。该项目主要是验证如何在短时间内布设大规模的微型无人机,进行通信组网,进而完成集群协同,体现出集群数量的优势。在无人机部署上,低成本无人机集群技术项目研发了郊狼(Coyote)等系列小型折叠翼无人机。灰山鹑(Perdix)无人机集群项目由美国战略能力办公室(Strategic Capabilities Office,SCO)主导。该项目主要研究通过普通战斗机抛射微型无人机集群,帮助普通战斗机执行危险区域的抵前侦查,诱骗敌方等配合作战任务。2016 年 10 月,SCO 完成由 3 架 F/A-18 战斗机空中投放 103 架"灰山鹑"无人机的演示验证。近战隐蔽自主一次性无人机(close-in covert autonomous disposable aircraft,CICADA)项目由美国海军研究实验室(Naval Research Laboratory,NRL)发起。该项目的主要目的是控制用于供大型平台抛撒的一次性、低成本微型无人机。2019 年 4 月,美海军从 4 架大型无人机(Hives)释放了 100 多架小型 CICADA 微型无人机编队。可空中回收无人机集群"小精灵(Gremlins)"项目[5]由 DARPA 主导。该项目的主要构想仍然是由微型无人机布设,但是这些微型无人机要能进行回收。世界其他军事强国也同样在加紧无人机集群方向的研究和验证。印度在 2019 年公布了其无人机集群项目 ALFA-S(air-launched flexible asset-swarm),通过传统战斗机发射规模性的微型无人机,形成集群协同,对地面防控目标进行打击[7]。土耳其 STM 军工集团开发了由 20 架 7 kg 的四旋翼无人机组成的集群并进行反恐行动的演示[8]。

我国在无人机集群的研究上也取得了相当的进展,2016年11月在珠海航展上,中国电子科技集团公司公布了67架规模的无人机集群编队飞行原理验证测试;2017年6月,中国电子科技集团通过现场实验实现了数量为119架固定翼无人机的集群飞行。2018年1月,国防科技大学智能科学学院无人机系统创新团队针对无人机集群自主协同展开试验飞行[9],验证了多项关键技术。北京航空航天大学仿生自主飞行系统研究组结合生物群体智能进行了深入研究[10]。

大规模无人机集群的编队飞行表演,逐渐成为各类大型活动的标配。无人机编队规模越来越庞大,队形变换越来越复杂。2020年12月18日,一飞智控在天津大学成功获得吉尼斯世界纪录称号——"最长时长无人机表演的动画"。2021年4月,捷恩斯在上海举行入华发布会,席间上演了一场无人机编队灯光表演,当中出动了3281架无人机。为庆祝中国共产党成立100周年,由中央广播电视总台视听新媒体中心央视频打造的新媒体直播节目《星星之火百年流光》上演,央视频采用3300架无人机编队表演形式。在深圳龙岗,5200架无人机以声、光、电和无线通信技术为支撑,以"灯光+动画"的形式展示了中国共产党百年光辉历程中的重大历史事件,如图1-2所示。

图1-2　大规模无人机集群的编队飞行表演庆祝中国共产党成立100周年

1.1.2　集群协同带来的优势

无人机集群的优势使其在民用领域的应用越来越多[11]。无人机集群系统的关键优势是通过冗余和协同提高可靠性和生存能力。在多无人机系统中,单个无人机的故障会导致网络重新组织并通过其他节点保持通信。就通信需求而言，单个无人机系统必须保持与控制站、基站、服务器的连接。这严重限制了有限的电池功率和带宽。在无人机集群系统中，只有一两个无人机可以连接到控制器和服务器，并为其他无人机供电。这样，大多数无人机只需保持网状结构，扩展性和灵活性大大增强。多无人机系统的采购、维护和操作成本也比大型无人机系统低，向网络中添加更多无人机可以相对容易地扩展多无人机系统提供的通信保护伞[12]。与单个无人机系统相比，小型无人机集群系统通常更快、更有效、成本更低地完成任务[13]。在文献[14]的多无人机协同搜索工作中，作者描述了多无人机系统如何更快地完成搜索，并对一些无人机的损失保持稳健。本书重点关注多架小型无人机组成的无人机集群系统。表 1-2 给出了单无人机系统和无人机集群系统的比较。

表 1-2　单无人机系统和无人机集群系统的比较

特征	单无人机系统	无人机集群系统
失败概率和影响	高，任务失败	低，系统重新配置
可扩展性	有限	高
存活的能力	差	高
执行任务的速度	慢	快
代价	适中	低
带宽要求	高	适中
天线	全方位	方向的
控制的复杂性	低	高
协同失败风险	低	存在

通过对比总结，无人机集群兼具了平台小型化、功能分布化、系统智能化、体系生存强、系统成本低、部署简便、使用灵活等诸多优点，非常好地解决了复杂巨系统成本高、风险高、难度高、"大炮打蚊子"等固有难题。无人机集群在协同执行任务方面具有如下优势。

(1)功能分布化。智能无人机集群具有分布式的多维并行信息获取、信息处理和任务执行能力，成员无人机可以通过异质传感器的互补搭配，实现传感的并行响应；可以通过成员无人机或者协同的成员无人机小组，分别执行子任务，实现集群任务的分解和分工。例如，在使用集群执行侦察任务时，无人机集群可调整不同成员无人机携带的多种侦察设备，对多个监测任务点进行多角度的监测[15]。同时利用多个无人机协同，从更多的视角执行态势感知。例如，重点区域/敏感目标的三维实时重构、隐藏/伪装目标的深度挖掘和学习分类等。依据不同无人机的功能特点，对选定的战场特定目标进行匹配后的选择性攻击，一方面大大增加同时攻击的范围和能力，另一方面对重要高价值目标进行全方位饱和攻击，大大提高杀伤力和攻击成功概率。

（2）体系生存强。无人机集群通过数量上的冗余设置，已经根据任务需求进行关键功能上的机动备份，再加上无人机本身具有的高机动性提供快速补位功能，无人机集群具备相当强的体系生存能力。分布式的系统拓扑结构使系统无中心脆弱点，损失部分平台对集群整体任务能力的影响不大，抗毁性十分优异。无人机集群不同于单个平台被敌单一攻击所消灭，它能够承受多次打击，在遭敌局部攻击的情况下仍然继续完成任务。无人机集群系统将使得敌人的进攻武器系统攻击处于"大炮打蚊子"的尴尬境地，即使部分无人机被对方摧毁，也往往不能瘫痪无人机集群的整体能力，通过队形的重组和任务的重新分配，无人机集群的任务能力仍然存在。当由于自身故障或敌方攻击造成的部分无人机损失时，其他无人机可以替代它完成预定任务，集群系统可通过敏捷重组，确保对重点目标的观测或打击效能不降级，使集群系统具有较高的容错性和鲁棒性。

（3）部署使用灵活。单个复杂平台在部署和使用上面临难题。由于不可能为某个特定的任务而特意设计某一平台，则平台功能与任务之间的匹配度就不可能太高，在使用过程中不可避免地出现平台能力不足、功能浪费、消费比不高、选择困难等部署和使用方面的难题。而使用无人机集群则可以大大减轻这方面的困扰。通过叠加和增量部署的方式，能实现任务与部署之间的最佳匹配。同时，协作的无人机集群具有整体效能高于局部效能和的特点，系统能够实现超过单个智能无人系统叠加的功能和效率，并且在系统包容性和功能扩展性方面都具有优势。例如，在环境监测等领域，无人机集群可以通过构建灵活机动的、低成本的移动式传感网络，轻松实现大范围的空气监测，而不必要求过高的传感器性能，并且能够通过叠加部署，随时根据需要进行监测范围、监测精度的调整。在军事上，假如使用无人机集群，对一些未能侦察明确的地域和目标执行察打任务，可以调配部分集群成员去未知区域搜索，调配部分集群成员去有目的地跟踪已探明的目标，调配部分集群成员去执行打击任务等，实现多个任务的同步执行。

（4）系统成本低。无人机集群采用优化的功能布局，通过协同的方法，使用低成本的小平台、简单平台，来合成一个功能完善的复杂大平台，能取得成本上的极大优势。并且，基于小型化、集成化、模块化的无人机建造方法，加上信息化、自动化、网络化的运用模式，能有效地提高无人机的生产、运输、维护、保障、效益。同时，无人机集群成员的损毁补充和替换十分便利，便于实现系统冗余，且系统维护成本也相对低廉。

1.1.3　无人机集群发展趋势

（1）规模化趋势。

无人机集群的优势来源于协同，而协同之下，系统效益的倍增往往取决于系统的规模。大规模、超大规模的无人机集群，其形成的综合能力，往往是超出想象的。尤其是在军事领域，大规模无人机集群是研究的重点，是未来打破常规、克敌制胜的崭新作战模式。无人机集群在攻防两端显著成本不对称。集群中的无人机通常是典型"低小慢"目标，易于躲避敌方雷达防空系统，但对无人机实施打击却通常需要动用精确打击武器，如果敌方发动饱和式攻击，将耗尽其防御武器。无人机集群系统可以"引诱式"耗尽对手的高价值攻击武器，从而增加对手攻击的相对成本，以规模优势给对方造成惨重的损失。在过去，数量较少的极度昂贵的有人机是战场的标准配置，但是在未来，大量便宜的、消耗性的无人机将广泛地出现在战场上[15]。在民用领域同样如此，随着电子与通信等技术的发展，无人机呈现出小型化的趋势并逐步渗透到各行各业甚至人类的日常生活，随之而来，由几十架甚至成百上千架小微型无人机组成的大规模无人机集群成为热点，拥有广阔的应用前景。

（2）智能化趋势。

随着人工智能技术的迅速普及，智能化平台的小型化技术飞速发展，再加上人工智能平台成本的迅速下降，都大大促进了无人机的智能化水平发展。无人机从后台遥控指挥模式越来越多地走向了智能模式，即无人机具有越来越强大的智能信息感知、智能信息处理，以及智能决策的能力，具备认知动态环境、学习优化策略的能力，不再仅仅是后台指挥人员遥控的风筝。无人机集群的智能化，是建立在个体无人机智能化的基础上，但赋予了更为复杂的内涵和更为高级的智能。其群体性的智能涌现，将出现群体智能远大于个体智能之和的强大潜力。无人机集群成员的单体智能升级以及无人机集群群体智能形成两个方面相互促进，将是未来无人机集群发展的重要趋势。

（3）自主化趋势。

拥有自主能力的大规模无人机集群可以在动态、恶劣的环境中完成更为复杂的任务，诸多应用对自主性都有一定的要求。例如，抢险救灾时，需要集群到达受灾地区上空后，勘察形势并自主决策如何构建中继网络来保障受灾程度不同地区的通信；再例如，无论是协同侦察还是饱和攻击，面对的都是不确定的环境与任务，必然要求集群具有自主能力。美国国防部公布的《2017—2042 年无人系统综合路线图》中也指出，自主性是未来无人系统发展的四个关键主题之一。可见，自主集群的环境适应能力与任务完成能力更强，可以更好地满足各类应用的紧迫需求，是大规模无人机集群的重要发展方向。

可以预见的是，在未来战争、应急通信和物联网等军用和民用领域中，无人机集群将扮演着极其重要的角色[16,17]，在战场侦察、灾难救援、军事打击、应急通信和地区监视等一系列重要任务中发挥重要作用。

1.2 无人机集群协同面临的挑战

无人机集群的协同,其实是一个系统优化问题,大多数情况下往往是一个组合优化问题,需要在特定任务和特定场景下,寻求的是整个集群系统实现最优化效用的集群成员个体策略,其面临的挑战如下。

(1)协同主体的规模庞大:传统通信网络的协同,如协同通信等研究,其协同的主体数量都比较有限。但随着无人机集群的发展,通常考虑几十上百,甚至成千上万架无人机,参加协同的主体数量十分庞大,相应地,协同难度随着数量增加而急剧增大。

(2)协同主体的功能异构:传统的协同优化基本上都是基于协同主体的同一性假设,即各自的功能是一样的。而无人机集群显然不是由相同功能无人机组成,集群成员往往具有异构的功能,甚至其基本平台都不一样。一个无人机集群中,会有大型/重型大无人机、中型无人机,也会有小型、微型无人机。并且,即便是具有相同基础平台的无人机,但是配置的传感器、载荷很可能不同,导致完成特定任务的能力也不同。在执行任务过程中需要对集群成员按照不同能力进行合理分配,这又给协同优化带来了更大的复杂性。

(3)协同动作的空间受限:除无人机系统性能约束外,还包括战术要求约束、战场环境约束、通信约束、平台空间约束、时间约束、任务耦合约束、航迹防撞约束等以及约束间大量错综复杂的耦合交联关系。

(4)协同环境的动态变化:协同动作的选择,是基于对环境的响应,以及动作反馈后对环境信息的学习。而无人机集群执行任务所处的环境往往是动态变化的,再加上无人机执行任务的目标、面临的风险、完成任务的要求以及各架无人机在不同时刻的状态等都处于动态变化之中,使得无人机集群的协同需要时时刻刻考虑动态预测和自适应,提高了对协同优化的要求。

(5)协同信息的不确定性:协同本质上是一种决策,且这种决策是建立在获取相关协同动作选择所需要的信息的基础之上的。但是,由于传感器信息的不确定性和通信信息的不确定性,无人机对当前态势的感知也是不确定的。这就造成了协同的信息基础不足,给无人机集群的协同带来了新的挑战。

当前,无人机集群研究与应用面临着群内多机自主协同困难的挑战,现有系统主要依赖于遥控指挥或预先编程,离真正的智能集群还有明显的差距。

1.2.1 遥控协同模式面临的问题

当前,绝大多数无人机系统的协同,如路径规划、任务分配等,都依赖于后台的遥控操作。遥控操作主要有无人机操作人员的直接遥控、基于卫星导航系统的遥控、基于 4G、5G 等移动通信网络的操控平台进行遥控等。

从协同决策的角度来说，采用遥控协同模式，归根到底其实是由于无人机集群本身的智能性不足，通过遥控模式，把智能决策交给遥控的人。无人机集群的协同，其实就转变成了后台指挥人员之间的协同。这样的模式，存在以下几个方面的问题。

第一，遥控链路不畅通的问题。遥控就有时延，无论是无人机将信息传回操作手，还是操作手的指令传回无人机，都将给决策链路带来较大的时延开销，降低了无人机集群的协同反应速度。更严重的问题是，遥控链路存在被干扰、甚至中断的可能，尤其是在城市复杂地形和电磁环境中，以及偏远山区，遥控链路的稳定性难以保证。在对抗性战场环境，遥控链路是对手重要的干扰、攻击、诱骗的对象，是无人机集群协同的软肋。

第二，控制距离受限的问题。对于大多数遥控系统，其遥控终端与无人机之间的通信距离都非常有限。即便是基于 4G、5G 等移动通信网络的操控平台，表面上看遥控指挥距离不受限制，但实际上是基于广泛、密集的基站部署支撑，其遥控距离受到基站广度、密度的严格限制，这就大大制约了无人机集群的协同动作适用范围。

第三，协同决策受限于人的能力。遥控模式将无人机集群的协同决策交给了后台指挥人员，在获得人的智能的同时，也继承了人的指挥的缺点。一方面是人的决策经验限制，由于操作人员的训练程度、专业知识的差异，造成决策水平不同。另一方面是人的决策速度限制，相比于机器决策而言，尤其是对于一些环境数据的程序化筛选、处理等，人的速度往往是落后于机器的，这就造成了无人机协同决策速度的降低，不利于机器决策速度优势的发挥。

1.2.2　预先编程协同模式面临的问题

预先编程协同模式是当前无人机集群表演、任务执行中的重要形式之一，其特点是能规划较为复杂的集群行为，如无人机集群表演中复杂快速的队形变化、多无人机基于任务规划和路径规划的协同动作等。但这种协同模式也存在以下问题。

第一，集群行为固化，不能根据情况变化进行变通，智能程度低。预先编程无人机集群的行为是根据设计人员的预先动作编排而进行的，虽然表面上看起来行为很复杂，但实际上是傻瓜式的，不能根据情况变化进行自行处理，更不能变通处理，其自主化、智能化程度是很低的。

第二，集群行为规律性强，容易被对手学习获取并进行利用。虽然在行为编程中可以进行一些自适应方面的设计，使得集群能够具备对环境或者需求变化的智能响应，但是，基于编程模式的集群行为，其动作行为或者决策结果都有极强的规律性，或者具备鲜明的决策模式和算法的特点。这些规律和特点的存在，一方面限制了其对更宽泛的场景变化的适应能力，另一方面容易被对抗性的对手进行学习、甚至利用。例如，在战场敌我对抗中，对手可以根据集群的若干次行为结果，进行规律发现，然后采取针对性的对抗策略。

第三，每次行动都需要提前获取全面的信息，并进行大量的设计工作。进行集群行为的预先编程，需要对集群执行任务所在环境、任务性质、外界影响等各方面信息的全面掌握和分析，才能设计出较为优化的集群行为设计。除了编程工作量较大和较为复杂以外，对上述信息的穷尽和动态信息的获取往往是困难的，尤其是在一些陌生地域、新场景应用时，需要大量的、长时间的准备和开发工作。集群的智能性，实际上是一种智能的设计，并非真正的集群智能。

1.2.3　仿生物群体智能协同面临的问题

基于生物群体的智能模仿，来实现无人机集群的协同，是近年来相关研究的一个重要方向。在自然界中，为弥补个体能力的有限，诸多生物种群都能通过个体相互之间的交流和合作呈现出某种群体行为，如鱼群的结群游弋、鸟群聚集迁徙以及蚂蚁协同搬运等。这些生物界的观察激励了研究人员深入探索集群系统群体行为的原理和模式，以期望实现仅通过系统内局部的信息交换，使外部呈现出规则有序的协同行为的工作机制。受此激励，人们希望开发像鸟群、鱼群一样自由集结可以执行全局任务的无人机集群系统[6]。群体智能概念的最初提出来自对生物界中昆虫群体行为的观察，是指具有简单智能的个体通过相互协作和组织表现出群体行为的特性[18]。群体智能以其动态性、自组织性、并行性、协同性、简单性、灵活性和健壮性在组合优化问题、通信网络、机器人、航空航天等研究领域显示出很大的潜力和优势，适合于无人机集群优化研究。

文献[19]研究了蚁群、蜂群、鸽群、鱼群等典型的生物群集，分析了生物群体智能的特点，介绍了部分具有代表性的无人机集群项目，总结了无人机集群的关键技术。文献[20]结合无人机航迹规划优化，选取了猴群优化算法、果蝇优化算法、群居蜘蛛优化算法和乌贼优化算法等仿生智能优化算法进行综述，列举并展望了智能优化算法在无人机航迹规划及相关领域的近期研究成果和改进趋势。文献[21]受鸽子导航能力和飞行机制的启发，提出一种新型的仿生智能计算方法——鸽群优化。文献[22]提出了一种基于鸽群行为机制的多无人机自主编队控制方法，通过模仿鸽群的层级行为，设计了一种基于鸽群行为机制的无人机自主编队控制器。文献[23]提出一种基于蚁群优化的新方法，优化无人机的轨迹使其在最短的时间内寻找到丢失的目标。文献[22]在进行鸽群行为机制模型建模时，同时也使用了人工势场法建模。

但从公开的文献资料来看，当前对无人机的群体智能优化研究，还存在以下几个方面的问题。

第一,对生物群体能力的模拟学习,并非无人机集群智能化的最终发展目标。智能无人机集群的智能水平,应当要超过蚁群、蜂群、鸽群、鱼群等生物群体。相应地,其行为模式和机制,也应该要比这些生物群体更加复杂、更加高级、更加自主化和智能化。

第二,当前的研究,很多内容都强调其行为的一致性。例如,队形控制、编队保持、行为传导等。这虽然使得无人机集群的行为更显得自动化,也更显得像一个"群"。但是,无人机集群并非真正需要像一个步调一致的"群体",而是充分发挥各个成员无人机功能的、协同的"集体"。如果过于强调其一致性或者趋同性,则不可避免地限制了"集体"中的"个体"的自由,弱化了"个体"智能的发挥,制约了集群协同的空间。这将导致集群行为呈现某种惯性,对环境变化的响应能力变慢、变弱,对错误决策的纠正能力变差,甚至会让错误在群内进行较大深度和范围的传播。

1.3 无人机集群自主协同的基础保证

从当前几种主要协同模式存在的缺陷来看,无人机集群采用自主协同的方式,是克服以上问题的有效途径。自主协同能摆脱对遥控指挥的依赖,能保持对动态环境的临机处置,能发挥个体智能实现形散神聚,是无人机集群协同发展的高级阶段,也符合智能无人机集群的发展潮流。为实现无人机集群的自主协同,除了需要研究系统论、控制论、群体智能等协同系统本身之外,还有一个重要的课题就是研究集群网络。没有集群网络的支撑,再好的协同理论和方法都将是无本之木。无人机集群网络是其实现自主协同的基础保证。

1.3.1 信息共享的途径是网络

协同的基础之一在于共同知识。无论是局部共识还是全局共识,都需要依赖于信息共享。而信息共享的途径就是集群网络。一般而言,集群中的无人机不具有全局信息,必须通过相邻无人机间的信息交互,实现机群的群体信息共享,从而为协同性的决策提供信息支持,进而达到全局性协同目标[6,24,25]。信息共享的主要内容包括:各个成员对环境的感知数据、各个成员接收到的指挥调度指令、各个成员所处的状态,包括当前任务、剩余能量、对所处环境的判断、下步计划动作等。对于一个大规模、高动态且处于复杂环境之中的无人机集群,要想实现成员之间的重复信息共享,甚至达到整个集群具备全局共同知识,对无人机集群网络的要求极高。尽管在过去的十几年间,无人机通信技术得到了迅猛发展,但还远远没有达到能形成全局共识的程度。因此,一方面需要采用各种技术,降低对无人机集群信息共享的要求,另一方面需要深入研究无人机集群网络优化技术,提升信息共享的支撑能力。

1.3.2　决策动作的协调靠网络

集群的协同是由集群成员各自决策和动作的协调来实现的。在自主协同集群中，决策和动作的实施主体往往是成员无人机，而不是传统集中式优化中的控制中心或者基站。这是无人机集群大规模、分布式、自主化发展的必然结果，也是集群具备强自适应能力和强生存能力的主要原因。但同时，这也意味着集群成员的决策和动作不再是统一部署，其协调一致或相互之间配合的默契性也将不再由传统的优化算法得出，而是要靠成员之间的沟通协调。这个协调的媒介就是集群网络。集群网络的功能越好，成员决策动作之间的协调就越充分、越顺畅。集群网络支撑能力越差，成员决策动作之间的协调就将变得受限、迟滞，协同配合将变得不充分，进而影响成员各自决策的科学性。

1.3.3　集群决策的基础是网络

除了信息共享和动作协调之外，集群的决策过程本身，也要以集群网络为基础。决策，本质上是一种优化问题的求解过程，本质上是计算。智能无人机的决策就是以无人机为智能体，根据当前环境、先验知识、历史数据，针对优化目标而进行的优化求解计算。对于无人机集群来说，这个计算往往不是集中式的，而是分布式的协同计算。而计算上的协同，需要无人机集群网络来支撑。当前，很多研究都关注于以无人机为平台的空中移动边缘计算，其实就是协同计算的一个场景应用，同时又有了很多关于集群运动、算力限制、能量优化等方面的新要素。这些研究都表明，集群的计算协同或者说集群决策，需要成员之间的任务分配、结果共享、参数传递等，都需要以集群网络为基础。

参 考 文 献

[1]　Dickerson B, Sanders J, Pham L V, et al. UAV swarm attack: Protection system alternatives for destroyers[R]. Monterey: Naval Postgraduate School, 2012.

[2]　ONR. LOCUST: Autonomous, swarming UAVs fly into the future[DB/OL]. [2019-09-14]. https://phys.org/news/2015-04-autonomous-swarming-uavs-future.html.

[3]　Mehta A. Pentagon launches 103 unit drone swarm[DB/OL]. [2019-09-14]. https://www.defense-news.com/air/2017/01/10/pentagon-launches-103-unit-drone-swarm/.

[4]　The Maritime Executive. NASA, U.S. navy team up to test microdrones[DB/OL].[2019-09-14]. https://www.maritime-executive.com/article/nasa-u-s-navy-team-up-to-test-microdrones.

[5]　DARPA. Gremlins on track for demonstration flights in 2019[DB/OL]. [2019-09-14]. https://www.designworldonline.com/gremlins-on-track-for-demonstration-flights-in-2019-2/.

[6]　Robert O W, Thomas P E. The unmanned combat air system carrier demonstration program: A new dawn for naval aviation[R]? Washington D. C.: Center for Strategic and Budgetary Assessments, 2007.

[7]　India TV News Desk. Development of swarms of drones underway to take out airstrikes like Balakot[DB/OL]. [2019-11-14]. https://www.indiatvnews.com/news/india-swarms-of-drones-balakot-airstrike-534581.

[8]　STM introduces mini-UAV systems to the world[DB/OL]. [2019-11-14]. https://www.armadainternational.com/2019/09/stm-introduces-mini-uav-systems-to-the-world/.

[9]　Wang X K, Shen L C, Liu Z H, et al. Coordinated flight control of miniature fixed-wing UAV swarms: Methods and experiments[J]. Science China Information Sciences, 2019, 62(11): 130-146.

[10]　段海滨, 邱华鑫. 基于群体智能的无人机集群自主控制[M]. 北京: 科学出版社, 2018.

[11]　Daniel K, Wietfeld C. Using public network infrastructures for UAV remote sensing in civilian security operations[J]. Homeland Security Affairs, 2011.

[12]　Morgenthaler S, Braun T, Zhao Z, et al. UAVNet: A mobile wireless mesh network using unmanned aerial vehicles[C]//IEEE Globecom Workshops, 2012: 1603-1608.

[13]　Sahingoz O K. Mobile networking with UAVs: Opportunities and challenges[C]//2013 International Conference on Unmanned Aircraft Systems, 2013: 933-941.

[14]　Yang Y L, Polycarpou M M, Minai A A. Multi-UAV cooperative search using an opportunistic learning method[J]. Journal of Dynamic Systems, Measurement, and Control, 2007, 129(5): 716-728.

[15]　王祥科, 刘志宏, 丛一睿, 等. 小型固定翼无人机集群综述和未来发展[J]. 航空学报, 2020, 41(4): 15-40.

[16]　朱华勇, 牛轶峰, 沈林成, 等. 无人机系统自主控制技术研究现状与发展趋势[J]. 国防科技大学学报, 2010, 32(3): 115-120.

[17]　任翔宇, 刘丽, 马燕. 美军电子攻击型无人机的发展[J]. 航天电子对抗, 2014, 30(6): 53-56.

[18]　Sanchez-Lopez J, Fernandez R A S, Bavle H, et al. Aerostack: An architecture and open-source software framework for aerial robotics[C]//2016 International Conference on Unmanned Aircraft Systems, 2016: 332-341.

[19]　Grabe B, Riedel M, Bulthoff H, et al. The TeleKyb framework for a modular and extendible ROS-based quadrotor control[C]//2013 European Conference on Mobile Robots, 2013: 19-25.

[20]　Boskovic J, Knoebel N, Moshtagh N J. et al. Collaborative mission planning & autonomous control technology (compact) system employing swarms of UAVs[C]//AIAA Guidance, Navigation, and Control Conference, 2009: 1-24.

[21]　Campion M, Ranganathan P, Faruque S. UAV swarm communication and control architectures: A

review[J]. Journal of Unmanned Vehicle Systems, 2019, 7(2): 93-106.

[22] Sahingoz O. Networking models in flying Ad-hoc networks(FANETs): Concepts and challenges[J]. Journal of Intelligent and Robotic Systems, 2014, 74(1/2): 513-527.

[23] Gupta L, Jain R, Vaszkun G. Survey of important issues in UAV communication networks[J]. IEEE Communications Surveys & Tutorials, 2015, 18(2): 1123-1152.

[24] Duan H B, Yang Q, Deng Y M, et al. Unmanned aerial systems coordinate target allocation based on wolf behaviors[J]. Science China Information Sciences, 2019, 62(1): 201-203.

[25] 段海滨, 申燕凯, 王寅, 等. 2018 年无人机领域热点评述[J]. 科技导报, 2019, 37(3): 82-90.

第 2 章　无人机集群网络的特点和研究现状

2.1　无人机集群网络概述

对于无人机集群来说，集群网络是集群协同的基础，是实现无人机集群间实时信息传输的通信手段,特殊的应用环境要求集群网络必须保证稳定可靠的信息交互，同时尽可能减少通信时延，保障无人机之间的实时通信。无人机集群在执行任务时，单机节点受到破坏，退出机群，使得无人机集群自组网网络架构和拓扑发生变化，无人机集群自组网在满足机群间正常通信需求的同时，还要完成无人机集群网络的动态重构。无人机的通信方案，由单机控制的点对点地空通信方案，发展到一站多机的点对多点的地空通信组网方案，再到满足无人机集群节点间各种任务信息协同协调自组网宽带通信组网方案。

无人机集群的通信可分为域内通信和域外通信，域内通信主要实现无人机集群内部的信息交互、业务信息融合和共享；域外通信主要负责无人机集群和上层指挥中心的指控命令传输。无人机集群的地面控制站，通常配备有通信设备(常使用未经许可的无线电频段，如 900 MHz)，采用点对多点或广播方式，向无人机发送控制命令和接收遥测数据[1]。集群无人机之间的通信主要用于无人机之间的状态和载荷信息交互。无人机集群由于节点数量多、任务种类多、飞行速度快、相对时空关系变化频繁以及信息传递的即时性和突发性等，使得集群通信和组网具有很大的挑战性[2]。

无人机集群网络的通信模式主要有预规划、空地通信、自组织网络，以及分簇网络。其主要特征如下。

预规划：在此模式下，无人机集群在飞行前就由地面控制中心指定任务，包括预定航迹、覆盖区域和部署位置，而不需要做自我决策。此类无人机集群适合于稳定的飞行环境，但是对于动态可变的网络缺乏应急处理能力。

空地通信：地面基站通过空地链路和无人机集群进行通信。无人机可以作为空中基站，并和地面用户共享频谱资源。此类无人机集群非常依赖于地面通信设备，而且在无人机大规模特征下，往往无法承担高负荷的通信和运算开销。

自组织网络：无人机集群不需要地面控制中心，通过分布式优化方法在空中进行自主决策。此种模式适合动态环境下的信息实时交互及位置部署，无人机通过频谱感知和信息交互对任务进行处理并执行。然而，在无人机大规模特征下，该网络结构的搭建过于复杂，这也是该模式亟须解决的问题。

　　分簇(clustering)网络:基于分簇的无人机集群网络是飞行自组网(flying Ad hoc networks,FANETs)中的一个重要框架。在该网络框架中,簇头负责与指挥控制中心通信,并同时与其他簇头进行信息共享。而在一个簇中,簇头通过集中式管理负责簇成员的通信和资源分配。该网络能够高效地应对大规模的无人机集群通信,通过赋予每个簇"自治"的方式,既满足了通信的高需求,也保证了信息传输的安全。然而,各分簇自下而上的任务驱动往往很难与控制中心相匹配,这也是分簇网络所面临的挑战。

　　预规划以及地面基站集中控制下的无人机集群网络并不需要研究机群内部的架构,因此网络搭建较为容易。但对于智能决策下的无人机集群网络,大规模无人机的科学部署和自组织通信必不可少。自组织网络为无人机奠定了智能决策的基础,而分簇网络则给无人机集群的智能决策化提供了合理的编队部署和合作模式。在分簇网络中,簇头的选择是受任务驱使的,可以由通信需求、位置规划和信息传输等决定。簇头的选择也是多样的,事实上,每个簇都近似于一个集中式的控制网络,但簇间的信息交互则将所有的无人机集群都联系到了一起。

2.2　无人机集群网络架构

　　无人机集群网络架构是无人机组网设计的核心内容之一,合理的集群网络架构,可以提高整个网络信息传输的效率,提升对集群协同乃至任务能力的支撑。当前的无人机集群主要网络架构有:基站集中控制架构、自组织网状网络架构,以及混合组网架构。

　　基站集中控制架构[3]是以地面中心站为中心基站,空中无人机通信终端为节点,所有节点直接连接到基站,实现地面中心站与所有网络节点间直通;无人机间以基站为中心进行交互通信。基站接收集群中所有无人机的遥测信息,并转发给其他所有或部分无人机。当无人机集群组网节点数目相对较少、无人机执行任务作业的覆盖区域较小,且无人机任务作业相对简单时,基站集中控制架构模式比较合适。基站集中控制网络结构比较稳定,采用较简单的路由算法,且规模较小,信息传输的时延小,能够节省网络信道资源,降低能源消耗。基站集中控制架构可以使用基站高性能计算设备进行无人机集群网络优化的复杂优化操作,并且集群内部成员无人机之间的直接通信很少,能大大降低无人机的负载[3,4]。但是,基站集中控制架构严重依赖于基站,系统稳定方面冗余性不足。如果基站出现故障或者遭受打击,整个无人机集群就将失去控制。另外,基站集中控制架构严重限制了无人机集群的范围,因为每一个无人机都要与基站连通,其活动范围必然受限。基站集中控制架构会大大降低无人机集群的扩展性。同时,无人机集群的分布式特点被这种网络架构严重限制。其实,虽然基站集中控制架构具有结构简单、管理简单的特点,但是随着无人机集群规模的增长，在基站处的集中式网络优化的复杂性将迅速增长，由于缺乏分布式决策能力，通信数量、决策维数等存在维数爆炸的问题，即便是基站具备很强的计算能力，也不能应对这种复杂性的增长。所以，这实际上是一种道理上简单但实践上复杂的架构。

自组织网状网络架构由地面控制站和空中无人机节点组成，所有节点设备功能相同，都具备终端节点和路由功能。空中无人机节点不能一跳链接到地面中心站时，通过多跳路由到中心站实现全网所有节点的互联互通。当作战任务较为复杂、无人机集群规模比较大、网络拓扑多变、任务复杂、机间协调通信频繁、作业半径大、自主协同完成任务为主时，适合采用网状自组网。由于无人机集群网络较复杂，节点间相互通信较为频繁，路由时延要求很小，在远距离节点间进行通信时采用按需路由技术，能有效降低路由维护开销，提高网络鲁棒性。无人机集群自组织网状网络架构主要来源于人们将移动自组网和车载自组网概念拓展到无人机网络中而提出的飞行自组网[4-7]。集群成员之间的数据共享和信息传递，不依赖于中心基站，而是通过集群成员之间的相互传递，其实就是一个动态变化的机器对机器(machine to machine，M2M)通信网络[8]。文献[9]从移动性、拓扑和能耗等方面比较了移动自组网、车载自组网和无人机自组网，并分析了各种自组网的路由协议和节能策略。文献[10]综述了无人机集群在民用领域，包括搜索援救、覆盖侦查和运送物品等应用中通信组网的特点和需求。

混合组网架构顾名思义就是结合前两种架构的特点，根据实际需求灵活配置和组合，具体形式由无人机集群网络所处环境、所需功能和集群成员所具备的功能来决定。

无人机集群自组织网状网络架构是最能体现无人机集群分布式特点、最能符合无人机集群鲁棒性要求的网络架构，也是无人机集群发展的方向。无人机集群自组织网状网络架构被认为适用于无人机网络的重要原因是它们的自形成和重组特性。一旦节点被配置和激活，它们就会自动或在控制中心的引导下形成网格结构。当这种情况发生时，网络对于一个或多个节点的故障具有弹性。无人机集群自组织网状网络架构具有固有的容错性，支持自组网、自形成、自修复和自组织增强了无线网状网络的性能，使其易于部署和容错[11,12]。无人机网络的目标是确保所有活动网络节点的连通性，以便通过多跳通信维护网状网络，为用户提供最佳访问[13]。无线网状网络由于干扰、移动性或带宽需求等原因，容易出现链路故障，这将导致网络性能的下降，但通过网络重构可以有效地解决这个问题。节点监视它们的链路，任何故障都会触发重新配置过程。自主网络重构系统需要计算开销和合理的带宽。有时，由于电池耗尽或通信故障，一些无人机可能会停止服务。在这种情况下，网络中剩余的节点会重新组织并重新建立通信。

虽然无人机集群自组织网状网络架构的自组织特性带来的好处是巨大的和令人

鼓舞的，但是自组织网的挑战同时也更大[14]。相比于普通的无线自组织网络或者是车联网，无人机集群网络具有很多新的特点：一是无人机的移动速度远远高于人或车；二是无人机集群内部成员功能之间的差异要大于人或车；三是无人机的机载组网设备受到重量、体积、功耗和成本的限制也要大于人或车；四是无人机的机载组网设备的可靠性要求要高于人或车，因为其错误不能得到人的纠正。

2.3　无人机集群网络的特点

无人机集群网络有"大规模""超密集""高动态""自组织""多约束""异构性"等特点。这些特点来源于无人机集群的固有特性，是无人机集群强大功能的源泉，但这些特点的存在，也使得无人机集群网络优化相比于传统无线网络更具挑战性。

2.3.1　大规模

"大规模"是指数量庞大的无人机组成机群进行作业。大规模特征是无人机集群发挥数量优势的必然，也是无人机集群正在高速发展的方向之一。从一开始的十几架、几十架无人机规模的集群，到几百架、几千架规模的无人机集群，只用了短短数年时间。而现在的前沿研究，已经在讨论上万架无人机集群的编队、控制、协同等理论和技术问题。从集群网络优化的角度来说，大规模就意味着网络优化的对象多、通信链路多、需要资源多、决策实体多、系统状态多。

2.3.2　超密集

"超密集"是指相对于普通无线网络来说，无人机集群编队内部成员之间的间距很小，网络节点的密度很高。为了发挥集群作战的效果，无人机通常以密集队形的形态出现。"超密集"意味着集群内部成员之间的通信将面临较多的相互干扰，空分复用技术的使用将面临挑战。这也导致了无线频谱的高度竞争和过度拥塞，从而影响大规模无人机集群智能协同功能的实现。"超密集"特性对无人机集群内部频谱资源分配提出了更高的要求，才能适应这种密集空间内大规模用频用户的冲突避免。尤其是当无人机集群成员都具有智能决策能力时，如何在各自决策自主化的同时，实现密集成员之间相互干扰的消除，是无人机集群网络优化面临的一个崭新课题。

2.3.3　高动态

"高动态"是指无人机的高速移动性使得无人机相互之间的位置关系、任务关系和无线环境一直在动态变化；"高动态"是无人机集群的固有特征，也是无人机集群网络优化区别于传统无线网络优化的本质特征之一，是无人机集群网络优化挑战的根本来源之一。传统上，无论是资源分配，还是路由决策都是网络优化的传统难题，而高动态，进一步加剧了这些问题的严重性。高动态，带来的是网络优化决策信息收集的困难、滞后和不准确、不完全，带来的是网络状态信息获取的代价高昂，还带来的是对网络优化决策时效性要求的大幅度提升。

2.3.4　自组织

"自组织"意味着各无人系统的自主控制与协同执行任务，没有中心控制实体来统一指挥调度和管理，也没有更多的基础通信网络设施来支撑和辅助。"自组织"同样是无人机集群的固有特性之一，是无人机集群功能分布化、集群扩展性强、灵活度高、鲁棒性好等一系列优点的来源。某种程度上说，如果脱离了"自组织"，无人机集群的这些优点将不复存在，虽然其数量规模优势仍在，但其灵活多变的集群属性已经大打折扣。而同样地，自组织特性也给集群网络优化带来了严峻挑战。缺乏决策中心、信息如何分发、如何汇聚、资源如何统筹分配、行动如何协调一致，都是"自组织"网络所需要解决的难题。

2.3.5　多约束

"多约束"是指在无人机集群网络优化的过程中，必须考虑由无人机平台限制、环境限制等带来的能量约束、频谱约束、信息约束、算力约束等优化限制，对其优化决策空间、优化算法的复杂度、算法的收敛速度、算法的信息需求等都有了极大的限制。传统上，对网络优化理论和算法的研究中，较少考虑其面临的实际约束，因为传统网络可以依赖于有线宽带的高速信息传递，可以依赖于计算中心的强大后台计算，可以依赖于频谱地图等的环境信息支持。然而，这些条件，无人机集群网络都没有，其网络优化算法面临的各种约束是刚性的，难以靠外部力量来补充的。因此，无人机集群网络优化不能仅仅局限于抽象出来的数学模型，必须充分考虑其多种约束。

2.3.6　异构性

"异构性"也是无人机集群相比于传统无线网络的一个突出特点。传统的无线网络，虽然其用户需求也有差别，但是由于其设备的市场化、标准化，应用业务类型的有限性，其异构性并非特别突出，或者说，范围是比较确定的、有限的，且局部区域的异构性，往往十分有限。而无人机集群不同，由于其本身设计初衷就是要通过不同功能无人机的相互配合来实现整体功能的同时，达到功能分布化、系统鲁棒性的目的，则其不同成员之间的异构性将会非常突出。具体对于集群网络优化而言，由于无人机集群内部控制和数据传输的需要，以及不同功能无人机传输数据的巨大差异，带来了无人机集群内部通信传输需求的异构。

2.4　无人机集群网络优化的研究概述

无人机集群组网技术是发挥集群效能的基础，成为当前国防领域、工业界，以及学术界的研究热点。

如图 2-1 所示为一个任务驱动下的无人机集群网络优化场景。无人机集群在指定的任务区域执行相关任务。无人机集群通过空地链路对地面进行协同侦查、通信覆盖、信息采集等任务，并将业务数据流通过无人机通信链路上传给指挥无人机，如果存在无人机编队（分簇），相关信息则会通过簇头无人机进行转发。对于指挥无人机，在进行指挥控制命令的下达时，需要通过频谱资源的分配对不同需求的无人机进行指令分发。任务驱动的本质是无人机集群在进行网络优化决策时的必要条件约束，这使得无人机集群在协同作业时，产生了一系列基于任务目标的自主协同优化问题：①如何使规模庞大的无人机在合理的部署下高效地进行并行作业；②如何使无人机集群依据任务驱动和环境参数调整自身状态和资源配置；③如何使无人机集群能够独立自主地对当前态势进行决策，从而匹配任务需求？为达到上述目标，需要一个强健的无人机集群网络来支撑。本书重点关注无人机集群网络中的频谱分配、接入优化、路由选择、拓扑优化等几个方面。下面就相关问题的研究现状做一简要介绍。

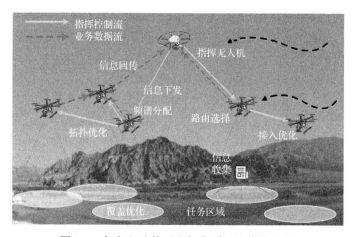

图 2-1　任务驱动的无人机集群网络优化场景

2.4.1　无人机集群网络频谱分配研究现状

无人机集群大规模的特征会给无人机集群的状态信息带来很多不稳定因素，在复杂战场环境中任务信息以及网络结构的高速变化下，传统集中式网络资源分配方式无法有效应对且难以实现。众多研究都致力于能够有效处理大规模无人机集群下的资源分配和调度优化。

针对频谱资源的优化研究，当前大多数研究工作的重点仍然是精确的频谱感知以及完善的动态频谱共享[15]。文献[16]探讨了异构无人机集群网络中的动态频谱共享问题，提出了一种无人机导航数据辅助的动态频谱管理方案。文献[17]研究了在无线感知网络中使用无人机进行数据采集时考虑资源分配的不同模型和策略。针对异构小蜂窝网络中，无人机紧密集成阻碍了高效的资源获取，文献[18]提出了一种资源分配优化机制，从而最小化蜂窝网络中多层无人机的平均包传输延迟。在复杂战场环境中任务信息以及网络结构的高速变化下，传统集中式优化方式很难有效应对动态资源分配和优化调度。部分研究从博弈理论的角度出发，对无人机的资源分配问题进行了探讨。考虑到频谱资源需求内容存在重叠，重叠联盟形成博弈[19]被用于频谱在空域上的复用，文献[20]提出了分布式解决用户资源分配问题的重叠式联盟形成算法。

无人机集群的高机动特性也使得缓存技术的优势得到了充分发展，通过缓存提升文件资源的复用率，从而减少相应的获取成本。缓存中继也是无人机集群资源调度方法的重要内容之一[21,22]。文献[23]针对如何最大限度地降低带宽成本，研究并设计了一个分布式无人机缓存集群。文献[24]中提出了一个基于精确势能博弈的缓存框架，使得用户能够从终端下载到更多文件。文献[25]研究了无人机在超密集网络中通过高速缓存的可扩展视频的安全传输。该工作将无人机作为次级基站，向地面移动用户提供业务需求，同时为了减少无线回程的压力，无人机和基站都能够在非高峰时间缓存相应业务。

2.4.2　无人机集群网络传输优化研究现状

在未来大规模部署、密集化协同的无人机集群通信场景下，单架无人机往往受限于视距链路和功率，从而无法满足全网的通信需求，需要无人机集群进行信息共享，同时进行传输优化，从而实现整个机群的互通。这使得无人机集群网络需要赋予无人机节点自组织的功能，并依据通信需求有效地执行预分配和实时任务。在公共安全事故(如地震、火山爆发、军事攻击等)场景中，考虑到地面通信基础设施将在自然灾害期间被摧毁，对于无人机来说，执行有效的覆盖部署并执行搜索和救援行动是至关重要的。无人机可以作为空中基站，取代受损的通信基础设施，机动性和视距(line of sight，LOS)的特点使无人机能够支持地面网络进行信息传输和连接增强[26-30]。

一般来说，随着通信传输距离的增加，信号接发能量消耗将呈指数级增长。为避免高能耗，中继技术被引入无人机集群网络，通过帮助无人机与远端无人机进行通信，从而有效解决传输能力有限的问题[28]。然而，由于无人机集群间复杂的合作行为难以在信息传输场景下得到良好刻画，无人机部署和传输机制的设计仍然具有挑战性。文献[30]提出一个在灾害搜索场景下的多无人机协同控制策略，通过将无人机的状态分为搜索和中继，设计了多无人机协同控制算法，从而有效地规划无人机的路径并优化了中继网络的通信性能。

节点大规模化、决策自组织化和外部干扰密集化等特点加剧了信息传输节点部署的困难性，复杂的外部环境也有可能导致网络中的中继节点受损而无法使用。因此，复杂网络环境下各个用户节点间需要稳健的传输优化，使得用户效用达到最优。文献[31]研究了一种灾难场景下的无线中继网络模型，通过将进行环形飞行操作的无人机设置为地面站之间具有弹性的移动中继，将接收到的信息进行解码，并由转发协议将接收到的信息转发给目的地，同时提出了一种可变速率中继的方法解决了环形飞行操作对固定翼的限制，从而优化了可实现的性能。文献[21]中首次对无人机中继系统的无人机节点布置和通信资源分配问题进行了研究，通过优化传输功率、带宽、传输速率和无人机的位置，从而最大限度地提升全网的吞吐量。文献[22]设计了一种全新的非正交传输算法，通过联合优化传输时间和信号功率，最大化提升无人机网络下的用户设备总吞吐量，并通过对故障概率和功率控制策略的分析，保证了无人机的无缝传输。

开放的通信环境使得无人机通信链路更容易被干扰，这使得网络信息传输面临着安全威胁，从而影响通信质量。文献[32]总结并探讨了无线通信固有的开放特性在各个协议层所带来的安全漏洞和威胁，并设计了有效的防御机制，以提高无线网络的安全性。同时也讨论并总结了物理层安全技术，并介绍了干扰机制的几种模式。抗干扰技术也被用于信息传输安全的优化。文献[33]具体分析了抗干扰通信在无线网络中的技术挑战，包括敌对性特征、不完全信息约束、动态性、不确定性、密集部署和异构特性等。在此基础上，明确了抗干扰通信的要求，并提出了一种基于抗干扰防御斯塔克尔伯格博弈(Stackelberg game)模型的抗干扰决策框架。经典的抗干扰技术主要分为功率域、频域、空域三个方面。针对干扰器能够自适应调整其传输功率从而只能干扰用户，文献[34]考虑单通道模型和多通道模型，通过将问题建模为 Stackelberg 博弈模型，计算出用户在智能干扰器下最大化效用的最佳传输功率。频域方面抗干扰技术主要有跳频扩频和直接序列扩频，然而会被有限的频谱资源所限制，现有的研究工作通过博弈决策[33]和强化学习[35]的方式优化了无人机的智能决策能力，从而提升了系统的选频性能。总的来说，当前无人机集群网络的信息传输共享及传输优化主要针对节点部署、功率优化及信道划分进行研究，旨在通过完善及增强通信链路，以提升全网数据传输吞吐量。

2.4.3　无人机集群网络拓扑优化研究现状

覆盖问题是无人机集群应用的一个基础问题,同时也与协同侦查的目标息息相关。目前,很多研究工作都集中在探讨无人机对任务区域的覆盖问题[7,10,36]。事实上,大部分任务驱动下的无人机集群最终能够转化成如通信区域覆盖、目标搜寻等目标覆盖问题。而基于网络拓扑优化的任务区域覆盖同样关注能量效率问题。在不同的任务驱动下,所形成的无人机覆盖部署对应着不同的拓扑网络。为达到任务驱动下所需的高效目标,问题往往转化成为在能量约束条件下的覆盖优化问题。

文献[36]介绍了无人机覆盖场景下的一些覆盖类型,通过考虑能量、连通性、障碍物、威胁等约束条件,研究无人机网络的连续(时间、空间)覆盖问题,并对场景结构和节点类型进行了探讨。文献[37]提出了一种在给定无人机和地面单位时,由天线增益和高度决定的覆盖概率函数,分析了多无人机作为无线基站对地面用户的高效部署模型,使得无人机在最大生存时间下达到覆盖区域最大化。同时在给定任务区域和目标覆盖概率的前提下,保证了完成覆盖任务时需要的无人机最小数量。针对在大规模业务需求的蜂窝网络下基站部署越来越困难的问题,文献[38]将无人机作为辅助移动基站,引入无人机悬停中继技术,并通过考虑频率复用、干扰、回程资源分配和覆盖等因素进行节点部署,实现了动态和自适应覆盖。文献[39]提出了一种在灾害场景中应用无人机作为移动基站的模式,并对网络的干扰管理提出了新的要求。大部分覆盖问题对无人机的动态性和分布式交互提出了要求。同构异构特征、连通性以及环境威胁都是无人机集群通信覆盖部署中重要的影响因素。

传统无人机集群网络覆盖能力的基本测量方式为已覆盖区域和给定任务区域的比值[36]。通过增加环境参数或者调整任务驱动,可以使全网的覆盖能力更具体、更精确。作者在文献[40]中探讨了无线传感网络(wireless sensor networks,WSN)下无人机静态覆盖的具体模式,将该网络下的覆盖定义为传感器观测到的物理空间的长度和准度。然后,对WSN下的覆盖问题进行了详尽的总结和相关概念的定义,并对相关应用研究进行了讨论。文献[41]对灾难场景下的通信恢复问题进行研究,通过采用无人机作为中继进行数据传输,从而加强地面网络的连通性。在此框架下,作者分析推导了这两种模式下的覆盖概率公式,并实现了最大化地面网络吞吐量下无人机的最佳高度,为多无人机合作覆盖并支持地面网络提供了一定的理论参考。

在无人机合作覆盖模式下,诸如地面侦查、通信覆盖和监测等任务都能够被高效地执行并完成。文献[42]研究了无人机分簇网络中的合作覆盖模型,通过泊松分布部署了无人机和地面基站的位置,构建了一个考虑无人机飞行高度下的信噪比覆盖概率公式,最后通过设计覆盖概率和收益对无人机合作覆盖数量进行分析。文献[43]研究了一种基于地面终端的无人机节能通信,考虑无人机能量消耗和通信吞吐量,设计了一个由天线增益和高度决定的覆盖概率函数,并构建了多无人机作为无线基站对地面用户的高效部署模型,并对相应的覆盖任务进行了分析。

2.4.4 无人机集群网络路由优化研究现状

由于无人机集群网络与移动自组织网络(mobile Ad hoc networks,MANETs)和车载点对点网络(vehicular Ad hoc networks,VANETs)有明显的相似性,研究人员已经研究了在这些环境中使用的协议,以便在无人机集群网络中应用。然而,多无人机网络可能有不同的要求需要考虑,如移动模式和节点定位、频繁的节点移除和添加、间歇链路管理、功率约束、应用领域及其服务质量要求。由于无人机集群网络特有的这些问题,虽然已经提出了对移动自组网协议的修改,但仍然需要开发新的路由算法,以在无人机之间以及从无人机到控制中心之间进行可靠的通信。以下分析一些网络协议对无人机集群网络的有用性:①静态路由协议;②主动路由协议;③按需或被动协议;④混合路由协议。

1)静态路由协议

静态协议有静态路由表,这些路由表是在任务开始时计算和加载的。这些表在操作过程中无法更新。由于这种限制,这些系统不能容错,也不适合动态变化的环境。它们对无人机网络的适用性是有限的。一种这样的协议是装载运送路由[44],其中地面节点将数据传递给无人机,无人机将数据运送到目的地。它旨在最大化吞吐量,同时提高安全性。多级分层路由[7]解决了大规模车辆网络中面临的可扩展性问题。在无人机网络中,簇头的频繁变化会给网络带来很大的开销。以数据为中心的路由:路由是基于数据的内容进行的。当数据有多个节点请求时,可用于无人机网络中的一对多传输。它与集群拓扑配合良好,其中集群头负责向集群中的其他节点传播信息[4]。

2)主动路由协议

主动路由协议(proactive routing protocol,PRP)在其节点中使用表来存储网络中其他节点或特定区域节点的所有路由信息。拓扑发生变化时,需要更新这些表。主动路由的主要优点是它包含路由的最新信息。但是为了保持表是最新的,需要在节点之间交换许多消息。这使得它们因为带宽限制而不适合无人机网络。另一个使它们不适合无人机网络的问题是它们对拓扑变化的缓慢反应导致了延迟[7]。在移动自组网/移动自组网中使用的两个主要协议是优化链路状态路由(optimized link state routing,OLSR)和目标排序距离矢量(destination-sequenced distance vector,DSDV)协议。除此之外,还有基于距离矢量路由协议和最佳下一跳主动路由协议。

(1)OLSR 是目前 Ad hoc 网络中最常用的路由算法之一。OLSR[45]跟踪网络拓扑，在无人机中，节点位置和互连链路变化很快，这将导致交换的控制消息数量增加。拓扑控制消息开销的增加不仅会导致争用和包丢失，还会给无人机网络已经有限的带宽带来压力。优化包括选择一些节点作为多点中继，它单独转发控制流量，减少所需的传输。OLSR 链路质量扩展可用于考虑链路质量。细节在 RFC 3636[46]中给出，对几个指标的评估在文献[47]中给出。DREAM(distance routing effect algorithm for mobility)是一种用于移动性的距离路由效果算法。这些坐标在每个节点之间定期交换，并存储在路由表(称为位置表)中。如果楔形区内没有单跳邻居，则在每一跳使用未定义的恢复机制重复该过程[48]。

(2)DSDV 是一种表驱动的主动路由协议，它主要采用贝尔曼-福特(Bellman-Ford)算法，对自组网进行了少量的调整。DSDV 使用序列号来确定路由的新鲜度并避免循环。该协议需要较大的网络带宽用于更新程序。与此同时，主动协议的计算和存储负担使 DSDV 在架空网络中处于不利地位。在文献[3]中，作者比较了 DSDV 与其他协议的性能。

(3)基于距离矢量路由协议。它适用于不稳定的网络。在 RFC 6126[49]中解释的基于距离矢量路由协议有关于链路质量估计的规定。它可以实现最短路径路由或使用链路质量度量。它的缺点之一是依赖于周期性的路由表更新，产生的流量比当网络拓扑改变[50]时发送更新的协议更多。Rosati 等[51]研究表明，基于数据报丢失率和平均中断时间的避免环路距离向量路由协议无法良好运行。

(4)最佳下一跳主动路由协议[51]是一种相对较新的无线自组织网状网络主动路由协议(better approach to mobile Ad hoc networking，B.A.T.M.A.N)，可用于移动自组织网络等环境。该协议主动维护关于网格中可通过单跳或多跳通信链路访问的所有节点的存在的信息。对于每个目的地，识别用于与该目的地通信的下一跳邻居。B.A.T.M.A.N 算法只关心每个目的地的最佳下一跳。它不计算完整的路线，这使得非常快速和高效的实现成为可能。B.A.T.M.A.N 的关键点是分散关于网络最佳路由的知识——没有一个节点拥有所有的数据，创造了一个集体智慧的网络。这种方法已经在实践中表明，它是可靠的和无回路的[52]。

3)按需或被动协议

反应式路由协议(reactive routing protocol，RRP)是一种按需路由协议，其中当一对节点之间有通信时，存储它们之间的路由。RRP 旨在克服主动路由协议的开销问题。由于按需的性质，没有周期性的消息传递使 RRP 带宽高效。另外，寻找路线的过程可能需要很长时间，因此，在路由查找过程中可能会出现高延迟。反应式协议有两种类型：源路由和逐跳路由。在源路由中，每个数据包都携带完整的源到目的地址，因此中间节点可以根据该信息转发数据包。保持连接不需要周期性的信标。

在逐跳路由中，每个数据包只携带目的地址和下一跳地址，中间节点维护路由表转发数据。这种策略的优点是路由能够适应动态变化的环境。缺点是，每个中间节点必须存储和维护每个活动路由的路由信息，并且每个节点可能需要通过使用信标消息来知道它们周围的邻居[50,53]。两种常用的路由协议是动态源路由(dynamic source routing，DSR)和自组织按需距离矢量(Ad hoc on-demand distance vector routing，AODV)。

(1) DSR 主要是为移动节点的多跳无线网状自组网设计的。它允许网络自组织和自配置，而不需要任何现有的网络基础设施。DSR 完全根据需求工作，它会自动调整以应对当前使用路线的变化。它的"路由发现"和"路由维护"机制允许节点发现和维护到任意目的地的路由。它允许从多条路由中选择到任何目的地的路由，该功能可用于负载平衡等应用。它保证了无环路由[54]。当应用于无人机网络时，寻找 DSR 的新航线可能会很麻烦[55]。

(2) AODV 是一种用于移动自组织网络的逐跳反应路由协议。它能很好地适应动态链路条件，内存开销低，网络利用率低，并能确定到达特定网络内目的地的单播路由[56]。它类似于 DSR，但不同于 DSR，每个数据包只有一个目的地地址，因此开销较低。DSR 的路由回复携带每个节点的地址，而 AODV 的路由回复只携带目的地的 IP 地址。在路由构建过程中会有延迟，链路或节点故障可能会触发路由发现，这会带来额外的延迟，并随着网络规模的增加而消耗更多带宽。随着间歇性链路变得更加普遍，吞吐量急剧下降[57]。Shirani 等[58]提出了一种用于空中应用的组合路由协议，称为反应-贪婪-反应(reaction-greed-reaction，RGR)。该协议结合了贪婪地理转发(greedy geographic forwarding，GGF)和反应路由机制。

4) 混合路由协议

通过使用混合路由协议，可以减少反应式路由协议中初始路由发现过程的大延迟，并减少主动式路由协议中控制消息的开销。它特别适用于大型网络，并且网络被划分为多个区域，其中区域内路由使用主动方法执行，而区域间路由使用被动方法执行。混合路由根据网络特性调整策略，适用于移动自组网。然而，在移动自组网和无人机网络中，动态的节点和链路行为使得信息的获取和维护变得困难，这使得调整路由策略难以实现。

(1) 区域路由协议(zone routing protocol，ZRP)[59]基于区域的概念。区域由预定义区域内的节点集组成。在移动自组网中，大部分的流量被导向附近的节点。区域内路由使用主动方法来维护路由。区域间路由负责向区域外发送数据包。它使用被动的方法来维护路线。ZRP 利用路由区域拓扑的知识来提高全局反应路由查询/回复机制的效率。路由区域的主动维护也有助于提高发现路由的质量，使它们对网络拓扑的变化更加鲁棒。

(2)临时有序路由算法(temporary ordered routing algorithm,TORA)[60]是一种用于多跳网络的混合分布式路由协议,其中路由器只维护相邻路由器的信息。其目的是通过最小化对拓扑变化的反应来限制高度动态移动计算环境中控制消息的传播。它构建并维护一个从源节点到目的节点的有向无环图。TORA 不使用最短路径解决方案,经常使用较长的路由来降低网络开销。在链路中断的情况下,为了快速找到新的路由并提高适应性,它是首选[47]。基本的底层算法既不是距离矢量,也不是链路状态,而是一种链路反转算法。该协议建立了一个无环路的多路径路由结构,用于将流量转发到给定的目的地。

表 2-1 总结了路由协议及其对无人机网络的适用性。

表 2-1 路由协议对无人机网络的适用性

协议类型	无人机网络应用中的问题
静态	固定表,不适合动态拓扑,不能很好地处理变化,不可扩展,更高的人为错误的可能性
基于位置的分组路由协议(LCAD)	交付延迟较大
层次路由协议(MLHR)	通道成为单点故障,通道出现容量问题
以数据为中心(Data Centric)	由于查询响应导致网络过载,基于集群的问题
主动路由协议(Proactive)	维护最新表格的开销很大,带宽受限的网络无法使用它们,对拓扑变化的缓慢反应会导致延迟
先应式的链路状态协议(OLSR),地理源路由协议(GSR),先应式的链路状态协议(FSR)	更高的开销,路由环路
目的节点序列距离矢量协议(DSDV)	消耗大量网络带宽、更高的开销、定期更新
基于距离矢量路由协议(BABEL)	定期更新、开销更高、带宽要求更高
移动自组织网络优化路径协议(B.A.T.M.A.N.)	取决于数据包丢失,如果网络不可靠,性能不佳
按需路由协议或被动路由协议(On-demand or reactive)	寻路延迟高,源路由不能很好地扩展,因为大的网络开销可能会因为大的报头大小而增加。对于逐跳,中间节点必须有路由表
动态源路由协议(DSR)	完成从源到目的地的路由地址,扩展是一个问题,动态网络是一个问题
无线自组网按需平面距离向量路由协议(AODV)	以路线建设中的延误为代价降低管理费用。链路故障可能会触发路由发现,随着网络规模的增加,延迟会增加,带宽也会增加
混合自动重传请求(Hybrid)	动态网络难以实现
混合式路由协议(ZRP)	区域间交通可能拥堵,半径是无人机网络中难以维护的一个重要因素,复杂性更高
可用加速停止距离(TORA)	可能会产生暂时无效的结果
三维地理路由(Geographic 3D)	交互信息量大,路由开销大

参 考 文 献

[1]　Campion M, Ranganathan P, Faruque S. UAV swarm communication and control architectures:A review[J]. Journal of Unmanned Vehicle Systems, 2019, 7(2): 93-106.

[2]　Robert O W, Thomas P E. The unmanned combat air system carrier demonstration program: A new dawn for naval aviation[R]. Washington D. C.: Center for Strategic and Budgetary Assessments, 2007.

[3]　Turnadereli I, Bekmezci I. Performance comparison of MANET routing protocols for UAV Ad Hoc networks[J]. International Symposium on Computing in Science & Engineering, 2013: 169.

[4]　Bekmezci I, Sahingoz O, Temel S. Flying ad-hoc networks(FANETs): A survey[J]. Ad Hoc Networks, 2013, 11(3): 1254-1270.

[5]　Sivakumar A, Tan C. UAV swarm coordination using cooperative control for establishing a wireless communications backbone[C]//International Conference on Autonomous Agents and Multiagent Systems, 2010: 1157-1164.

[6]　卓琨, 张衡阳, 郑博, 等. 无人机自组网研究进展综述[J]. 电信科学, 2015, 31(4): 134-144.

[7]　Sahingoz O. Networking models in flying Ad-hoc networks(FANETs): Concepts and challenges[J]. Journal of Intelligent and Robotic Systems, 2014, 74(1/2): 513-527.

[8]　Gupta L, Jain R, Vaszkun G. Survey of important issues in UAV communication networks[J]. IEEE Communications Surveys & Tutorials, 2015, 18(2): 1123-1152.

[9]　Xie J, Wan Y, Kim J, et al. A survey and analysis of mobility models for airborne networks[J]. IEEE Communications Surveys & Tutorials, 2013, 16(3): 1221-1238.

[10]　Hayat S, Yanmaz E, Muzaffar R. Survey on unmanned aerial vehicle networks for civil applications: A communications viewpoint[J]. IEEE Communications Surveys & Tutorials, 2016, 18(4): 2624-2661.

[11]　Watkins F J, Hinojosa R A, Oddershede A M. Alternative wireless network technology implementation for rural zones[J]. International Journal of Computers, Communications & Control, 2013, 8(1): 161-165.

[12]　Wang Y, Zhao Y J. Fundamental issues in systematic design of airborne networks for aviation[C]//IEEE Aerospace Conference, 2006.

[13]　Athreya A P, Tague P. Network self-organization in the Internet of Things[C]//2013 IEEE Internet-of-Things Networking & Control, 2013: 25-33.

[14]　Raj J S, Sharnya P. Self organizing wireless mesh network[J]. International Journal of Innovation and Applied Studies, 2013, 3(2): 486-492.

[15]　Marcus M. Spectrum policy challenges of UAV/drones [Spectrum Policy and Regulatory

Issues][J]. IEEE Wireless Communications, 2014, 21(5): 8-9.

[16] Si P, Yu F R, Yang R, et al. Dynamic spectrum management for heterogeneous UAV networks with navigation data assistance[C]//Wireless Communications and Networking Conference, 2015: 288-293.

[17] Jawhar I, Mohamed N, Al-Jaroodi J. UAV-based data communication in wireless sensor networks: Models and strategies[C]//International Conference on Unmanned Aircraft Systems, 2015: 687-694.

[18] Li J, Han Y. Optimal resource allocation for packet delay minimization in multi-layer UAV networks[J]. IEEE Communications Letters, 2017, 21(3): 580-583.

[19] Wang T, Song L, Han Z, et al. Overlapping coalition formation games for emerging communication networks[J]. IEEE Network, 2016, 30(5): 46-53.

[20] Di B, Wang T, Song L, et al. Collaborative smartphone sensing using overlapping coalition formation games[J]. IEEE Transactions on Mobile Computing, 2017, (14): 30-43.

[21] Fan R, Cui J, Jin S, et al. Optimal node placement and resource allocation for UAV relaying network[J]. IEEE Communications Letters, 2018, 22(4): 808-811.

[22] Baek J, Han S I, Han Y. Optimal resource allocation for non-orthogonal transmission in UAV relay systems[J]. IEEE Wireless Communications Letters, 2018, 7(3): 356-359.

[23] Borst S, Gupta V, Walid A. Distributed caching algorithms for content distribution networks[C]// Conference on Information Communications, 2010: 1478-1486.

[24] Zhu K, Zhi W, Zhang L, et al. Social-aware incentivized caching for D2D communications[J]. IEEE Access, 2016, 4: 7585-7593.

[25] Zhao N, Cheng F, Yu F R, et al. Caching UAV assisted secure transmission in hyper-dense networks based on interference alignment[J]. IEEE Transactions on Communications, 2018, 66(5): 2281-2294.

[26] Sara A, Essaid S, Halima E, et al. Data gathering and energy transfer dilemma in UAV-assisted flying access network for IoT[J]. Sensors, 2018, 18(5): 1519.

[27] Li J, Chen J, Wang P, et al. Sensor-oriented path planning for multiregion surveillance with a single lightweight UAV SAR[J]. Sensors, 2018, 18(2): 548.

[28] Liu D, Xu Y, Wang J, et al. Self-organizing relay selection in UAV communication networks: A matching game perspective[J]. IEEE Wireless Communications, 2019, 26(6): 102-110.

[29] Orsino A, Ometov A, Fodor G, et al. Effects of heterogeneous mobility on D2D-and drone-assisted mission-critical MTC in 5G[J]. IEEE Communications Magazine, 2017, 55(2): 79-87.

[30] Fu X, Gao X. Multi-UAVs cooperative control in communication relay[C]//IEEE International Conference on Signal Processing, Communications and Computing, 2016: 1-5.

[31] Ono F, Ochiai H, Miura R. A wireless relay network based on unmanned aircraft system with rate optimization[J]. IEEE Transactions on Wireless Communications, 2016, 15 (11): 7699-7708.

[32] Zou Y, Zhu J, Wang X, et al. A survey on wireless security: Technical challenges, recent advances, and future trends[J]. Proceedings of the IEEE, 2016, 104 (9): 1727-1765.

[33] Jia L, Xu Y, Sun Y, et al. Stackelberg game approaches for anti-jamming defence in wireless networks[J]. IEEE Wireless Communications, 2018: 1-9.

[34] Yang D, Xue G, Zhang J, et al. Coping with a smart jammer in wireless networks: A Stackelberg game approach[J]. IEEE Transactions on Wireless Communications, 2013, 12 (8): 4038-4047.

[35] Xiao L, Lu X, Xu D, et al. UAV relay in VANETs against smart jamming with reinforcement learning[J]. IEEE Transactions on Vehicular Technology, 2018, 67 (5): 4087-4097.

[36] Chen Y, Zhang H, Xu M. The coverage problem in UAV network: A survey[C]//International Conference on Computing, Communication and Networking Technologies, 2014: 1-5.

[37] Mozaffari M, Saad W, Bennis M, et al. Efficient deployment of multiple unmanned aerial vehicles for optimal wireless coverage[J]. IEEE Communications Letters, 2016, 20 (8): 1647-1650.

[38] Li Y, Cai L, Li Y, et al. UAV-assisted dynamic coverage in a heterogeneous cellular system[J]. IEEE Network, 2017, 31 (4): 56-61.

[39] Merwaday A, Tuncer A, Kumbhar A, et al. Improved throughput coverage in natural disasters: Unmanned aerial base stations for public-safety communications[J]. IEEE Vehicular Technology Magazine, 2016, 11 (4): 53-60.

[40] Ammari H M. Coverage in wireless sensor networks: A survey[J]. International Journal of Electronics & Computer Science Engineering, 2013, 2 (2): 27-53.

[41] Guo Z, Wei Z, Feng Z, et al. Coverage probability of multiple UAVs supported ground network[J]. Electronics Letters, 2017, 53 (13): 885-887.

[42] Turgut E, Gursoy M C. Downlink analysis in unmanned aerial vehicle (UAV) assisted cellular networks with clustered users[J]. IEEE Access, 2018: 36313-36324.

[43] Zeng Y, Zhang R. Energy-efficient UAV communication with trajectory optimization[J]. IEEE Transactions on Wireless Communications, 2016, 16 (6): 3747-3760.

[44] Cheng C M, Hsiao P H, Kung H T, et al. Maximizing throughput of UAV-relaying networks with the load-carry-and-deliver paradigm[C]//2007 IEEE Wireless Communications & Networking Conference, 2007: 4417-4424.

[45] 陈运海.无线自组网路由协议 OLSR 与 AODV 的对比研究及仿真分析[J].电脑知识与技术, 2018, 14(8): 22-24.

[46] Jacquet P, Muhlethaler P, Qayyum A, et al. Optimized link state routing[J]. IETF RFC, 2003, 23 (99): 95-104.

[47] Cheng B N, Moore S. A comparison of MANET routing protocols on airborne tactical networks[C]//2012 IEEE Military Communications Conference. IEEE, 2012: 1-6.

[48] Peters K, Jabbar A, Cetinkaya E K, et al. A geographical routing protocol for highly-dynamic aeronautical networks[C]//2012 IEEE Wireless Communications & Networking Conference, 2011: 492-497.

[49] Chroboczek J. The Babel Routing Protocol[DB/OL]. [2019-09-14]. https://wenku.baidu.com/view/7dcccf3887c24028915fc34e.html.

[50] Abolhasan M, Wysocki T, Dutkiewicz E. A review of routing protocols for mobile ad hoc networks[J]. Ad Hoc Networks, 2004, 2 (1) : 1-22.

[51] Rosati S, Kruzelecki K, Traynard L, et al. Speed-aware routing for UAV Ad-Hoc networks[J]. IEEE Globecom Workshops, 2013: 1367-1373.

[52] Sandhu D S, Sharma S. Performance evaluation of BATMAN, DSR, OLSR routing protocols-A review[J]. International Journal of Emerging Technology and Advanced Engineering, 2012, 2 (1) : 184-188.

[53] Morgenthaler S, Braun T, Zhao Z, et al. UAVNet: A mobile wireless mesh network using unmanned aerial vehicles[C]//2012 IEEE Globecom Workshops, 2012: 1603-1608.

[54] Johnson D. The dynamic source routing protocol (DSR) for mobile Ad Hoc networks for IPv4[J]. Request for Comments, 2007: 4728.

[55] Brown T X, Argrow B, Dixon C, et al. Ad hoc UAV ground network (AUGNet) [C]//AIAA 3rd Unmanned Unlimited Technical Conference, 2004: 29-39.

[56] Perkins C E, Royer E M. Ad-hoc on-demand distance vector routing[C]//Proceedings WMCSA'99. Second IEEE Workshop on Mobile Computing Systems and Applications. IEEE, 1999: 90-100.

[57] Fu B, Dasilva L A. A mesh in the sky: A routing protocol for airborne networks[C]//2012 IEEE Military Communications Conference, 2007: 1-7.

[58] Shirani R, St-Hilaire M, Kunz T, et al. Combined reactive-geographic routing for unmanned aeronautical Ad-hoc networks[C]//International Wireless Communications & Mobile Computing Conference. IEEE, 2012: 820-826.

[59] Haas Z, Pearlman M, Samar P. The zone routing protocol (ZRP) for Ad Hoc networks[J]. IETF Mobile Ad-hoc Network (MANET) Working Group 98, 2002, 34 (2) : 108.

[60] Park V, Corson S. Temporally-ordered routing algorithm (TORA) version 1 functional specification[J]. IETF Internet Draft, 2001.

第3章 无人机集群网络优化的挑战与潜力

无人机集群网络的新特点给其网络优化带来了新的内涵,有很多新的问题需要解决。其中,不少问题是传统无线网络中并不存在且现有技术难以解决的挑战。当然,无人机集群网络的特点也同时带来了其网络优化的新潜力,出现了很多传统网络优化所不具备的优势。

3.1 无人机集群网络优化的新挑战

由多个异构无人机组成的无人机集群,相比于传统的无线网络,如传感器网络、移动通信网络、车辆网络甚至自组织网络,有一些明显的特征。与许多其他无线网络不同,无人机网络的拓扑结构随着节点和链路数量的变化以及节点相对位置的变化而保持不变,这将导致链路间歇性建立。这种行为使得无人机网络架构设计的某些方面是不直观的。流畅的拓扑、消失的节点和挑剔的链接都让无人机网络优化的难度远远超越普通的自组织网状网络。

表 3-1 给出了 MANETs、VANETs 和无人机网络的重要特征,指出了它们之间的异同。

表 3-1 不同自组织网络的比较描述

	MANETs	VANETs	无人机网络
描述	移动无线节点以自组织方式与通信范围内的其他节点连接(不需要集中式基础设施)	车辆为移动节点的自组织网络;通信在车辆之间以及车辆和路边单元之间进行	机载节点的自组织或基于基础设施的网络;无人机之间以及与控制站之间的通信
移动性	慢;典型速度为 2 米/秒;随意运动;密度不同,在一些受欢迎的地方更高	高速,高速公路上通常为 20~30 米/秒,城市地区为 6~10 米/秒;可预测,受道路布局、交通和交通规则限制	速度从 0 到通常高达 100 米/秒;运动可以是二维或三维的,通常根据任务进行控制
拓扑	随机、临时	从路边基础设施和车辆之间的特别安排开始	从控制中心开始,无人机之间自组织/网状
拓扑变化	动态节点不可预测地加入和离开;网络容易分区	比 MANETs 更有活力;直线运动;分区常见	静止、缓慢或快速;可能成群结队地飞行;易于分区的网络

	MANETs	VANETs	无人机网络
能源限制	大多数节点由电池供电,因此需要节约能源	设备可以是汽车电池供电或自有电池供电	小型无人机能量受限,电池影响重量和飞行时间
公共和民用领域的典型用例	信息发布(突发事件、广告、购物、事件),互联网热点	交通和天气信息,紧急警报,基于位置的服务	救援行动,农业作物调查,野生动物搜索,石油钻井监督

从表 3-1 和一些参考文献[1, 2]中可以看出,无人机网络的许多方面使其不同于移动自组网和车载自组网。已经用于描述移动自组织网络中节点行为的移动模型,如随机行走,以及用于车辆自组织网络的街道随机行走或曼哈顿模型,不太适合无人机网络。车辆节点被限制在道路上并且仅在二维空间中行进。无人机不仅可以在二维空间中随机移动,还可以在三维空间中有组织地成群移动,而且位置变化很快。

在无人机网络中,拓扑结构的变化可能更加频繁。无人机的相对位置可能发生变化;一些无人驾驶飞机可能会失去所有动力,需要停机充电;无人机可能出现故障并脱离网络;由于节点位置的变化,链接可能会形成或消失。在许多应用中,节点密度可能不高,网络可能会频繁分区。车辆网络具有支持车辆间通信的路边基础设施。网络是流动的,锁定在特定无人机上进行通信访问的移动站需要无缝转移到另一个无人机上,高效的路由协议以及服务的无缝切换过程[3]都需要深入研究。

在小型无人机网络中,能量约束非常严苛。在车载网络中,能量可以从汽车电池中获取,当汽车行驶时电池会被充电。即使是移动自组织网络,通常也会有节点(智能手机、笔记本电脑)带有持续几个小时的电源。而小型无人机通常只有飞行三十分钟左右的能量,一方面会导致无人机为了节省能量使用功率较低的信号传输模式;另一方面会导致由于无人机耗尽能量而从网络中退出,这两个结果都将使得网络链路不稳定。节点的动态性会迫使网络频繁地组织和重组。这就产生了独特的路由要求。路由协议需要有效利用能量,以延长无人机网络的稳定性。总结无人机网络的独有特点,其网络优化面临的主要挑战有如下几方面。

3.1.1　多维动态

第一,自主协同无人机集群的动态拓扑结构将给控制和通信带来挑战。无人机集群的速度比车辆要高很多,并且,运动空间的自由度也因为从道路约束中解放出来而变得更高。更重要的是,与鸟群、鱼群等具有一致性特征的群体相比,自主协同无人机集群在集群拓扑上的动态特性将更加明显。一致性集群的拓扑结构是基于趋同效应的规则形成和协调的,而自主协同无人机集群的拓扑结构是由个体的行为决定的。

第二，自主协同无人机集群在执行任务过程中角色分配的动态性会导致网络的重构。在一致性集群中，个体成员的角色是相对固定的。此外，控制信息的流量以及数据的聚合和分发也将是相对稳定的。然而，在自主协同无人机集群中，每个群体成员的角色不是固定的，而是由成员自己根据环境、任务和学习结果进行调整的。并且，角色的重新分配会改变控制关系和数据流量。

第三，无人机集群所处的环境是高度动态的。由于无人机集群的飞行速度较高，集群所处的地形环境和电磁环境将是不断变化的。同时，由于集群任务的变化，无人机集群所处的环境可能会在无人机集群的任务执行过程中不断变化。此外，个别成员可能会经历不同的环境。

第四，动态的流量数据流将在成员部署、通信中继、频谱分配等方面带来相应的调整。在任务执行过程中，群的数据流可能会根据需求进行调整。例如，在协同监视场景中，无人机集群内的数据流会根据目标的出现和运动进行调整。

3.1.2　能力约束

由于成本控制和群体的设计理念，个体成员能力的有限性和异质性将使群体合作变得更加复杂。

功能约束。通常情况下，无人机集群成员会有个体化的专用功能设计，全功能的无人机成员构成集群，不符合无人机集群功能分布化的设计理念，也不符合其成本控制的初衷。在一个无人机集群中，无人机成员可以被划分为不同的角色，执行相应的任务，如监视、通信中继、计算服务等。群体任务的合作设计必须考虑不同功能成员的正确使用。因此，基于同质成员假设的传统优化方法将被重新研究。关键的一点是，同样的奖励函数的假设将不再适用于无人机集群网络优化。此外，不同的成员会对任务做出不同的贡献。如何在自主决策的基础上驱动合适的成员扮演合适的角色是一个相当大的挑战。

能量约束。能量的有限性对于无人机来说是一个关键问题，特别是对于电池供电的无人机。无人机的功率和重量之间的平衡是无人驾驶飞行器设计中的一个关键考虑因素。一般来说，在微型无人机组成的大规模集群中，大多数成员将由电池供电，而不是由燃料发动机供电。因此，无人机的移动和数据传输能力将受到有限能量的限制。控制和通信的优化都需要考虑能量，如飞行路径、集群拓扑形成、通信中继选择、数据传输功率等方面的优化。

算力约束。计算是智能决策的驱动力。然而，假设无人机能够在理想时间内完成所有需要的计算是不切实际的。事实上，由于成本控制和功耗控制，无人机成员的硬件配置通常只是适度的，计算能力会受到限制。那么，智能学习和优化决策的能力也会受到限制，尤其是在高度动态的环境中，其集群网络优化计算方面的要求将会更高、计算处理的时延不能太大。针对无人机集群的分布式空中计算，需要研究合适的学习算法，并根据集群的任务优化性能和决策速度之间的权衡进行折中优化。

3.1.3　信息缺失

无人机集群网络优化的计算和决策是信息驱动的，没有充分的、正确的、及时的信息，计算和优化决策将无从谈起。其中，信息主要包括来自感知结果的环境信息、来自历史行为的训练数据、来自成员间的信息交互，以及来自外部基础设施支持的其他信息。

无人机集群网络的动态多变特性，导致其各个集群成员对于网络状态的信息获取往往是缺失的。无人机集群由于其网络的规模较大、成员数较多，且具有拓扑高度动态变化的特点，获取全网态势信息需要付出极大的交互开销，这在复杂多变的无线多跳网络中难以承受。通常，无人机集群成员只能获得较近无人机或者部分集群网络的信息。此外，由于无线信道的衰落特性，邻居间交互信息通常存在差错和时延。无人机集群网络优化所面临的信息缺失主要来自以下几个方面。

第一，由于无人机集群成员的平台较小，搭载设备有限，再加上其成本控制要求和功能专一化设计，单个无人机成员的信息感知能力一般来说都不是特别全面，性能也不会太强。对于个体无人机，依靠自身能力对所处环境进行感知而得到的信息将是受限的、不完整的、不可靠的。

第二，由于必须控制集群成员之间的信息交互开销，集群成员之间信息交换的频度和数量都会受到限制。与传统的有线网络中基于光纤连接的充分信息交互假设相比，无人机集群协同过程中来自其集群成员的信息将不再充分。尤其是，从距离较远的集群成员那里收集太多信息是不切实际的。

第三，由于通信能力限制和群体的动态拓扑变化，集群内的信息传递和信息共享往往不及时。而对于集群协作和网络优化来说，决策信息的时效性很重要，不及时的信息、迟到的信息，对于动态变化的集群优化来说是没有用的。在无人机集群自主协同过程中，自主化的资源分配、信道接入和路由选择可能会加剧数据延迟。更严重的是，集群的动态变化，通常会导致信息共享能力、信息传递时延的极大不确定性。对信息延迟的估计和预测也十分困难。

第四，无人机集群通常缺乏外界设施的信息支持。无人机集群执行任务的地方，往往是较为偏远的地区，信息基础设施较为薄弱。尤其是在战场上，更是完全没有提供信息支持的依托。离开了这些基础设施的支持，许多传统网络优化唾手可得的信息将不复存在，如数字地图、频谱数据库、电磁环境态势等。

无论是交互能力不足导致的信息不完全，还是由差错导致的信息不确定或者是由于不确定时延导致的信息滞后，对于无人机集群协同决策计算来说，都是一种信息缺失，对集群网络优化计算的结果都有重要影响。如果没有足够的、及时的和确定的信息，传统的网络优化相关计算方法应该重新研究改进。无人机集群的信息约束将给集群网络优化带来严峻的挑战。因此，需要深入研究信息缺失条件下的无人机集群网络优化方法。

3.2　无人机集群网络优化的新潜力

与传统的无线网络相比，无人机集群网络也同样具备一些独有的优势，给集群网络优化带来了一些可供挖掘和利用的新潜力。

3.2.1　网络弹性

有了高速移动能力，无人机集群网络的快速调整甚至重建将变为可能。基于此，无人机集群网络优化除了在传统的频谱资源、传输功率、数据中继等方面的优化之外，还可以挖掘一些新的潜力。根据集群协作的需要，可以进行拓扑调整、角色重新分配、资源重新配置，这对于传统网络来说通常是不切实际的。传统网络的拓扑调整往往周期太长，其网络成员的角色一般来说也是稳定的。而无人机的高速移动能力，赋予了其迅速调整拓扑和分工以适应环境的能力。例如，在图 3-1 的无人机集群协同监测场景中，如果目标出现在某个区域，可以快速分配附近具有监视功能的无人机前往协助，同时进行网络拓扑快速调整和角色重构，相应地，其网络资源的分配也快速重构。通信中继关系和空中进行图像识别处理的计算任务分配可以在短时间内重新构建。群体拓扑的灵活调整、角色的动态分配，使得无人机集群网络具有很强的弹性，可以大大拓展传统网络优化的边界和内涵。

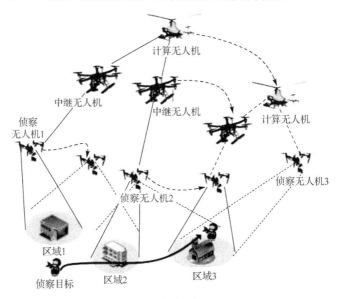

图 3-1　无人机集群网络弹性

3.2.2 集体主义

在传统的无线网络优化中，用户的公平性是非常重要的原则之一，包括资源分配、资源使用、机会均等、责任共担等方面，都要尽量公平。公平的一个方面是用户之间的资源要均衡。尽管面向用户体验的网络优化实际上已经根据用户异构需求进行资源分配，打破了传统意义上的绝对资源公平，但基于体验质量的公平性通常仍然是保留的原则之一。也就是说，各个用户在体验质量上的满意度，仍然要公平。公平的另一个方面是个体成员的决策是独立的，而且是理性自私的。典型的理性自私网络优化是非合作博弈。网络用户依据自身的效用函数，独立做出决策，其决策驱动力，就是自身的效用函数最大化。即使在合作博弈中，公平性也是系统设计和分析的关键问题。

与上述传统的网络优化不同，并且与传统的基于公平的合作也不同，无人机集群中的成员是完成集群任务的要素，虽然作为独立智能体存在，但是可以牺牲个体收益来支撑集群的任务需要。从这个意义来说，传统网络优化中的公平将不再是必要的。而一旦突破公平性的束缚，集群成员之间的协同行为规则将被突破，协同空间将大大拓展。例如，在图 3-1 中，侦察无人机 2 将自己从区域 2 重新分配到区域 3，以帮助与侦察无人机 3 一起进行协同监控。侦察无人机 2 的调整，能量消耗将会增加，频谱资源将会减少，个体的收益将很有可能是降低的。如果是基于传统的自私和理性公平决策，这种任务重新分配将不会完成。然而，对于整个无人机集群的任务来说，如果目标是高价值的，则这种重新分配将是必要的，因为它有利于集群整体的收益提升，尽管牺牲了个别成员。总之，基于集体主义的牺牲将是无人机集群自主协同的一个重要特征。既然放弃了传统的公平、自私和理性原则，就可以进行一些非公平原则条件下的资源分配和合作，由此可以发展一些新的集体合作机制和方法，拓展无人机集群网络优化的空间。

3.2.3 智能学习

智能性是无人机集群的重要特征，也是发展的重要方向。脱离了集群成员的个体智能，则无人机集群将与传统的仿生物集群没有本质区别，只有机械的反应性规则，而没有学习决策的能力，则失去了最大的潜力。

而随着人工智能的迅猛发展，各类机器学习算法日益成熟，并且相应的系统成本大大降低，设备体积也迅速地小型化、微型化，功率消耗也得到了极大的控制，这都为无人机单体智能性的迅速提升提供了现实基础和进步空间。基于较高程度单体智能的无人机集群，在行为决策上，将不再受限于仿生集群式的一致化驱动决策模式，而是要基于个体的学习决策，基于群体协同的回报机制驱动。这就赋予了无人机集群网络优化新的内涵，即群体式的分布式协同智能学习。

　　与传统的网络优化和趋同式的仿生集群不同，无人机集群自主协同的集群成员在感知、学习、计算等方面都要更加智能化，行为决策更加自主化。因此，与鱼、鸟、蚁等群体相比，能够做出一些复杂而理性的协作行为。

　　无人机集群的智能学习主要包括两个方面：一种是单体感知和学习，主要立足于个体智能化地感知、获取数据，以及利用历史数据进行训练；另一种是协同感知和学习，是指集群成员共享感知结果、共享学习数据、根据协同关系协调学习策略，进而得到协同化的智能决策，最终体现为集群协同的动作，这将形成集群的群体智能。无人机集群群体智能的需求，将为协同智能计算提供巨大的发展空间。而集群的智能学习特性，将在弹性网络和集体主义机制的配合下，发挥出更大的潜力。

　　综上所述，无人机集群网络优化虽然面临很多困难和挑战，但是同时也拥有很多传统网络不具备的优势，如何利用这些优势，打破固有的思维，拓展优化方法的空间，挖掘无人机集群网络优化的潜力，最终克服集群网络大规模、高动态、超密集、多约束、自组织、异构性等挑战，是无人机集群网络优化研究的重要内容。

参 考 文 献

[1]　Bekmezci I, Sahingoz O K, Temel S. Flying Ad-hoc networks（FANETs）: A survey[J]. Ad Hoc Networks, 2013, 11（3）: 1254-1270.

[2]　Li Y, St-Hilaire M, Kunz T. Enhancing the RGR routing protocol for unmanned aeronautical Ad-hoc networks[R]. Ottawa: Carleton University, 2012.

[3]　Sahingoz O K. Networking models in flying Ad-Hoc networks（FANETs）: Concepts and challenges[J]. Journal of Intelligent & Robotic Systems, 2014, 74（1/2）: 513-527.

第4章　智能无人机集群网络优化的新思考

通过分析无人机集群网络的独有特点、网络优化面临的挑战，以及无人机集群网络所具备的特有潜力，构思其网络优化的总体框架如图4-1所示。

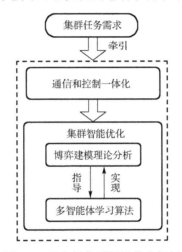

图 4-1　无人机集群网络优化框架

第一，无人机集群网络优化必须以支撑集群遂行任务为最终目标，不是以网络性能参数本身为优化目标，以此驱动无人机集群的合作特性，发挥其集体主义优势。第二，要构建通信和控制一体化的优化框架，把集群通信和集群控制两个方面统筹考虑，避免为了过于追求通用性而进行独立设计，造成资源浪费甚至竞争冲突，以此提高资源使用和调配效率，克服无人机集群面临的各种资源、能量等约束。第三，要以集群智能为协同框架，充分发挥无人机单体智能性强的优势，并利用其网络弹性，充分发挥智能集群分布式决策和协同优势，以此克服高动态环境下集中控制和优化复杂度高、控制代价高、反应速度慢等挑战。第四，理论分析与具体实现紧密结合，以理论模型构建分析协同优化机制的科学性，指导集群成员的策略学习迭代更新方法。同时，以学习算法的优化来实现和验证理论设计，最终实现无人机网络优化的目标。

4.1　任务驱动：智能无人机集群网络优化的目标指引

"任务驱动"是指无人机集群的网络优化，其目的并非是网络性能本身，而是为了支撑无人机集群任务的执行，这是无人机集群网络优化区别于传统无线网络优化的根本所在，决定了其优化目标、优化指标、优化理论和方法的特别之处。

无人机集群网络，与传统无线网络等有一个根本的不同：传统无线网络优化的主要目标，就是优化网络的服务提供能力，是优化网络系统性能本身，如吞吐量、时延、丢包率，或者频谱使用效率、信道容量、路由生命期等，围绕各个网络性能指标展开了大量的研究。而无人机集群网络是定制化的、任务化的，有明显的生命周期。它不是一个固定式的、长期的为各种各样用户提供服务的网络，也不是一个营利性质的网络。对于一个遂行任务的无人机集群来说，网络优化的唯一目的，就是更好地支撑本次任务，而不是要构建一个通用的集群网络。从另一个角度来说，由于无人机集群网络的大规模、高动态、超密集、多约束、自组织、异构性等特点，要想构建一个网络结构和资源分配、路由决策的方案，来应对各种各样的环境和任务需求也是不现实的，因为它不具备高速光纤网络所具有的资源。因此，无人机集群网络优化，必须是面向任务的，根据任务需求而量身打造，有针对性地配置资源和调度优化，才能高效利用有限的资源，支撑集群任务的顺利进行。

为了实现高效的无人机集群网络优化，需要根据无人机集群任务行动的具体需要，统筹有限资源，综合考虑多种需求和约束，对频谱资源分配技术、高效的接入和传输技术、动态条件下的路由选择，以及集群拓扑优化等关键技术展开深入研究。这些研究都需要纳入到任务支撑能力这个优化目标之中，而不再是网络性能指标本身。

要形成支撑无人机集群任务执行的网络优化，首先需要解决的问题就是优化目标的数学化。而如何把描述性的集群任务解析为具体的通信和控制具体能力指标，不能仅靠人为经验，不能仅靠直观感觉，更不能为了分析便利而简化处理。需要深入挖掘内在规律和耦合制约关联关系，进行科学分析与推演，形成通控指标与任务能力的数学解析映射，为网络优化模型建立和算法设计建立数学目标，是无人机集群的通信和控制一体化问题的数学化基础。

本节主要研究面向任务的多耦合通控能力要素解析模型与方法。针对无人机集群任务行动的通信和控制的多耦合能力指标不清晰、不定量的问题，把完成集群任务所需要具备的集群控制和通信等能力进行要素分解，根据各个能力要素的重要性及其相互之间的耦合关系，构建多因素耦合的任务支撑度评价模型，形成任务能力与要素优化之间的解析映射，为面向任务的无人机集群通控一体优化建立量化目标。

1) 任务能力的通控要素分解

对完成任务所需的集群拓扑控制能力、指挥调度能力、资源分配能力、群内信息共享能力、业务数据分发能力、频谱资源动态使用能力等进行量化评估，研究各要素指标与要素能力之间的映射关系。

对集群遂行任务的能力进行要素分解，即遂行任务在集群控制和群内通信方面需要哪些要素能力：在集群控制方面，包括对目标区域的覆盖能力，巡逻周期，集群执行任务的时间周期，侦查、打击无人机的调度指挥能力等；在群内通信方面，包括数据传输容量、信息共享能力、传输时延指标要求、通信能耗控制、对频谱资源的动态获取和高效使用能力、对业务数据的有效传输和共享能力等。

$$D : T_{\text{swarm}} \rightarrow \boldsymbol{E} \tag{4-1}$$

其中，T_{swarm} 表示集群的任务需求，$\boldsymbol{E} = \{E_1, E_2, \cdots, E_M\}$ 是根据集群任务需求进行分解的能力要素向量。

采用模型分析和经验统计的方法研究从多要素指标到要素能力评估的映射函数：

$$C_m = Q_m(S_1[E_m], S_2[E_m], \cdots, S_i[E_m], \cdots, S_I[E_m]) \tag{4-2}$$

其中，$S_i[E_m]$ 表示 E_m 要素的第 i 项指标值，如 E_m 为链路通信能力要素，$S_i[E_m]$ 可能为链路容量、误码率、时延、频谱利用率、通信功率等；C_m 表示要素 E_m 对集群任务执行能力的贡献评估。

2) 能力要素的耦合关系构建

根据各个能力要素对于集群任务能力提升的重要性，研究要素权重获取方法，并研究任务需求和任务环境之下，要素之间的相互关联耦合关系，准确定量地刻画任务能力多要素的异构特性和内在联系。

分析各个要素对任务能力的权重因子，挖掘各要素之间的内在联系，构建各个能力要素之间的耦合关系。采用多因素分析中的模糊测度方法构建各要素能力之间的相互关系分析和权重因子的获取。定义 F_m 是有限集合 S 的模糊测度，满足以下条件：$F_m[\varnothing] = 0, F_m[S] = 1$；对所有的 $A, B \subseteq S$ 和 $A \subseteq B$，都有 $F_m(A) \leqslant F_m(B)$；对所有的 $(A \subseteq S, B \subseteq S) \& (A \cap B = \varnothing)$，都有 $F_m(A \cup B) = F_m(A) + F_m(B) + \rho F_m(A) F_m(B)$，其中，$\rho \in (-1, \infty)$。

$$F_m(S) = F_m\left(\bigcup_{i=1}^{n} s_i\right) = \begin{cases} \dfrac{1}{\rho}\left(\prod_{i=1}^{n}(1 + \rho F_m(s_i)) - 1\right), & \rho \neq 0 \\ \sum_{i=1}^{n} F_m(s_i), & \rho = 0 \end{cases} \tag{4-3}$$

$$F_m(A) = \begin{cases} \dfrac{1}{\rho}\left(\prod_{s_i \in A}(1 + \rho F_m(s_i)) - 1\right), & \rho \neq 0 \\ \sum_{x_i \in A} F_m(s_i), & \rho = 0 \end{cases} \tag{4-4}$$

可得到ρ值为

$$\rho+1 = \prod_{i=1}^{n}(1+\rho F_m(s_i)) \tag{4-5}$$

ρ值可以用来定义多种属性之间的关系。$\rho=0$表示属性之间相互独立；$\rho>0$表明属性之间有相互促进作用；$\rho<0$表明属性之间有相互削弱作用。$|\rho|$的值越大，它所代表的促进和削弱作用就越大。

在不同环境条件下执行不同任务对各种能力的构成和要求不同。例如，执行巡逻侦查任务，对巡逻持续时间能力、目标区域覆盖能力、侦查图像获取能力、侦查数据汇聚传输能力要求较高；而执行目标打击任务时，对指挥调度控制的流畅性、多机协同攻击调度能力、对指令信息实时传输能力、指挥信息的可靠性等能力更为关注。因此，对任务支撑度进行评价时，需要根据任务给予各个能力要素不同的优先级和权重。研究基于熵值法的能力要素权重获取方法，以克服传统多因素分析方法中的信息损失弊端。

假设所要评价的能力具有q个优先级类别，记作$C_i(i=1,2,\cdots,q)$，各优先级关系依次递减，即$C_1>C_2>\cdots>C_q$，要素α_{ij}是能力C_i中第j个要素，$\beta_{ij}(a_k)$是a_k在要素α_{ij}上量化值，$\beta_{ij}(a_k)=P(\mu_{ij}(a_k),\ v_{ij}(a_k))$。

记评价矩阵$\boldsymbol{X}=\{x_{mn}\}$，其中，$x_{mn}$为能力$m$的要素指标$n$的值。规范化后得到矩阵$\boldsymbol{R}=\{r_{mn}\}$：

$$r_{mn} = \frac{x_{mn}}{\sqrt{\sum_{m=1}^{N}(x_{mn})^2}},\quad m=1,\cdots,N;\ n=1,\cdots,n_i \tag{4-6}$$

由规范化后决策矩阵$\boldsymbol{R}=[r_{mn}]_{N\times n_i}$，计算能力要素信息熵：

$$p_{mn} = \frac{r_{mn}}{\sum_{n=1}^{n_i} r_n},\quad m=1,2,3,\cdots,N;\ n=1,2,3,\cdots,n_i$$

$$E_n = -\frac{\sum_{m=1}^{N} p_{mn}\ln p_{mn}}{\ln N},\quad n=1,2,3,\cdots,n_i \tag{4-7}$$

计算偏差度π_n：

$$\pi_n = 1-E_n,\quad n=1,2,3,\cdots,n_i \tag{4-8}$$

计算权重向量：

$$\omega_{mn}^1 = \frac{\pi_n}{\sum\limits_{k=1}^{n_i} \pi_k}, \quad n = 1, 2, 3, \cdots, n_i \tag{4-9}$$

由权重 ω_{ij}^1 可以进一步计算该能力 C_i 的权重 γ_i：

$$\gamma_i = \begin{cases} (1,0), & i = 0 \\ \bigoplus\limits_{i=1}^{n_i} \omega_{ij}^1 \beta_{ij} = \bigoplus\limits_{i=1}^{n_i} \left(\sqrt{1 - (1 - \mu_{ij}^2)^{\omega_{ij}^1}}, (v_{ij})^{\omega_{ij}^1} \right), & i = 1, 2, \cdots, q \end{cases} \tag{4-10}$$

3) 集群能力的综合评价方法

根据多要素相互影响制约的耦合关系，以任务能力为统领，研究构建任务支撑度评价模型，形成量化综合各要素指标的评价方法，以及从要素指标到集群任务能力之间的解析映射，为面向任务的无人机集群通控一体优化建立量化目标。

在形成不同优先级不同权重的能力要素相关解析量以及关联耦合关系后，运用多因素综合评价方法，进行能力要素之间的综合任务能力量化集成评价，得出集群网络构建对集群任务能力形成的支撑度。

记 S 为能力要素评估值，$S:\{\beta_i = P(\mu_\beta, v_{\beta_i})\}$，$i = 1, 2, \cdots, n$，$s_i$ 是 β_i 中第 i 大的值，设定 L_i 是 S 的一个子集：

$$\begin{cases} L_0 = \varnothing \\ L_i = \left\{ \sum\limits_{k=1}^i S_k \right\} \end{cases} \tag{4-11}$$

F_m 是集合 S 的模糊测度，可采用如下准则进行多要素集成评估：

$$PFCOWG(\beta_1, \beta_2, \cdots, \beta_n) = \otimes_{i=1}^n S_i^{(F_m(L_i) - F_m(L_{i-1}))}$$

$$= P\left(\prod_{i=1}^n \mu_{S_i}^{(F_m(L_i) - F_m(L_{i-1}))}, \sqrt{1 - \prod_{i=1}^n (1 - v_{s_i}^2)^{(F_m(L_i) - F_m(L_{i-1}))}} \right) \tag{4-12}$$

实现从耦合要素数据矩阵到任务能力评价的解析映射：

$$F : (S(E), W(E), \rho(E)) \to C_{\text{swarm}} \tag{4-13}$$

其中，C_{swarm} 是基于集群网络通控指标，集群任务能力评估的解析值；$S(E)$ 反应各能力要素量化指标；$W(E)$ 反应各能力要素量化权重；$\rho(E)$ 反应各能力要素之间的耦合关联。

$$S(\boldsymbol{E}) = \begin{cases} S_1[E_1], S_2[E_1], \cdots, S_i[E_1], \cdots, S_{|E_1|}[E_1] \\ S_1[E_2], S_2[E_2], \cdots, S_j[E_2], \cdots, S_{|E_2|}[E_2] \\ S_1[E_m], S_2[E_m], \cdots, S_k[E_m], \cdots, S_{|E_m|}[E_m] \\ S_1[E_M], S_2[E_M], \cdots, S_l[E_M], \cdots, S_{|E_M|}[E_M] \end{cases} \tag{4-14}$$

$$W(\boldsymbol{E}) = \begin{cases} w_{11}[E_1], w_{12}[E_1], \cdots, w_{1i}[E_1], \cdots, w_{1|E_1|}[E_1] \\ w_{21}[E_2], w_{22}[E_2], \cdots, w_{2j}[E_2], \cdots, w_{2|E_2|}[E_2] \\ w_{m1}[E_m], w_{m2}[E_m], \cdots, w_{mk}[E_m], \cdots, w_{m|E_m|}[E_m] \\ w_{M1}[E_M], w_{M2}[E_M], \cdots, w_{Ml}[E_M], \cdots, w_{M|E_M|}[E_M] \end{cases} \tag{4-15}$$

综上，构建了对集群任务能力进行解析分析的框架和过程：即从集群任务需求—能力要素分解—要素指标分析—权重耦合关系构建—任务能力集成评估。

如图 4-2 所示，$D:T_{\text{swarm}} \to \boldsymbol{E}$ 实现从集群任务能力目标到通控要素能力指标的解析映射，$F:(S(\boldsymbol{E}), W(\boldsymbol{E}), \rho(\boldsymbol{E})) \to C_{\text{swarm}}$ 实现从耦合通控要素能力指标到集群任务能力的解析映射。通过不断地根据环境变化和任务需求进行循环迭代更新，得出任务支撑能力优化的通控要素解析结果。

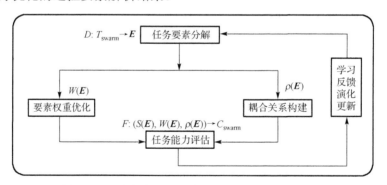

图 4-2 面向任务的多耦合通控能力要素解析过程

4.2 通控一体：智能无人机集群网络优化的探索思路

无人机集群自主协同难、网络优化难的重要原因之一在于，集群指挥控制和业务数据传输两方面的优化存在突出的矛盾：一是通信约束多，在能量、频谱等多方面约束的情况下，无人机集群的通信能力十分有限；二是通信需求高，集群任务行动对相关数据业务传输也提出了刚性需求；三是控制要求高，集群拓扑调整、指挥调度等集群控制在高动态条件下需要大量的控制信息开销，且必须得到及时传输，而目前的通信机制又激化了该矛盾：控制优化与通信优化独立设计，造成资源使用效率低下，系统优化不够科学。事实上，无人机集群在集群控制和群内通信两方面的优化是密不可分、有机统一的：集群拓扑形成与优化、群内资源分配、多机协同指挥调度都与业务数据通信的组织关系密切，而业务数据通信的能力和优化组织又是集群控制的基础支撑。

因此，需要研究无人机集群通信和控制一体化，根据无人机集群任务行动的具体需要，统筹有限资源，综合考虑多种需求和约束，联合优化通信组织和集群控制，达到系统优化的目的，提高无人机集群自主协同能力。如图 4-3 所示，有以下几个方面的问题需要探索研究。

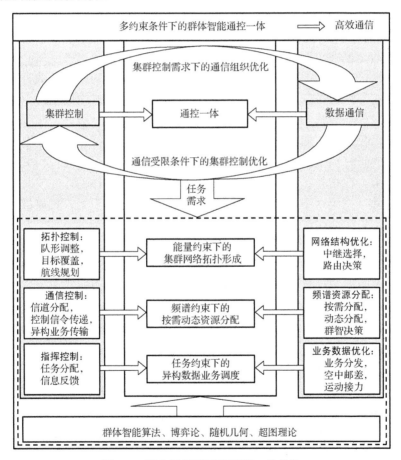

图 4-3　无人机集群网络通控一体优化

第一，联合优化集群拓扑控制与数据传输，解决能量高效使用问题。无人机集群中很多都携带十分有限的燃油或者是使用电池，能量十分有限。为了延长集群执行任务的生命周期，集群的能效优化十分重要。一方面，无人机的部署、轨迹等优化需要充分考虑能量效率；另一方面，无人机之间大量、频繁的数据传输，同样需要考虑能效优化。而传统研究中，两者互为前提条件，采用相对独立的设计机制，存在效率不高的问题，难以应对无人机集群面临的能量约束挑战。因此，集群拓扑控制和数据传输通信优化的联合一体优化，是无人机集群网络优化的重要内容。

第二，联合优化集群频谱资源管理与按需动态接入，解决频谱高效使用问题。无人机集群往往在陌生偏远地域执行任务，其电磁环境复杂多变、先验知识缺乏，集群通信所需要的频谱资源需要依靠自身感知去获取相关情况，造成了频谱资源的短缺和动态变化。现有的基于预先规划和指派的频谱使用方法不再能满足无人机集群的需要。因此，集群频谱资源动态管理与集群通信动态接入的联合一体优化，是无人机集群网络优化的重要内容。

第三，联合优化集群指挥调度与业务数据分发，解决异构数据调度问题。无人机集群通信的一个突出特点和刚性要求就是通信的时效性要求高，这是由集群执行任务的迅速性决定的。如果集群通信不能支撑完成任务所需的业务数据及时准确地传输，将直接导致任务失败。现有研究中，把集群任务执行中的指挥调度独立于数据分发研究之外的方法不能保证其指挥的有效性和科学性。因此，集群任务调度控制与集群通信数据分发的联合一体优化，是无人机集群网络优化的重要内容。

就相关的研究现状来说，在无人机集群控制和通信组织方面，相关研究近年来也有不少成果。在拓扑优化研究中，无人机的多维度随机移动特性使其拓扑控制优化有别于移动自组织网络和车载自组织网络[1]。文献[2]基于无人机集群编队拓扑关系设计了最优的在线路径。文献[3]以无人机编队对地侦察为背景，研究了无人机编队组成结构、规模和信息共享机制。通过在 MAC 和网络层采用相应的节能机制，能够使得无人机网络具有自组织能力。文献[4]提出了自适应混合通信协议，包括基于位置预测的定向 MAC 协议和基于增强学习的自学习路由协议，来克服空中移动自组织网络（FANET）中定向天线的方向性耳聋问题，为 FANET 提供了智能和高度自治的通信解决方案。文献[5]提出了一种扇形集群的簇头协议，将一个网络划分为扇形集群，并在聚类方案的基础上，提出了不同的节能方法。

拓扑优化中的覆盖部署方面，在不同的任务驱动下，所形成的无人机覆盖部署对应着不同的拓扑网络。为达到任务驱动下所需的高效目标，问题往往转化成为在能量约束条件下的覆盖优化问题。文献[6]提出了能量效率的概念，同时考虑了通信吞吐量和无人机的能源消耗，通过优化无人机的飞行轨迹来实现高效节能通信。文献[7]提出了由天线增益和高度决定的覆盖概率函数，分析了多无人机作战的高效部署模型，使得在无人机最大生存时间下的覆盖区域最大化。文献[8]提出了基于无人机合作侦查监视的博弈理论，引入了势能博弈模型，通过协作行动、感知观察、合作信息融合进行概率地图的构建来提升未知区域下的合作侦查行动能力。

　　在无人机集群的移动性优化和高效部署方面，文献[9]针对多无人机从地面物联网设备中收集数据的场景，对其高效部署和机动性进行了研究。通过联合优化无人机的三维位置和移动性、设备与无人机的联合上行功率控制，有效提升了系统的稳定性，并降低了总传输功率的开销。文献[10]提出了一种无人机基站最优部署算法，利用最小传输功率来最大化被覆盖的用户的数量。文献[11]提出了无线传感网络基于无人机的数据收集模型，考虑了"感知节点-无人机"的衰落信道模型，引入了休眠和唤醒机制，通过优化无人机的轨迹和链路，优化感知节点的能量消耗。以上研究在无人机的能效优化方面取得了一定的成果，但更多是从无人机自身物理层性能和相应算法优化入手，尚未充分研究基于集群协同的能量效率优化，也尚未从集群整体任务的角度来进行深入研究。

　　频谱资源的短缺是无人机通信领域中需要解决的一个重要问题。无人机节点在进行信息分配或传输时，需要研究频谱资源优化问题。在无人机集群网络中，精确的频谱感知以及完善的动态频谱共享是当前学术界的重点研究问题[12]。文献[13]探讨了异构无人机集群网络中的动态频谱共享问题，提出了一种无人机导航数据辅助的动态频谱管理方案。文献[14]研究了使用无人机进行数据采集时考虑资源分配的不同模型和策略。针对异构小蜂窝网络中无人机紧密集成下阻碍了高效的资源获取，文献[15]提出了一种资源分配优化机制，使得多层无人机的平均包传输延迟最小。在复杂战场环境中任务信息以及网络结构的高速变化下，传统集中式优化方式很难有效应对动态资源分配和优化调度，部分研究从博弈理论出发，对无人机的资源分配问题进行了探讨，考虑到频谱资源根据内容存在重叠，因此重叠联盟形成博弈[16]被用于频谱在空域上的复用。文献[17]提出了分布式优化用户资源分配问题的重叠式联盟形成算法。文献[18]研究了网络中基于用户关系的联盟形成博弈模型，考虑了不同用户中存在的重叠内容，减少用户间内容转发开销。

　　关于无人机集群任务分配和业务调度问题，文献[19]考虑了任务之间的执行顺序，将时序作为无人机任务规划的重要约束，使用改进的粒子群算法进行求解。文献[20]提出了一种基于无人机任务联盟的在线任务分配算法，通过请求邻居无人机组成任务联盟来处理突发任务，并进行任务重规划。文献[21]针对多目标多无人机任务分配问题，提出一种基于时间窗的无人机联盟任务分配方法，以空闲时间窗为调度依据对各联盟进行高效且实时的任务分配，提高无人机任务分配的实时性和有效性。部分研究运用无人机集群高机动特性，能充分发挥缓存技术的优势。文献[22]考虑了一个分布式缓存集群，以降低文件发布成本。文献[23]提出了一个关系感知的缓存策略，设计机制激励节点相互帮助，但是没有讨论如何分发文件和具体文件缓存分布。为了改善内容传送的延迟，文献[24]提出了一个跨层的缓存合作。文献[25]研究了高速缓存应用于无人机优化用户体验(quality of experience，QoE)时的部署问题。目前，大部分工作尚未充分考虑无人机集群的合作特性，尚未对任务调度和业务数据缓存共享进行联合设计优化。

对于无人机集群网络通控一体联合优化，前述研究工作[9,10,16,17,18,25]中也有一定程度的体现。文献[26]提出了一种联合轨迹设计和功率控制的方法，优化无人机的飞行轨迹、无人机的传输能力，以及网络中断概率。文献[27]对无人机节点布置和通信资源配置问题进行了探讨，考虑了传输功率、带宽、传输速率和无人机位置，提出了一种非凸性的优化问题，通过将问题转化为单调优化问题，实现了全局最优解。但是，相关研究尚未从集群的角度进行深入研究，也尚未充分运用群体决策的分布式优化。

从公开的文献资料来看，当前无人机集群拓扑控制、资源分配、业务调度等方面的研究在以下几个方面需要进一步深入：①在优化内容方面，要么专注于数据传输优化，要么专注于集群控制优化，通信和控制相对独立，制约了有限资源的高效使用；②在优化方法方面，从群体决策角度出发的研究还不够深入，主要是理论分析还不够，而要充分发挥无人机集群的灵活性和鲁棒性，群体决策是无人集群自主协同的内在要求，通信和控制联合设计与优化是解决无人机集群面临的多种约束、提高效率的必要途径。因此，需要深入研究任务驱动的群体智能通控一体优化理论和方法。

4.3　群体智能：智能无人机集群网络优化的主要途径

群体智能是新一代人工智能的重要方向，被世界军事强国视为占领战略制高点的颠覆性技术。自主化和智能化是无人机发展过程中的两个主题。围绕无人机所展开的相关研究，正逐步由单无人机控制转化为多无人机控制，由集中式控制转化为分布式控制，进而最终实现无人机的集群自主控制。无论是从外在形态还是从内在机理的角度，对于无人机集群优化，采用群体智能优化方法是一种自然且合理的选择。群体智能所具有的群体自组织、个体决策、可扩展等特点，尤其适合于无人机集群优化。从当前研究来看，群体智能优化也是研究无人机集群网络优化的前沿方向。基于群体智能的网络优化是重要发展趋势，为解决无人机集群面临的自组织、多约束、高动态等挑战提供了一个新的理论和方法。我国《新一代人工智能发展规划》明确提出了群体智能的主动感知与发现、知识获取与生成、协同与共享、移动群体智能的协同决策与控制等研究内容，这些关键技术正是无人机集群网络优化中解决其高效性、可靠性、动态性问题的需要。因此，运用群体智能方法优化无人机集群网络，既能解决集群通信所面临的诸多挑战，又能促进群体智能技术的发展，具有理论和应用两方面的重大意义。

群体智能概念的最初提出来自生物界中对昆虫群体行为的观察，是指具有简单智能的个体通过相互协作和组织表现出群体行为的特性[28]。群体智能以其动态性、自组织性、并行性、协同性、简单性、灵活性和健壮性在组合优化问题、通信网络、机器人、航空航天等研究领域显示出很大的潜力和优势，非常适合于无人机集群优化研究。

文献[29]研究了蚁群、蜂群、鸽群、鱼群等典型的生物群集，分析了生物群体智能的特点，介绍了部分具有代表性的无人机集群项目，总结了无人机集群的关键技术。文献[30]结合无人机航迹规划优化，选取了猴群优化算法、果蝇优化算法、群居蜘蛛优化算法和乌贼优化算法等仿生智能优化算法进行综述，列举并展望了智能优化算法在无人机航迹规划及相关领域的近期研究成果和改进趋势。文献[31]将群体智能的研究总结为三类：一是给定个体局部演化规则，讨论整个集群行为；二是给出系统的集群行为，如何设计个体规则；三是给出个体的局部演化规则，如何控制整个集群系统。

基于局部控制规则是一种采用局部规则控制群体智能涌现的重要思想，属于分布式控制，并遵循避免碰撞、速度匹配和保持聚集等规则。该控制方法的关键是要设计合理的局部规则和控制策略，使集群系统涌现出人们所期望的行为。文献[32]受鸽子导航能力和飞行机制的启发，提出了一种新型的仿生智能计算方法——鸽群优化。针对蜂群算法容易陷入局部最优的缺点，文献[33]引入交叉变异选择操作和自适应思想对算法进行改进，使算法能够在保持蜂群种类多样性的同时，自适应地更新食物源位置。该改进型蜂群算法在超调量和振荡次数方面获得了较好的性能。文献[34]通过在软控制的框架中加入可控制代理的方式，采用粒子群优化算法，使得集群系统能够遵循设计好的更新规则来执行不同任务，从而寻求更好的策略并进行传播。

为达到控制群体智能演化方向的目的，有研究采用分层优化的思想，将群体通过特定特征或者功能进行分层，使得群体中少数个体拥有更多的信息量和更强的信息处理能力，并与其他个体通过局部交互从而起到领导者作用，最终控制集群行为朝期望的方向演变。文献[35]讨论了分布式多智能体动态系统领导-追随者控制方法。文献[36]提出了一种基于鸽群行为机制的多无人机自主编队控制方法，通过模仿鸽群的层级行为，设计了一种基于鸽群行为机制的无人机自主编队控制器。文献[37]提出一种基于蚁群优化的新方法，优化无人机的轨迹使得其在最短的时间内寻找到丢失的目标。

研究集群系统控制问题时发现，仅仅依靠局部规则控制集群系统，往往很难使集群智能涌现到希望的方向。因此，有研究通过势函数来描述集群系统局部控制规则以及环境对个体的作用。每个个体都在势函数作用下活动，势函数本身就对群体起到控制作用。设计出适当的势函数，就可能控制集群智能向期望的方向涌现。文献[36]在进行鸽群行为机制模型建模时，同时也通过人工势场法建模。文献[38]提出了一种具有边缘势函数和模拟退火激励优化算法的混合模型，以实现低海拔无人飞行器的目标检测任务。文献[39]针对复杂环境下的无人机航迹规划问题，建立了栅格化环境模型，提出了结合蚁群算法与人工势场的航迹规划方法。利用节点的势场方向、节点与目标间的距离构造蚂蚁的综合启发信息，从而达到对已知环境的认知，并指引蚂蚁的搜索。文献[40]对启发式-集体决策优化机制进行了扩展。每个代理将至少一个随机选择的操作符与一个创新操作符组合在一起，从而在每次迭代中提供更多的计算序列，生成更有前景的候选解决方案，同时兼顾了收敛性和准确性。

从公开的文献资料来看，当前对无人机集群网络优化所进行的群体智能优化研究在以下几个方面需要进一步深入。

(1)相关算法的性能稳定性得不到可靠的理论分析支撑，不能从理论上确保性能稳定的决策算法，将给集群网络优化带来不确定性因素。

(2)相关算法对信息的完整性要求较高，与多约束高动态条件下的无人机集群信息获取和交互能力不相符合，实用性不足。

(3)其优化算法的收敛速度还不足以达到高动态条件下捷变响应的要求。

(4)较少关注其优化算法带来的信息交互开销,这对于多约束条件下的无人机集群网络十分敏感。超出集群承受能力的相关优化方法，其实用意义将大打折扣。因此，需要根据无人机集群执行任务的特点和需求出发，研究既有可靠性能保障、又符合高动态条件下及时收敛需求的群体智能优化算法。

4.4　博弈学习：智能无人机集群网络优化的重要方法

对于智能无人机集群网络这样一个智能化、自主化的分布式协同决策系统，博弈论是重要的理论分析工具。而要使无人机集群具备更强的环境适应能力和经验学习能力，机器学习算法是无人机集群网络优化的必要手段。将博弈论的系统分析和无人机个体的机器学习算法进行有机融合，是无人机集群网络优化的前沿方向和重要方法。

具体对于无人机集群网络优化，构建如图 4-4 所示的面向任务的多智能体集群协同博弈学习框架，针对无人机集群的任务需求，构建博弈模型，设计协同学习方法，实现网络系统优化，达成支撑无人机集群任务的最终目的。

4.4.1　博弈论基本概念

博弈论[41](game theory)是一种数学工具，最初在经济学、生物学得到了发展，到最近十几年被广泛应用在无线通信网络优化领域中，是分布式用户多决策的重要方法[42-44]。博弈中的决策者通常被称为参与者(players)，它们拥有相互依赖的目标和行为，从而互相影响并各自从决策结果中取得利益。无人机集群"自组织"的特征赋予了无人机自主决策的能力,通过将无人机集群网络优化模型构建为博弈模型，能够更精确完备地去描述无人机编队下每架无人机的状态和决策的关系。博弈根据合作方式可以分为合作博弈和非合作博弈。而不管是哪种博弈，均衡解都是所要研究的核心，它表明所有博弈参与者对于当前决策皆不存在异议，使得系统达到了一个稳定的水平，甚至是全局最优。无人机集群网络的特点在于，每架无人机必定是向着自身以及团队的利益提升而做的决策，而这其中必定存在着决策冲突，这就是非合作博弈中的经典博弈行为。

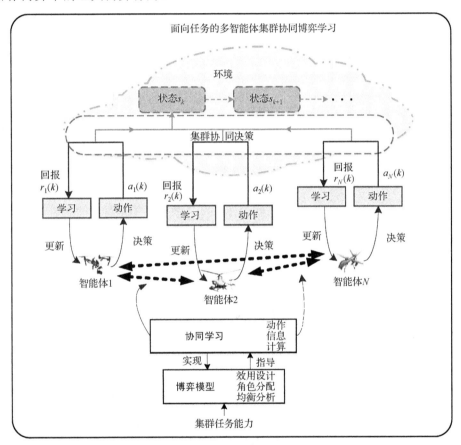

图 4-4 面向任务的多智能体集群协同博弈学习框架

势能博弈(potential games)[45]是博弈论中最常见的一种。在势能博弈中，如果每个参与者对于自己目标的改变或者自身策略的改变，都可以被映射到一个全局唯一的函数中去，那么这个函数就被称为势能函数(potential function)。这对于证明均衡解的存在性有着十分重要的作用。

下面首先给出势能函数的相关定义和性质。

定义 4.1(纳什均衡) 对于一个非合作博弈，给定一组策略选择集 $S^* = (s_1^*, \cdots$

$s_n^*,\cdots,s_N^*$），当改变任意一个参与者 n 的策略选择 s_n^* 都不能使得效用函数增加，即

$$u_n(s_n^*,s_{-n}^*) \geqslant u_n(s_n,s_{-n}^*), \quad \forall n \in \mathcal{N}, \forall s_n \in S_n, s_n \neq s_n^* \tag{4-16}$$

则将该策略集称为一个纯策略纳什均衡（Nash equilibrium，NE）。其中，s_{-n}^* 表示除参与者 n 以外的所有参与者的策略选择。

定义 4.2（精确势能博弈[46]）　对于一个博弈模型 $\mathcal{R}$，如果存在一个势能函数 $\phi_e : C_1 \times \cdots \times C_N \to R$，对于任意两个策略 $c_n \in \mathcal{N}$ 和 $c_n' \in \mathcal{N}$，如果存在下列等式：

$$u_n(c_n,c_{-n}) - u_n(c_n',c_{-n}) = \phi_e(c_n,c_{-n}) - \phi_e(c_n',c_{-n}) \tag{4-17}$$

则该博弈被称为精确势能博弈（exact potential game，EPG）。纳什均衡是精确势能博弈的一个重要性质。

根据无人机集群的特点，无人机集群网络优化需要协同合作，而合作下的无人机网络所能实现的效用是远大于单机的，这使得无人机集群网络具有典型的联盟特征，而任务驱动下网络分簇的划分和簇头的选择则体现了联盟形成的过程。这使得合作博弈下的联盟形成博弈（coalition formation games，CFG）较为适合无人机集群网络优化。

联盟是个体之间的联系，通过共同合作，每个参与者都有自己的利益。这个联盟可能是暂时的。一个联盟并不像一个正式的契约，使得参与者受其约束，而最终的目的是自身利益最大化。而联盟形成博弈主要考虑的是合作下的网络结构。通过更好地学习不同任务驱动下的无人机网络联盟结构，能够更加高效地帮助无人机完成如目标侦测、环境监控还有信息传输等任务。在通信的角度下考虑，无人机其实可以被看成具有动态移动性的节点，如果无人机具有编组，也可将机群中的组长看成簇头，在通信时起到中继和转发的作用，这便是分簇网络。更进一步，无人机"节点"也可以进行信息的处理和分析，从而为下一步上层指控命令传输和通信需求服务。

联盟形成博弈的概念在文献[47]中被提出，下面给出相关的定义。

定义 4.3（联盟）　一个用户集 $\mathcal{N}$ 可以被分为不同的集合 CO_k，$k \in \mathcal{K}$，并满足 $\bigcup_{k=1}^{K} CO_k = \mathcal{N}$，且不同的子集不相交，这些子集 CO_k 被称为联盟。$\Pi = \{CO_m\}_{m=1}^{M}$ 被称为联盟分区。特别地，给定一个联盟分区 Π 和一个参与者 $i \in \mathcal{N}$，则 $CO_\Pi(i)$ 表示属于参与者 i 所在联盟中的所有用户。

定义 4.4（联盟形成博弈[46]）　在策略集 $(\mathcal{N},P)$ 中，$P = (\succ_1, \succ_2, \cdots, \succ_n)$ 表示一组偏好关系，对于每个参与者 $i \in \mathcal{N}$，$\succ_i$ 是其偏好联盟的表示，则该策略集被称为联盟形成博弈。

4.4.2　博弈论在无人机集群网络优化中的应用

无人机集群在复杂环境下自组织协同完成侦查、通信及信息传输共享任务是一

个重要场景。合作博弈被广泛应用到了无人机集群网络优化中。文献[47]提出了基于无人机合作侦查监测的博弈理论公式，引入了多用户势能博弈，通过协作行动、感知观察、合作信息融合进行概率地图的构建，从而保证了未知区域下的合作侦查行动，并设计了一种融合算法来建立概率地图，实现了最优解。在无人机集群网络信息共享及传输场景中，中继传输节点的选择决定了网络的连通性能。文献[48]指出匹配博弈适合于构建复杂的中继模型，讨论了自组织无人机通信在匹配博弈中的优点，并通过构建参与者间的竞争关系，提出了一种新的匹配博弈类别，最后讨论了匹配博弈在无人机中继网络下的未来研究方向。

文献[49]将任务驱动下的数据收集问题建模为无人机任务交互下的异构联盟形成博弈模型，无人机集群形成不相交的联盟并赋予相应的联盟效能，同时将部分无人机作为中继来提高数据包传输成功率，并设计对应的算法提升了全网信息吞吐量。文献[50]则针对小基站密集部署网络，设计一种创新的信息回传方案，通过构建无人机网络形成博弈，建立一个空中多跳回传网络，使得网络回传的速度和低延迟性能都得到了提升。

针对无人机集群网络资源优化。一些文献对无线蜂窝网络下的频谱资源的短缺问题做了研究，考虑了频谱市场机制下频谱拍卖及团购机制等优化手段，有效地减少了频谱获取开销[18,38,51]。文献[52]介绍了在超密集小蜂窝网络中通过描述大规模用户和蜂窝的复杂关系并利用合作的团购机制来解决频谱资源短缺问题，考虑基于情景知觉的团购机制进行网络的资源分配，并将该问题建模为图联盟形成博弈并进行优化分析。文献[52]针对设备到设备(device to device，D2D)网络中的频谱资源拍卖问题，提出了一种联盟形成博弈模型，该模型通过考虑用户节点间的社会关系来研究网络中的联盟结构。这些研究工作都是面向无线蜂窝网络的资源优化手段，为无人机集群网络资源优化提供了充分的理论参考。

此外，还有许多博弈理论被应用于无人机集群网络优化中。Stackelberg 分层博弈能够有效应对无人机抗干扰通信[53]、分层网络下的能量控制和资源调度[54]等问题；匹配博弈则有效解决了无人机集群异构网络下的分布式信道接入、中继选择和时间分配等问题[55,56]。

4.4.3　学习算法与博弈理论的结合

博弈论能够对无人机集群网络这个多智能体分布式决策协同系统进行决策机制设计和性能分析，而具体要使得无人机集群网络达到博弈分析中的均衡以及优化结果，还需要通过集群成员智能体的不断探索、反馈、学习、再探索，最终收敛到各自策略稳定的状态，并实现系统优化的目标。这就需要将学习算法与博弈理论进行结合，以博弈建模分析为理论指导，设计相应的多智能体学习算法，指引集群成员逐步达到博弈理论分析中的系统优化状态。

博弈模型下的优化目标往往是一个非线性多项式(NP-hard)问题[57],传统的集中式求解方法会面临策略空间量大导致收敛速度慢的问题,多策略空间下的最优选择策略甚至会使得决策陷入局部循环。因此,需要考虑设计能够将问题收敛到较好均衡解的算法。

学习算法能够根据环境条件的变化进行实时程序和参数的调整,并通过一定的自我决策机制提升策略的选择效率。后悔学习[58]、最优响应[59]、空间自适应行动(spatial adaptive play,SAP)[60]、多臂老虎机[61]、虚拟对策[62]等学习算法能够分别对不同博弈架构下的分布式多决策模型进行高效稳健的决策学习并求解。

为了应对动态环境中的决策问题,强化学习(reinforcement learning,RL)被广泛使用。文献[63]则将无人机和智能干扰机之间的交互信息构建成一种抗干扰中继博弈,在该博弈中,无人机决定信息的传递,而干扰机则进行策略观察和学习,相应地选择干扰功率,并使用强化学习算法生成相应的策略。这也为解决无人机集群在动态可变环境中的决策问题提供了参考。为了克服传统强化学习在大状态空间条件下难以收敛的问题,作者在文献[64]中提出了一种通信网络抗干扰的深度强化学习算法,实现了大状态空间的学习收敛。

出于对机器学习算法复杂度和能耗方面的考虑,由于无人机功率限制导致的计算能力受限,有研究通过引入无线云技术[65,66],采用无人机集群与地面指挥中心的信息交互的手段,从而由云端进行高负荷的运算,最终将决策结果回传到无人机集群,从而极大地减少无人机集群的功耗,这也是在当前无人机集群硬件发展水平条件下的一种可行思路。

参 考 文 献

[1] Gupta L, Jain R, Vaszkun G. Survey of important issues in UAV communication networks[J]. IEEE Communications Surveys & Tutorials, 2016, 18(2): 865-868.

[2] Meng M, He Z, Su R, et al. Decentralized multi-UAV flight autonomy for moving convoys search and track[J]. IEEE Transactions on Control Systems Technology, 2017, 25(4): 1480-1487.

[3] Liu C H, Chen Z, Tang J, et al. Energy-efficient UAV control for effective and fair communication coverage: A deep reinforcement learning approach[J]. IEEE Journal on Selected Areas in Communications, 2018, 36(9): 2059-2070.

[4] Zheng Z, Sangaiah A K, Wang T. Adaptive communication protocols in flying Ad Hoc network[J]. IEEE Communications Magazine, 2018, 56(1): 136-142.

[5] Yang D, Wu Q, Zeng Y, et al. Energy tradeoff in ground-to-UAV communication via trajectory design[J]. IEEE Transactions on Vehicular Technology, 2018, 67(7): 6721-6726.

[6]　Zeng Y, Zhang R. Energy-efficient UAV communication with trajectory optimization[J]. IEEE Transactions on Wireless Communications, 2017, 16(6): 3747-3760.

[7]　Song Q, Jin S, Zheng F C. Completion time and energy consumption minimization for UAV-enabled multicasting[J]. IEEE Wireless Communications Letters, 2019, 8(3):821-824.

[8]　Li P, Duan H. A potential game approach to multiple UAV cooperative search and surveillance[J]. Aerospace Science & Technology, 2017, 68: 403-415.

[9]　Mozaffari M, Saad W, Bennis M, et al. Mobile unmanned aerial vehicles(UAVs) for energy-efficient internet of things communications[J]. IEEE Transactions on Wireless Communications, 2017, 16(11): 7574-7589.

[10]　Alzenad M, El-Keyi A, Lagum F, et al. 3-D placement of an unmanned aerial vehicle base station (UAV-BS) for energy-efficient maximal coverage[J]. IEEE Wireless Communications Letters, 2017, 6(4): 434-437.

[11]　Zhan C, Zeng Y, Zhang R. Energy-efficient data collection in UAV enabled wireless sensor network[J]. IEEE Wireless Communications Letters, 2018, 7(3): 328-331.

[12]　Wang L, Yang H, Long J, et al. Enabling ultra-dense UAV-aided network with overlapped spectrum sharing: Potential and approaches[J]. IEEE Network, 2018, 31(5): 85-91.

[13]　Wang H, Wang J, Ding G, et al.Spectrum sharing planning for full-duplex UAV relaying systems with underlaid D2D communications[J]. IEEE Journal on Selected Areas in Communications, 2018, 36(9): 1986-1999.

[14]　Hellaoui H, Bekkouche O, Bagaa M, et al. Aerial control system for spectrum efficiency in UAV-to-cellular communications[J]. IEEE Communications Magazine, 2018, 56(10): 108-113.

[15]　Li J, Han Y. Optimal resource allocation for packet delay minimization in multi-layer UAV networks[J]. IEEE Communications Letters, 2017, 21(3): 580-583.

[16]　Wang T, Song L, Han Z, et al. Overlapping coalition formation games for emerging communication networks[J]. IEEE Network, 2016, 30(5): 46-53.

[17]　Di B, Wang T, Song L, et al. Collaborative smartphone sensing using overlapping coalition formation games[J]. IEEE Transactions on Mobile Computing, 2017, 16(1): 30-43.

[18]　Zhang Y, Xu Y, Wu Q. Group buying based on social aware in D2D networks: A game theoretic approach[C]//2017 IEEE/CIC International Conference on Communications in China(ICCC), 2017: 1-6.

[19]　Li Y, Jin D, Yuan J, et al.Coalitional games for resource allocation in the device-to-device uplink underlaying cellular networks[J]. IEEE Transactions on Communications, 2014, 13(7): 3965-3977.

[20]　张国富. 基于群智能的复杂联盟机制研究[D]. 合肥: 合肥工业大学, 2008.

[21]　林林, 孙其博, 王尚广, 等. 基于时间窗的多无人机联盟任务分配方法研究[J]. 电子与信息

学报, 2013, 35(8): 1983-1988.

[22] Borst S C, Gupta V, Walid A. Distributed caching algorithms for content distribution networks[C]//2010 Proceedings of IEEE Information Communications, 2010: 1-9.

[23] Zhu K, Zhi W, Lin Z, et al. Social-aware incentivized caching for D2D communications[J]. IEEE Access, 2017, 4: 7585-7593.

[24] Peng L, Song Q, Yao Y, et al. Extensive cooperative caching in D2D integrated cellular networks[J]. IEEE Transactions on Wireless Communications, 2017, 9: 2101-2104.

[25] Chen M, Mozaffari M, Saad W, et al. Caching in the sky: Proactive deployment of cache-enabled unmanned aerial vehicles for optimized quality-of-experience[J]. IEEE Journal on Selected Areas in Communications, 2017: 1046-1061.

[26] Zhang S, Zhang H, Di B, et al. Joint trajectory and power optimization for UAV relay networks[J]. IEEE Communications Letters, 2017, 22(1): 161-164.

[27] Fan R, Cui J, Jin S, et al. Optimal node placement and resource allocation for UAV relaying network[J]. IEEE Communications Letters, 2018, 22(4): 808-811.

[28] 樊邦奎, 张瑞雨. 无人机系统与人工智能[J]. 武汉大学学报(信息科学版), 2017, 42(11): 1523-1529.

[29] 段海滨, 李沛. 基于生物群集行为的无人机集群控制[J]. 科技导报, 2017, 35(7): 17-25.

[30] 田疆. 基于无人机航迹规划优化的几种新型仿生智能优化算法综述[J]. 兰州文理学院学报(自然科学版), 2017, 31(6): 80-85.

[31] 梁晓龙, 孙强, 尹忠海, 等. 大规模无人系统集群智能控制方法综述[J]. 计算机应用研究, 2015, 32(1): 11-16.

[32] Duan H, Qiao P. Pigeon-inspired optimization: A new swarm intelligence optimizer for air robot path planning[J]. International Journal of Intelligent Computing and Cybernetics, 2014, 7(1): 24-37.

[33] 林峰, 王晓桐, 曲晓光, 等. 基于改进型蜂群算法的无人机姿态控制参数优化[J]. 沈阳航空航天大学学报, 2015, 32(6): 59-64.

[34] Duan H, Sun C. Swarm intelligence inspired shills and the evolution of cooperation[J]. Scientific Reports, 2014, 4: 5210.

[35] Yu W, Chen G, Cao M. Distributed leader-follower flocking control for multi-agent dynamical systems with time-varying velocities[J]. Systems & Control Letters, 2010, 59: 543-552.

[36] 邱华鑫, 段海滨, 范彦铭. 基于鸽群行为机制的多无人机自主编队[J]. 控制理论与应用, 2015, 32(10): 1298-1304.

[37] Perez-Carabaza S, Besada-Portas E, Jose A, et al. Ant colony optimization for multi-UAV minimum time search in uncertain domains[J]. Applied Soft Computing, 2018, 62: 789-806.

[38] Li C, Duan H B. Target detection approach for UAVs via improved Pigeon-inspired optimization

and edge potential function[J]. Aerospace Science and Technology, 2014, 39: 352-360.

[39] 李猛, 王道波, 柏婷婷, 等. 基于蚁群优化算法和人工势场的无人机航迹规划[J]. 应用科学学报, 2012, 30(2): 215-220.

[40] Zhang Q, Wang R, Yang J, et al. Modified collective decision optimization algorithm with application in trajectory planning of UAV[J]. Applied Intelligence, 2018, 48(8): 2328-2354.

[41] Fudenberg D, Tirole J. Game Theory[M]. Massachusetts: Mit Press Books, 1991: 841-846.

[42] Mackenzie A B, Wicker S B. Game theory and the design of self-configuring, adaptive wireless networks[J]. IEEE Communications Magazine, 2001, 39(11): 126-131.

[43] Yaiche H, Mazumdar R R, Rosenberg C. A game theoretic framework for bandwidth allocation and pricing in broadband networks[J]. IEEE/ACM Transactions on Networking, 2000, 8(5): 667-678.

[44] Xu Y, Wang J, Wu Q, et al. Opportunistic spectrum access in unknown dynamic environment: A game-theoretic stochastic learning solution[J]. IEEE Transactions on Wireless Communications, 2012, 11(4): 1380-1391.

[45] Monderer D, Shapley L S. Potential games[J]. Games & Economic Behavior, 1996, 14(1): 124-143.

[46] Saad W, Han Z, Debbah M, et al. Coalitional game theory for communication networks[J]. IEEE Signal Processing Magazine, 2009, 26(5): 77-97.

[47] Aumann R J, Dreze J H. Cooperative games with coalition structures[J]. International Journal of Game Theory, 1974, 3(4): 217-237.

[48] Liu D, Xu Y, Wang J, et al. Self-organizing relay selection in UAV communication networks: A matching game perspective[J].IEEE Wireless Communications, 2019, 26(6): 102-110.

[49] Saad W, Zhu H, Basar T, et al. A selfish approach to coalition formation among unmanned air vehicles in wireless networks[C]//2009 International Conference on Game Theory for Networks, 2009: 259-267.

[50] Challita U, Saad W. Network formation in the sky: Unmanned aerial vehicles for multi-hop wireless backhauling[C]//2017 IEEE Global Communications Conference, 2018: 1-6.

[51] Ruan L, Chen J, Qiu Y, et al. Context-aware group buying in D2D networks: An overlapping coalition formation game approach[C]//17th IEEE International Conference on Communication Technology, 2018: 867-872.

[52] Zhang Y, Xu Y, Anpalagan A, et al. Context-aware group buying in ultra-dense small cell networks: Unity is strength[J]. IEEE Wireless Communications, 2019, 26(6): 118-125.

[53] Xu Y, Ren G, Chen J, et al. A one-leader multi-follower Bayesian-Stackelberg game for anti-jamming transmission in UAV communication networks[J]. IEEE Access, 2018, 6: 21697-21709.

[54] Sun Y, Wang J, Sun F, et al. Energy-aware joint user scheduling and power control for two-tier femtocell networks: A hierarchical game approach[J]. IEEE Systems Journal, 2018,12(33): 2533-2544.

[55] Liu D, Xu Y, Shen L, et al. Self-organizing multiuser matching in cellular networks: A score-based mutually beneficial approach[J]. IET Communications, 2016, 10(15): 1928-1937.

[56] Jing J, Liu D, Xu Y, et al. Distributed channel access, relay selection and time assignment for QoE-aware relay networks[J]. IEEE Access, 2018, 6: 28790-28800.

[57] Arnborg S. Efficient algorithms for combinatorial problems on graphs with bounded, decomposability-a survey[J]. Bit Numerical Mathematics, 1985, 25(1): 1-23.

[58] Nie N, Comaniciu C. Adaptive channel allocation spectrum etiquette for cognitive radio networks[J]. Mobile Networks & Applications, 2006, 11(6): 779-797.

[59] Huang J, Wang J, Zhang H, et al. Network defense strategy selection based on best-response dynamic evolutionary game model[C]//2017 IEEE 2nd Advanced Information Technology, Electronic and Automation Control Conference(IAEAC), 2017: 2611-2615.

[60] Xu Y, Wang J, Wu Q, et al. Opportunistic spectrum access in cognitive radio networks: Global optimization using local interaction games[J]. IEEE Journal of Selected Topics in Signal Processing, 2012, 6(2): 180-194.

[61] Wu Q, Du Z, Yang P, et al. Traffic-aware online network selection in heterogeneous wireless networks[J]. IEEE Transactions on Vehicular Technology, 2016, 65(1): 381-397.

[62] Kosmerl J, Vilhar A. Base stations placement optimization in wireless networks for emergency communications[C]//IEEE International Conference on Communications Workshops, 2014: 200-205.

[63] Xiao L, Lu X, Xu D, et al. UAV relay in VANETs against smart jamming with reinforcement learning[J]. IEEE Transactions on Vehicular Technology, 2018, 67(5): 4087-4097.

[64] Liu X, Xu Y, Jia L, et al. Anti-jamming communications using spectrum waterfall: A deep reinforcement learning approach[J]. IEEE Communications Letters, 2018, 22(5): 998-1001.

[65] Xu Y, Wang J, Xu Y, et al. Centralized-distributed spectrum access for small cell networks: A cloud-based game solution[J]. arXiv: 1502.06670, 2015.

[66] Feng Z, Qiu C, Feng Z, et al. An effective approach to 5G: Wireless network virtualization[J]. IEEE Communications Magazine, 2015, 53(12): 53-59.

第 5 章　智能无人机集群网络频谱资源分配

5.1　引　　言

无人机集群网络优化的一个重要而基础的问题就是频谱资源的分配。对于无人机集群来说，频谱资源是集群网络的基础。科学高效的网络频谱资源分配，是网络优化的前提。无人机集群网络面临在高动态、超密集、分布式条件下进行高效频谱资源分配的挑战，是需要研究的重要问题之一。

5.1.1　概述

对无线网络而言，随着无线数据业务量需求的急剧增加，资源竞争日趋激烈，资源紧缺现象也日益严重。因此，在资源有限的约束条件下，提升利用效率，有效的资源优化理论与方法一直以来就是研究重点。针对无人机集群网络，从优化场景、优化目标、优化方法和优化机制等四个方面，对资源优化理论与方法的研究动态做简要回顾与总结，如图 5-1 所示。

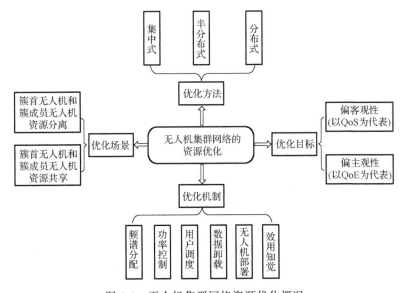

图 5-1　无人机集群网络资源优化概况

1）频谱资源优化场景

从无人机的资源优化场景角度而言，现有研究可分为簇首无人机和簇成员无人机频谱资源共享以及簇首无人机和簇成员无人机频谱资源分离两种。

（1）簇首无人机和簇成员无人机频谱资源共享（shared-spectrum）：在这种场景下，簇成员无人机可以使用与簇首无人机相同的频谱资源，相关研究可参考文献[1-5]。这种场景设置，对簇成员无人机而言能产生更多的动态频谱分配，但是来自簇首无人机的干扰会削弱其网络性能。事实上，如同文献[6]所言，伴随着频谱共享，无人机集群网络会丢失最初的频谱资源复用优势。此外，还需要簇首无人机与簇成员无人机之间的协调机制来减少跨层干扰。这些机制有可能增加安全性，也有可能由于回传带宽的有限性产生相反的效果[7]。

（2）簇首无人机和簇成员无人机频谱资源分离（split-spectrum）：该场景下，主要考虑簇首无人机与簇成员无人机在分离的频谱资源（或正交频谱）上进行数据传输，不存在跨层干扰，相关研究成果可参考文献[7-11]。这种场景设置可以极大地降低干扰管理和频谱资源分配的难度。但是，在频谱资源的重复利用方面相对较弱。

2）频谱资源优化目标

从无人机集群网络中资源优化目标的角度而言，现有研究主要分为偏客观性的评估体系（以面向服务质量（quality of service，QoS）优化为主要代表）和偏主观性的评估体系（以面向用户体验（quality of experience，QoE）优化为主要代表），具体分析如下。

（1）偏客观性优化体系（objectivity-biased）：这类研究主要以提升客观的性能评估准则为优化目标，如 QoS 及相类似测量体系。无人机集群网络资源优化中，这种评估体系在效用设计、性能刻画方面相对简单，可参考文献[12-14]。但是，这类资源优化目标未能很好地反应用户感受。在未来通信系统中以业务为中心的模式下，这种优化设计有待改进。

（2）偏主观性优化体系（subjectivity-biased）：这类研究更注重以用户为中心，如提升 QoE，该体系会把用户的实际业务需求考虑在内。相比于 QoS 优化目标，以 QoE 为评估体系的优化机制不同之处在于两方面：一是 QoE 的效用设计更加复杂，是多个 QoS 参数共同决定的[15]；二是 QoE 数值与单个 QoS 参数之间不是简单的严格单调递增关系。虽然面向 QoE 的资源优化目标更符合现实通信需求，但由于上述挑战的存在，现有研究对于无人机集群网络中考虑用户需求进行优化设计的探索，如文献[16, 17]这类成果，并不是很多，还有许多问题值得进一步研究。

3）频谱资源优化方法

从无人机集群网络中频谱资源优化方法的角度而言，现有研究主要分为集中式、分布式和半分布式(或混合式)三种，它们之间的联系和区别阐述如下。

(1) 集中式(centralized approaches)：这种资源优化方法主要采用集中控制器进行资源管理，可以提升系统的整体性能，已有研究如文献[6, 18]所示。但是同时，这种方法往往需要获知全局信息，增加了信号开销，在未来大规模分布式的无人机集群网络场景下难以直接应用。

(2) 分布式(distributed approaches)：这种资源优化方法无须集中式架构，参与者(如簇成员无人机、智能用户设备等)往往是自组织的，也不需要全局信息。相比于集中式，该方法有更好的灵活性和可拓展性，更加适合大规模密集网络场景。但是，现有的分布式资源优化方法，如文献[19-21]所示，针对超密集的网络场景，将会面临收敛速度慢、性能无法保障等挑战。

(3) 半分布式或混合式(semi-distributed or hybrid approaches)：这种方法往往将集中式和分布式方法混合使用，以提升优化方法的有效性，现有研究如文献[22]中提出了由网关(gateway)在全网集中式资源调度、基站局部分布式资源分配的方案，但是这种混合模式往往对硬件和软件设备要求相对较高。

4) 频谱资源优化机制

针对无人机集群网络中的资源优化问题，当前研究中已经提出了许多各式各样的机制，在此，只针对几种主流的方式进行总结说明，包括频谱分配、功率控制、用户调度、数据卸载、无人机部署和效用知觉等。

(1) 频谱分配(spectrum allocation)：这是当前研究无人机集群网络中资源优化的主流机制，通过有效的频谱分配来提升系统性能。典型的是采用正交频分多址(orthogonal frequency-division multiple-access，OFDMA)机制，也就是将频谱分成多个正交子信道，相关研究可参考文献[23, 24]。

(2) 功率控制(power control)：通过有效功率控制，主要针对通信传输干扰进行管理和消除，可分为连续型功控[25]和离散型功控[26,27]。

(3) 用户调度(user scheduling)：无人机通过调度服务的用户设备，来提升覆盖范围内的用户获取的性能。典型地，同一个无人机覆盖范围内部，簇成员无人机采取协调机制在不同频段或者不同时期服务不同的用户，以此来提升优化效率，如文献[28, 29]的研究成果。

(4) 数据卸载(data offloading)：负载较重的簇成员无人机可以将部分通信业务卸载给其他无人机，以此达到负载均衡，提升系统整体性能，相关研究可参考文献[30, 31]。此外，在簇首无人机和簇成员无人机之间，簇首无人机通过优化设计也可将部分数据业务转移给簇成员无人机。

(5) 无人机部署(small cell deployment)：相比于传统网络，无人机集群网络的一大特点之一在于无人机部署的随机性和灵活性。这种情况下，若没有很好的部署规划，那么无人机之间的相互干扰也会很严重。因此，现有研究也有部分关注无人机部署的优化设计，如文献[32]。

(6)效用知觉(utility-aware)：根据资源优化目标、优化场景的需要，现有无人机集群网络资源优化研究中已经相继探索了业务知觉[33]、需求知觉[34]、位置知觉[35]、回传知觉[36]、情景知觉[37]和负载知觉[38]等技术。

总结分析当前研究，虽然针对无人机集群网络中的频谱资源优化问题已展开了深入探索并提出了相应的解决方案，但是，依然存在一些特有的挑战未能很好地解决：①无人机集群网络预期异构性更强，因为不同类型的无人机，将同时共存以期提供不同的性能，然而，现有的大部分干扰消除的相关研究都是假定网络中的设备使用了同样的技术，现有研究还依然缺少针对具有网络异构化、需求多样化特征的资源优化问题的探讨[39]；②无人机由于其低功率传输，因此，现实中，一个无人机的数据传输只可能对部分周围邻居产生干扰，并非全局网络，这一特征在大多现有工作中被忽略[40]；③无人机集群网络中的用户设备更加智能化所带来的挑战，针对干扰问题的现有研究大都关注单个用户或者整个系统的性能优化并且假定所有用户都会依照建立起来的系统层方案选择策略，但是当用户设备变得更加认知、自我化时，现有假设显然是不合适的[41]；因为，如果用户在单方面偏离规定的策略情况下可以获取更高的收益时，那么先前的方案可能无法提供有效的协调机制来消除干扰，如功率竞赛问题(power racing problem)[39]将会出现；简言之，当前的许多面向无人机的资源优化问题的研究依旧缺乏针对无人机本身独有的特征而进行的深入探索，现实应用性欠佳；④大规模无人机的超密集组网(extremely/hyper/ultra dense wireless networks)[42-44]也越来越受到学者们的关注，超密集组网相比于常规网络的突出特点就是网络规模庞大，无人机、用户数目众多，数据传输的通信和计算复杂度剧增，这些特征都给当前研究带来史无前例的挑战。

5.1.2　本章主要内容

本章针对无人机集群网络中所面临的有效资源紧缺、负载数目众多、全局信息难获以及网络规模庞大等技术挑战，从减小数据传输干扰、提高资源利用效率、提升系统性能和用户满意度等实际问题出发，分别面向常规网络和超密集组网两种场景，对多用户资源优化问题展开了深入研究，并在机理与方法层面对优化机制进行了分析。主要内容总结如下。

(1)打破对系统或者用户两个层级独立进行优化设计的限定，提出了跨层联合考虑的需求-供应匹配的资源优化方法。首先，针对单从系统级角度出发设计方案时，可能导致出现的资源分配不公，或者仅从用户级角度出发可能面临的"功率竞赛"和资源浪费等问题，建立了以利用有限的资源服务最多的用户为目标的供需匹配的博弈模型。然后，依据该博弈模型，设计了非单调的效用函数，并借助相关均衡理论分析了博弈的基本性质。最后，提出了基于悔恨匹配过程的分布式学习算法来实现均衡。

(2)针对现有多数研究中对于无人机单负载假设条件的不现实性，提出了面向负载知觉基于势能博弈的资源优化方法。考虑不同无人机负载不同和无人机低功率传输等特点，构建了能刻画局部干扰关系的图博弈模型。然后，证明了该博弈是一个顺序势能博弈，且势能函数为全网累计干扰。最后，在缺少集中控制器的约束条件下，提出了一种分布式的多智能体学习算法来实现博弈的纳什均衡。

(3)针对超密集组网场景下，大多数传统的集中式或分布式方案无法直接应用的难题，提出了基于分治决策的部分分布式资源优化方法。首先，针对大规模网络中传统的集中式方案复杂度过高而分布式方案算法收敛速度过慢且性能无法保证等问题，基于"分而治之"的思想，建立了部分分布式(或半分布式)的分治决策架构。将初始优化问题分成了分布式分簇、簇内子信道分配、簇间干扰消除和功率调整等四个步骤逐一解决，极大地降低了网络规模和计算复杂度，使得超密集组网条件下的资源优化成为可能。

(4)针对现有研究应用分簇技术进行资源管理时遇到的由于簇间干扰的存在而引起簇边缘用户性能低下这一问题，提出了全新的基于干扰分离分簇的资源优化方法。首先，针对分簇技术应用于密集网络的研究中存在的簇头负担过重、簇间干扰等问题，提出了新颖的干扰分离分簇机制，将全网节点分成两类具有不同优先级的群体。然后，依据优先级的不同，实行分层并行式资源分配，在获取性能得到保证的同时，极大地提高了算法收敛速度。

5.2　基于相关均衡的无人机集群频谱资源匹配优化

5.2.1　问题引入

近年来，学者们针对无人机集群网络中的资源分配与干扰消除等问题已经展开了深入研究，并且相继提出了许多有效的机制，如在物理层方面，先进的技术如干扰消除[45]、干扰分配[46]、多用户多进多出(multiple input multiple output, MIMO)[47]、协同多点传输[48]和大规模天线系统[49]等技术已经在学术界和工业界得到广泛研究。在 MAC 层和无线资源控制层方面，新颖的技术如区内干扰协调[46]、功率控制[50]和频分复用[51]也已经得到快速发展。虽然这些先进的技术在解决传统无人机集群网络中的传输干扰和提升资源利用有效性方面提供了很好的方案，但是，无人机集群网络在设备容量方面预期异构性更强，传统的一致性资源分配机制将不再适用。从方法上，无人机部署随机化、密集化，分布式网络场景将成为主流，先前的集中式控制方法缺乏可行性。倘若以提高全局系统性能增益来设计方案，在资源有限的约束条件下，系统级效用最大化无法完全确保用户资源获取的公平性，有可能造成用户级性能两极分化的结果。若所有用户仅以增大个人收益为准则，由于用户设备的认知性和智能化，所谓的功率竞赛问题[39]便会逐步显现。也就是说一个以自我为中心的用户会以更高的传输功率来提升自身效用(如数据速率)，而这会对周围的邻居用户产生更大的干扰，周围邻居用户为弥补增加的功率带来的干扰继而不得不增大它们自己的传输功率，这反过来会对第一个用户造成更大的干扰。如此恶性循环，将会使得全局系统和单个用户的性能都受到很大影响。

为解决以上问题，本节突破现有研究中针对系统级或用户级独立资源优化的设定，提出了面向系统-用户两级联合优化的资源决策架构。一方面，从系统级角度出发，在资源有限约束条件下，将以提升全局收益总和为优化目标；另一方面，从用户级角度而言，单用户以追求自身利益最大化为最终目的。因此，要实现二者联合优化，存在一个折中问题。本节将该问题建模为需求-供应匹配优化的非合作博弈模型，以全网中有效资源服务满意的用户数最多为优化目标，以此使得全网资源利用率最大化，在此基础上，设计了一个非单调的效用函数。然后，利用相关均衡分析了匹配优化博弈的性质。最后，提出了一种基于无悔匹配过程的全分布式学习算法来实现均衡。仿真结果表明，本节所提的供需匹配优化方案可以比现有机制实现全网中更多的满意用户，提升了资源利用率。本节主要贡献总结如下。

(1)将系统-用户两级联合资源优化问题建模为以全网满意用户数最大为目标的基于供需匹配优化的博弈模型。该模型把用户需求多样化考虑在内，并以此设计了非单调的效用函数。

(2)采用相关均衡机制来协调用户策略选择，实现了信道和功率的联合分配，并证明了均衡的存在性。同时，针对缺乏集中控制器的约束条件，提出了一种全分布式的多用户在线学习算法，并证明了该算法的收敛性。

5.2.2　模型建立

1. 系统模型

如图 5-2 所示,考虑一个由 N 个无人机组成的基于正交频分多址技术(OFDMA)的下行传输无人机集群网络。$\mathcal{N} = \{1, 2, \cdots, N\}$ 代表无人机集合，$\mathcal{M} = \{1, 2, \cdots, M\}$ 代表正交子信道集合 ($N > M$)。簇首无人机与簇成员无人机之间采用资源分离机制。用户可以在不同的功率层级上进行数据传输，功率集合为 $\mathcal{P} = \{P_1, P_2, \cdots, P_L\}$，其中，$L$ 表示功率层级的数目。假定每个无人机 i 都是单天线收发，且在其覆盖范围内以闭合接入机制仅服务一个用户(因此，本节中所提到的 i 可代指第 i 个无人机或者用户，不再做详细区分)。

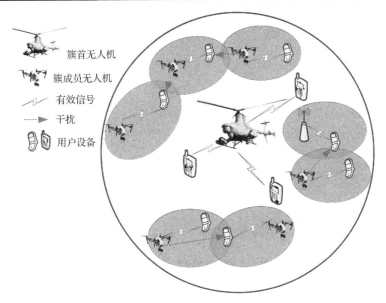

簇首无人机

簇成员无人机

有效信号

干扰

用户设备

图 5-2　系统模型

如果一个用户 i 选择一个子信道 c_i（$c_i \in \mathcal{M}$）和一个功率 P_i（$P_i \in \mathcal{P}$），将其记为一个动作 $a_i = (c_i, P_i)$，$a_i \in \mathcal{A}_i$，$\mathcal{A}_i$ 代表用户 i 的动作集合。因此第 i 个用户接收到的信干噪比（signal to interference plus noise ratio，SINR）为

$$\text{SINR}_i = \frac{P_i h_{ii} d_{ii}^{-\alpha}}{\sum_{j \in \mathcal{N}, j \neq i} P_j h_{ji} d_{ji}^{-\alpha} \delta(a_i, a_j) + \sigma^2} \tag{5-1}$$

这里的 h_{ii} 和 h_{ji} 表示服从指数分布的瑞利衰落，如 $h \sim \exp(1)$，d_{ji} 表示基站 j 与 i 之间的距离，σ^2 为高斯噪声功率。$\delta(a_i, a_j)$ 的定义如下所示：

$$\delta(a_i, a_j) = \begin{cases} 1, & c_i = c_j \\ 0, & c_i \neq c_j \end{cases} \tag{5-2}$$

依据香农容量定理，用户 i 可获得的数据速率为

$$r_i(a) = B \log_2(1 + \text{SINR}_i) \tag{5-3}$$

这里的 $a = (a_1, \cdots, a_N)$ 是 N 元动作集，$a \in \mathcal{A}$，策略集 $\mathcal{A} = \otimes \mathcal{A}_n$，$\forall n \in \mathcal{N}$，$\otimes$ 表示笛卡尔积。

2. 问题建模

从系统级资源优化角度出发，希望全网收益最大化，问题可建模为

$$(P1): \quad \arg\max \sum_{\mathcal{N}} \lambda_i w_i$$

$$\text{s.t.} \quad \sum_{i=1}^{N} w_i \leqslant W \quad \text{(a)} \tag{5-4}$$

$$0 \leqslant w_i \leqslant W \quad \text{(b)}$$

这里的 w_i 代表用户 i 在选择信道和功率策略集 (c_i, P_i) 时所能获取的效用(如 SINR),λ_i 表示收益因子($\lambda_i \neq \lambda_j, \forall i \neq j$)。限制条件(a)表示全网总资源受限,条件(b)限定了单用户资源获取的范围。然而,针对问题 (P1) 进行优化设计时,可能会出现以下情况:由于每个用户对于系统所产生的收益因子不同,在为实现全局效用最大化条件驱动下,系统可能会给那些收益因子更高的用户分配更多的资源以获取更多利润,这样很可能产生两极分化的结果,致使公平性指数[52]:

$$J = \frac{\left(\sum_{n=1}^{N} w_n\right)^2}{N \sum_{n=1}^{N} w_n^2} \tag{5-5}$$

变得很小,系统公平性很差。

从用户级角度出发,单个用户都将以实现个人收益最大化为目标,问题可建模如下:

$$(P2): \quad \arg\max_{i \in \mathcal{N}} w_i$$

$$\text{s.t.} \quad 0 \leqslant w_i \leqslant W \tag{5-6}$$

但是如果每个用户都以最大化个人收益为驱动力,一方面,会出现先前提到的功率竞赛问题,使得网络干扰增大;另一方面,如果定义无人机 i 实际通信需求为 R_i,那么在利益驱动下,会出现 $w_i / R_i \gg 1$ 的现象,也就是自身追求的资源远大于实际需求,从而造成资源浪费。

为联合解决 (P1) 和 (P2),需要在资源有限条件下,最大化资源利用效率,采取二者的折中机制。因此,基于该思想,在全网资源总和限定下,使得每个用户获取的资源刚好与自身需求相匹配,便不会造成资源浪费,这样,全网中满意的用户数目也将最大化,用户满意度也将提高。为估量用户满意度,定义以下函数:

$$I_i(a) = \begin{cases} 1, & \dfrac{r_i}{R_i} \geqslant \eta_i \\ 0, & \text{其他} \end{cases} \tag{5-7}$$

这里的 r_i 表示第 i 个用户获取的速率,η_i 表示满意度门限($0 < \eta_i \leqslant 1$),也就是当用户满意度大于该门限时表示满意,该函数图形如图 5-3 所示。因此,全网中总的满意用户数目可表示为

$$U(a) = \sum_{i \in \mathcal{N}} I_i(a) \tag{5-8}$$

那么优化目标变为最大化 $U(a)$，即

$$(P3): \quad \arg \max U(a) \tag{5-9}$$

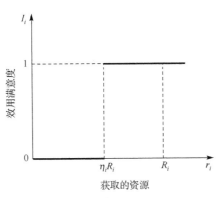

图 5-3　效用满意度函数

优化问题 $(P3)$ 包含了子信道分配和功率控制，是属于组合优化类问题，通常情况下是很难解决的。另外，由于无人机集群网络的分布式部署，针对传统无人机网络中的中心控制与信息交互便很难实现，因此，集中式资源决策机制便不再适用，需要探索研究低复杂度的分布式方法。

5.2.3　资源需求-供应匹配优化博弈和相关均衡

这一部分将通过运用博弈论来讨论优化问题 (P3) 的分布式解决方案。首先，介绍了构造的基于供需匹配的非合作博弈模型，然后，应用相关均衡分析了博弈的属性。

1.　博弈模型设计

提出的博弈模型可表示为 $\mathcal{G} = \{\mathcal{N}, \{\mathcal{A}_i\}_{i \in \mathcal{N}}, \{U_i\}_{i \in \mathcal{N}}\}$，其中，$\mathcal{N}$ 表示用户集，$\mathcal{A}_i$ 表示对于用户 i 来说有效的动作集 (也就是子信道和功率选择可能的策略)，U_i 是用户 i 的效用函数。大部分现有工作中，效用函数的设计都是单调递增模式，如线性函数[53]、S 型函数[54, 55]等。然而，由于用户的自私性行为，单调的效用满意度会造成不必要的资源浪费，因为用户会去追求有可能超过实际需求的更多资源。为了提高资源利用率、最大化满意的用户数目，理想的情况是用户获取的资源接近于它们实际的需求。因此，设计了一个非单调的效用函数，称为供需匹配效用函数。对于用户 i，其效用表达式如下所示：

$$U_i(a_i, a_{-i}) = \left(\frac{2\sqrt{r_i R_i}}{r_i + R_i} \right)^C , \quad \forall i \in \mathcal{N} \tag{5-10}$$

其中，a_i 表示用户 i 的策略(包括子信道和功率选择)，a_{-i} 表示除 i 以外的其他用户的策略集；R_i 表示无人机 i 需求的速率，r_i 表示无人机 i 可以获取的最大速率，参数 C 用来针对不同的通信需求调整效用弧线的倾斜度。因此，资源需求–供应匹配优化博弈模型可描述如下：

$$\underset{a_i \in \mathcal{A}_i}{\arg\max} \quad U(a_i, a_{-i}), \quad \forall i \in \mathcal{N} \tag{5-11}$$

注释 5.1   效用函数中的常量 C 实际反映了用户对于 R_i 的需求敏感度。具体来说，当 C 很小时，效用曲线在 R_i 周围的陡峭变化速率会比较缓慢，表明用户对于资源需求不是很敏感(如网上聊天，一定程度上是允许有时延的)；而当 C 较大时，曲线陡峭程度变大，表示对资源需求强烈(如在线观看视频)。常量 C 对效用曲线的影响如图 5-4 所示，图中设置的实际需求 $R_i = 4$。从图中可以看出，获取的资源越接近需求的资源时，效用值越大，当等于需求的资源时，效用最大。

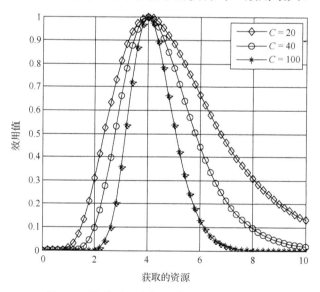

图 5-4   伴随不同参量 C 的非单调效用函数

定理 5.1   在资源有限约束条件下，基于供需匹配的博弈模型中，只要每个参与者追求效用值最大，也就是将个人所获与需求相匹配，避免资源浪费，可渐进实现资源利用率最大化，使得全网中满意用户数目趋于最大。

证明   在资源受限条件下的满意用户数最大化优化建模如下：

$$\arg\max \sum_{i \in \mathcal{N}} I_i$$

$$\text{s.t. } \sum_{i=1}^{N} r_i \leq W \tag{5-12}$$

而效用满意度函数表达式为

$$I_i = \begin{cases} 1, & \dfrac{r_i}{R_i} \geq \eta_i \\ 0, & \text{其他} \end{cases} \tag{5-13}$$

在给定 η_i 条件下，只有当 $r_i \geq \eta_i R_i$ 时，才能使得 I_i 等于 1。然而，N 个用户的效用总和一定，根据凸优化理论[56]，当 r_i 近似为 $\eta_i R_i$ 时，$\sum_{i=1}^{N} I_i$ 趋近于最大值。在匹配博弈过程中，每个用户追求的效用目标为 $U_i(a_i, a_{-i}) = (2\sqrt{r_i R_i} / (r_i + R))^C$，$\forall i \in \mathcal{N}$，由图 5-4 可知，当 U_i 实现最大化时，可渐进实现 $\arg\min |r_i - R_i|$，倘若设定 $\eta_i = 1$，即可使得 r_i 逼近 $\eta_i R_i$。因此，定理得证。

2. 相关均衡分析

为了分析提出的博弈模型的性质，在这一部分，关注一个更加一般化的纳什均衡，也就是所谓的相关均衡(correlated equilibrium，CE)。在介绍相关均衡之前，先回顾纳什均衡，以突出显示相关均衡的优势与特点。纳什均衡是分析非合作博弈状态下很有效的工具，在均衡条件下，没有一个参与者能够通过单方面改变策略增加效用值。

定义 5.1(纳什均衡)　一个动作集 $a^* = (a_1^*, a_2^*, \cdots, a_N^*)$ 是一个纯策略纳什均衡，当且仅当没有一个参与者能通过单方面改变策略来增加效用，即

$$U_i(a_i^*, a_{-i}^*) \geq U_i(a_i, a_{-i}^*), \forall i \in \mathcal{N}, \forall a_i \in \mathcal{A}_i \tag{5-14}$$

注意到在实现纳什均衡过程中，所有参与者都是独立自主地执行决策，然而，事实上，在决策过程中，没有必要要求独立决策，相反，相关决策也许会极大地提升系统性能，而相关均衡便是一个颇具前景的解决方案。

相关均衡的概念描述如下：假定，在博弈开始之前，每个参与者会收到一个私人信号(这个信号不影响收益)，然后，参与者可以依据这个信号选择策略，原始博弈的相关均衡就是带有信号条件下的纳什均衡。由于相关均衡允许协调用户选择策略，因此，相比于非合作纳什均衡可获得更好的性能增益[57]。具体地，将资源需求-供应匹配博弈中的相关均衡定义如下。

定义 5.2(相关均衡)　一个关于 $\mathcal{A}_1 \otimes \cdots \otimes \mathcal{A}_n$ 的概率分布 π 是基于供需匹配的非合作博弈的一个相关均衡，当且仅当对于任意用户 $n \in \mathcal{N}$，任意策略 $a_n \in \mathcal{A}_n$ 和 $a_n' \in \mathcal{A}_n$，都有下面的不等式成立：

$$\sum_{a_{-n}\in\mathcal{A}_n}\pi(a_n,a_{-n})(u_n(a_n,a_{-n})-u_n(a_n',a_{-n}))\geqslant 0 \qquad (5\text{-}15)$$

其中，$\pi(a_n,a_{-n})$ 表示用户 n 选择策略 a_n 而其他用户选择策略集 a_{-n} 时的概率。需要注意的是纯策略纳什均衡是混合策略纳什均衡的特例，后者又是相关均衡的特例。更多关于它们的讨论可参考文献[58, 59]。

定理 5.2 对于资源供需匹配的博弈模型 $\mathcal{G}$，相关均衡始终是存在的。

证明 文献[60]已经证明，每一个非空有限博弈模型都存在一个相关均衡。由于策略集 $\mathcal{A}$ 是离散且有限的，因此提出的博弈 $\mathcal{G}$ 在混合策略方面，至少存在一个均衡点。因此，定理 5.2 得证，并使得博弈的运用得以实现。

5.2.4 基于悔恨匹配过程的分布式学习算法

相关均衡的典型特征就是如果博弈反复执行多次以使每个参与者都以某一悔恨值最小化策略选择动作，那么，可凭经验收敛至相关均衡集。Hart 和 Mas-Colell 曾介绍了一种简单的自适应过程来实现相关均衡，该过程称为悔恨匹配或者无悔学习[61]，基本过程如下：在每一个阶段，每一个用户可以执行与先前阶段相同的策略，也可以某种概率切换到其他策略，而这种概率与该用户在过去切换到其他策略的情况下所获得的累计回报的提升的高低成比例。具体地，对于用户 i 的两种不同的动作 $j,k\in\mathcal{A}_i$，假定用户 i 在当每次执行 j 时，将策略 j 用策略 k 进行替换，那么用户 i 在时刻 t 由策略 j 到 k 产生的悔恨度可表示为

$$R_i^t(j,k)=[D_i^t(j,k)]^+=\max\{D_i^t(j,k),0\} \qquad (5\text{-}16)$$

其中，$D_i^t(j,k)=\dfrac{1}{t}\sum_{\tau\leqslant t:a_i^\tau=j}[U_i(k,a_{-i}^\tau)-U_i(a^\tau)]$ 表示策略改变时间增长到 t 时刻的平均收益的变化。那么，用户 i 在 $t+1$ 时刻的策略选择概率分布可表示为

$$\begin{aligned}p_i^{t+1}(k)&=\frac{1}{\mu}R_i^t(j,k)\\p_i^{t+1}(j)&=1-\sum_{k\in\mathcal{A}_i:k\neq j}p_i^{t+1}(k)\end{aligned} \qquad (5\text{-}17)$$

也就是说，策略改变与悔恨度成比例，当悔恨值很小时，由当前策略切换到其他策略的可能性也就很小。由文献[61]中的分析可知，当每个参与者都依据自适应过程式(5-17)执行操作，那么当 $t\to\infty$ 时，经验分布将收敛到相关均衡集。

无悔匹配过程虽然给出了收敛到相关均衡的一种实现方法，但是，它却有一个明显的缺点：当一个参与者执行无悔匹配过程时，需要知道先前所有参与者的动作。然而，针对无人机集群网络的分布式场景，全信息交互是很难实现的，因此，这种

方法不再适用。本节中，基于无悔匹配过程，提出一种改进式无需信息交互的分布式学习算法，在该算法执行过程中，参与者独立进行决策。为了描述该算法，将其总结如下。

在学习过程中，用户会以某种概率偏离当前动作，偏离概率与过去没有采取其他策略而产生的悔恨程度成比例。在这种关系下，基于供需匹配的博弈 $\mathcal{G}$ 通过时间 $t = 1, 2, \cdots$ 重复执行。在 $t+1$ 时刻，每一个潜在的参与者 $i(i \in \mathcal{N})$ 依据在 t 时刻产生的平均悔恨值更新它们的策略选择概率。$a = (a_1, \cdots, a_N)$ 表示博弈的混合策略集，$p_i = (p_{i,1}, \cdots, p_{i,K})$，$\forall i \in \mathcal{N}$，表示参与者 i 的动作选择概率相量，$p_{i,k}$ 代表 i 选择动作 k 时的概率，K 是有效动作的数目。分布式学习算法具体的说明如算法 5.1 所示。

算法 5.1　实现相关均衡的分布式学习算法

初始化：设置迭代指数 $t = 0$，初始化选择概率 $p_{i,k} = 1/K$，$\forall i \in \mathcal{N}$，$\forall k \in \{1, \cdots, K\}$。

循环：$t = 1, 2, \cdots$

选择动作：在 t 时隙开始，每一个参与者(无人机或者用户) i 依据当前概率选择向量 $\boldsymbol{p}_i(t)$，选择一个动作 $a_i(t)$。然后，参与者执行它们选择的动作。

计算悔恨值：所有参与者依据它们收到的效用计算悔恨值：

$$\mathrm{CH}_i^t(k) = \frac{1}{t} \left(\sum_{\tau \le t: a_i^\tau = k} \frac{U_i^\tau}{p_i^\tau(k)} - \sum_{\tau = 1}^t U_i^\tau \right), \forall i \in \mathcal{N}$$

U_i^τ 是参与者 i 在 τ 时期获得的收益。

更新选择概率：所有参与者根据以下规则更新策略选择概率：

$$p_i^{t+1}(k) = (1 - \delta_t) \frac{[\mathrm{CH}_i^t(k)]^+}{\sum_{j \in N_i} [\mathrm{CH}_i^t(j)]^+} + \delta_t \frac{1}{m_i}, \forall i \in \mathcal{N}$$

δ_t 是一个 0 到 1 之间的变量，m_i 表示 i 的策略数目。当 $t \to \infty$ 时，δ_t 趋近于 0。

结束循环

定理 5.3　如果每个参与者都依据所提的分布式学习算法执行操作，那么，当 $t \to \infty$ 时，用户执行的经验分布将以概率 1 收敛到博弈的相关均衡集。

证明　关于强化的悔恨匹配学习算法的收敛证明过程可以参考文献[62]。

5.2.5　实验结果及分析

1. 仿真设置

在这一部分，将研究提出的伴随非单调效应函数的分布式学习算法的收敛性和性能。设定无人机集群网络的覆盖半径是 10m，干扰范围为 50m，信道带宽 $B =$ 200KHz，背景噪声为 –174dBm，满意度门限设置为 0.8，需求敏感度因子 $C = 60$。

2. 收敛性能

考虑一个无人机集群网络中，有 15 个无人机随机分布在一个 100m×100m 的正方形区域内，网络拓扑结构如图 5-5 所示。其中，黑色小圆圈代表无人机，黑色大圆圈区域代表基站覆盖半径，黑色实线表示基站之间的干扰关系(若两个无人机 i 与 j 之间的距离小于干扰范围 50m，那么两个无人机之间便存在干扰)。系统中有三个子信道和四个功率层级 $\mathcal{P} = \{40\text{mW}, 60\text{mW}, 80\text{mW}, 100\text{mW}\}$。假定信道衰落是微妙变化的，且 $h = 1$。每个用户的需求在[0, 3]Mbps 之间随机产生。每个参与者在博弈过程中，需要选择合适的信道和功率进行数据传输，以使产生的效用回报最大。

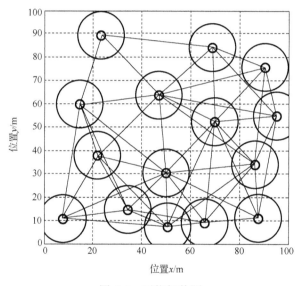

图 5-5　网络拓扑图

任意选择一个参与者(也就是无人机)，其策略选择概率的收敛过程如图 5-6 所示。由于网络中有三个信道和四个功率，因此，对于任意一个无人机，可能的选择策略都为 12 个。为了表示方便，从中选出 4 个，给出其随时间的变化趋势，从图中可以看出在大概 100 次迭代后，系统收敛到纯策略。另外，选择不同信道和功率的无人机数目的变化过程分别在图 5-7 和图 5-8 中给出。可以看到，子信道上的用户数目变化曲线在 180 次迭代后趋于稳定，而选择不同功率无人机数目的变化曲线在 210 次左右收敛到稳态。这些仿真结果验证了提出的基于悔恨匹配的分布式学习算法的收敛性能。

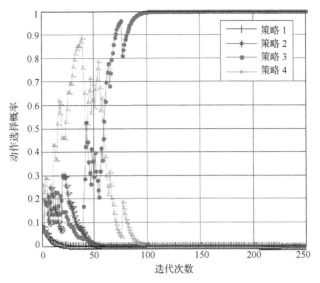

图 5-6　任意用户策略选择概率收敛过程

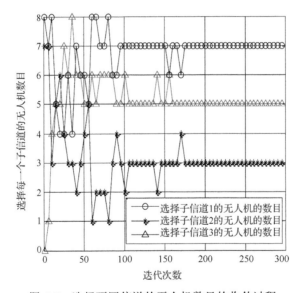

图 5-7　选择不同信道的无人机数目的收敛过程

3. 小规模集群网络中的渐进最优性验证

为了验证所提的基于相关均衡的分布式资源优化方案的近似最优性，考虑小规模的网络场景，将其性能与穷搜机制进行对比。另外，将随机分配算法作为参考，突出显示所提机制的性能提升。随机分配机制是一个参与者从策略集中随机选择一个动作而不管其他参与者的选择策略时的收益值。所提机制和随机分配的

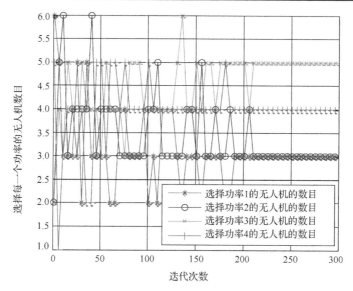

图 5-8　选择不同功率的无人机数目的收敛过程

性能值是经过 1000 次独立试验后取平均值。仿真结果如表 5-1 所示，主要反映的是不同无人机数目条件下，网络中满意的用户数目比例。从表中结果可以看出，所提方案在不同网络规模下性能接近最优，且比随机分配方案所获得的全网满意用户比例高出很多。

表 5-1　小规模网络中的性能对比

无人机数目	5	6	7	8
穷搜（最优）/%	100	100	96.2	93.4
所提方案/%	95.2	93.6	90.3	87.6
随机分配/%	68.4	67.6	64.4	64.9

4. 大规模集群网络中的性能对比

考虑的网络场景为 200m×200m 的方形区域中随机部署无人机，系统中有三个信道和四个功率可供用户使用，用户需求异构，在[0, 3]Mbps 之间随机产生。

对比机制如下所示。

①线性机制（linear form）[53]。效用函数：

$$u_i(a_i, a_{-i}) = \begin{cases} \dfrac{r_i(a_i, a_{-i})}{R_i}, & r_i(a_i, a_{-i}) < R_i \\ 1, & \text{其他} \end{cases}$$

该线性机制中，当获取的资源小于实际需求时，效用值成线性递增趋势，如果获取资源大于所需时，满意度为 1。

②S 型机制(Sigmoid form)[55]。效用函数：

$$u_i(a_i, a_{-i}) = \frac{1}{1 + e^{-C(r_i(a_i, a_{-i}) - R_i)}}$$

该效用机制中，用户效用曲线与获取资源成 S 型变化，且需求敏感度也由敏感因子 C 控制。仿真中 C 也设置为 60。

③吞吐量最大化(throughput maximization)：$u_i(a_i, a_{-i}) = r_i(a_i, a_{-i})$，该机制中每个用户以追求吞吐量最大化为目标。

关于线性机制和 S 型机制的曲线变化趋势如图 5-9 所示。可以看出，两种机制所获收益都与获取的资源呈单调变化趋势，且都以用户级效用优化为目标。这样的机制，在先前已经分析过，对于系统级而言，在有效资源限制条件下，容易造成功率竞赛，部分用户会追求超过自身实际需求的更多资源，对于系统而言造成资源浪费。

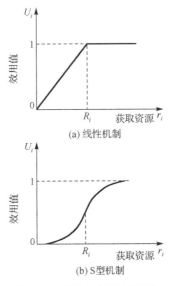

图 5-9　对比机制效用曲线

为了实现对比，考虑不同的网络规模，无人机数目从 15 个变化到 50 个，实验结果由 1000 次独立实验取平均而得。仿真结果如图 5-10 所示，从图中可以看出所提出的基于供需匹配的博弈方案可在有限的网络资源约束条件下，得到的满意用户数目更多，而且，在密集网络场景中这种优势更加明显。也就是说所提机制相比于现有方案可以提高资源利用率，更适合未来需求多样化的密集无人机集群网络。

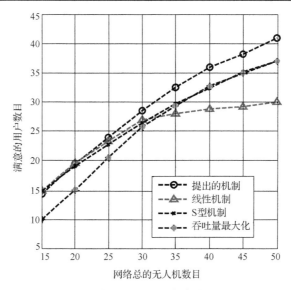

图 5-10　所提方案与现有机制的性能对比

5.2.6　小结

本节针对传统的面向无人机中仅独立考虑系统级资源优化情况下可能产生的资源分配不均，或者从用户级角度出发设计优化方案时可能产生的功率竞赛和资源浪费等不足，突破分离优化的假设和约束，提出了面向供需匹配的跨层联合优化博弈模型。为分析博弈的输出结果，与先前利用纳什均衡研究非合作博弈中用户自主独立决策的机制不同，本节采用了更加泛化的均衡机制，也就是相关均衡来讨论构造基于供需匹配的博弈模型。并且，从理论上证明了博弈的相关均衡的存在。为实现相关均衡，受悔恨匹配过程的启发，提出了一种分布式的学习算法，这种算法避免了原始悔恨匹配过程中一个用户执行策略更新时需要知道所有参与者先前时刻的动作的限制，降低了对信息交互的要求，减小了能量开销。通过仿真，验证了所提机制可以实现在资源有限条件下，提高资源利用率，更加适合用户需求多样化的分布式异构无人机集群网络。

5.3　基于势能博弈的无人机集群频谱分配优化

5.3.1　问题引入

无人机具有随机部署、即插即用的特征，因此，在处理传输干扰、完成资源分配过程中，自组织、分布式的频谱决策机制成为人们近来主要的探索方向，如基于强化学习[63]、分层博弈机制[21]和演化博弈[26]等方法。现有许多工作[24,26]都有一个假设前提，就是在一个无人机的覆盖范围内某一时隙中只有一个活跃用户，即无人机之间的负载差异性被忽略。这种假设并不现实[64]。另外，由于无人机的低功率传输，一个无人机覆盖范围的传输通信往往仅影响周围无人机覆盖范围内的用户，也就是说干扰是局部的，而这一特征，在大多的现有工作中并没有给予说明[40]。不同的无人机负载往往是不同的，簇首无人机和簇成员无人机之间是局部干扰的。因此，将这两种实际情况考虑在内，来研究面向无人机集群网络的分布式频谱接入问题变得十分必要。

为解决上述问题，提出了面向负载知觉基于势能博弈的资源优化方法。具体地，首先，运用图博弈[65]模型对无人机之间的局部干扰关系进行刻画。然后，证明了构造的频谱接入博弈是一个顺序势能博弈，至少存在一个纳什均衡，并提出了一种多智能体学习算法来实现纳什均衡。最后，通过仿真对所提方案进行了验证。本节的主要贡献总结如下。

(1)面向无人机集群网络中无人机负载不同和局部干扰条件下的动态频谱接入问题被建模成一个图博弈模型，其中，每一个移动用户的效用函数被定义为它们获取的数据速率。证明了构造的图博弈是一个顺序势能博弈，至少存在一个纳什均衡点。而且，全网干扰最小化问题的最优解是一个纳什均衡，因此，均衡条件下获取的系统性能也会很高。

(2)在缺乏集中控制器和信息交互约束条件下，提出了一种多智能体学习算法来实现博弈的纳什均衡。所提算法完全是分布式的，由参与者自组织执行。仿真结果表明，该算法不仅可以在只考虑大尺度衰落的稳态场景中收敛，而且，在考虑了信道衰落的动态环境中也是有效的。

5.3.2　模型建立

1. 系统模型

考虑一个密集的无人机集群网络场景，N 个无人机随机部署。无人机 n（$1 \leqslant n \leqslant N$）覆盖范围内有 L_n 个移动用户。假设簇成员无人机与簇首无人机在相互正交的信道上传输数据(也就是不考虑跨层干扰)，对簇成员无人机而言，系统中有 M 个可用信道。$\mathcal{N}$ 表示无人机集合（$\mathcal{N} = \{1, \cdots, N\}$），$\mathcal{M}$ 表示有效信道集（$\mathcal{M} = \{1, \cdots, M\}$）。本节中考虑下行传输，无人机 n 的传输链路集表示为 $\mathcal{S}_n = \{\mathcal{S}_{n1}, \cdots, \mathcal{S}_{nL_n}\}$，其中，$\mathcal{S}_{nl}$ 代表第 n 个无人机与其第 l 个用户之间的通信链路。由于无人机的低功率传输，因此，相互之间的干扰是局部影响的，本节介绍一种干扰图模型来表征这种局部干扰关系。通常情况下，干扰图由用户受到的干扰与有效信号之间的比值决定，在此，使用简单的距离决策干扰模型，这种距离决定的干扰模型在现有研究中也已经被广泛采纳[27]。干扰图构建如下所示：当两个无人机 i 与 j

之间的距离小于干扰门限 d_0 时，那么它们在相同的信道上同时传输数据时会相互干扰。干扰图由符号 $\mathcal{G} = \{V, E\}$ 表示，V 代表顶点集（也就是无人机），E 代表边集，$V = \{1, \cdots, N\}$，$E = \{(i, j) | i \in \mathcal{N}, j \in \mathcal{N}, d_{ij} < d_0\}$。无人机 n 的邻居用户集表示为 $\mathcal{J}_n$，$\mathcal{J}_n = \{j \in \mathcal{N} : d_{nj} < d_0\}$。无人机集群网络及相应的干扰关系如图 5-11 所示。

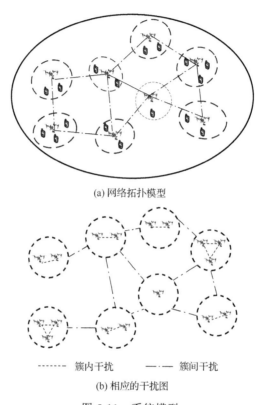

(a) 网络拓扑模型

------ 簇内干扰　　　—·— 簇间干扰

(b) 相应的干扰图

图 5-11　系统模型

2. 问题建模

假定无人机 n 选择信道 c_{nl}，以链路 s_{nl} 进行数据传输，那么，n 的信道选择可记为 $C_n = \{c_1, \cdots, c_{L_n}\}(1 \leqslant L_n \leqslant M, \forall n \in \mathcal{N})$。对于同一个无人机覆盖范围内的用户频谱接入，为了降低网络干扰，限定它们接入不同的信道。因此，对于任意一个信道选择集 (C_n, C_{-n})，C_{-n} 是除 n 以外其他用户的信道选择策略，第 n 个无人机服务的第 l 个用户收到的信干噪比定义如下：

$$\eta_{nl}(C_n, C_{-n}) = \frac{P_n d_n^{-\alpha}}{\sum_{i \in \mathcal{J}_n : c_{nl} \in C_i} P_i d_{in}^{-\alpha} + \sigma} \tag{5-18}$$

其中，d_n 表示无人机 n 与其服务的用户之间的距离，P_n 表示无人机的传输功率，α 为路径损耗因子，d_{in} 表示无人机 i 与 n 之间的距离，$\sum_{i \in \mathcal{J}_n : c_{nl} \in C_i} P_i d_{in}^{-\alpha}$ 表示邻居无人机中也选择信道 c_{nl} 而产生的累计干扰，σ 为背景噪声。在链路 s_{nl} 中产生的数据速率为

$$r_{nl}(C_n, C_{-n}) = B \log(1 + \eta_{nl}(C_n, C_{-n})) \tag{5-19}$$

其中，B 为信道带宽。

　　每个链路的优化目标为最大化可达速率。然而，由于以下不完全信息约束，这一问题的解决是很有挑战性的，由于在无人机之间缺少集中控制器和信息交互，会引起：①每个无人机不知道其他无人机选择的信道；②一个无人机覆盖范围中的用户数仅仅是被与其相应的那个无人机知道，而其他无人机不知道。因此，集中式的方案无法实现，需要设计有效的分布式方法。

5.3.3　基于势能博弈的自组织频谱接入方法

1.　小区不同负载下的频谱接入博弈

　　这一部分将针对建模的优化问题，探索设计无人机负载不同条件下的基于非合作博弈的分布式解决方案。在频谱接入博弈中，无人机覆盖范围内的每一个传输链路被看成是一个参与者，那么，提出的博弈可表征为 $\mathcal{F} = \{\mathcal{S}, \{\mathcal{A}_k\}_{k \in \mathcal{S}}, \{\mathcal{J}_k\}_{k \in \mathcal{S}}, \{u_k\}_{k \in \mathcal{S}}\}$，其中，$\{\mathcal{S} | \mathcal{S} = \{\mathcal{S}_1, \mathcal{S}_2, \cdots, \mathcal{S}_n \cdots, \mathcal{S}_N\}, \mathcal{S}_n = \{s_{n1}, s_{n2}, \cdots, s_{nL_n}\}, n \in \mathcal{N}\}$ 为参与者集合（也就是传输链路集）。$\mathcal{J}_k$ 代表 k 的邻居集，$\mathcal{A}_k$ 是 k 的有效动作集，u_k 是 k 的效用值，效用函数可定义为

$$u_k(a_k, a_{\mathcal{J}_k}) = r_k(a_k, a_{\mathcal{J}_k}), \quad \forall k \in \mathcal{S} \tag{5-20}$$

其中，a_k 是第 k 个参与者选择的动作（即有效信道 m，$m \in \mathcal{M}$），$a_{\mathcal{J}_k}$ 是参与者 k 的邻居选择的策略集，r_k 是由式(5-19)确定的可获取的数据速率。在网络中，对于一个指定的参与者（传输链路）而言，其他参与者可分成两部分：①与其在同一个无人机覆盖范围内的剩余的其他参与者；②其他无人机覆盖范围内的参与者。由于规定附属于同一个无人机的用户不能选择同样的信道，因此，同一小区中的其他链路不会对该指定参与者造成影响。也就是说，只有邻居中其他无人机覆盖范围内的传输链路会对其有影响。因此，这里的 $\mathcal{J}_k$ 表示附属于其他不同无人机的邻居用户集。

　　在博弈中的每个用户意欲通过策略选择使得自身收益最大化，因此，频谱接入博弈可表示为

$$(\mathcal{F}): \quad \max_{a_k \in \mathcal{A}_k} u_k(a_k, a_{\mathcal{J}_k}), \ \forall k \in \mathcal{S} \tag{5-21}$$

第 4 章中已经对纳什均衡的定义做了说明，这里，为研究 $\mathcal{F}$ 的属性，给出以下定义。

定义 5.3（顺序势能博弈） 一个博弈是顺序势能博弈（ordinal potential game，OPG)，如果存在一个顺序势能函数 $\phi: A_1 \times \cdots \times A_{|\mathcal{S}|} \to R$ 使得对于所有的 $k \in \mathcal{S}$，$a_k \in \mathcal{A}_k$，$a_k' \in \mathcal{A}_k (a_k \neq a_k')$，都有以下式子成立：

$$u_k(a_k, a_{\mathcal{J}_k}) - u_k(a_k', a_{\mathcal{J}_k}) > 0 \Leftrightarrow \phi(a_k, a_{\mathcal{J}_k}) - \phi(a_k', a_{\mathcal{J}_k}) > 0 \tag{5-22}$$

也就是说顺序势能博弈中任意用户单方面改变策略导致的效用函数的变化与势能函数的变化量具有相同的趋势。

定理 5.4 提出的具有不同无人机负载的频谱接入博弈 $\mathcal{F}$ 是一个顺序势能博弈。

证明 对于任意一个参与者 k，定义以下函数：

$$v_k(a_k, a_{\mathcal{J}_k}) = -\sum_{i \in \mathcal{J}_k : a_i = a_k} P_{(i)} P_{(k)} d_{(i)(k)}^{-\alpha} \tag{5-23}$$

为参与者 k 受到的权重干扰[66]，$P_{(i)}$ 表示无人机服务的第 i 个用户的传输功率，$d_{(i)(k)}$ 表示第 i 个链路与第 k 个链路之间的距离。定义 $\phi: A_1 \times \cdots \times A_{|\mathcal{S}|} \to R$ 如下：

$$\begin{aligned}\phi(a_k, a_{-k}) &= \sum_{n \in \mathcal{N}} \sum_{k \in \mathcal{S}_n} v_k(a_k, a_{-k}) \\ &= -\sum_{n \in \mathcal{N}} \sum_{k \in \mathcal{S}_n} \sum_{i \in \mathcal{J}_k : a_i = a_k} P_{(i)} P_{(k)} d_{(i)(k)}^{-\alpha}\end{aligned} \tag{5-24}$$

表示为网络中所有用户受到的累计权重干扰。

为了便于分析，定义与参与者 k 选择同样信道的邻居用户集为 $\mathcal{I}_k(a_k) = \{i \in \mathcal{J}_k : a_i = a_k\}$。如果任意参与者 k 单方面改变策略选择，从 a_k 变化到 a_k^*，那么由于这种单方面改变而引起的 v_k 的变化如下：

$$\begin{aligned}&v_k(a_k^*, a_{\mathcal{J}_k}) - v_k(a_k, a_{\mathcal{J}_k}) \\ &= \sum_{i \in \mathcal{J}_k : a_i = a_k} P_{(i)} P_{(k)} d_{(i)(k)}^{-\alpha} - \sum_{i \in \mathcal{J}_k : a_i = a_k^*} P_{(i)} P_{(k)} d_{(i)(k)}^{-\alpha} \\ &= \sum_{i \in \mathcal{I}_k(a_k)} P_{(i)} P_{(k)} d_{(i)(k)}^{-\alpha} - \sum_{i \in \mathcal{I}_k(a_k^*)} P_{(i)} P_{(k)} d_{(i)(k)}^{-\alpha}\end{aligned} \tag{5-25}$$

由于 k 为了避免无人机覆盖范围内部干扰，需要选择与同一无人机覆盖范围内其他链路不同的信道，因此，在 k 做策略改变时的可选信道集为 $\{\mathcal{M} \setminus (C_n \setminus a_k)\}$，即 $a_k^* \in \{\mathcal{M} \setminus (C_n \setminus a_k)\}$。那么，由于 k 单方面的策略改变引起 ϕ 的变化如下：

$$\phi(a_k^*, a_{-k}) - \phi(a_k, a_{-k})$$

$$
\begin{aligned}
&= \sum_{n \in \mathcal{N}} \sum_{k \in \mathcal{S}_n} \sum_{i \in \mathcal{J}_k : a_i = a_k} P_{(i)} P_{(k)} d_{(i)(k)}^{-\alpha} - \sum_{n \in \mathcal{N}} \sum_{k \in \mathcal{S}_n} \sum_{i \in \mathcal{J}_k : a_i = a_k^*} P_{(i)} P_{(k)} d_{(i)(k)}^{-\alpha} \\
&= \sum_{i \in \mathcal{I}_k(a_k)} P_{(i)} P_{(k)} d_{(i)(k)}^{-\alpha} - \sum_{i \in \mathcal{I}_k(a_k^*)} P_{(i)} P_{(k)} d_{(i)(k)}^{-\alpha} \\
&\quad - \sum_{i \in \mathcal{I}_k(a_k^*)} P_{(k)} P_{(i)} d_{(k)(i)}^{-\alpha} + \sum_{i \in \mathcal{I}_k(a_k)} P_{(k)} P_{(i)} d_{(k)(i)}^{-\alpha} \\
&= 2(v_k(a_k^*, a_{-k}) - v_k(a_k, a_{-k}))
\end{aligned}
\tag{5-26}
$$

注意到 r_k 与 v_k 之间有如下相关关系：

$$
r_k(a_k, a_{-k}) = B \log \left(1 + \frac{P_{(k)} d_{(k)}^{-\alpha}}{-v_k(a_k, a_{-k}) / P_{(k)} + \sigma} \right)
\tag{5-27}
$$

可以证明 $\log \left(1 + \dfrac{P_i d_i^{-\alpha}}{-x/P_i + \sigma} \right)$ 是关于 x 的增函数，因此，以下式子成立：

$$
(u_k(a_k^*, a_{\mathcal{J}_k}) - u_k(a_k, a_{\mathcal{J}_k})) \times (v_k(a_k^*, a_{-k}) - v_k(a_k, a_{-k})) \geqslant 0, \quad \forall a_k \in \mathcal{A}_k, a_k \neq a_k^*
\tag{5-28}
$$

联合式 (5-26) 和式 (5-28) 可得

$$
(u_k(a_k^*, a_{\mathcal{J}_k}) - u_k(a_k, a_{\mathcal{J}_k})) \times (\phi(a_k^*, a_{-k}) - \phi(a_k, a_{-k})) \geqslant 0, \quad \forall a_k \in \mathcal{A}_k, a_k \neq a_k^*
\tag{5-29}
$$

式 (5-29) 满足式 (5-22) 定义的顺序势能博弈的定义。因此，构造的频谱接入博弈 $\mathcal{F}$ 是一个顺序势能博弈，且其势能函数为全网累计权重干扰。定理 5.4 得证。

2. 博弈模型讨论

顺序势能博弈是应用很广泛的一种博弈模型，具有以下两个鲜明特点：①每个顺序势能博弈至少存在一个纯策略纳什均衡；②使得顺序势能函数最大化的动作集也是一个纯策略纳什均衡点。对于构造的频谱接入博弈 $\mathcal{F}$，由式 (5-24) 定义的累计权重干扰为其势能函数。因此，可以看到博弈的纳什均衡点可以使全网的累计干扰最小化。更加重要的是，在文献[52,67,68]中已经证明，越小的权重干扰可以获得越高的 (接近最优的) 系统吞吐量。因此，预期构造的博弈模型可以获得非常令人满意的性能。

5.3.4　实现纳什均衡的多智能体学习算法

在这一部分，为实现构造的频谱接入博弈的纳什均衡，受 Boltzman-Gibbs 提出的乘法权重机制[68]的启发，提出了一个多智能体的分布式学习算法，具体描述如算法 5.2 所示。

算法 5.2 面向自组织频谱接入的多智能体学习

初始化：设置迭代指数 $i = 0$，初始化信道选择概率向量 $\mathcal{P}_n(0) = \left(\dfrac{1}{M}, \cdots, \dfrac{1}{M} \right)$，初始化评估 $Q_{nm}(0) = 0, \forall n, m$。使每一个参与者（通信链路）$n$ 等概率随机选择一个信道 $a_n(0) \in \mathcal{A}_n$。

循环：$i = 0, \cdots$

①在信道选择集 $(a_n(i), a_{-n}(i))$ 条件下，参与者接入信道可获得的回报 $r_n(i)$ 可由式 (5-19) 得出。注意到，如果在同一无人机内部的传输链路选择同一信道，那它们将平等共享该信道，因此，获得的速率为 $r_{nl} = \dfrac{1}{K} B \log(1 + \eta_{nl}(C_n, C_{-n}))$，$K$ 为无人机中接入同一信道的链路数目。

②每个参与者依据以下原则更新评估：

$$Q_{nm}(i+1) = Q_{nm}(i) + \lambda_i I(a_n(i), m) \left(\dfrac{r_n(i)}{\bar{r}_n} - Q_{nm}(i) \right) \tag{5-30}$$

其中，λ_i 是步骤因子，当 $a_n(i) = m$ 时，$I(a_n(i), m) = 1$，否则 $I(a_n(i), m) = 0$；$\bar{r}_n$ 是对链路 n 的无干扰条件下所获取的数据速率，即 $\bar{r}_n = B \log(1 + P_{(n)} d_{(n)}^{-\alpha} / \sigma)$。

③每个参与者依据以下原则更新信道选择概率：

$$p_{nm}(i+1) = \dfrac{p_{nm}(i)(1 + \eta_i) Q_{nm}(i)}{\sum_{m'=1}^{M} p_{nm'}(i)(1 + \eta_i) Q_{nm'}(i)}, \forall n, m \tag{5-31}$$

其中，η_i 是学习参量，依据更新的混合策略，每个参与者在下一时刻选择新动作。执行上述操作，直至所有链路选择某个信道的概率大于某一值，如 0.99，或者，迭代次数大于预设值，结束学习。

结束循环

定理 5.5 当步骤因子 λ_i 和学习参量 η_i 充分小时，多智能体学习算法渐进收敛到顺序势能博弈的纳什均衡。

证明 详细证明过程可参考文献[69]。

通过定理 5.4 和定理 5.5 知道所提算法可以收敛到提出的机会型频谱接入博弈的纳什均衡。而且，之前已经分析过，博弈的所有纳什均衡点都与网络的累计权重干扰密切相关，因此，学习算法可以获得的系统性能预期会很好。

5.3.5 实验结果及分析

1. 仿真设置

这一部分，将通过仿真来验证所提的分布式学习算法的性能。无人机传输功率为

40mW，无人机覆盖半径为 10m，干扰范围为 50m，每个无人机覆盖范围内的用户数目在每次实验过程中为 1～3 个之间随机产生。信道带宽为 200KHz，背景噪声为 −146dBm，对多智能体学习算法而言，参量设置为 $\lambda_n = 1/t$，$\eta_n = 0.1$，t 为迭代次数。

2. 算法收敛性

1）稳态场景中的收敛性

考虑一个有 15 个无人机的网络，无人机随机部署在 100m×100m 的正方形区域内，系统中有 4 个有效信道，只考虑大尺度衰落。任选一个用户，信道选择概率的变化趋势如图 5-12 所示，可以看出大概在 120 次迭代后即可收敛到纯策略均衡。另外，用户数目在信道上的变化趋势如图 5-13 所示，大约迭代 400 次系统收敛。这些结果验证了所提的多智能体学习算法在稳态场景中的收敛性。

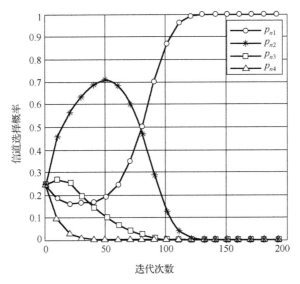

图 5-12　稳态场景中任意用户信道选择概率收敛过程

2）瑞利衰落场景中的收敛性

这一部分考虑有瑞利衰落的更加实际的信道模型。任意用户信道选择概率的收敛过程和动态场景中选择不同信道的用户数的收敛过程分别如图 5-14 和图 5-15 所示。这些结果证实了所提的多智能体学习算法不仅在只考虑大尺度衰落时的稳态场景中收敛，而且，在考虑了信道衰减条件下的动态场景中也能收敛。

3. 系统性能评估

这一部分主要对提出的基于势能博弈的分布式决策机制所能获取的系统性能进行评估。为了对比，考虑不同的网络规模和无人机密度。主要分为两种，一种是无人机部署在 100m×100m 的方形区域内（小规模网络），另一种是 200m×200m 的方形区域（大规模网络）。无人机数目从 15 个变化到 25 个，仿真结果为 1000 次独立试验后取平均值。

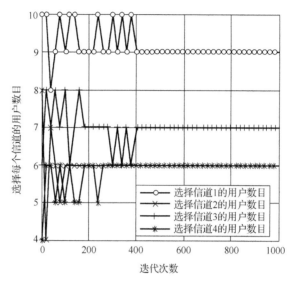

图 5-13　稳态场景中选择不同信道的用户数的收敛过程

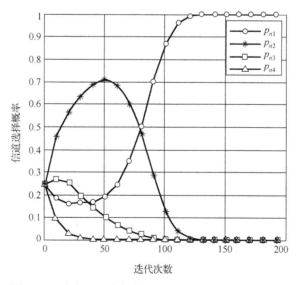

图 5-14　动态场景中任意用户信道选择概率收敛过程

网络密度变化条件下的对比结果如图 5-16 所示，可以注意到，随着网络密度的增加（也就是无人机数目的增多），可获得的平均系统吞吐量降低，这是因为网络越密集，用户之间的相互干扰也越严重，系统性能受到的影响也越大。另外，对于同样数目的无人机而言，如 $N = 20$，大规模网络(200m×200m 方形区域)中的系统吞吐量要高于小规模网络(100m×100m 方形区域)中的系统吞吐量，这是因为大规模网络中，无人机之间的距离变得更大，无人机之间的相互干扰相应地降低。

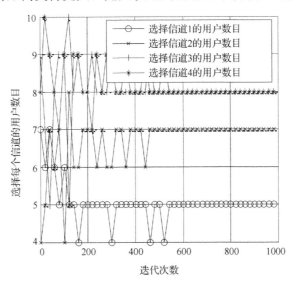

图 5-15　动态场景中选择不同信道的用户数的收敛过程

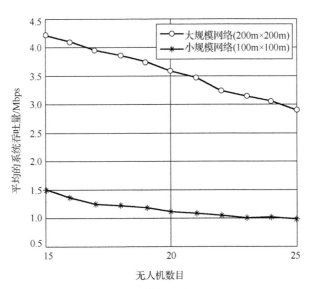

图 5-16　网络密度变化条件下的对比结果

此外，针对小规模网络中不同信道数目条件下的对比结果如图 5-17 所示，可以看出，随着信道数目的增加，相应的系统吞吐量也随之增加，因为，有效信道增加时，用户之间的接入干扰减少了。

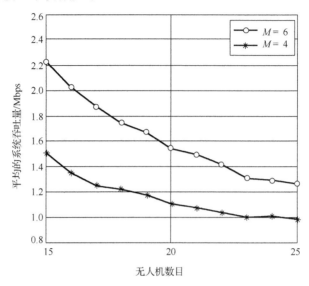

图 5-17 小规模网络中不同信道数目条件下的对比结果

5.3.6 小结

本节主要研究了面向无人机集群网络中，不同无人机拥有不同用户负载条件下的自组织频谱接入机制。由于缺少集中控制器和信息交互，本节将该问题建模成一个非合作图博弈，并证明了该博弈是一个顺序势能博弈且至少存在一个纯策略纳什均衡。更重要的是博弈的势能函数是全网累计干扰，也就是全网干扰最小化问题的最优解是一个纳什均衡，因此，所提机制产生的系统性能也会非常好。为实现博弈的纳什均衡，提出了一个全分布式和自组织的多智能体学习算法。仿真结果表明该算法不仅可以在只考虑大尺度衰落条件下的稳态场景中收敛，而且在瑞利衰落环境中也可以收敛。

5.4 基于协同自治的密集集群网络频谱决策优化

5.4.1 问题引入

在 5.2 节和 5.3 节内容中，分别研究了基于相关均衡的供需匹配优化方法和基于势能博弈的干扰消除方法，同时，也介绍了一些其他的针对无人机集群网络中资源优化的可行机制。然而，这两节的算法应用场景与现有许多研究都是面向较小规模无人机集群网络的，很难将它们拓展到几十甚至上百个节点的超密集集群网络[42-44]中。因此，探索研究超密集组网中的资源优化机制已经迫在眉睫，这也成为关注的焦点。

　　超密集组网相比于常规网络的突出特点就是网络规模庞大，无人机、用户数目众多，数据传输的通信和计算复杂度剧增，这些特征都给当前研究带来史无前例的挑战。现有研究中面向无人机集群网络的资源优化方法主要分为集中式[70, 71]和分布式[22,63,72-75]方案。然而，在超密集组网中，很多机制不再适用。一方面，由于无人机的大量随机部署，集中控制和人为参与很难实现，且巨大的收发信号开销和计算复杂度也使得集中式方法失去效用。因此，低复杂度的分布式机制成为研究此类网络的首选方案。另一方面，虽然分布式机制相比于集中式机制具备易于执行和更好的拓展性等优势，但是，分布式方案的性能却不如集中式，且传统的分布式算法在超密集组网中的收敛速度也会变得很慢，这些不足也限制了分布式机制的性能。总之，实现在超密集组网中的有效资源分配已经成为当前许多研究中提出的集中式或者分布式机制面临的无法逾越的屏障。这种挑战和难题也造成了先前的研究中往往都是对超密集组网框架层面的展望，鲜有对其中资源优化技术层面的探索。

　　针对上述难题，本节提出了基于"分而治之"思想的可应用于超密集组网的部分分布式(或半分布式)资源决策架构。具体来说，分治决策架构将原始优化问题分成了四个步骤。首先，针对大规模网络，采用分簇技术将网络中的大量无人机分组到不相交的更小模块的簇里面，以降低网络复杂度。其次，对于一个给定的分簇结构，在每个簇内，一个无人机被选出来作为簇头在相应的簇内执行资源分配。为了避免簇内无人机数据传输时产生的相互干扰，提出了一种基于图着色的低复杂度的簇内子信道分配算法。由于任意簇头在执行子信道分配过程中都是相互独立的，因此，有可能属于不同簇的两个具有潜在干扰关系的边缘无人机被分配到同样的信道而产生接入冲突。第三步，簇边缘的用户可以通过自组织学习来调整它们自己的信道接入策略以消除簇间干扰。最后，在执行完前三步以后，如果在同一个簇内的用户依然存在相互干扰，那么，相应的簇头可以调整它们的传输功率来提高系统性能。本节的主要贡献总结如下。

　　(1)深入分析超密集组网的基本特征，将资源分配问题建模成一个组合优化模型，优化目标为最大化系统吞吐量。

　　(2)提出分治决策架构来实现一个可行的方案，该方案将原始优化问题分成四个步骤逐一解决，以降低网络的计算复杂度，包括分簇、簇内子信道分配、簇间冲突消除和功率调整。

　　(3)针对每个阶段，设计了有效的算法以部分分布式机制执行，并讨论分析了分治决策思想的内在属性。

5.4.2　模型建立

1. 系统模型

考虑一个超密集网络中的下行传输，有 K 个随机部署的无人机，簇首无人机和簇成员无人机在分离的频谱上传输数据，也就是不存在跨层干扰。系统中，对无人机而言，有 N 个带宽为 Δf 的有效正交子信道存在。将 $\boldsymbol{K}$ 定义为无人机集合，$\boldsymbol{K} = \{1, 2, \cdots, K\}$，$|\boldsymbol{K}| = K$，有效子信道集为 $\boldsymbol{N}$，$\boldsymbol{N} = \{1, 2, \cdots, N\}$，$|\boldsymbol{N}| = N$。为了便于分析，考虑无人机在每个时隙中以闭合机制仅与一个活跃用户进行通信，附属于无人机 k 的用户表示为 χ_k。

把 $N \times K$ 维的矩阵 $\boldsymbol{\eta} = [\eta_i^n]$ 定义为子信道分配矩阵，当子信道 n 分配给无人机 i 时，η_i^n 就等于 1，否则为零。把无人机 k 与其服务的用户 χ_k 之间在子信道 n 上传输的功率定义为 p_{k,χ_k}^n，$p_{k,\chi_k}^n \in \{\lambda_1 P_{k,\max}, \cdots, \lambda_M P_{k,\max}\}$，$P_{k,\max}$ 为传输功率上限，$0 = \lambda_1 < \lambda_2 < \cdots < \lambda_M = 1$。$\left|h_{i,\chi_i}^{(n)}\right|^2$ 为信道功率增益，N_0 为加性高斯白噪声功率谱密度。因此，无人机 k 在子信道 n 上可获取的信干噪比为

$$\gamma_{k,\chi_k}^n = \frac{p_{k,\chi_k}^n \left|h_{k,\chi_k}^n\right|^2}{\sum\limits_{j \in \boldsymbol{K}, j \neq k} p_{j,\chi_j}^n \left|h_{j,\chi_j}^{(n)}\right|^2 + N_0} \tag{5-32}$$

基于香农容量定理，在无人机 k 中的用户 χ_k 在信道 n 上可获得的数据速率为

$$R_{k,\chi_k}^n = \Delta f \log_2(1 + \gamma_{k,\chi_k}^n) \tag{5-33}$$

2. 问题建模

在本节中，优化目标是联合考虑子信道分配和功率控制条件下最大化系统的吞吐量。该优化问题可建模如下：

$$\begin{aligned} &\max_{\eta_k^n, p_{k,\chi_k}^n} \sum_{k=1}^{K} \sum_{n=1}^{N} \eta_i^n \Delta f \log_2(1 + \gamma_{k,\chi_k}^n) \\ &\text{s.t.} \quad p_{k,\chi_k}^n \in \{\lambda_1 P_{k,\max}, \cdots, \lambda_M P_{k,\max}\}, \quad \forall k, n \quad \text{(a)} \\ &\qquad \eta_k^n \in \{0, 1\}, \quad \forall k, n \qquad\qquad\qquad \text{(b)} \end{aligned} \tag{5-34}$$

条件 (a) 表示对于无人机的传输功率的限制，条件 (b) 要求信道分配矩阵中的元素是一个二元变量。优化问题 (5-34) 是一个组合优化问题，目标是要找到最优的子信道分配 $\{\eta_k^n\}_{k=1}^K$ 和功率控制策略 $\{p_{k,\chi_k}^n\}_{k=1}^K$，来决定哪个信道上为哪个无人机以哪种功率

层级传输数据。在超密集组网场景中，网络复杂度如此巨大以至于大多数传统的集中式方案或者分布式机制已很难直接应用来获取可行的方案。因此，为应对这一挑战，急需一种伴有有限计算开销的更加有效的资源分配方法。

5.4.3　基于分治决策的资源分配机制

本节提出了一种基于分治决策机制的部分分布式(或半分布式)方案，该方案被证实更加适合未来的超密集无人机集群网络。具体而言，分治决策架构主要分为以下四个步骤，如图 5-18 所示。

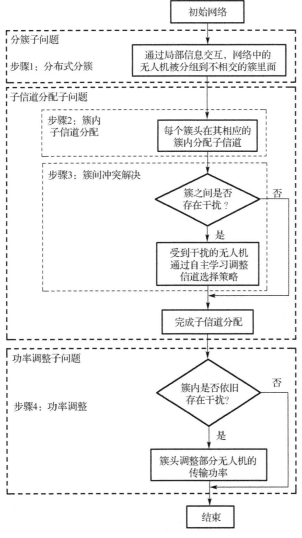

图 5-18　无人机集群分治决策架构

（1）分布式分簇：大规模的无人机通过局部信息交互被分组到不相交的更小模块的簇里面，然后簇便成了系统中的资源分配单元，极大地降低了网络复杂度。

（2）簇内子信道分配：完成分簇以后，在每一个簇内，一个无人机被选出来当作簇头，在相应的簇内执行子信道分配。

（3）簇间冲突解决：由于簇头在进行簇内子信道分配时是相互独立的，因此，位于不同的相邻簇中且存在潜在干扰关系的两个无人机有可能被分配到同样的资源而造成接入冲突。为解决簇间冲突，簇边缘的无人机（或者用户）可通过自组织学习调整信道选择策略，消除簇间干扰。

（4）功率调整：依据以上原则，在完成子信道分配以后，倘若同一个簇内的无人机之间依然无法避免信道接入冲突，那么，簇头可以调整它们的传输功率来提高系统性能。

本节针对以上每个步骤，设计了相应的学习算法，并分析了它们的基本特点，描述如下。

1. 分布式分簇

在一个带有严重干扰限制的超密集无人机集群组网中，分簇技术是一个很有效的方法，可以将大规模网络分割成更小的模块进行处理，极大地降低了网络复杂度。最优的分簇机制服从于可以获取最高总速率的分簇结构，而这种结构可以通过穷搜获取。对有 K 个无人机存在的系统来说，可能的分簇结构为[76]

$$\sum_{k=1}^{K}\frac{1}{k!}\sum_{i=0}^{k}(-1)^{k-i}\binom{k}{i}i^{K} \approx O(K^{K}) \tag{5-35}$$

可以看出，可能的分簇方法的数量是随着无人机数目的增加成指数级增长，因此，通过穷搜获取最优分簇机制显然无法实现。受到文献[77]中提到的分簇原则的启发，在本节中，提出了更加简单的分簇机制，如算法 5.3 所示。

算法 5.3　分布式分簇算法

1：初始化：s_i 表示第 i 个无人机，也就是 $\bigcup_i s_i = \boldsymbol{K}$；设置 $|c_l| = 0$，$l = 1$。

2：循环　$i = 1$ 到 K

3：　　s_i 通过感知环境建立干扰邻居列表，然后将生成的干扰列表与相应的邻居之间传输共享。

4：结束

5：循环　$i = 1$ 到 K

6：　　如果（**if**）s_i 在邻居中具有最大的干扰度（干扰邻居数目最多），**那么**

7：　　　　s_i 会选择自己作为簇头，并通知它的邻居，$|c_i| = |c_i| + 1$。

8:　　　　它的 j 个相关的邻居会被分组成簇成员，并向簇头 s_i 发送附属申请，$|c_i| = |c_i| + j$。

9:　　　　将在簇 c_i 中的无人机编号从集合 $\boldsymbol{K}$ 中移除。

10:　　　当 $|\boldsymbol{K}| > 0$ 时，

11:　　　　重复执行 5 到 8。

12:　　　结束

13:　　否则

14:　　　$i + 1$，返回到 5。

15:　　结束 **if** 循环

16:　结束循环

首先，每个无人机可以通过利用附属用户的测量报告建立干扰邻居列表。由于无人机的低功率传输，在此，依然使用干扰图 $G = (V, E)$ 来刻画局部干扰关系，$V = \{v_1, v_2, \cdots, v_K\}$ 为顶点集(无人机集合)，$\boldsymbol{E} = \{(i, j) | i, j \in \boldsymbol{K}, d_{ij} < d_0\}$ 为边集。然后，将建立起来的邻居列表在周围邻居之间相互传输共享，于是，每个无人机可以计算出它的邻居数目。依据该信息，如果一个无人机具有最大的干扰度(最多邻居)，那么这个无人机将选择自己作为簇头并通知自己的邻居，否则，会作为簇成员附属到相应的簇中。一个关于分簇阶段的例子，在图 5-19 中给出。图 5-19(a) 是 10 个无人机的网络(圆圈代表无人机，虚线代表相互干扰关系)。图 5-19(b) 是依据提出的分簇原则分成的簇结构，包含了三个簇。

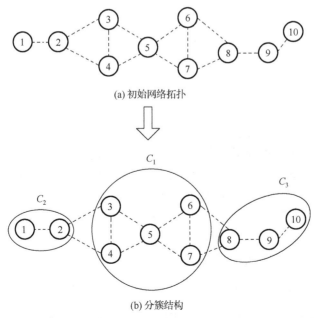

(a) 初始网络拓扑

(b) 分簇结构

图 5-19　分布式分簇

定义 C 为生成的簇集合，每个无人机只能属于某一个簇，并且簇集合包含了所有无人机。$c_l \in C$ 是第 l 个簇集，满足 $c_l \in K$，$\forall l \in \{1,2,\cdots,|C|\}$，$\bigcup_{l=1}^{|C|} c_l = K$ 和 $\bigcap_{l=1}^{|C|} c_l = \phi$。一旦拥有超密集无人机部署的初始网络被分割成多个不相交的簇，那么，起初面向全网的资源分配问题转化成簇成为资源分配单元的情形。因此，基于分簇的资源分配问题，可表示如下。

$$\max_{\eta_k^n, p_{k,\chi_k}^n} \sum_{l=1}^{|C|} \sum_{k \in c_l} \sum_{n=1}^{N} \eta_i^n \Delta f \log_2(1 + \gamma_{k,\chi_k}^n)$$

$$\text{s.t.} \quad C1: p_{k,\chi_k}^n \in \{\lambda_1 P_{k,\max}, \cdots, \lambda_M P_{k,\max}\}, \forall k, n$$

$$C2: \eta_k^n \in \{0,1\}, \forall k, n \tag{5-36}$$

$$C3: \bigcup_{l=1}^{|C|} c_l = K$$

$$C4: \bigcap_{l=1}^{|C|} c_l = \phi$$

注释 5.2 可以注意到原始的系统效用为 $U_0 = \sum_{i \in K} u_i$，分簇以后，可转化为

$U_0 = \sum_{l=1}^{|C|} \sum_{i \in c_l} u_i$，$u_i$ 表示第 i 个无人机获取的收益(这里即吞吐量)。从可能的策略选择集角度而言，对于初始网络，有 $(N \times M)^K$ 种可能性，而对于分簇结构，变化为

$\sum_{l=1}^{|C|} (N \times M)^{|c_l|}$，$N$ 和 M 分别代表子信道和功率的数目。由于在大规模网络中，满足

$|c_l| < K$，$|C| < K$，因此，$\sum_{l=1}^{|C|} (N \times M)^{|c_l|} \ll (N \times M)^K$ 成立。由此，可以看出，提出的分簇机制可以极大地降低网络复杂度和计算开销。

2. 簇内子信道分配

在完成分簇以后，大规模无人机集群网络被分成多个不相交的簇，而每个簇成为资源分配单元。针对每个簇，簇头可以以集中式机制完成对簇成员的资源分配，为了获取更高的吞吐量，簇内无人机之间的相互干扰需要尽可能地避免，因此，这一部分提出了一个基于图着色的簇内子信道分配算法。

假定每种颜色代表一个信道，那么图着色算法使得信道分配变得简单，为了避免信道接入冲突，在干扰图中由同一条边连接的两个无人机尽量不要同时使用同一个信道，也就是以下条件需要满足：

$$(\eta_i^n + \eta_j^n) b_{ij} \leq 1, \quad \forall i, j \in c_l, c_l \in C, n \in N \tag{5-37}$$

b_{ij} 是一个二元指数，当基站 i 与 j 之间存在一条边时，b_{ij} 则为 1，否则为 0。

$\beta \in \{1,2,\cdots,N\}$ 为干扰图 G 中顶点的颜色号码，N 是子信道的总数目。簇 c_l 相应的簇头为 CH_l，负责簇内资源管理。簇内子信道分配算法如算法 5.4 所示。

算法 5.4　簇内子信道分配算法

1：初始化：设置迭代次数 $l=1$，颜色序号 $\beta=1$。

2：循环　$i=1$ 到 $|c_l|$，$c_l \in \boldsymbol{C}$

3：　　当 $\beta < N$ 时，

4：　　　**如果 (if)** 簇 c_l 中的顶点 v_i 的临近节点中，没有分配到颜色 β，那么

5：　　　　CH_l 把颜色 β 分配给顶点 v_i。

6：　　　否则

7：　　　　$\beta = \beta + 1$，返回到 4。

8：　　**结束 if** 循环

9：　　结束

10：　　CH_l 从信道集合 N 中随机分配一个信道给 v_i。

11：结束

然而，由于簇头在执行信道分配时，是相互独立的，因此，两个属于不同簇的有潜在干扰关系的边缘无人机有可能在相同的信道上同时传输数据而引起冲突，如图 5-20 所示。图 5-20(a) 是先前完成的分簇结构。图 5-20(b) 是簇内完成子信道分配以后的情况，由于三个簇的簇头，即基站 5、1、9 在各自簇内分配资源相互独立，所以，造成存在潜在相互干扰的两组无人机 (2, 4) 与 (6, 8) 依然分配了同样的信道而相互冲突。结果，尽管完成了簇内资源分配，但是，簇间干扰依然存在。然而，这一问题在现有研究中[76, 78]基本都忽略。因此，需要对如何消除簇间干扰展开进一步研究。

3．簇间冲突解决

由于在两个邻居簇之间的先验频谱接入冲突对于各自的簇头是未知的，因此，无法通过簇头以集中式机制进行簇间干扰协调。为此，诉诸自适应学习机制，也就是那些坐落于簇边缘受到来自于其他簇内相邻无人机传输干扰的用户通过自组织学习独立调整它们的信道选择策略。基于强化学习机制，这一部分，提出了依赖于与环境进行交互的分布式簇间冲突解决算法，具体描述如算法 5.5 所示。

算法的主要思想总结如下：$\mathcal{N}_f$ 表示坐落在簇边缘的无人机节点集合，且这些无人机节点由于簇间干扰而相互影响，需要通过学习来调整自己的信道占用情况。很明显，$|\mathcal{N}_f|$ 远小于 K（系统中无人机总数目）。对于任意无人机 i（$i \in \mathcal{N}_f$），目标是要通过学习选择合适的策略使得累计回报的期望最大化，即

$$\arg \max_{i \in \mathcal{N}_f} \left(E \left(\sum_t \lambda r_t^i \right) \right) \tag{5-38}$$

其中，λ 为折扣因子（$0 \leqslant \lambda < 1$），r_t^i 为在 t 时刻获取的回报值。无人机 i 的动作集表示为 $A = (a^{i,1}, a^{i,2}, \cdots)$，是使得 s_i 能够消除簇间干扰，同时不会对与它同一个簇的其他无人机产生干扰的有效信道。定义 $Q(a)$ 为智能体采取动作 a 长期累计回报期望值的估计值。在所提算法中，每个无人机以概率 ε 执行探索，α_t 是学习速率用于控制对 $Q(a)$ 的调整速度。$Q(a)$ 的新值可以通过先前的数值以及新观测到的回报值而获取，而新观测到的回报值是偏于基于现有知识而选择最佳动作的结果。算法的终止准则是迭代次数达到了预先定义的最大迭代门限。

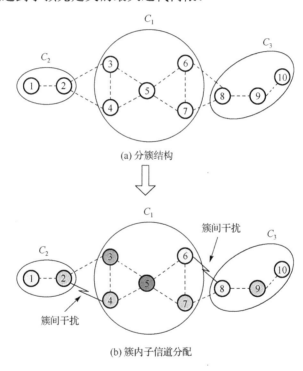

(a) 分簇结构

(b) 簇内子信道分配

图 5-20 无人机集群簇内子信道分配

算法 5.5 簇间冲突消除算法

1: **初始化：** 设置迭代指数 $t = 0$，初始评估值 $Q(a) = 0$，$\forall i \in \{1, 2, \cdots, \mathcal{N}_f\}$，$\forall m \in \{1, 2, \cdots, M\}$。

2: **循环** $i = 1$ 到 $|\mathcal{N}_f|$，$t = 0, 1, \cdots$

3:    **如果 (if)** 探索概率小于 ε，那么

4:        随机选择一个动作。

5: 否则

6:    选择动作 $a_t^{i,m} = \arg\max_{a \in A} Q(a)$。

7: **结束 if 循环**

8: 无人机 s_i 在 $t+1$ 时刻收到的即时回报为 $r_{t+1}^{i,m} = \Delta f \log_2(1 + \gamma_i^{(n)})$。

9: 依据原则 $Q_{t+1}(a) = (1-\alpha)Q_t(a) + \alpha(r_t(a) + \lambda \max_{a' \in A} Q_t(a'))$ 更新 $Q(a)$ 的值。

10: **结束循环**

定理 5.6 给定学习速率 $0 \leq \alpha_t < 1$ 且有 $\sum_{t=0}^{\infty} \alpha_t = \infty$，$\sum_{t=0}^{\infty} \alpha_t^2 < \infty$，那么，提出的簇间干扰消除算法当 $t \to \infty$ 时以概率 1 收敛到稳态值。

证明 依据文献[79]中关于动作-执行过程的收敛性证明可以知道，如果给定有界的回报值且学习速率满足定理中所给条件，那么，对于任意动作 a，当 $t \to \infty$ 时，都有 $Q_t(a) \to Q_t^*(a)$ 以概率 1 满足，$Q_t^*(a)$ 表示 $Q(a)$ 的最优稳态值。在提出的簇间干扰消除算法中，每个参与者的回报值是来自于策略选择后收到的数据速率，是有界的，也就是 $|r_t| \leq R$。因此，类似文献[79]中的分析过程，可以证明定理 5.6 的成立。

4. 功率调整

在完成上述三个步骤以后，如果任意一个簇 $c_l (c_l \in C)$ 中的无人机之间依然存在共存干扰，那么，相应的簇头可以调整它们的传输功率来提升系统性能。该优化问题可建模如下：

$$\max_{p_{k,\chi_k}^n} \sum_{k \in c_l} \sum_{n=1}^{N} \eta_i^n \Delta f \log_2(1 + \gamma_{k,\chi_k}^n) \tag{5-39}$$

$$\text{s.t.} \quad p_{k,\chi_k}^n \in \{\lambda_1 P_{k,\max}, \cdots, \lambda_M P_{k,\max}\}, \quad \forall k, n$$

由于问题式(5-39)属于非线性凸优化问题，可以通过文献[56]中的内点方法(interior point method)以最优机制进行解决。另外，一种更加简单的选择机制就是以相等的最大功率进行传输，这样可以省去内点方法的计算问题。这样做的前提已经通过前三步的优化设计使得无人机之间的相互干扰最小化了，因此，采用最大功率传输也是可取的。而且，也通过仿真验证这样的处理机制几乎可以取得与内点方法相同的系统性能。

注释 5.3 提出的基于分治决策的资源分配方法具备易于执行、可拓展性强等特点，而且针对每一步的相关算法不仅仅局限于本节中介绍的方法。也就是说，鉴于所提架构的普适性，先前提到的四个阶段也可以应用现有的其他一些算法。所提方案的优势在于可以以有限的复杂度，仅仅需要局部信息交互的条件下，以更快的收敛速度实现令人满意的系统性能。这些优势都使得所提方案很适合未来的超密集异构无人机集群网络。

5.4.4 实验结果及分析

1. 仿真设置

这一部分将通过仿真来验证和分析所提的基于分治决策机制的有效性。考虑一个无人机在一个正方形区域中随机部署的超密集网络。有效频谱被分为多个正交子信道，带宽为 180kHz。对于簇间干扰消除算法而言，算法中的折扣因子 $\lambda = 0.3$，学习速率 $\alpha = 0.3$。信道增益包含了路径损耗和阴影衰落。对于一个无人机接入点与其服务的用户之间的路径损耗为 $PL = 38.46 + 20\log d$，接入点与其他一般用户之间的路径损耗为 $PL = 38.46 + 20\log d + qL$，$d$ 为无人机与用户之间的距离，qL 为由于墙壁引起的损耗[76]。表 5-2 中给出了相关的参数设置。

表 5-2　仿真参数设置

参数	数值
载波频率（f_c）	2GHz
子信道带宽（Δf）	180kHz
接入点与用户之间的距离（d）	1m
传输功率（p_T）	20dBm
噪声功率谱密度（N_0）	−174dBm/Hz
接入点(无人机)与其服务的用户之间的衰落的标准差	4dB
接入点(无人机)与其他用户之间的衰落的标准差	8dB

仿真结果主要包含了以下三部分：第一部分，给出了所提机制的收敛性能，并将其收敛速度与传统机制中的学习算法进行了对比；第二部分，将所提方案与现有的其他一些方法分别在小规模和超密集网络中进行了比较；最后，在第三部分，给出了公平性曲线图。

2. 收敛性能

考虑一个由 50 个无人机（接入点）随机部署在 100m×100m 的方形区域中的大规模网络，墙壁传输损耗为 10dB，网络中有 5 个有效子信道。图 5-21 给出了选择不同信道的无人机数目的收敛过程，由图中可知，大概 210 次迭代后系统收敛到稳态。

一般情况下，传统的分布式资源分配算法的性能往往与迭代次数相关，以至于在超密集网络场景中需要很长时间才能收敛。然而，本节所提机制是部分分布式的。为了验证所提方案在收敛速度方面的优势，将其与传统的分布式学习算法[80]进行了对比。在文献[80]所提方案中，对于所有无人机的资源分配都是基于 Q 学习的动态机制(synchronous decision-making process based on Q-learning，SDMPQL)，

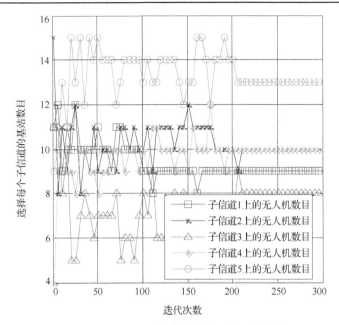

图 5-21　选择不同信道的用户数的收敛过程

也就是说所有无人机无须信息交互，通过自组织学习同时参与资源竞争，需要收敛到稳态时的迭代次数的累计分布函数如图 5-22 所示。可以看出，对于一个给定的网络规模（如 $N=50$），所提方案的收敛速度远快于 SDMPQL 机制。而且，当网络规模从 $N=50$ 增加到 $N=60$ 时，所提方案收敛速度只有轻微降低，而 SDMPQL 机制降低很多。原因是本节通过分治决策架构，将面向原始大规模网络的资源分配转化为以簇为单元的情景，在每个簇内，由簇头进行集中式资源管理。而且，各个簇内是并行执行的。因此，可以预期提出的基于分治决策的部分分布式资源分配方法要比传统的全局学习算法收敛速度快。这个结果也证明了所提方案在超密集组网中的收敛速度优势。

3. 吞吐量性能

分别在小规模和超密集组网两种网络场景下，对比不同资源分配机制的系统性能。在小规模网络场景中，采用穷搜机制作为参照来说明所提方案的次最优性。

1）小规模网络场景

由于在拥有几十甚至上百个结点的超密集网络中，达到全局最优性能对于现有的技术而言是难以实现的，因此，首先，这一部分考虑一个小规模的网络场景，无人机数目从 10 变化到 15，随机部署在 50m×50m 的方形区域中。传输衰落为 10dB，系统中有三个有效信道。在这种场景下，主要对比以下三种方法的性能：①提出的分治决策机制；②穷搜机制（exhaustive search）；③随机分配方法（random allocation

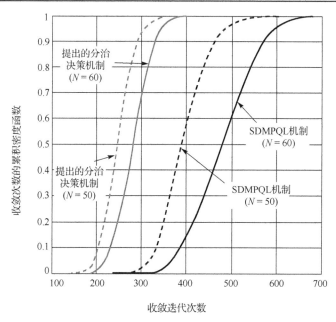

图 5-22　不同网络规模下的收敛速度对比

approach，RA）。具体地，穷搜机制是假定有一个智能控制器以集中式方式分配资源，这种机制所获系统吞吐量为全局最优，提供了性能上界。在随机分配机制中，每个无人机接入点在每个时隙中等概率随机选择一个信道进行数据传输。对比结果如图 5-23 所示，所提方案与随机分配方法都是经过 10000 次独立实验后取平均值。

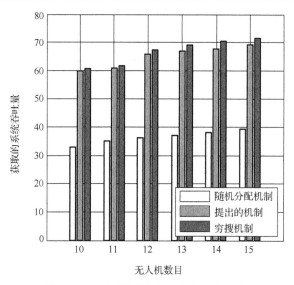

图 5-23　小规模网络中的系统性能对比

由图中可知，所提机制可以获得接近于穷搜机制下的最优性能，且优于随机分配方法。这些结果表明了所提方案在小规模网络中的次最优性能。

2) 超密集组网场景

在超密集组网场景下，主要将所提方案与以下三种现有机制进行对比：①分布式干扰图着色机制(distributed interference graph coloring，DIGC)[81]，在这个机制中，每一个参与者(无人机)在每个时隙开始统一随机地从一个给定集合中(信道集)选择一个颜色(也就是信道)，并将自己的试探性选择告知邻居；如果选择的策略与周围邻居没有冲突，那么该参与者就在选择的信道上进行数据传输，否则，放弃这个颜色，在下一时隙中重复以上过程，直至完成着色分配；②基于决策过程的 Q 学习机制(SDMPQL 机制)[80]；③随机分配(random assignment，RA)方案。

依据参量变化，主要对比了以下三种情况。图 5-24 给出的是无人机接入点数目变化条件下的系统吞吐量。接入点数目从 50 个变化到 80 个，对应着无人机密度的增加。5 个可用信道，墙壁传输衰落为 $qL=10$dB。可以看出，所提机制获取的系统性能优于 DIGC 和 RA 机制。而且，随着无人机数目的增加，所提方案获取的系统吞吐量要比上述两种机制增加得更快。这是因为随着接入点数目的增加，接入点之间的相互干扰更加严重，而 DIGC 和 RA 两种机制缺乏更加有效的协调策略。此外，从图 5-24 中也可看出，所提方案可以获取基本与 SDMPQL 机制相同的性能。

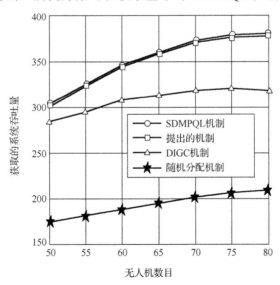

图 5-24 超密集组网中无人机数目变化条件下的系统性能对比

图 5-25 给出了信道数目变化条件下的系统性能对比。80 个无人机场景中，信道数目从 5 变化到 10，墙壁传输衰落为 10dB，可以看到，由于信道数目的增加，

基站之间信道选择冲突变小，因此获取的吞吐量增加。此外，随着信道数目越来越多，SDMPQL、所提机制和 DIGC 三种机制之间的性能差距也渐渐越来越小，这是因为当系统中频谱资源足够充分以至于基本不存在信道选择冲突时，三种方法基本都达到了全网最大吞吐量。

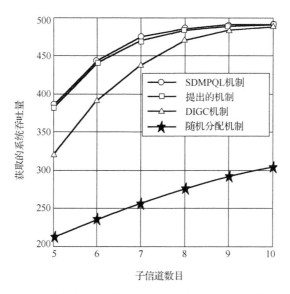

图 5-25　超密集组网中信道数目变化条件下的系统性能对比

图 5-26 给出了传输衰落变化条件下的系统性能对比。80 架无人机，5 个信道，传输衰落从 10dB 变化到 30dB。很明显传输衰落的增加对系统性能的提升有促进作用，因为衰落增加时，接入点之间的干扰变小。

4. 公平性

公平性由文献[82]中提出的公平性指数来表征，它表明了资源在 K 个用户之间分配时的公平性情况。公平性指数描述如下：

$$\mu = \frac{\left(\sum_{i=1}^{K} R_i\right)^2}{K \sum_{i=1}^{K} R_i^2} \tag{5-40}$$

其中，K 是用户数目，R_i 是用户 i 获取的吞吐量。图 5-27 给出了四种不同机制的公平性对比。可以看出，所提机制可以获得非常好的公平性，且在大规模超密集场景下也可以达到 0.85。

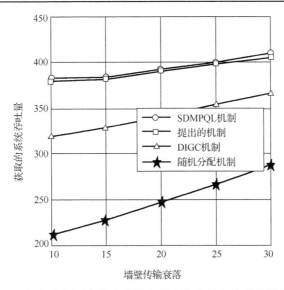

图 5-26 超密集组网中墙壁传输衰落变化条件下的系统性能对比

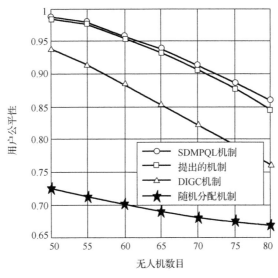

图 5-27 公平性对比

5. 讨论

现将仿真结果总结如下。

图 5-21 验证了所提机制在大规模网络中的收敛性，图 5-23 表明了所提机制在小规模网络中的性能的次最优性。从图 5-24～图 5-27 可以看出所提方案针对系统吞吐量和公平性两方面的性能优于现有的分布式干扰图着色(DIGC)和随机分配(RA)

机制。联合图 5-22，得知提出的分治决策机制可以以更快的收敛速度获取与基于决策过程的 Q 学习机制(SDMPQL)基本相同的系统性能。以上结果都表明了本节所提方案更加适合未来的超密集异构网络。

5.4.5　小结

本节在常规无人机集群网络中资源优化研究的基础上，进一步将场景推进到超密集组网条件下展开探索。鉴于现有研究机制在大规模网络中可能遇到的一方面集中式方案计算复杂度过高、信息需求量大，以及另一方面，分布式方案收敛速度过慢、性能无法保证等现实问题，提出了基于分治决策的部分分布式(或半分布式)决策机制。

具体而言，将面向大规模网络的资源分配问题分解成四个步骤。首先，针对大规模网络，诉诸分簇机制将网络中的大量无人机分组到不相交的更小的簇里面，极大地降低了网络规模和复杂度。然后，在给定分簇结构下，对于每一个簇，一个无人机被选为簇头在相应的簇内以集中式机制执行簇内信道分配。然而，由于在信道分配过程中簇头之间是相互独立地并行处理，因此，有可能坐落在簇边缘的一部分存在潜在干扰的无人机被分配到相同的信道而引起接入冲突。于是，簇间干扰依然存在。所以，第三步，提出了基于自组织学习的簇间干扰消除算法，那些受到簇间干扰的簇边缘无人机可以通过自主学习调整自身的信道占用策略降低簇间干扰。最后，如果在经过前三步完成信道分配以后，同一个簇内的无人机之间依然存在传输干扰的话，相应的簇头可以调整它们的传输功率来提升系统性能。通过仿真可以看出提出的基于分治决策的资源优化机制相比于现有方法，可以以更快的收敛速度实现非常好的系统性能，更加适合未来的超密集异构无人机集群网络。

5.5　基于团购机制的无人机集群频谱分配优化

5.5.1　问题引入

无人机集群在执行任务时，需要通过信息交互进行控制指令的分发，这就需要频谱资源为控制信息提供通信场所。然而，由于频谱资源的短缺，大规模无人机集群往往难以获取所有的资源。当无人机的频谱资源需求拥有重复内容时，如果每架无人机各自向上层进行频谱资源的请求和获取，则会出现资源浪费的现象。因此，本节考虑利用频谱市场机制中的团购行为，通过选择部分无人机进行频谱资源的获取，并分发给有各自需求的无人机，从而减少重复的资源获取开销。现有文献在市场机制下研究并解决了许多频谱资源获取下的高开销问题。然而，大多数频谱获取优化工作只是考虑了用户在不同层级的关系，并通过上下层的接入点选择进行频谱资源获取优化。如何利用有限的频谱资源来获得更多的数据内容或能够提供给更多的无人机用户,是当前急需解决且有意义的工作。

联盟形成博弈(CFG)[83]能够很好地刻画不同网络中的用户合作关系。考虑到资源需求内容的多样化,资源获取往往存在重复和浪费现象,这使得单一的分簇或联合编队很难完成最佳的资源分配。此时如果针对数据资源里的每个内容,系统都能形成一个最优的联盟分配,那么所研究的整个系统就可以更好地避免浪费现象,形成最优的结构。

文献[84]介绍了一种重叠联盟形成博弈(overlapping coalition formation game, OCF)模型,并为重叠联盟形成博弈的应用方向和前景做了详细的介绍。受该文献启发,结合文献[85,86]的工作,本节提出了一种基于团购机制的无人机网络资源博弈优化方法。考虑无人机集群通信网络中的一个频谱资源获取场景,下层的分布式无人机根据通信距离相互划分为邻居无人机和非邻居无人机,所有无人机引入情境知觉,能够获取邻居无人机的位置和频谱资源需求信息,并通过无人机集群网络向上层(基站、集中式控制台)发送频谱资源需求,上层通过考虑频谱资源中的不同数据内容需求从而形成不同的联盟,这使得无人机集群在获取不同频谱资源内容时,都能尽量避免相同内容的重复获取。基于以上,考虑将频谱资源获取开销最小化问题构建为联盟形成博弈,并对博弈模型进行了分析。本节的主要贡献如下。

(1)针对有限频谱资源和高资源需求导致获取高开销的问题,考虑一个无人机具有情景知觉的场景,并根据无人机用户的资源需求内容,提出了一个基于团购机制的资源分配优化方案。

(2)将该问题建模为重叠联盟形成博弈,并通过引入局部互利博弈模型进行效用函数的设计,证明了该模型具有稳定分区,即全局最优解。

(3)设计了一个基于空间自适应行动(SAP)[87]的联盟选择算法,利用效用函数进行探索学习并得到全局最优解,实现了无人机通信网络的频谱资源传输总开销最小化。仿真结果表明该算法相较于考虑用户总资源需求的对比算法性能更优。

由于文献[85]也是从用户资源需求的角度来研究团购机制下的资源获取问题,本工作与该文献的主要区别在于:①联盟形成的方式是不同的,针对不同的资源内容,无人机集群会形成不同的联盟,并通过其中一架联盟头无人机进行资源的获取并分发,从而最大化资源的利用率;②引入了局部合作博弈,通过局部信息的交互进行无人机集群策略的分布式学习,并最终收敛到了全局最优,提高了所提模型的求解效率。

5.5.2　模型建立

1. 系统模型

考虑一个无人机集群通信网络,网络中包含 N 架无人机,假设每架无人机的通信范围为 Radii。对于任意无人机 n，$1 \le n \le N$，假设其频谱资源需求为 $S_n = (a_n^1, a_n^2 \cdots a_n^{l_n})$，其中，$l_n$ 为资源需求的内容总长度，a_n^k，$1 \le k \le l_n$ 表示无人机 n 的第 k 个资源内容需求。当网络中的其他无人机与其通信距离小于等于 $2 \times$Radii 时，被称为无人机 n 的邻居无人机 J_n；当通信距离大于 $2 \times$Radii 时，被称为无人机 n 的非邻居无人机。传统的频谱分发机制下，编队里的每架无人机都需要从上层的中央无人机获取频谱资源，为方便本节模型的构建同时又不失合理性，单个频谱资源内容的获取开销设置为1。

本节工作中，在进行频谱资源的获取时，无人机能通过情境知觉获取邻居无人机的位置和频谱资源需求信息。在完成信息交互之后，存在相同数据需求的无人机将成为一个联盟分区。此时针对每个联盟分区，选择一个无人机作为簇头，从中央无人机获取频谱资源并转发给联盟中其他拥有相同内容的无人机，并由所有无人机分担获取开销，从而达到减少频谱资源获取开销的目的。

图 5-28 展示了一个无人机编队执行飞行任务的场景，在每个静态时刻，无人机都具有一定的频谱资源需求，如无人机 A 的频谱需求内容为 1，2，3。中央无人机与无人机编队通过信息交互进行指令的下达和数据传输，此时中央无人机需要通过分配频谱资源来满足与无人机编队的通信需求。当考虑频谱内容 2 的分发时，编队里拥有该频谱资源需求的无人机(A 和 C)会根据相应的位置形成联盟。此时该联盟通过其中无人机 A 进行频谱资源获取，两架无人机各自分担开销即 1/2，总开销则为 1，而各自获取频谱资源时总开销为 $1 \times 2 = 2$，相较之下显著减少了获取的开销。

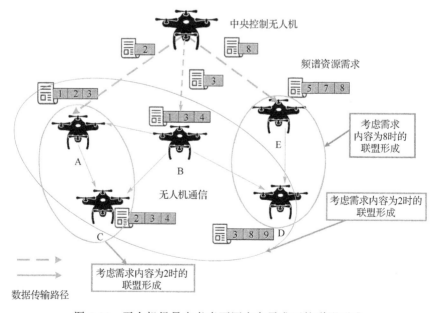

图 5-28　无人机场景中考虑不同内容需求下的联盟形成

需要注意的是，如果无人机 A 也有频谱内容 8 的需求，考虑到它与其他具有相同数据内容需求的无人机(D 和 E)的通信距离过远,则相互间无法进行资源的分发,此时就会各自形成联盟,避免了大联盟的形成,这也是本节重点要解决的问题。总而言之,在情境知觉下,基于团购机制的无人机集群联盟形成方法能够有效优化全网频谱资源的获取开销。在这里,频谱内容可表示为不同的频谱带宽等,可用数据内容表示。

2. 问题建模

定义任意时刻已经形成的联盟中无人机的集合为 $\mathcal{N} = \{1, 2, \cdots, N\}$,无人机可用联盟的集合为 $\mathcal{M} = \{1, 2, \cdots, M\}$,其策略空间为 $2^{N-1} - 1$。全网所有的频谱资源需求内容为 $\mathcal{S} = \{S_n\}_{n \in \mathcal{N}}$。对于任意的无人机 $n \in \mathcal{N}$,设其联盟选择为 $c_n \in \mathcal{M}$,定义每块数据内容的频谱资源获取开销为 α_0。根据无人机集群的通信范围特征,将无人机 n 的第 i 块内容需求 a_n^i 与网络内其他邻居无人机内容需求(假设不存在重复的需求)的重叠度定义如下:

$$S_i(c_n) = \sum_{k \in J_n} \sum_{o=1}^{l_k} f(a_n^i, a_k^o) \tag{5-41}$$

其中, J_n 表示无人机 n 的邻居无人机集合并且依据无人机相互间的通信距离进行设定。设置无人机 m 和 n 的距离为 $d_{m,n}$,当距离 $d_{m,n} \leq 2 \cdot \text{Radii}$ 时,两架无人机互为邻居无人机。 $f(a_n^i, a_k^o)$ 是数据内容重叠判定函数,具体表示如下:

$$f(a_n^i, a_k^o) = \begin{cases} 1, & a_n^i = a_k^o \\ 0, & a_n^i \neq a_k^o \end{cases} \tag{5-42}$$

其中, a_k^o 表示为无人机 k 资源需求的第 o 个数据内容。因此,针对每架无人机下的各个频谱资源内容需求,通过式(5-41)能够得到该内容的获取开销。接下来,无人机 n 的所有频谱资源获取开销推导如下:

$$o_n = \sum_{i=1}^{l_n} \frac{\alpha_0}{S_i(c_n) + 1} \tag{5-43}$$

由式(5-43)可知,每架无人机的频谱资源获取开销取决于各自的重叠度。重叠度越高,说明无人机间频谱资源内容的重复需求越多,这就使得团购机制能够发挥更大的作用,使得频谱资源获取开销相对越小。因此,全网的频谱资源获取开销可推导如下:

$$U = \sum_{n \in N} o_n = \sum_{n \in N} \sum_{i=1}^{l_n} \frac{-\alpha_0}{S_i(c_n) + 1} \tag{5-44}$$

根据之前的问题模型描述,优化目标为最小化全网频谱获取资源。通过给单个数据内容获取开销 α_0 加上负号,从而将优化目标转化成最大化 U:

$$P : \{c_n\}_{n \in \mathcal{N}} = \arg\max U \tag{5-45}$$

综上，本节研究的问题转化为通过调整编队中每架无人机的联盟选择策略来优化全网频谱资源获取开销。该问题显然是一个非确定性多项式 (NP-hard) 问题[88]，通过优化无人机集群不同的联盟选择组合，从而求解最优的全局效用。无人机在同一个联盟中存在着合作关系，而联盟间的无人机集群受距离所限，频谱资源不存在共享。NP-hard 问题保证了问题能够使用多项式求解的时间去验证所有的解，因此可以使用集中式的穷举方法进行问题的求解。然而，本节模型中，每架无人机都拥有不同的可选联盟策略，这使得策略空间达到了幂次级，导致求解的计算复杂度非常高，从而耗费大量计算时间，这与无人机集群高动态的特征不相符。而传统的启发式算法虽然能够提高问题求解效率，但却往往不能求得全局最优解[89]。因此，针对所提出的基于团购的频谱资源优化问题，本节工作需要研究从无人机自身考虑的分布式求解优化方法。

5.5.3　无人机集群重叠联盟形成博弈

考虑无人机集群网络中的拥有资源需求的无人机用户，并将该博弈模型定义为

$$\mathcal{G} = (\mathcal{N}, \{C_n\}_{n \in \mathcal{N}}, \{u_n\}_{n \in \mathcal{N}}) \tag{5-46}$$

该博弈模型 $\mathcal{G}$ 中包含三个组成部分，其中，$\mathcal{N} = \{1, 2, \cdots, N\}$ 是全网的无人机集合；$\{C_n\}_{n \in \mathcal{N}}$ 是无人机 n 的可选择联盟策略空间，$c_n \in C_n$ 表示其当前联盟选择，而 $c_{J_n} \in C_1 \otimes C_2 \otimes \cdots \otimes C_{n-1} \otimes C_{n+1} \otimes \cdots \otimes C_N$ 表示邻居无人机的当前联盟选择；$\{u_n\}_{n \in \mathcal{N}}$ 是无人机 n 的效用函数。该模型显然符合联盟形成博弈模型的特征，在 $(\mathcal{N}, P)$ 中，偏好关系 P 表征效用函数的使用机制和全网联盟选择策略的设定，也是联盟结构形成的重要参考。

在传统的联盟形成博弈 (CFG) 中，参与者通常各自属于不一致的、不重叠的联盟，它们只与同一联盟内的参与者合作。然而，在某些情况下，一些参与者可能同时参与多个联盟。在这种情况下，这些参与者可能需要将他们的资源分配到所有他们所参与的联盟中。这就是重叠联盟形成博弈，定义如下。

定义 5.4（重叠联盟形成博弈[87]）　对于联盟形成博弈模型 $\mathcal{G}$，若满足下列条件：

①全网中的联盟具有重复的参与者，参与者相互影响形成重叠的联盟结构；

②与传统的 CFG 相比，该博弈允许参与者并从其所属的多个联盟中获得回报。

则将该博弈称为重叠联盟形成博弈。

显然，本节所提的基于团购机制的频谱资源优化方法使得全网生成了重叠的联盟结构，这证明了模型 $\mathcal{G}$ 为一个重叠联盟形成博弈。重叠联盟形成博弈下，联盟结构下的最大效用计算变得尤为复杂，对于参与者脱离或者加入联盟对原联盟和重叠

联盟造成的偏差需要很好地去刻画，这使得稳定性证明往往较为复杂[90]。下一节针对问题模型的特征进行分析，并引入势能博弈作为证明联盟稳定分区的工具。

1. 局部互利设计

分析可知本节所提频谱资源优化问题是一个典型的分布多代理决策问题。在无人机通信网络中，每个参与者对于自己目标的改变或者自身策略的改变都能够影响到全局的效用变化。势能博弈在分布多代理系统的合作控制中十分重要，它能够精确刻画参与者与系统的关系，使得每个参与者的局部效用和全局效用相联系。

特别地，全网的无人机和邻居无人机存在频谱资源共享的合作关系，这使得一个无人机的决策不只影响着自己，同时也影响着邻居无人机。受文献[65]的启发，下面引入局部互利博弈模型，并设计了所提问题模型的效用函数。

1）效用函数设计

按照系统模型的设定，无人机在获取周边无人机的信息后，会和同一联盟中的邻居无人机进行所需频谱资源的共享，并通过其中一架无人机向中央无人机进行频谱资源的团购，这是一种局部小团体的利益行为。因此，根据局部互利模型，无人机 n 的局部效用函数构建如下：

$$u_n(c_n, c_k) = o_n(c_n, c_{J_n}) + \sum_{k \in J_n} o_n(c_k, c_{J_k}) \tag{5-47}$$

该式右边第一项为无人机自身的效用，右边第二项为无人机邻居用户的效用，表示无人机 n 的局部效用是由自身和其所有邻居无人机的频谱资源获取开销所决定的。特别地，因为不同频谱资源的独立性，该函数还可以转化如下：

$$\begin{aligned} u_n(c_n, c_k) &= \sum_{i=1}^{l_n} \frac{\alpha_0}{S_i(c_n, c_{J_n}) + 1} + \sum_{i=1}^{l_n} \sum_{k \in J_n} \frac{\alpha_0}{S_i(c_n, c_{J_n}) + 1} \\ &= \sum_{i=1}^{l_n} \left(\frac{\alpha_0}{S_i(c_n, c_{J_n}) + 1} + \sum_{k \in J_n} \frac{\alpha_0}{S_i(c_n, c_{J_n}) + 1} \right) \end{aligned} \tag{5-48}$$

该式表明不同的频谱资源需求下的获取开销计算是相互独立的，这为后面的证明和算法设计提供了便利。下面对博弈模型进行分析。

2）博弈分析

定理 5.7　给定上文设计的局部效用函数即式（5-47），所提的联盟形成博弈模型 $\mathcal{G}$ 是一个精确势能博弈（EPG）。

证明　首先构建一个势能函数 $\phi: C_1 \times \cdots \times C_N \to R$，并表示如下：

$$\phi(c_n, c_k) = \sum_{n \in N} \sum_{i=1}^{l_n} \frac{-\alpha_0}{S_i(c_n, c_k) + 1} \tag{5-49}$$

其中，对无人机 $n \in \mathcal{N}$，定义 $k \in J_n$ 为它的邻居无人机。显然，该势能函数即为全网的频谱资源获取开销。当无人机 n 的联盟选择策略从 c_n 改为 c'_n 时，其局部效用函数的变化如下：

$$
\begin{aligned}
u_n(c'_n, c_k) - u_n(c_n, c_k) &= o_n(c'_n, c_k) - o_n(c_n, c_k) \\
&+ \sum_{k \in J_n} o_n(c_k, c'_{J_k}) - \sum_{k \in J_n} o_n(c_k, c_{J_k})
\end{aligned} \tag{5-50}
$$

接下来计算策略改变后势能函数的变化量。需要注意的是，当无人机用户改变其联盟选择时，它会影响到联盟 m 选择的其他无人机用户的数量。公式推导如下：

$$
\begin{aligned}
\phi(c'_n, c_k) - \phi(c_n, c_k) &= \sum_{i=1}^{l_k} \frac{-\alpha_0}{S_i(c'_n, c_{J_n}) + 1} - \sum_{i=1}^{l_k} \frac{-\alpha_0}{S_i(c_n, c_{J_n}) + 1} \\
&+ \sum_{k \in \mathcal{N} \setminus n} \sum_{i=1}^{l_k} \frac{-\alpha_0}{S_i(c_k, c'_{J_k}) + 1} - \sum_{k \in \mathcal{N} \setminus n} \sum_{i=1}^{l_n} \frac{-\alpha_0}{S_i(c_k, c_k) + 1}
\end{aligned} \tag{5-51}
$$

分析发现，式(5-50)和式(5-51)的前两项实质上是一样的，因此考虑后两项。所提模型中，无人机 n 的频谱资源获取开销实际上只由其邻居无人机决定，因此式(5-51)的后两项实质上可以拆分为邻居无人机和其他无关联无人机的频谱资源获取开销，而无关联无人机的效用不受当前无人机的策略所影响，因此推导公式如下：

$$
\begin{aligned}
\phi(c'_n, c_k) - \phi(c_n, c_k) &= o_n(c'_n, c_k) - o_n(c_n, c_k) + \sum_{k \in J_n} o_n(c_k, c'_{J_k}) - \sum_{k \in J_n} o_n(c_k, c_{J_k}) \\
\Downarrow \quad &+ \sum_{k \in \mathcal{N} \setminus \{J_n, n\}} o_n(c'_n, c_k) - \sum_{k \in \mathcal{N} \setminus \{J_n, n\}} o_n(c_n, c_k) \\
\phi(c'_n, c_k) - \phi(c_n, c_k) &= u_n(c'_n, c_k) - u_n(c_n, c_k)
\end{aligned} \tag{5-52}
$$

该公式表明，任意一个无人机用户改变其策略，其势能函数和效用函数的变化量都是相等的，这证明在给定效用函数下的博弈模型是精确势能博弈(EPG)，证明了该效用函数下的博弈模型拥有至少一个纳什均衡(NE)点。证明完毕。

特别地，由于本节设计的势能函数指代全网的频谱资源获取开销，因此在设计好的效用函数下，收敛到的 NE 点即为全网效用。下面将针对联盟形成的机制和效用函数的使用进行分析，使得系统模型能够高效地进行 NE 点的收敛和求解。

2. 基于团购机制的重叠联盟形成

针对无人机集群通信网络下的资源优化决策和前文提到的业务需求优化不足，本节利用联盟形成博弈(CFG)[83]理论对无人机节点以及其携带的频谱资源和任务信息进行分析，并引入情境知觉，构建了一种基于团购机制的频谱资源分配重叠联盟形成博弈模型。

上一节通过对势能函数的设置，证明了在给定当前效用函数下的所提模型为精确势能博弈(EPG)，本节的工作主要是证明该 OCF 博弈 $\mathcal{G}$ 拥有稳定分区结构。特别地，无人的通信范围的设置很好地规避了无人机间因不同频谱内容需求形成的重叠联盟冲突，在本节的证明中，这也是关键的因素。其他相关定义和定理如下所示。

定义 5.5(稳定联盟分区)[91]　在当前分区下，给定联盟选择策略 $(c_1, \cdots, c_n, \cdots, c_N)$，则当前状态被称为稳定联盟分区当且仅当没有参与者能够通过改变其联盟选择策略从而改善效用函数，即

$$\forall n \in N: \quad u_n(c_n, c_{-n}) \geqslant u_n(c_n', c_{-n}), \quad c_n \neq c_n' \tag{5-53}$$

联盟形成博弈模型需要通过偏好关系的设置进行分析。本节将局部效用函数的比较设置为偏好关系，对于任意两个联盟 CO 和 CO'，无人机更偏好 CO 当且仅当该联盟能够给无人机 n 提供更高的效用，如下式所示：

$$CO \succ_n CO' \Leftrightarrow u_n(CO) > u_n(CO') \tag{5-54}$$

给定偏好关系后，联盟形成过程还需要遵循相应的规则。本节将联盟形成规则设计为无人机单用户的联盟选择机制，这与所设计的效用函数是相匹配的，因为效用函数也包含了与无人机同联盟(即邻居)无人机的信息。

定理 5.8　在给定上述偏好关系和无人机单用户联盟选择机制后，所提的 OCF 模型 $\mathcal{G}$ 具有稳定联盟分区，且该稳定分区解就是全局最优解。

证明　在给定基于局部互利博弈构建的效用函数下，博弈模型 $\mathcal{G}$ 是一个精确势能博弈(EPG)，并且至少有一个纳什均衡(NE)点，该 NE 点能够收敛到全局效用最优解。假设所提的 OCF 博弈模型能够最终收敛到一个联盟选择策略 $c^* = (c_1^*, \cdots, c_N^*)$，结合纳什均衡的定义和定理 5.7 能够得出，在该策略集下，任意一架无人机更改其相应的联盟选择策略，都不能改善其效用函数。这也同样符合定义 5.5 的描述，这证明了所提的基于频谱团购机制的 OCF 博弈模型 $\mathcal{G}$ 具有稳定联盟分区解。

事实上，当无人机集群改变策略后，效用函数的变化量和势能函数即全局频谱资源获取的开销变化量一样。因此在给定设计好的局部效用函数下，OCF 博弈模型 $\mathcal{G}$ 存在稳定联盟分区，且该稳定联盟分区能够达到全网效用最优，即问题 P 的最优解。证明完毕。

本节验证了基于局部互利模型的效用函数的合理性，并给出了联盟选择偏好，从而为算法设计奠定了原则。最重要的是，它证明了所提的 OCF 博弈系统模型具有合理性。

3. 基于空间自适应行动的联盟算法

问题 P 实际上是一个 NP 难问题，传统的集中式求解方法会面临策略空间量大导致收敛速度慢的问题。前面已经对所提博弈模型的最优解的存在性进行了证明，

并给出了相应的联盟形成机制和规则。下面考虑设计一种能够有效避免结果陷入局部循环，并能够将问题收敛到纳什均衡解的算法。该算法的特点是，每次迭代都由一个参与者进行学习，并将博弈模型从纯策略的形式拓展到了混合策略形式，通过概率分布向量的方式表示了参与者在每次迭代 j 时，在整体策略空间上的概率分布集合。

受该算法启发，本节设计了一种考虑分布式无人机节点内容的空间自适应联盟选择学习算法，如算法 5.6 所示进行不同内容需求下的联盟形成优化和资源传输开销计算。概率分布向量被定义为 $q_n(j) \in \mathcal{Q}(\{C_n\}_{n \in \mathcal{N}})$，$\mathcal{Q}(\{C_n\}_{n \in \mathcal{N}})$ 表示参与者在联盟选择策略空间下的概率分布集合。由式 (5-48) 可知，不同的频谱资源内容下的效用计算是相互独立的。因此，需要针对不同的数据内容进行相应算法的学习。特别需要指出的是，在给定效用函数和势能函数的前提下，空间自适应算法的收敛性已经在文献[65]中得到了证明。

需要说明的是，β 系数的设定直接影响了算法学习的收敛速度和性能。当 β 偏小时，算法受效用函数的约束越小，从而趋近于随机探索，从而降低了收敛效率；当 β 系数设置过大时，算法越趋近于最优选择，从而容易导致参与者在高策略空间中陷入局部最优，无法保证收敛性能。因此，如何合理地设置 β 从而使得参与者在探索和最优中取到折中，也是值得考虑的问题。本算法主要依据同一无人机用户前次迭代的效用函数变化量并进行 β 系数的调整，既不失局部效用的重要性，同时也保证了收敛效率。

$$q_n(j) = \frac{\exp\{\beta u_i(c_n(j), c_{J_n}(j))\}}{\exp\{\beta u_i(c_n(j), c_{J_n}(j))\} + \sum\limits_{c_n \in C_n / \{c_n\}} \exp\{\beta u_i(c_n(j), c_{J_n}(j))\}} \tag{5-55}$$

其中，$q_n(j)$ 表示用户第 j 次迭代时，选择联盟 c_n 的概率；β 是学习系数。

算法 5.6　基于空间自适应行动的联盟选择算法

　　初始化：设置迭代次数 $j=0$，每架无人机根据在不同联盟下的个体效用选择当前最优的联盟。设定考虑的数据内容块为 $s \in \mathcal{S}$。

　　for：$s = 1, 2, \cdots, \mathcal{S}$

　　　　选择一个内容块 s，并针对联盟选择的内容。

　　while：达到迭代次数或者满足收敛条件

　　　　Step1：所有的无人机交换相互的位置信息和内容信息。

　　　　Step2：在第 k 次迭代，随机选择其中一架无人机 $n \in \mathcal{N}$。对于网络内的其余所有无人机 $k \in J_n$，保持上一次迭代策略不变，即 $c_k(j+1) = c_k(j)$。

　　　　Step3：针对无人机 n，利用式 (5-47) 计算它选择不同联盟的效用值，$u_n(\tilde{c}_n, c_{J_n}(j))$，$\forall \tilde{c}_n \in C_n / \{c_n\}$。无人机依据所有联盟选择下的局部效用构建策略选择概率函数进行依时隙的联盟选择更新：

$$j = j + 1$$

end while

　　　　针对内容 s，得到无人机集群最优的联盟选择策略 $\{c_n\}_{n \in \mathcal{N}}$。

end

　　计算网络中考虑所有内容块 s 的联盟选择，并计算全网的频谱资源获取开销 U。

5.5.4　仿真结果及分析

　　考虑一个 200m×200m 的无人机集群通信网络场景，并在网络中部署 N 架无人机，每架无人机都具有一定的频谱需求。定义频谱资源的需求长度为 L，并假定每架无人机 n 随机生成 l_n 个内容 $(1 < l_n < L)$；设置单个频谱资源获取开销 α_0 为 1，且所有无人机的通信范围都相同并设为 Radii；全网的频谱资源需求内容重叠度设置为 O_d，$O_d = \sum_{n=1}^{8} L_n^{O_d} / L$，其中，$L_n^{O_d}$ 表示无人机 n 的重叠频谱内容数量；学习系数 β 随着效用函数的变化进行调整，并随着迭代次数增加而逐渐增大，使得结果逐渐从学习探测过程偏向收敛。为防止算法偶然性，仿真每架无人机生成随机的部署位置和频谱资源需求，并对每个指标下的对比仿真重复 100 次。相关性能分析如下。

　　1. 收敛性分析

　　图 5-29 为在基于空间自适应行动的联盟选择算法下，20 架无人机考虑内容 1 而形成的联盟选择。在经过算法的迭代之后，联盟选择更新策略最终收敛到一个稳定的状态。这也证明了均衡解的存在性。拥有内容需求 1 的无人机形成了 4 个联盟，而其余的无人机则不进入联盟。从图中发现，距离相近的无人机更偏向于形成一个联盟，这符合通信距离的设定。下面对算法的具体性能进行分析。

　　2. 性能分析

　　本节针对通信距离、无人机数量、无人机内容需求总长度及频谱资源重叠度四个要素对全网频谱获取总开销的影响进行仿真实现，并与一种基于无人机用户自身的重叠联盟 SAP 算法[92]进行对比，该算法只体现无人机节点对自身内容总需求的优化，通过获取无人机的频谱资源总需求，全网针对无人机自身进行一次联盟形成。对比发现，本工作所提的基于空间自适应行动的联盟选择算法具有更强的性能。此外，所提方法只需要知道局部信息便可以达到全局最优。具体对比过程及分析如下。

　　1）通信距离 Radii

　　考虑 8 架无人机，并给定内容总需求为 $S_n = (1, 2, \cdots, 10)$，设定重叠度 $O_d = 0.6$。由图 5-30 可知，随着通信距离的增加，全网总开销越低，这是因为无人机通信范围

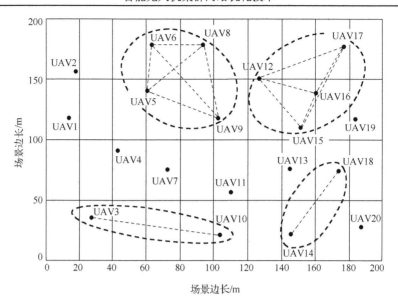

图 5-29 考虑内容 1 下的联盟形成网络图示(20 架无人机)

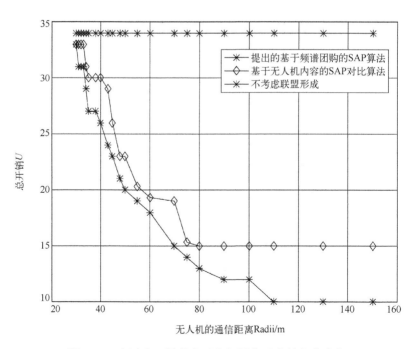

图 5-30 全网总开销考虑无人机通信距离的变化曲线

的增加使得能够与其互通的邻居无人机也越来越多，这也增加了更多的联盟形成可能。此外，所提出的基于空间自适应行动的联盟选择算法与基于无人机用户自身的重叠联盟 SAP 对比算法相比较，平均频谱获取开销要降低 13.8%，这也说明了所提算法性能更佳。

2）无人机数量 N

下面考虑不同数量无人机下全网总开销的变化，通信范围 Radii 设置为 40m，其他参数都不变。由图 5-31 可知，随着无人机数量的增加，全网总开销都呈现上升的趋势，这是因为提升的无人机数量带来了更多的频谱资源需求。此外，所提出的基于空间自适应行动的联盟选择算法与基于无人机用户自身的重叠联盟 SAP 对比算法相比较，平均频谱获取总开销要降低 17.7%，证明了所提算法性能更佳。

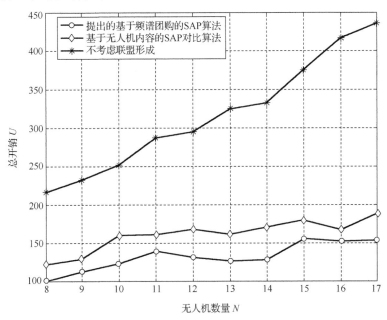

图 5-31　全网总开销考虑无人机数量的变化曲线

3）内容需求总长度 L

下面考虑频谱内容需求总长度对全网频谱获取开销的影响。设置 8 架无人机，通信距离 Radii 设置为 40m，假设每架无人机 n 随机生成 l_n 个内容，范围为 1 到 100，其他参数不变。比较两个算法，由图 5-32 可知，所提出的基于空间自适应行动的联盟选择算法平均频谱获取开销要比基于无人机内容的 SAP 对比算法减小 9.8%，这说明了所提算法的性能更优。需要指出的是，在无人机内容需求长度为 10 以及增加到 90 时，两种算法下的全网总开销趋近相同，这是因为当频谱内容需求总长度小的时候，每架无人机的频谱重叠数据较少，在系统中几乎没有联盟形成，因此所有无人机基本都直接与上层进行通信，所以总开销几乎一样。随着频谱内容需求总长度的增加，无人机的重叠内容越来越多，从而使得考虑单架无人机内容总需求的对比算法形成联盟的数量变得越来越稳定，因此两种算法下的性能相近。

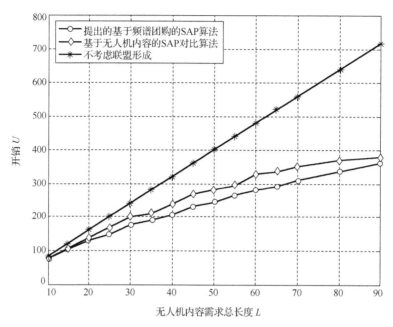

图 5-32　全网总开销考虑无人机内容总需求长度的变化曲线

4) 重叠度 O_d

本节所提的基于团购机制的频谱资源获取方案能够获取更多的频谱内容信息，并提升数据的复用率，因此内容重叠度的影响对所提的算法影响最大。事实上，无人机数量及内容需求总长度都从侧面体现了重叠度对系统的影响。因此，下面考虑改变重叠度，并设置其他变量与之前一样，进行算法性能比较。由图 5-33 可知，所提算法的平均频谱获取开销要比对比算法降低 12.6%。此外，当重叠度增加时，无人机的频谱需求也越接近，因此更倾向于由部分无人机执行团购机制，即联盟形成。当重叠度接近 1 时，每架无人机的频谱需求几乎一样，此时仅需一架无人机便可达到团购的效果，这使得所提模型接近形成大联盟。

综上，本节提出的基于空间自适应行动的联盟选择算法，充分地考虑到了重叠内容，利用局部信息的交互进行求解从而得到全局最优，并通过多次循环，进行不同的联盟选择，从而极大地降低了频谱资源获取的开销，有效提高了全网效用。所提的基于频谱团购机制的重叠联盟形成博弈模型在考虑重叠内容需求的情况下，针对用户不同的重叠内容进行相应的联盟选择，避免了在不同内容下存在的联盟选择矛盾，从而更加适用于内容需求重叠度高的网络。通过与基于无人机内容的 SAP 对比算法的比较，证明了所提算法在正常需求下的无人机集群通信网络中，频谱资源获取开销更小，性能更强。

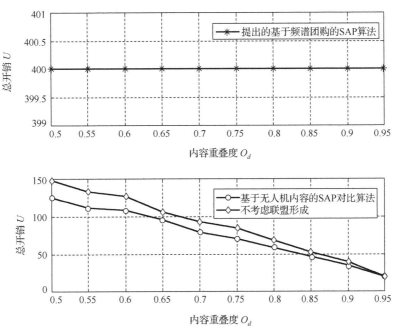

图 5-33　全网总开销考虑无人机内容重叠度的变化曲线

5.5.5　小结

本节通过综合考虑无人机集群并根据无人机用户的资源需求内容，提出了一个基于团购机制的资源分配优化方案。通过重叠联盟博弈的形成，设计使得联盟稳定并性能优化的效用函数，研究空间自适应行动联盟算法，实现了无人机集群频谱资源传输总开销的优化。

5.6　基于联盟图博弈的多跳数据传输分配优化

5.6.1　问题引入

上一节主要研究频谱资源的合理分配，对传输开销的定义和传输机制都做了简化。在实际的业务资源传输场景中，无人机集群完成信息收集和处理后的数据传输机制设计仍需要进一步研究。本节主要关注业务资源收集后的数据传输机制设计，提出了一个基于分布式内容的资源优化方案，设计了一个基于团购机制的联盟选择和数据传输模型。作者在文献[93]中用数据传输成功概率描述数据传输吞吐量随距离的变化。受该工作启发,本节工作引入数据传输概率函数,通过该函数描述无人机通信链路下数据包传输的吞吐量,所提出的模型通过设计数据传输机制来优化全网的数据吞吐量,并将问题构建为联盟形成博弈(CFG)从而探索问题的稳定分区解。与文献[93]不同的是,本节工作引入了团购机制,在给定部署关系后,首先考虑所有无人机所需的业务资源信息,并通过无人机通信链路将上层中央无人机的不同信息数据分别通过传输机制下发给各自有需求的无人机联盟;其次,无人机再通过联盟内的数据传输进行资源获取。

相关研究要点及创新点总结如下。

(1)提出了一个基于分布式内容的资源分配优化方法,无人机集群根据各自不同的数据需求进行传输。设计了一个描述数据吞吐量的效用函数,反映了链路质量和信息传输效率。这为无人机的联盟选择和内部稳定结构的形成提供了理论支持。

(2)提出了一个联盟博弈框架用以解决资源分配和数据传输问题。在该框架中,联盟图博弈首先对无人机联盟内部结构(传输机制)进行刻画。然后,通过CFG进行无人机联盟间的数据信息传输配置。两个博弈都被证明具有稳定解,表明了所提模型的有效性。

(3)受对数线性学习的启发,设计了基于联盟秩序和帕累托秩序的联盟选择算法执行联盟选择机制。仿真结果表明,与只考虑无人机整体数据需求的单次联盟选择算法相比,两种联盟选择算法都具有更好的性能。基于联盟的选择算法性能更佳,而基于帕累托的选择算法虽然舍弃了一些性能,但是收敛时间更短。

5.6.2　模型建立

考虑一个空中Ad hoc网络(FANET)场景,该场景由N架无人机组成,无人机类型分为两种:一种是中央控制无人机(设置为一架),另一种是负责接收信息的无人机编队。中央控制无人机拥有充足的能源和频谱资源,并负责扮演无人机编队空中基地的角色,为其他无人机提供业务数据资源和控制指令。无人机编队可以通过情景知觉和位置感知获得相互间的位置和资源信息。拥有重叠资源需求的无人机编队会重复向上层获取数据。为了减少不必要的开销,当无人机编队有资源需求时,依据资源和位置信息形成联盟,通过联盟头统一向上请求中央控制无人机,并通过数据传输机制将相同资源统一下发。由于数据包的长距离传输造成的高传输损耗,联盟内也需要将一些无人机作为中继节点进行数据转发,以减少传输损耗,提高传输质量。

图5-34展示了无人机集群通信网络下基于联盟形成的数据多跳传输示意图。考虑无人机编队中对数据内容2存在的需求,无人机1、2和3形成了一个联盟,并由无人机2向上进行内容2的团购获取并转发给联盟内的其他无人机;无人机4、5、

6 和 8 则形成了另一个联盟，并由无人机 4 负责信息数据的团购，需要注意的是，考虑到无人机 4 和 6 的传输距离相对较远，因此无人机 5 负责充当中继节点，进行数据的转发。在此场景下，多跳路由机制的设计十分重要。

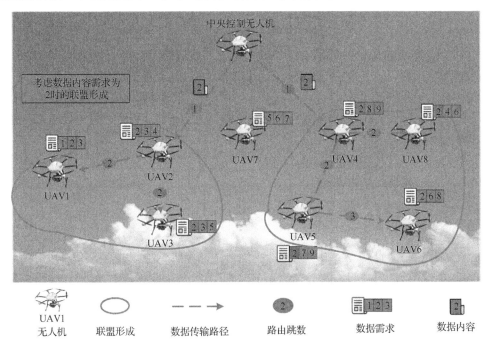

图 5-34　无人机集群通信网络下基于联盟形成的数据多跳传输示意图

无人机集合定义为 $\mathcal{N} = \{0,1,\cdots,n,\cdots,N\}$，其中，0 表示中央控制无人机的序号，全网的数据内容需求设定为 $\mathcal{S}$，并满足 $\mathcal{S} = \bigcap_{n \in \mathcal{N}} S_n$。对于无人机 $n \in \mathcal{N}$，设其三维位置坐标为 $g_n = (x_n, y_n, z_n)$，频谱资源需求为 $S_n = (a_n^1, a_n^2, \cdots, a_n^{l_n})$，其中，$l_n$ 为资源需求的内容总长度，a_n^k 表示无人机 n 的第 k 个数据内容，$1 \leqslant k \leqslant l_n$。为方便计算，假定无人机编队的飞行高度 z_n 保持不变。

在无人机通信链路中，传输距离会显著影响链路质量。在文献[93]中，作者在 AR Drone 2.0 平台[94]下，使用 IEEE 802.11g 标准接口，通过分析相同射频波段下的数据收集实验，并考虑距离、数据包和方向等参数，最后得出结论并设计了一个数学信道模型，在给定两个无人机节点之间的距离后，可以很好地预测数据包的传输比率（packet delivery ratio，PDR）。该 PDR 信道模型的一般形式为

$$Pb(d) = d^{d_h d^{k_1}} \tag{5-56}$$

其中，$d_h = -\ln(2) / R^{k_1}$ 表示两个节点间数据成功传输概率为 50%时的距离；k_1 为传输系数；$Pb(d)$ 表示在无人机通信链路下，距离为 d 的两个节点的数据成功传输概

率，$\mathrm{Pb}(d) \in (0,1]$，当距离为 0 时，传输概率为 1，当距离足够远时，传输概率几乎为 0。该信道模型满足了链路层中数据包传输的特征。一般地，定义网络内无人机 i 和无人机 j 的距离为 $d_{i,j}$。

根据图 5-34 场景中联盟的形成机制，定义可用的联盟集合为 $\mathcal{M} = \{1, 2, \cdots, M\}$。所有存在的无人机通信链路集合定义为 $\varepsilon = \{\varepsilon_1, \varepsilon_2, \cdots, \varepsilon_s, \cdots, \varepsilon_S\}$。对于任意两架无人机 $i, j \in \mathcal{N}$，定义它们之间的通信链路状态为 $e_{i,j}$，并假定考虑数据内容 $s \in \mathcal{S}$ 时，若该链路存在即 $e_{i,j} \in \varepsilon_s$，并且数值等于 $d_{i,j}$，此时联盟 m 内的无人机集合为 $\mathrm{CO}_m^s = \{n \in \mathcal{N} : s \in S_n, c_n = m\}$。在考虑内容需求 s 的情况下，设联盟 m 的联盟头无人机的坐标是 g_{ch_m}，中央无人机的坐标为 g_0，则此时数据信息从该联盟头无人机到各联盟成员成功传输概率可以推导如下：

$$f(\varepsilon_s, n) = \begin{cases} 1, & n = \mathrm{ch}_m \\ \displaystyle\prod_{e_{i,j} \in \varepsilon_{s,n}} \mathrm{Pb}(e_{i,j}), & \text{其他} \end{cases} \tag{5-57}$$

其中，$\varepsilon_{s,n} \in \varepsilon_s$ 表示从联盟头无人机 ch_{c_n} 到联盟成员无人机 n 的链路状态。设数据传输速率为 T_s，则联盟 m 的总数据传输吞吐量推导如下：

$$\mathrm{Th}(\varepsilon_s, m) = T_s \cdot \sum_{n \in \mathrm{CO}_m^s} \left(\underbrace{\mathrm{Pb}(|g_0 - g_{ch_m}|)}_{1_{st}\,\mathrm{hop}} \cdot \underbrace{f(\varepsilon_s, n)}_{\mathrm{otherhops}} \right) \tag{5-58}$$

因此，考虑数据内容 s 时，全网的数据吞吐量为

$$T(\varepsilon_s) = \sum_{m \in M} \mathrm{Th}(\varepsilon_s, m) \tag{5-59}$$

由式 (5-58) 可知，单跳传输路径越长，传输成功的概率越低。此外，由于 $\mathrm{Pb}(d) \in (0,1]$，所以跳数越多，全网的吞吐量就越小，这也避免了大联盟的形成。

综上，基于当前所有数据需求下的全网传输吞吐量为

$$T = \sum_{s \in S} T(\varepsilon_s) = \sum_{s \in S} \sum_{m \in M} \mathrm{Th}(\varepsilon_s, m) \tag{5-60}$$

本节目标转化为通过调整无人机联盟内的结构（传输机制刻画）和无人机联盟选择，从而最大化全网的数据传输吞吐量，公式表示如下：

$$(\mathcal{P}): (\varepsilon_{s,n}, c_n) = \arg\max T \quad n \in \mathcal{N}, s \in \mathcal{S} \tag{5-61}$$

因此，本节研究工作为在 FANET 中研究一个解决方案，从而得到最优的数据传输机制和资源分配方法。下面将问题 $\mathcal{P}$ 建模为一个联盟图博弈和一个联盟形成博弈，并展开分析。

5.6.3　博弈模型设计

1.　面向数据传输的联盟图博弈

首先关注数据传输。链路的建立直接影响到数据吞吐量的大小。考虑到链路选择策略空间巨大，本章将所提模型中的数据传输问题构建为一个联盟图博弈，并通过博弈分析协调全网中所有的无人机通信链路。根据之前的描述，无人机之间的通信链路可以由动作图 $G(\mathcal{N},\varepsilon)$ 表示[95]。在这个模型中，每一架无人机通过数据吞吐量和维护链接的成本决定与其连接的无人机，从而最大限度地提高自身效用。

联盟图博弈的定义如下。

定义 5.6(联盟图博弈)[96]　一个博弈模型 $\mathcal{G}_a = (G(\mathcal{N},\varepsilon),\{U1_n\}_{n\in\mathcal{N}})$ 被称为联盟图博弈，当且仅当满足以下条件：

① $\mathcal{N}$ 表示所有的参与者节点(包括中央控制无人机)；

② ε 表示所有的边(无人机通信链路)，对于任意的 $i,j\in\mathcal{N}$，通信链路存在当且仅当 $e_{i,j}\in\varepsilon$；

③ C_n 是无人机 n 所有可用的联盟，c_n 表示无人机 n 的联盟选择；

④ $U1_n$ 表示无人机 n 执行决策时的效用函数。

本节所提的联盟图博弈模型中，无人机 n 的策略为其上一跳无人机节点选择，该策略选择表示为 $a_n\in A_n$。由文献[95,97]可知，一个局部策略 G 被称为可行的(feasible local strategy)当且仅当其满足以下条件：① $U1_n(G)\geqslant U1_n(G')$；② $U1_{a_n'}(G)\geqslant U1_{a_n'}(G')$，其中，$a_n\neq n$，$a_n'\neq n$。下面首先给出数据传输下无人机 n 的局部效用函数。

1)效用函数及网络形成算法构建

给定一个动作图 $G(\mathcal{N},\varepsilon_s)$，无人机 n 的局部效用可以被表示为

$$U1_n(G) = \sum_{i\in \mathrm{CO}_{c_n}^s}\left(\underbrace{\mathrm{Pb}\left(\left|g_0 - g_{ch_{c_n}}\right|\right)}_{1_{\text{st}}\text{ hop}}\cdot\underbrace{f(\varepsilon_s,i)}_{\text{otherhops}}\right) \tag{5-62}$$

可以看出，$U1_n(G) = \mathrm{Th}(\varepsilon_s,c_n)/B$，表示联盟 c_n 中数据 s 的成功传输概率，并且由无人机 n 的连接无人机 a_n 所决定，a_n 的选择最终影响 ε_s 的策略。$U1_n(G)$ 和 $U1_{a_n}(G)$ 的数值是相等的，这是因为二者表示同一联盟下数据 s 的成功传输概率。

下面通过设计一种分布式网络形成算法(算法 5.7)，对联盟图博弈 $\mathcal{G}_a$ 中的每架无人机做策略选择。

算法 5.7　吞吐量最大化联盟形成算法

---

1)输入 CO_{c_n}，设置 $\mathcal{K}=\{\mathrm{ch}_{c_n}\}$。

2）**while**：联盟 c_n 内的所有无人机都建立了链路，即全连通 $K = CO_{c_n}^s$。

Step1：找到无人机 i 使得 $(i, j) = \arg\min d_{i,j}$，$j \in K$，其中，无人机 i 满足条件如下：$i \in K1$，$K1 = \{i \in CO_{c_n}^s : i \notin K\}$。

Step2：找到无人机 m 使得 $m = \arg\max U1_{a_i}(G)$，其中，$a_i = m$。

Step3：为无人机 i 和 m 建链 $e_{i,m}$，并将 i 和 $e_{i,m}$ 分别添加到 K 和 ε_s^n 中。

end while

3）输出链路选择策略 ε_s^n 和无人机 n 的当前联盟 CO_{c_n} 的吞吐量 $U1_n(G)$。

注意所提出的算法着重于最大化联盟 c_n 的当前效用，因此可以通过设置不同的数据内容 s 和无人机分别获得 ε_s 和 ε。下面对联盟图博弈 $\mathcal{G}_a$ 在该网络形成算法下的收敛性进行分析。

2）博弈分析

为了对博弈模型下的稳定性质有更多了解，首先给出一些联盟图博弈下的基本概念。

定义 5.7（局部纳什网络[95]）　对于网络中的一个动作图 G，当这个网络中没有任何节点 n 可以通过任意改变其局部可行策略 $U_n(G)$ 来提高它的效用，它就被称为是一个局部纳什网络（local Nash network）。

定理 5.9　给定效用函数 $U1_n(G)$ 和设计好的最大化吞吐量联盟形成算法，联盟图博弈 $\mathcal{G}_a$ 是一个局部纳什网络。

证明　全网的数据资源需求存在一个上界。在所提算法中，无人机 n 通过策略选择提高其局部效用。又已知 $U1_n(G)$ 与 $U1_{a_n}(G)$ 数值相等，因此可以推断出所提模型下的策略 $U1_n(G)$ 是一个局部可行策略。

假设最大化吞吐量联盟形成算法可以将模型收敛到一个最终的动作图 G^*。根据局部可行策略的定义和算法的设计，在动作图 G^* 中，没有任何无人机能够通过调整策略以改善局部效用 $U1_n(G)$。这显然满足定义 5.7。因此，在局部可行策略 $U1_n(G)$ 和提出的最大化吞吐量联盟形成算法下，联盟图博弈 $\mathcal{G}_a$ 被证明是一个局部纳什网络。一般来说，G^* 的性质决定了当前策略是稳定解，这表明 $\mathcal{G}_a$ 可以达到一个稳定的状态。证明完毕。

2. 数据分配联盟形成博弈

联盟内的网络结构稳定性在前文得到了证明，接下来对基于团购机制下的数据分配进行联盟形成博弈建模，并通过构建效用函数和联盟形成机制进行博弈稳定性的分析。

首先将问题构建为一个博弈模型 $\mathcal{G}_b = (\mathcal{G}_a, \{C_n\}_{n \in \mathcal{N}}, \{U2_n\}_{n \in \mathcal{N}})$，其中，$U2_n$ 表示

无人机 n 的效用函数，并且表示为 $U2_n(c_n, c_{-n})$ 的形式，其中，$c_{-n} \in C_1 \otimes C_2 \otimes \cdots \otimes C_{n-1} \otimes C_{n+1} \otimes \cdots \otimes C_N$ 是除了无人机 n 以外所有无人机的联盟选择。显然，$\mathcal{G}_b$ 是一个经典的 CFG。在 $\mathcal{G}_b$ 中，对于任意一个联盟，其效用只取决于联盟内无人机的策略选择，而与其他在联盟集合 Π，CO 中的无人机无关，因此 $\mathcal{G}_b$ 是一个特征形式下的 CFG。

1) 效用函数及联盟形成机制

考虑到资源需求中各数据内容并不具有相关性，本工作从数据的角度入手，针对每个数据内容 s 进行分析并研究联盟结构的形成。无人机针对不同的数据资源会形成不同的联盟结构，且各自没有重叠的参与者，即联盟不相交，符合联盟形成博弈模型的特征。

根据上节的证明，给定联盟图博弈 $\mathcal{G}_a$ 的稳定状态，则网络拓扑 $G(\mathcal{N}, \varepsilon)$ 也被确定，因此，无人机 n 在 $\mathcal{G}_b$ 中的局部效用函数构建如下：

$$U2_n(c_n, c_{-n}) = \mathrm{Th}(\varepsilon_s, m) = \mathrm{Th}_n(c_n, c_{-n}) \tag{5-63}$$

根据式 (5-63)，无人机的效用表示为其所属联盟下对应数据的吞吐量。这说明效用取决于对应联盟中所有无人机所联合选择的策略，这表明该博弈是一种不可转移效用博弈 (nontransferable utility，NTU)[98]。

在帕累托秩序中，无人机选择的新旧联盟的利益都不会受到损害。该性质确保了联盟分区 Π 的效用不会下降，也为稳定联盟分区的证明提供了足够的理论支持。帕累托秩序适用于可转移效用 (TU) 和不可转移效用 (NTU) 博弈。然而，帕累托秩序却无法保证问题 $\mathcal{P}$ 的最优解。下面引入文献[86]的工作并介绍一种联盟形成规则，通过将系统模型的全局效用映射到无人机的局部效用中，从而证明最优解的存在。该联盟形成规则的定义如下。

定义 5.8（联盟秩序）　在 CFG 中，偏好关系 $\succ_n$ 满足联盟秩序 (coalition order) 当且仅当对于任意的参与者 $n \in \mathcal{N}$ 和所有的联盟分区 $\mathrm{CO}', \mathrm{CO} \in \Pi$，都存在如下等式：

$$\begin{aligned} \mathrm{CO} \succ_n \mathrm{CO}' \Leftrightarrow & U2_n(\mathrm{CO}) + \sum_{i \in \mathrm{CO}, n} U2_i(\mathrm{CO}) \\ & > U2_n(\mathrm{CO}') + \sum_{i \in \mathrm{CO}', n} U2_i(\mathrm{CO}') \end{aligned} \tag{5-64}$$

在联盟秩序下，无人机通过考虑初始联盟 CO 和新联盟 CO' 的总效用进行联盟选择。因此，它可以为系统模型带来最大的利润，这也在后续的证明和仿真中得到了证实。

在联盟形成过程中，同一联盟中的无人机将进行批量的策略改变。这使得在给定偏好关系后，一旦初始联盟形成条件不佳，部分无人机将会陷入与其他无人机的固定组合中，难以跳出循环。此外，在联盟形成的后期，相应规则对于联盟结构的影响也非常小，这使得规则的执行十分困难，导致了无效的计算。为了避免传统规则造成的这些问题(局部陷进、无效计算等),本节设计了一种联盟选择机制如下。

定义 5.9(联盟选择机制) 对于无人机 $n \in CO_1$,它会选择新的联盟 CO_2 当该联盟可以使得 n 获得更高的效用,公式表示如下:

$$n \to CO_2 \Leftrightarrow U2_n(CO_1, CO_2) \geq U2_n(CO_1, n, CO_2 \cap n) \quad \forall CO_1, CO_2 \in \Pi \tag{5-65}$$

在不同秩序下,该联盟选择机制下的效用函数有不同的定义。例如,在帕累托秩序中,无人机 n 选择相应的联盟使得新旧联盟都变得更好;在联盟秩序下,无人机 n 选择相应的联盟使得新旧联盟的总收益增加。该联盟选择机制能够同时实现两种秩序的功能,同时避免了无人机的批量策略选择。因此,即使无人机的策略选择陷入停滞,它仍有可能很快走上正轨。接下来将介绍在给定联盟选择机制下 $\mathcal{G}_b$ 的稳定联盟分区的分析。

2) 博弈分析

定理 5.10 所提的联盟形成博弈模型 G_b 在帕累托秩序和联盟秩序下都存在至少一个稳定联盟分区。

证明 首先,根据定理 5.10 的描述,给定任意的联盟分区 $\Pi = \{CO_m\}_{m=1}^M$,其所对应的联盟图博弈 G_a 都可以达到稳定状态,表明了联盟内部结构的稳定性。

其次,在系统模型下的效用函数存在上限时,帕累托秩序下的联盟形成博弈必然存在稳定联盟分区。

接着对联盟秩序下的博弈模型进行分析。通过对联盟形成博弈的分析,在这里引入势能博弈作为证明工具。首先构建势能函数如下:$\phi_n(c_n, c_{-n}) = \sum_{m \in \mathcal{M}} Th(\varepsilon_s, m)$,其表示考虑数据 s 时全网的吞吐量。假设无人机 n 更改策略 c_n 为 c_n',推导公式如下:

$$\begin{aligned}
\phi_n(c_n, c_{-n}) - \phi_n(c_n', c_{-n}) &= \sum_{m \in \mathcal{M}, c_n} Th_n(c_n, c_{-n}) + Th_n(c_n, c_{-n}) \\
&\quad - \sum_{m \in \mathcal{M}, c_n'} Th_n(c_n', c_{-n}) - Th_n(c_n', c_{-n}) \\
&= Th_n(c_n, c_{-n}) - Th_n(c_n', c_{-n})
\end{aligned} \tag{5-66}$$

考虑到无人机 n 的单次策略改变只影响其离开和加入的联盟,因此式(5-66)成立。根据式(5-63)得到如下等式:

$$\phi_n(c_n', c_{-n}) - \phi_n(c_n, c_{-n}) = U2_n(c_n', c_{-n}) - U2_n(c_n, c_{-n}) \tag{5-67}$$

这证明了当前的博弈模型为精确势能博弈(EPG),因此存在至少一个纳什均衡(NE)点。又因为势能函数指代数据 s 下全网的吞吐量,考虑到数据的互不关联性,因此考虑全网数据需求下,给定联盟秩序,该博弈模型仍然存在稳定最优解。证明完毕。

定理 5.11　给定设计好的联盟选择机制，所提的联盟形成博弈 $\mathcal{G}_b$ 存在一个问题 $\mathcal{P}$ 下的稳定联盟分区解。

证明　(1)根据定理 5.10，给定两种秩序，总是存在一个局部纳什网络 $\mathcal{G}_a$，并给出相应的 $\varepsilon_s, s \in \mathcal{S}$。

(2)根据联盟选择机制的描述，在不同的秩序下，效用的定义是不同的。在帕累托秩序中，单个无人机的策略改变增加了新旧联盟中各自所属无人机的收益。系统模型将在有限的稳定状态策略之间不断地进行移动，这些状态策略就是稳定分区的解。在联盟秩序的效用定义下，当联盟选择机制产生作用时，无人机通过改变局部效用来影响全局效用。根据定理 5.10，单架无人机的策略变化直接影响到整个系统，因此全网效用可以收敛到最优状态。此外，即使单架无人机的选择机制使联盟形成过程处于不利地位，联盟秩序也会通过重新选择，使得策略重新回到正确的方向，最终形成一个稳定的联盟分区。它可以有效地避免局部最优，但同时也会产生更多的收敛时间。

在考虑不同数据 s 时，相关稳定联盟分区的证明相同。这样就能得到全网考虑所有数据需求下的网络稳定结构。综上，给定设计好的联盟选择机制，所提的联盟形成博弈 $\mathcal{G}_b$ 有一个稳定的联合分区解，并且为问题 $\mathcal{P}$ 的稳定解。证明完毕。

5.6.4　算法设计

在本工作考虑的场景中，无人机可以通过情景知觉和位置感知获得周边无人机的信息，并采用学习算法来提升最优策略的搜索效率。受对数线性学习的启发，设计的算法对单架无人机进行策略选择，同时引入联盟选择机制。如算法 5.8 所示，本节设计了一种基于联盟秩序/帕累托秩序的联盟选择算法(以下简称联盟秩序选择/帕累托秩序选择算法)。此外，通过引入学习系数 β，使得算法依概率执行探索和选择，从而使得策略选择很难陷入局部陷阱。策略选择概率函数表示如下：

$$P(c_i(j+1) = c_i(j)) = \frac{\exp\{\beta U2_i(c_i(j), c_{-i}(j))\}}{\exp\{\beta U2_i(c_i(j), c_{-i}(j))\} + \exp\{\beta U2_i(c_i'(j), c_{-i}(j))\}} \tag{5-68}$$

算法 5.8　基于联盟秩序/帕累托秩序的联盟选择算法

Step1：考虑不同的数据内容 s，初始化无人机的状态策略 $\{c_n\}_{n \in \mathcal{N}}$。

Loop：　$j = 1, 2, \cdots, J$。

Step2：随机选择一架无人机 i，$\mathrm{CO} \leftarrow \mathrm{CO}_{c_i}$。

Step3：将 CO 输入到算法 5.7，得到 ε_s，根据式(5-63)计算 $U2_i(c_i(j), c_{-i}(j))$。

Step4：无人机 i 生成一个新的联盟选择策略 $c_i' \in C_i / \{c_i(k)\}$，$\mathrm{CO}' \leftarrow \mathrm{CO}_{c_i'} \cup i$。

Step5：将 CO′ 输入到算法 5.7，得到 ε_s，根据式(5-63)计算 $U2_i(c_i'(j), c_{-i}(j))$。

Step6：该无人机通过式(5-64)执行联盟秩序(帕累托秩序)下的策略更新，并根据概率更新式(5-68)更新第 $j+1$ 次迭代时的联盟选择。

Step7：更新 $c_{-i}(j+1)=c_{-i}(j)$ 。

End Loop

Step8：循环 Step1 到 Step3 并根据式(5-59)和式(5-60)计算 $T(\varepsilon)$ 并得到 T 。

5.6.5　实验结果及分析

本节使用 MATLAB 作为仿真工具并执行所有场景参数设置和算法仿真。仿真设置了一个正方形的无人机集群通信网络场景，并假定无人机编队在一个平面上飞行。根据 IEEE 802.11g 的标准，工作频段设为 2.4GHz，理想传输速率为 54Mbps。仿真还引用了文献[93]中保护检测响应模型(protection，detection，response，PDR)的相关参数，单位数据包的大小设置为 200 字节。$k1=10.6$ ，$R=64\mathrm{m}$ ，数据传输速率设置为 800pkt/s，因此数据包传输速率 T_s 为 1.28Mbps。考虑到同一数据的传输是在不同时隙中进行的，因此在限定无人机数量的前提下，传输速率满足理想传输速率要求。为了更好地与无人机编队进行交互式控制，中央无人机的水平位置设置在网络场景的中心。同时，为了保证通信质量，根据 R 的设置，中央无人机与场景之间的相对距离不能太远。因此，中央无人机的坐标设置为(100，100，30)(m)，其中，第三维坐标表示与场景的相对高度。无人机的位置由系统随机生成。仿真性能对比考虑在多个变量下的数据传输吞吐量性能，为了防止偶然性，每项指标下的算法都做了 100 次运行并取平均值进行分析。

1. 所提算法性能

图 5-35 所示为考虑数据 1 的全网联盟形成和多跳传输机制图示(使用联盟秩序)。可以看出，拥有数据 1 需求的无人机最终组成了 4 个联盟，中央控制无人机通给每个联盟头无人机传输数据，并由它们进行数据的多条路由转发。从图中可以看出，无人机集群有效地避免了长距离传输路径，这是为了防止造成高数据传输损耗。这与系统模型的描述是一致的。

图 5-36 表示所提出的联盟秩序选择算法和帕累托秩序选择算法的收敛曲线，表明通过使用基于团购机制的无人机集群数据多跳传输方法，博弈模型最终可以收敛到一个稳定的状态。此外，联盟秩序能够收敛到更高的吞吐量，也与之前的定理描述相符。

2. 算法对比分析

本节引入了一种基于单次联盟形成的对比算法(以下简称单次联盟形成算法)，该算法只考虑每个无人机的整体传输数据需求，并形成一个没有重叠的联盟分区。

同时，没有联盟形成的传输机制也被作为一种比较方法。在没有联盟形成的算法中，无人机之间不存在转发机制，所有的数据传输都是通过与中央无人机的直连进行的。此外，假定在无人机通信链路中不存在能量损失，由此定义了吞吐量上界。当针对某项参数进行算法比较时，将其他参数设置为固定值，以方便进行比较。

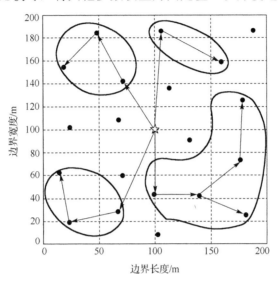

图 5-35　考虑数据 1 时所提联盟博弈模型下的数据分配传输联盟形成图示

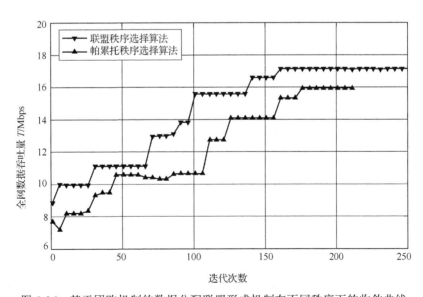

图 5-36　基于团购机制的数据分配联盟形成机制在不同秩序下的收敛曲线

从图 5-37 和图 5-38 中可以看出，随着无人机数量和总数据需求长度的增加，所有算法都能有效增加全网的数据吞吐量。主要原因是无人机数量、数据长度或重叠度的增加将直接导致总体数据需求的增加，这使得全网的数据吞吐量也相应增加。

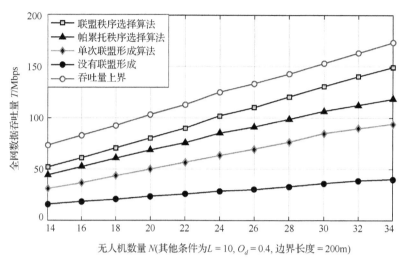

图 5-37　考虑无人机数量 N 的全网数据吞吐量变化

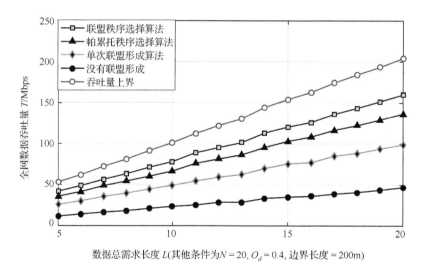

图 5-38　考虑无人机总数据需求长度下的全网数据吞吐量变化

如图 5-37 所示，相较于单次联盟形成对比算法，联盟秩序选择和帕累托秩序选择算法在相同条件下可以实现更高的数据吞吐量(分别至少提高了 54.0% 和 25.6%)。特别地，联盟秩序选择算法实现的数据吞吐量比帕累托秩序选择算法明显还要高。这其中主要的原因是，在联盟秩序选择算法中，由于联盟选择机制的定义，联盟中的无人机有更大的可能性和更强烈的意愿离开当前的联盟以寻求更好的回报和收益。然而，在帕累托秩序选择算法中，受制于帕累托秩序，无人机很可能会被联盟成员困住，因为离开当前联盟可能会降低联盟其他成员的利益。在联盟秩序中，算法所对应的效用函数与指代系统模型总体吞吐量的势能函数相对应，因此所实现的是全局最优，这与定理 5.11 的描述是一致的。在图 5-38 中，相较于单次联盟形成算法，联盟秩序选择和帕累托秩序选择算法在相同条件下分别至少提高了 59.2% 和 25.7% 的数据吞吐量，结果分析同上。

事实上，当其他变量保持不变时，无人机数量和数据长度需求影响的是数据的重叠情况。因此，下面从数据重叠度入手，对算法性能进行了比较分析。如图 5-39 所示，在其他条件不变时，随着数据重叠度的增加，联盟秩序选择算法比单次联盟形成算法的性能提高了至少 34.5%，帕累托秩序选择算法比单次联盟形成算法的性能提高了至少 17.6%。联盟秩序选择算法的性能同样好于帕累托秩序选择算法（分析同上）。总之，以上算法比较说明了所提联盟博弈框架下的系统模型可以很好地解决数据传输高开销问题。

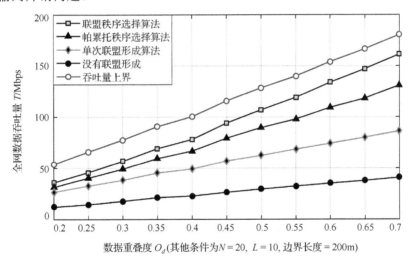

图 5-39 考虑无人机数据重叠度下的全网数据吞吐量变化

接下来，固定其他参数不变，考虑了全网吞吐量和边界长度之间的关系。如图 5-40 中所示，当场景的边界长度很小时，所设计的联盟选择算法可以实现很高的数据吞吐量。特别是联盟秩序选择算法，性能甚至接近吞吐量上界。然而，当场景的边界长度达到一定的值时，所提算法性能都会急剧下降，但是仍然比单次联盟形成算法更有效（分别至少提高了 41.5% 和 16.9%）。下面通过分析信道模型的特征，对该现象进行解释。在设定参数下，当无人机之间的距离为 64m 时，传输概率仅为 50%。当超过 100m 的时候，无人机通信链路的质量变得非常差，以至于它无法执行传输任务。因此，在固定无人机数量的前提下，在场景中，边界长度的增加使得无人机间距几乎都超出了数据传输的最大限度，从而导致系统模型的过载。

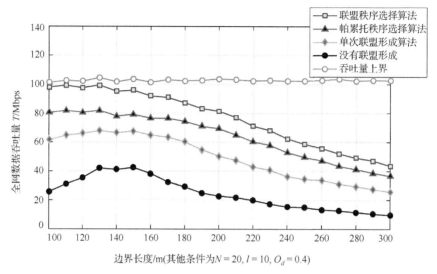

图 5-40　考虑边界长度的全网数据吞吐量变化

3. 收敛性能

前面分析了基于联盟秩序和帕累托秩序的联盟选择算法对系统模型性能的影响，接下来比较这两种算法的收敛性能。为了直观地比较收敛性能，考虑设置一个循环，在单次循环中，所有的无人机都经过一次选择，当在三次循环后，所有的无人机策略保持不变时，该算法被认为是收敛的。然后取平均收敛次数，并定义其为收敛性能的指标。

为了更好地进行比较，使用单次联盟形成算法进行对比。迭代次数的上限被设置为 1000。由于结果相似，下面只考虑无人机的数量和总数据内容需求长度下算法的平均收敛次数。为了避免偶然性，仿真随机产生每个无人机的位置和给定的重叠度的数据内容，对每个算法运行了 100 次并取平均值。如图 5-41 和图 5-42 所示，与对比算法相比，所提的算法明显可以在更短的时间内将模型收敛到稳定状态，其中帕累托秩序选择算法的收敛效率更高，平均比联盟秩序选择算法的收敛次数还要少 50.9%，这与之前对于帕累托秩序的特点描述是一致的。

综上得出结论如下：①基于联盟秩序/帕累托秩序的联盟选择算法可以准确地应用联盟形成机制，通过描述无人机的联盟构成和数据传输方式体现了所提的基于团购机制的无人机集群数据多跳传输优化，并证明了该方法能为系统模型实现更高的数据吞吐量；②在所提的联盟选择算法中，联盟秩序选择算法可以获得问题 $\mathcal{P}$ 的最优解，帕累托秩序选择算法可以将问题更快速地收敛到稳定的联盟分区解，但同时也会丢弃一些性能。

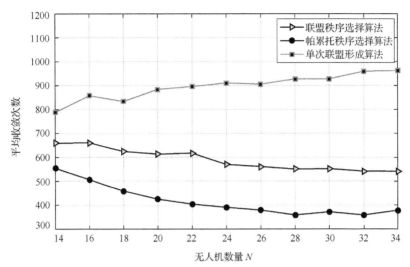

图 5-41　考虑无人机数量下的算法平均收敛次数

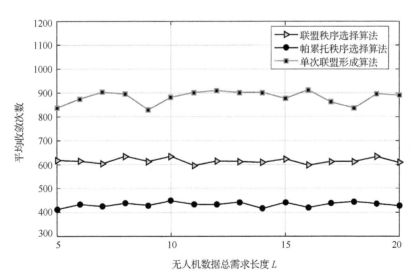

图 5-42　考虑无人机总数据需求下的算法平均收敛次数

5.6.6　小结

本节研究了无人机集群资源分配和数据传输优化问题，基于联盟博弈架构，提出了一个基于分布式内容的资源分配优化方法，考虑集群成员各自不同的数据需求进行传输。设计效用函数，并证明其具有稳定解。在此基础上，研究了基于联盟秩序和帕累托秩序的联盟选择算法，在获得较好性能的同时减少算法收敛时间，提升联盟形成的环境响应速度。

5.7　开放性讨论

低功耗、小覆盖范围的无人机在提升传统无人机网络系统容量方面具有独特优势，其应用前景将更加广阔。结合本书的研究内容，今后还可以考虑从以下三个方面展开进一步的研究。

(1)研究以 QoE 为核心的资源优化理论与方法。无线通信的最终目标都是为人服务的，因此，如何从当前性能评估准则集中于客观标准(以 QoS 为主要代表)的度量模型映射到能真实反映用户感受的以 QoE 为核心的评估体系中值得进一步深入研究。虽然在本书内容中，都有将用户的实际需求考虑在内，但是，随着无人机智能化的逐步提升，需求会随着业务类型和主观偏好在时间上的变化而变化。因此，根据当前环境和所处情景，提供个性化的 QoE 性能评估，并以该评估指标探索有效的资源优化方法是一个重要的研究方向。

(2)研究超密集组网场景中簇首无人机与簇成员无人机资源共享状态下的优化理论与方法。本节考虑的都是簇首无人机与簇成员无人机在正交的信道上进行数据传输，也就是不考虑跨层干扰。然而，为提高频谱复用率，在未来发展中资源共享机制将更具优势。现有研究虽然已经有很多考虑簇首无人机与簇成员无人机资源共享条件下的优化问题，也陆续提出了行之有效的方案，但当网络规模拓展到超密集组网场景下，资源优化问题将变得极其复杂，也将会遇到许多新的挑战。

(3)研究基于云架构的虚拟决策机制与技术。未来无人机集群网络会沿着资源共享方式多样化、用频频段异构化、终端设备智能化和网络规模超密集化的方向不断发展，其中产生的频谱大数据如果无法得到有效处理与利用，那么许多有用信息也将不能得到充分挖掘，这也会影响资源优化的性能。现有研究中，虽然对在信息不完全约束条件下的资源优化理论已经做出了许多研究，但在信息海量环境下如何提升优化性能还鲜有探索。而且，随着无人机的大规模随机部署，无人机以及用户之间的信息交互也将遇到极大挑战。云架构可以通过虚拟机制将实体终端映射到云空间中，使得大规模分布式信息交互变得更加容易，有效信息提取也将变得更加简单。那么，研究将当前的理论应用在云架构中实现超密集组网场景下的资源管理也会是一个很有前景的开放性话题。

参 考 文 献

[1] Guvenc I, Jeong M R, Watanabe F, et al. A hybrid frequency assignment for Femtocells and coverage area analysis for co-channel operation[J]. IEEE Communications Letters, 2008, 12(12): 880-882.

[2] Chandrasekhar V, Andrews J G, Muharemovic T, et al. Power control in two-tier Femtocell networks[J]. IEEE Transactions on Wireless Communications, 2008, 8(8): 4316-4328.

[3] Kim Y, Lee S, Hong D. Performance analysis of two-tier Femtocell networks with outage constraints[J]. IEEE Transactions on Wireless Communications, 2010, 9(9): 2695-2700.

[4] Lien S Y, Lin Y Y, Chen K C. Cognitive and game-theoretical radio resource management for autonomous Femtocells with QoS guarantees[J]. IEEE Transactions on Wireless Communications, 2011, 10(7): 2196-2206.

[5] Chakchouk N, Hamdaoui B. Uplink performance characterization and analysis of two-tier Femtocell networks[J]. IEEE Transactions on Vehicular Technology, 2012, 61(9): 4057-4068.

[6] Rahman M, Yanikomeroglu H. Enhancing cell-edge performance: A downlink dynamic interference avoidance scheme with inter-cell coordination[J]. IEEE Transactions on Wireless Communications, 2010, 9(4): 1414-1425.

[7] Chandrasekhar V, Andrews J. Spectrum allocation in tiered cellular networks[J]. IEEE Transactions on Communications, 2009, 57(10): 3059-3068.

[8] Lopez-Perez D, Valcarce A, De La Roche G, et al. OFDMA Femtocells: A roadmap on interference avoidance[J]. IEEE Communications Magazine, 2009, 47(9): 41-48.

[9] Lee H C, Oh D C, Lee Y H. Mitigation of inter-Femtocell interference with adaptive fractional frequency reuse[C]//IEEE International Conference on Communications. IEEE, 2010: 1-5.

[10] Sundaresan K, Rangarajan S. Efficient resource management in OFDMA Femto cells[C]// Proceedings of the 10th ACM International Symposium on Mobile Ad Hoc Networking and Computing, 2009: 33-42.

[11] Garcia L G U, Pedersen K I, Mogensen P E. Autonomous component carrier selection: Interference management in local area environments for LTE-advanced[J]. IEEE Communications Magazine, 2009, 47(9): 110-116.

[12] Yang Y, Quek T Q S, Duan L. Backhaul-constrained small cell networks: Refunding and QoS provisioning[J]. IEEE Transactions on Wireless Communications, 2014, 13(9): 5148-5161.

[13] Lakshminarayana S, Assaad M, Debbah M. Transmit power minimization in small cell networks under time average QoS constraints[J]. IEEE Journal on Selected Areas in Communications, 2015, 33(10): 2087-2103.

[14] Balakrishnan R, Canberk B. Traffic-aware QoS provisioning and admission control in OFDMA hybrid small cells[J]. IEEE Transactions on Vehicular Technology, 2014, 63(2): 802-810.

[15] Brooks P, Hestnes B. User measures of quality of experience: Why being objective and quantitative is important[J]. IEEE Network, 2010, 24(2): 8-13.

[16] Ksentini A, Taleb T, Letaif K B. QoE-based flow admission control in small cell networks[J]. IEEE Transactions on Wireless Communications, 2016, 15(4): 2474-2483.

[17] Sapountzis N, Sarantidis S, Spyropoulos T, et al. Reducing the energy consumption of small cell networks subject to QoE constraints[J]. PLoS One, 2014, 8(2): 711-715.

[18] Fan S, Tian H. Cooperative resource allocation for self-healing in small cell networks[J]. IEEE Communications Letters, 2015, 19(7): 1221-1224.

[19] Ma B, Cheung M H, Wong V, et al. Hybrid overlay/underlay cognitive Femtocell networks: A game theoretic approach[J]. IEEE Transactions on Wireless Communications, 2015, 14(6): 3259-3270.

[20] Zhang H, Jiang C, Beaulieu N C, et al. Resource allocation for cognitive small cell networks: A cooperative bargaining game theoretic approach[J]. IEEE Transactions on Wireless Communications, 2015, 14(6): 3481-3493.

[21] Zhu K, Hossain E, Niyato D. Pricing, spectrum sharing, and service selection in two-tier small cell networks: A hierarchical dynamic game approach[J]. IEEE Transactions on Mobile Computing, 2014, 13(8): 1843-1856.

[22] Semiari O, Saad W, Valentin S, et al. Context-aware small cell networks: How social metrics improve wireless resource allocation[J]. IEEE Transactions on Wireless Communications, 2015, 14(11): 5927-5940.

[23] Meng Y, Li J, Li H, et al. A transformed conflict graph-based resource-allocation scheme combining interference alignment in OFDMA Femtocell networks[J]. IEEE Transactions on Vehicular Technology, 2015, 64(10): 4728-4737.

[24] Kim S J, Cho I K. Graph-based dynamic channel assignment scheme for Femtocell networks[J]. IEEE Communications Letters, 2013, 17(9): 1718-1721.

[25] Langar R, Secci S, Boutaba R, et al. An operations research game approach for resource and power allocation in cooperative Femtocell networks[J]. IEEE Transactions on Mobile Computing, 2015, 14(4): 675-687.

[26] Semasinghe P, Hossain E, Zhu K. An evolutionary game for distributed resource allocation in self-organizing small cells[J]. IEEE Transactions on Mobile Computing, 2015, 14(2): 274-287.

[27] Zhang H, Venturino L, Prasad N, et al. Weighted sum-rate maximization in multi-cell networks via coordinated scheduling and discrete power control[J]. IEEE Journal on Selected Areas in Communications, 2011, 29(6): 1214-1224.

[28] Gesbert D, Kountouris M. Rate scaling laws in multicell networks under distributed power control and user scheduling[J]. IEEE Transactions on Information Theory, 2011, 57(1): 234-244.

[29] Wei H, Zhong X, Ming Z, et al. Feedback reduction for queue-aware coordinated multi-user scheduling in small-cell networks[C]//Proceedings of the IEEE Military Communications Conference, 2014: 1562-1567.

[30] Klessig H, Günzel M, Fettweis G. Energy efficiency gains through data offloading in heterogeneous small cell networks[C]//IEEE International Conference on Communication Systems. IEEE, 2014: 117-121.

[31] Poularakis K. A Framework for mobile data offloading to leased cache-endowed small cell networks[C]//IEEE International Conference on Mobile Ad Hoc & Sensor Systems, 2014: 327-335.

[32] Hsieh H, Wei S, Chien C. Optimizing small cell deployment in arbitrary wireless networks with minimum service rate constraints[J]. IEEE Transactions on Mobile Computing, 2014, 13(8): 1801-1815.

[33] Lin K Y, Chen J Y, Ren F C, et al. TAPS: Traffic-aware power saving scheme for clustered small cell base stations in LTE-A[C]//IEEE Vehicular Technology Conference(VTC), 2015: 1-5.

[34] Du Z, Wu Q, Yang P, et al. User-demand-aware wireless network selection: A localized cooperation approach[J]. IEEE Transactions on Vehicular Technology, 2014, 63(9): 4492-4507.

[35] Fortes S, Aguilar-García A, Barco R, et al. Management architecture for location-aware self-organizing LTE/LTE-A small cell networks[J]. IEEE Communications Magazine, 2015, 53(1): 294-302.

[36] Blasco P, Bennis M, Dohler M. Backhaul-aware self-organizing operator-shared small cell networks[C]//IEEE International Conference on Communications (ICC), 2013: 2801-2806.

[37] Khanafer A, Saad W, Basar T. Context-aware wireless small cell networks: How to exploit user information for resource allocation[C]//IEEE International Conference on Communications, 2015: 3341-3346.

[38] Wang Y, Chen S, Ji H, et al. Load-aware dynamic biasing cell association in small cell networks[C]//IEEE International Conference on Communications, 2014: 2684-2689.

[39] Shen C, Xu J, Mihaela V. Silence is gold: Strategic interference mitigation using tokens in heterogeneous small cell networks[J]. IEEE Journal on Selected Areas in Communications, 2016, 33(6): 1097-1111.

[40] Qiu J, Yang Y, Chen J. Load-aware self-organizing spectrum access for small cell networks[C]//IEEE 16th International Conference on Communication Technology(ICCT), 2015: 699-704.

[41] Cheng S M, Weng C A, Chen K C. Downlink capacity of two-tier cognitive femto networks[C]//IEEE International Symposium on Personal, 2010: 1303-1308.

[42] Soret B, Pedersen K I, Jorgensen N T K, et al. Interference coordination for dense wireless networks[J]. IEEE Communications Magazine, 2015, 53(1): 102-109.

[43] Asadi A, Sciancalepore V, Mancuso V. On the efficient utilization of radio resources in extremely dense wireless networks[J]. IEEE Communications Magazine, 2015, 53(1): 126-132.

[44] Xu J, Wang J, Zhu Y, et al. Cooperative distributed optimization for the hyper-dense small cell deployment[J]. IEEE Communications Magazine, 2014, 52(5): 61-67.

[45] Andrews J G. Interference cancellation for cellular systems: A contemporary overview[J]. IEEE Wireless Communications, 2005, 12(2): 19-29.

[46] Cadambe V, Jafar S. Interference alignment and degrees of freedom of the k-user interference channel[J].IEEE Transactions on Information Theory, 2008, 54(8): 3425-3441.

[47] Gesbert D, Kountouris M, Heath R W, et al. Shifting the MIMO paradigm[J]. Signal Processing Magazine IEEE, 2007, 24(5): 36-46.

[48] Lee D, Seo H, Clerckx B, et al. Coordinated multipoint transmission and reception in LTE-advanced: Deployment scenarios and operational challenges[J]. IEEE Communications Magazine, 2012, 50(2): 148-155.

[49] Larsson E, Edfors O, Tufvesson F, et al. Massive MIMO for next generation wireless systems[J]. IEEE Communications Magazine, 2014, 52(2): 186-195.

[50] Pischella M, Belfiore J C. Power control in distributed cooperative OFDMA cellular networks[J]. IEEE Transactions on Wireless Communications, 2006, 7(5): 1900-1906.

[51] Simonsson A. Frequency reuse and intercell interference co-ordination in E-UTRA[C]//IEEE Vehicular Technology Conference, 2007: 3091-3095.

[52] Wu Q, Xu Y, Shen L, et al. Investigation on GADIA algorithms for interference avoidance: A game-theoretic perspective[J]. IEEE Communications Letters, 2012, 16(7): 1041-1043.

[53] Meng Y, Li J D, Li H Y, et al. Graph-based user satisfaction-aware fair resource allocation in OFDMA Femtocell networks[J]. IEEE Transactions on Vehicular Technology, 2015, 64(5): 2165-2169.

[54] Kuo W H, Liao W. Utility-based radio resource allocation for QoS traffic in wireless networks[J]. IEEE Transactions on Wireless Communications, 2008, 7(7): 2714-2722.

[55] Wu Q, Wu D, Xu Y, et al. Demand-aware multichannel opportunistic spectrum access: A local interaction game approach with reduced information exchange[J]. IEEE Transactions on Vehicular Technology, 2015, 64(10): 4899-4904.

[56] Boyd S, Vandenberghe L. Convex Optimization[M]. Cambridge: Cambridge University Press, 2004.

[57] Wu D, Cai Y, Zhou L, et al. Cooperative strategies for energy-aware Ad Hoc networks: A correlated-equilibrium game-theoretical approach[J]. IEEE Transactions on Vehicular Technology,

2013, 62 (5) : 2303-2314.

[58] Maskery M, Krishnamurthy V, Zhao Q. Decentralized dynamic spectrum access for cognitive radios: Cooperative design of a noncooperative game[J]. IEEE Transactions on Communications, 2009, 57 (2) : 459-469.

[59] Krishnamurthy V, Maskery M, Yin G. Decentralized adaptive filtering algorithms for sensor activation in an unattended ground sensor network[J]. IEEE Transactions on Signal Processing, 2008, 56 (12) : 6086-6101.

[60] Hart S, Schmeidler D. Existence of correlated equilibria[J]. Mathematics of Operations Research, 1989, 14 (1) : 18-25.

[61] Hart S, Mas-Colell A. A simple adaptive procedure leading to correlated equilibrium[J]. Game Theory and Information, 2000, 68: 1127-1150.

[62] Hart S, Mas-Colell A. A reinforcement procedure leading to correlated equilibrium[J]. Economic Essays, 2001: 181-200.

[63] Bennis M, Perlaza S M, Blasco P, et al. Self-organization in small cell networks: A reinforcement learning approach[J]. IEEE Transactions on Wireless Communications, 2013, 12 (7) : 3202-3212.

[64] Ni W, Collings I B. A new adaptive small-cell architecture[J]. IEEE Journal on Selected Areas in Communications, 2013, 31 (5) : 829-839.

[65] Xu Y, Wang J, Wu Q, et al. Opportunistic spectrum access in cognitive radio networks: Global optimization using local interaction games[J]. IEEE Journal of Selected Topics in Signal Processing, 2012, 6 (2) : 180-194.

[66] Babadi B, Tarokh V. GADIA: A greedy asynchronous distributed interference avoidance algorithm[J]. IEEE Transactions on Information Theory, 2010, 56 (12) : 6228-6252.

[67] Xu Y, Anpalagan A, Wu Q, et al. Game-theoretic channel selection for interference mitigation in cognitive radio networks with block-fading channels[C]//IEEE Wireless Communications & Networking Conference, 2013: 303-308.

[68] Wang J, Xu Y, Wu Q, et al.Optimal distributed interference avoidance: Potential game and learning[J]. Transactions on Emerging Telecommunications Technologies, 2012, 23 (4) : 317-326.

[69] Tembine H. Distributed Strategic Learning for Wireless Engineers[M]. Boca Raton: CRC Press, 2012.

[70] Liang Y S. Resource allocation with interference avoidance in OFDMA Femtocell networks[J]. IEEE Transactions on Vehicular Technology, 2012, 61 (5) : 2243-2255.

[71] Kim J, Cho D H. A joint power and subchannel allocation scheme maximizing system capacity in indoor dense mobile communication systems[J]. IEEE Transactions on Vehicular Technology, 2010, 59 (9) : 4340-4353.

[72] Kosta C, Hunt B, Quddus U A, et al. A distributed method of inter-cell interference coordination

（ICIC） based on dual decomposition for interference-limited cellular networks[J]. IEEE Communications Letters, 2013, 17(6): 1144-1147.

[73] Gaaloul F, Radaydeh R M, Alouini M S. Performance improvement of switched-Based interference mitigation for channel assignment in over-loaded small-cell networks[J]. IEEE Transactions on Wireless Communications, 2013, 12(5): 2091-2103.

[74] Tabassum H, Dawy Z, Hossain Z, et al. Interference statistics and capacity analysis for uplink transmission in two-tier small cell networks: A geometric probability approach[J]. IEEE Transactions on Wireless Communications, 2014, 13(7): 3837-3852.

[75] Samarakoon S, Bennis M, Saad W, et al. Backhaul-aware interference management in the uplink of wireless small cell networks[J]. IEEE Transactions on Wireless Communications, 2013, 12(11): 5813-5825.

[76] Abdelnasser A, Hossain E, Dong I K. Clustering and resource allocation for dense Femtocells in a two-tier cellular OFDMA network[J]. IEEE Transactions on Wireless Communications, 2014, 13(3): 1628-1641.

[77] Hatoum A, Langar R, Aitsaadi N, et al. Cluster-based resource management in OFDMA Femtocell networks with QoS guarantees[J]. IEEE Transactions on Vehicular Technology, 2014, 63(5): 2378-2391.

[78] Abdelnasser A, Hossain E. Subchannel and power allocation schemes for clustered Femtocells in two-tier OFDMA HetNets[C]//IEEE International Conference on Communications Workshops, 2013: 1129-1133.

[79] Watkins C, Dayan P. Q-learning[J]. Machine Learning, 1992, 8(3/4): 279-292.

[80] Wang H, Song R. Distributed Q-Learning for interference mitigation in self-organised Femtocell networks: Synchronous or asynchronous[J]? Wireless Personal Communications, 2013, 71(4): 2491-2506.

[81] Ahuja K, Xiao Y, Mihaela V. Distributed interference management policies for heterogeneous small cell networks[J]. IEEE Journal on Selected Areas in Communications, 2015, 33(6): 1112-1126.

[82] Jain R, Chiu D, Hawe W. A quantitative measure of fairness and discrimination for resource allocation in shared computer systems[R]. Hudson: Digital Equipment Corporation Research Report, 1984.

[83] Saad W, Han Z, Debbah M, et al. Coalitional game theory for communication networks[J]. IEEE Signal Processing Magazine, 2009, 26(5): 77-97.

[84] Wang T, Song L, Han Z, et al. Overlapping coalition formation games for emerging communication networks[J]. IEEE Network, 2016, 30(5): 46-53.

[85] Zhang Y, Xu Y, Wu Q. Group buying based on social aware in D2D networks: A game theoretic

approach[C]//2017 IEEE/CIC International Conference on Communications in China, 2017: 1-6.

[86] Zhang Y, Xu Y, Wu Q, et al. Context awareness group buying in D2D networks: A coalition formation game-theoretic approach[J]. IEEE Transactions on Vehicular Technology, 2018, 12(67): 12259-12272.

[87] Xu Y, Wang J, Wu Q, et al. Opportunistic spectrum access in unknown dynamic environment: A game-theoretic stochastic learning solution[J]. IEEE Transactions on Wireless Communications, 2012, 11(4): 1380-1391.

[88] Borst S, Gupta V, Walid A. Distributed caching algorithms for content distribution networks[C]// 2010 Proceedings IEEE INFOCOM, 2010: 1478-1486.

[89] 徐煜华. 机会频谱接入中的博弈学习理论与方法研究[D]. 南京: 中国人民解放军理工大学, 2017.

[90] Di B, Wang T, Song L, et al. Collaborative smartphone sensing using overlapping coalition formation games[J]. IEEE Transactions on Mobile Computing, 2017, 16(1): 30-43.

[91] Apt K R, Witzel A. A generic approach to coalition formation[J]. International Game Theory Review, 2007, 11(3): 347-367.

[92] Yaiche H, Mazumdar R R, Rosenberg C. A game theoretic framework for bandwidth allocation and pricing in broadband networks[J]. IEEE/ACM Transactions on Networking, 2000, 8(5): 667-678.

[93] Pinto L R, Moreira A, Almeida L, et al. Characterizing multihop aerial networks of COTS multirotors[J]. IEEE Transactions on Industrial Informatics, 2017: 898-906.

[94] Parrot A R. Drone 2[DB/OL]. [2021-4-10]. http://baike.baidu.com/item/Parrot%20AR.Drone2/ 3578006.

[95] Wang T, Song L, Han Z. Coalitional graph games for popular content distribution in cognitive radio VANETs[J]. IEEE Transactions on Vehicular Technology, 2013, 62(8): 4010-4019.

[96] Saad W, Han Z, Basar T, et al. A selfish approach to coalition formation among unmanned air vehicles in wireless networks[C]//International Conference on Game Theory for Networks, 2009: 259-267.

[97] Derks J, Kuipers J, Tennekes M, et al. Local dynamics in network formation[C]//Proceedings of Third World Congress of the Game Theory Society, 2008.

[98] Hamilton J. Game theory: Analysis of conflict. by R. B. Myerson[J]. Managerial & Decision Economics, 2010, 13(4): 369-369.

第6章 智能无人机集群业务数据传输动态接入

6.1 引　言

接入问题是网络优化的重要内容。高效的接入机制和方法,是有效利用频谱资源,实现网络高效运转的基础保证。无人机集群网络优化需要在有限和动态资源条件下,深入研究符合其特点的接入方法,以提高资源利用效率,适应集群动态环境,利用集群合作特性,提升集群任务支撑能力。其中,根据网络用户(本章中为无人机集群的成员无人机)业务数据传输的具体需求,进行针对性的接入机制和方法设计,是克服集群网络高动态、异构性挑战的重要途径。

6.1.1 概述

为提高无人机集群网络性能,能有效提高频谱利用率的基于认知无线电的机会频谱接入技术有着重要地位[1]。在无人机网络研究中采用认知无线电技术,被称为认知无人机网络(cognitive UAV network)。认知无人机具备认知无线电的检测无线电环境,发现可用空闲频谱信道资源,并动态调整接入参数的能力。无人机通过使用机会频谱接入技术,按环境条件动态接入更好的频谱,为其终端提供业务传输服务。认知无人机网络技术能打破当前系统固定的频谱分配模式,允许动态地跨系统频谱共享,充分利用空闲的频谱资源,提高频谱使用效率,被认为是能综合发挥机会接入和无人机技术优势的提高网络容量的有效途径[2,3]。

自组织特性是认知无线网络的一个重要特点[4],当然更是无人机网络的重要特点。在无人机集群系统中,无人机包括多种异构形式,使用不同的技术和频谱资源。此外,由于密集度高、规模大,网络结构的随机性和动态性增强,传统的集中式控制方法面临极大挑战,自组织的优化管理模式得到空前重视。面向用户业务数据的异构性也是认知无线网络以及无人机网络的又一个重要特点[5]。无人机业务需求呈现出与传统业务不同的特征,在时间和空间分布上表现出明显的不均匀性和多样性。相关文献[5-7]基于无线业务空间分布多样性,对部署问题展开了研究。无人机集群网络更会催生很多全新的业务,业务需求、数据流量、对接入技术的评判标准等各个方面都会呈现全新的特点。展开面向业务数据的接入技术研究,将是智能无人机网络接入技术实现个性化的重要内容之一。

1. 机会频谱接入研究现状

无线通信业务的迅猛增长导致的频谱资源紧张与当前固定式频谱资源分配方法的低效[8]，催生了基于认知无线电[9,10]的机会频谱接入技术研究热潮。其核心思想是能够通过频谱感知和智能学习能力，自适应地调整自身的无线传输参数，实现动态频谱分配和机会频谱使用，提高空闲频谱利用效率。在过去的十年中，机会频谱接入技术研究一直是无线通信前沿研究热点之一[11,12]。主要标准包括 IEEE 802 委员会指定的 IEEE802.22 标准[13]，IEEE 动态频谱接入标准委员会发布的 IEEE 1900.4 标准[14]。学术界对机会频谱接入相关的频谱感知[15-17]、频谱预测[18-20]和信道接入选择[21]等机制和方法进行了深入研究；2014 年，*IEEE Transaction on Cognitive Radio and Communication Networking* 期刊正式创办，机会频谱接入是其关注的核心内容之一。国内也通过设立认知无线电相关的"973"计划、"863"计划和国家自然科学基金项目展开研究。在实践方面，支撑机会频谱接入的认知无线电软硬件平台逐步成熟，如开源软件无线电[22]、通用软件无线电外围设备[23]、频谱共享无线电[24]、无线接入研究平台(wireless open-access research platform，WARP)平台[25,26]等。随着相关研究的深入，机会频谱接入技术被认为是 5G 移动通信网络中接入技术的关键之一[3,27]。

机会频谱接入技术涉及范围广、对象多，可以从很多角度进行分类。从接入决策模式来说，可以分为集中式决策和分布式决策。集中式决策属于传统的中心控制信道分配模式，特点在于全信息掌控、中心控制协调、便于建立数学模型进行优化。但是，集中式决策存在几个固有的缺点：一是全信息交互开销很大；二是控制中心在决策空间较大时将面临很高的计算复杂度；三是集中式决策对环境变化的适应能力较差，网络拓扑、信道参数等情况稍有变化，需要全局重新优化计算。对于机会频谱接入的信道选择问题，是一个典型的组合优化问题。该问题在集中式决策模式下一般要获取最优解需要用穷举方法，计算复杂度太高。而如果采用一些智能学习算法，其最优性很难得到保证。尤其是针对无人机系统，其规模较大、密集部署、动态性强的特点使得集中式机会频谱决策已经不能适应需要。分布式决策具有计算复杂度较低、不需要中心控制节点、环境变化适应能力强等优势，但是存在用户间协同困难、系统全局优化模型建立困难、学习算法的收敛性和最优性等具有技术挑战等问题。

从机会用频用户在一个时间周期内对多信道系统探测空闲频谱资源的方式来说，可分为并行检测和序贯检测两种[28]。并行检测是指每个用户在一个时间周期内只能决策选择探测接入某一个信道，而序贯检测是指每个用户可以在一个时间周期内对多个信道逐次进行探测。两种方式都是源于一般机会用频用户由于有限的频谱信号探测能力而不能进行宽频带精确检测的实际情况。现有机会频谱接入技术研究主要都是基于这两种方式。相比而言，并行检测方式具有系统模型简单清晰、用户间时隙同步方便等优点，而序贯检测主要具备机会频谱探测能力更强、频谱利用效率更高等优点，但是其系统模型复杂度大大增强。在多用户系统中，研究并行检测模式较多，而序贯检测模式较少。

现有研究中，机会频谱接入决策的主要方法有基于主用户状态转换估计的马尔可夫机会接入决策、着眼先验信息未知的基于多臂老虎机模型的决策、关注序贯检测探索与利用折中关系的基于最优停止理论的接入决策，以及关注多用户决策之间相互关系的基于博弈理论的决策方法等。

马尔可夫机会接入决策[29-30]的基础在于对主用户的信道使用情况建模为马尔可夫过程。在机会频谱接入研究中，一个重要的问题就是机会用频用户对于整个系统的状态的观测是局部的，而不是全局的。主要原因在于一般的机会用频用户不具备全局检测整个系统状态的能力。基于这个重要客观现实，Zhao 等开创了机会频谱接入中部分可观测马尔可夫决策的相关工作并进行了深入和广泛的研究[31-35]。该方法的主要特点就是指导机会用频用户如何根据自身获得的一些局部的有限系统状态观测信息，做出科学合理的决策动作。基于部分可观测马尔可夫决策方法，相关文献[36,37]研究了主用状态转移模型参数已知和未知时的决策方法、能量制约条件下的信道选择方法，以及基于马尔可夫的分布式机会接入决策方法等。马尔可夫决策方法的主要局限在于需要系统状态转移模型假设，且难以用于分布式多用户系统决策中。

基于多臂老虎机模型的决策方法主要是针对马尔可夫机会接入决策需要主用户信道占用状态转移模型和参数的先验信息这一主要问题。事实上，主用户信道占用状态转移模型和参数对于机会用频用户来说是较难获取的，需要在多次对系统状态的探测中学习获取。但是，机会用频用户对系统状态的探测需要付出代价，同时也减少了自身使用频谱的时间。于是，相关研究[38]提出基于多臂老虎机[39]模型的决策方法，取得了很多的研究成果。典型代表有：基于上置信算法(the upper confidence bound algorithm，UCB1)[40]的在线信道选择算法、用户数小于信道数时基于 ε-贪婪的在线选择算法[41]、基于时分的并行 UCB1 多用户在线信道选择算法[42,43]，以及考虑信道切换代价的在线信道选择[44]。

基于最优停止理论的接入决策主要是针对以序贯检测为频谱信道探测接入模式的方法。其核心在于优化序贯检测探索与利用折中关系。当机会用频用户持续探索多个信道时，能以更大的概率发现更多、更好的机会频谱资源，但是，同时也付出了更多的检测时间代价、能量代价。收益与代价之间需要根据实际情况做出最优的平衡决策。相关研究主要有两类，一类是不允许回退的最优停止信道接入决策，即机会用频用户只能使用当前检测的空闲信道，不能再回头去使用前面探索过的空闲信道，文献[45-48]分别从信道衰落情况、主用户占用情况、能量消耗情况、功率分配等各个角度提出相应优化方法；另一类是允许回退的最优停止信道接入决策，即机会用频用户可以回头去使用前面探索过的空闲信道，主要工作有 K 步期望计算[49]方法、基于动态规划的最优停止策略优化方法[50]、基于随机退避冲突避免的方法[51]。当前最优停止理论研究的主要局限在于很难对分布式多用户系统决策的性能进行分析和优化。

基于博弈理论[52]的机会频谱接入决策方法主要关注多用户决策之间的相互关系问题。从场景模型来说，可以分为全局影响网络条件下的博弈[53-58]和局部影响网络条件下的博弈。全局影响网络即指系统中的任意一个用户，其决策动作都会影响到所有其他用户。同时，任意一用户，也能侦听到其他所有用户的状态和发出的消息，即动作影响范围和信息获取范围都是局部的。在该网络模型下，相关研究进行了基于博弈的机会频谱接入问题的建模和算法研究。局部影响网络是指网络中的任意一用户的决策动作，只会影响它自身影响范围内的其他用户，而不包括影响范围外的系统其他用户。同时，它也只能侦听到自身侦听范围内的其他用户的状态、消息等，而不能直接获取侦听范围外的系统用户的动作，即动作影响范围和信息获取范围都是局部的。在该网络模型下，相关研究将图博弈理论引入机会频谱接入技术研究[59]。针对该特点，拥塞博弈[60,61]模型被建立用于研究分布式的机会频谱接入问题。另外，演化博弈[62]也被引入机会频谱接入研究中。从博弈类型来说，也可以分为非合作博弈和合作博弈。非合作博弈主要是基于用户决策的自私性假设来设计效用函数，如文献[54, 55]。合作博弈主要是基于用户联盟的方式来进行机会频谱资源联盟共享条件下的动作决策，也称联盟博弈[63,64]。当前，基于博弈论的机会频谱接入研究中，主要存在博弈模型的数学抽象色彩较重的问题，为了便于数学分析得到好的结果，简化、回避一些不便于理论求解的实际数量关系，把本来可以定量刻画的实际的计算关系用简单的定性化参数关系进行代替的现象。虽然得到了较为完美的理论上的解，但是造成了理论分析与实际应用的脱节，其理论分析并不一定能很好地指导实践。

总结现有机会频谱接入研究工作，虽然取得了丰富的成果，但面对移动互联网数据服务时代的到来，存在一个明显的不足，即几乎都忽略了信道接入技术服务的最终对象：用户业务数据。现有研究基本上都把用户作为服务对象，把给用户分配的信道资源作为优化目标，本质上还是一种频谱资源管理的思想，而不是面向数据服务的思想。接入技术研究，源自数据需要传送，然后才导致用户接入信道。所以，信道接入的根本着眼点应该在于满足数据传输需求。然而，当前机会频谱接入研究中，普遍假设用户的业务数据是无穷的。通过该假设，把检测发现的可用机会频谱信道容量等同于用户获得的吞吐量。这实质上掩盖了数据吞吐量和可用信道容量的差异，不是真正的面向数据的接入优化。

2. 面向业务数据接入优化

本章进行面向业务数据接入优化，根本原因在于无人机集群网络接入技术的实际需求和当前机会频谱接入技术研究现状之间存在差距：一方面，各个网络用户（无人机集群成员）的业务数据异构特性普遍存在，也要求接入技术从面向用户链路朝面向用户异构的业务数据流量的转变；另一方面，机会频谱接入技术的相关研究中，却普遍存在忽视用户业务数据的问题。其主体研究思想仍然是采用"机会使用"的思想来增强传统的频谱管理、信道分配模式，实质上还是面向用户链路，没有真正面向用户数据。

当前研究中，对于机会频谱接入这个概念，虽然是研究接入技术，但是实际上带有浓厚的频谱资源分配管理的色彩。具体来说，强调的是机会频谱探测、频谱利用效率、接入冲突控制等问题的优化。但是，对于使用频谱资源的用户来说，真正关心的问题是如何快速地传输自己的业务数据。对于现有工作中大量研究的能够使用多大容量的信道、信道冲突概率如何、消耗多少时间寻找机会频谱等问题，都只是考虑因素之一而已，用频用户自身只关心完成数据业务，而不是频谱信道分配。应该说，资源管理技术关心的是信道资源分配，而真正的接入技术关心的应该是无人机的业务数据。然而，现有工作中把信道资源分配和用户接入统一了起来，即如果用户占有了资源大的信道，即容量大、可用时间长的信道，就意味着用户接入的吞吐量大。也就是说把用户吞吐量等效为了获取的可用信道容量资源。但是，这个等效结果的成立建立在一个理想性的假设之上：用户的业务数据量是无限的。然而，这一假设在实际无人机集群系统中并不成立。

本章研究指出，对于实际的、有限的用户业务数据传输，用户吞吐量与可用信道容量资源并不等价。也就是说，用户业务数据传输优化并不能用现有工作中的相关方法来完成。随着业务数据多样化的快速发展，强调用户体验的个性化服务越来越受到重视，从忽视用户实际需求差异的接入技术走向面向用户业务需求的接入优化是无人机集群网络机会频谱接入技术乃至整个无线网络接入技术的必然趋势。因此，针对现有研究中通过无限业务量假设把资源管理技术等价为接入技术存在的问题，研究面向用户业务数据的接入优化技术具有重要意义。

3. 合作接入优化思想的确立

本章在研究思路上，对无人机集群网络这一典型的多用户系统的信道资源接入问题，以多用户系统中的合理的合作接入优化思想为主要特点。在移动互联网、物联网等网络形态中，尤其是 5G 大规模自组织无人机网络中，用户之间资源分配的合作思想越来越受到重视。对于以集群形态联合完成任务的无人机集群来说，其成员之间的合作，是其本质特征。无人机集群网络优化过程中，充分利用其合作特性，是应有之义。

本章研究在方法层面上的一个核心思想就是基于多用户之间的合理的合作机制，对业务传输的频谱接入问题进行优化。主要动机有以下几个方面。

(1)中心控制机制遇到挑战，分布式优化得到重视。传统通信网络由于用户数、业务量规模不太大，并且使用静态频谱资源分配模式，中心控制模式可以较好地保证系统运行。然而，在面对大规模密集用户、异构大业务量数据，加上动态频谱资源调度，系统优化复杂性急剧增加，中心控制模式已经难以适应复杂的优化需求。分布式优化是在大规模网络中解决优化问题的一个重要方法，其主要特点在于自主决策、复杂度低、灵活度高、环境变化适应能力强。这些特点使得分布式优化在自组织无人机系统中得到高度重视。

(2)合作思想是自组织认知无人机系统频谱接入优化的需要。离开了中心集中控制优化的自组织无人机网络，频谱接入优化取决于无人机自身的业务需求，取决于对环境信息、历史信息的学习，更取决于相互影响的其他无人机的相应动作。对于具有天然空间开放性和竞争性的频谱资源来说，相互之间一定程度上共享信息、互利合作的频谱资源利用方式相比传统的封闭学习、孤立决策、竞争为主的频谱资源使用方式具有天然的优势。研究表明，离开了用户之间的决策合作，要想达到频谱资源利用的系统最优是困难的。在异构业务数据条件下，现有研究中基于非合作的一些成果不再能取得系统最优性能。而基于一定程度上的合作机制，能保证系统最优性能的实现。

(3)无人机之间的合作具备一定的条件基础。随着无人机之间高速数据通信的普及使用，无人机之间合理限度的合作产生的业务和时延开销不会对系统造成实质性影响。通过科学设计无人机之间的合作机制，控制合作开销，发挥合作带来的系统增益，将对无人机集群网络优化产生明显的利大于弊的效果。

(4)相关研究中已经有关于无线网络中基于合作思想的代表性工作。早期研究中的协同通信就是用户之间无线频谱资源合作共享的典型思想。文献[56，65，66]等在无线网络多用户系统中的信道分配优化问题上也运用了合作思想。基于联盟博弈的无线网络资源分配优化[63,64,67-77]更是合作思想的典型工作。

6.1.2　本章主要内容

本章面向无人机集群网络异构业务数据传输优化问题，通过研究基于多用户(无人机集群成员)系统合理合作的相关接入机制和方法，对以下四个方面问题展开了研究。

(1)面向业务数据的最优序贯机会频谱接入。针对现有机会频谱接入研究中简化用户具体的业务数据量为无限业务需求、把可用信道容量等同于用户吞吐量的问题，从用户实际业务吞吐量出发，提出了更具一般性的用户业务吞吐量定义，构建了能同时刻画突发和非突发业务的综合业务流量模型，提出了综合考虑业务数据、信道容量、信道空闲概率和信道检测时间的最优信道序贯检测次序算法。仿真结果表明，所提出的算法相比现有工作中的方法获取了更好的业务吞吐量性能，且在用户业务数据较小时优势更为明显。

(2)面向异构业务数据的非对称自组织本地合作势能博弈接入决策。为解决异构业务数据带来的非对称相互作用问题，提出了业务驱动的本地合作博弈模型，证明了系统业务数据吞吐量最优信道分配解是该博弈的一个纳什均衡，即系统业务数据吞吐量最大的全局最优状态在该模型框架下是一个稳态。为使得系统能以分布式自主决策的方式达到全局最优状态，提出了一个业务驱动本地合作分布式学习算法，证明了该算法能以本地信息交互的较小代价渐进收敛到全局最优状态。为增强环境变化适应能力和进一步提高系统业务吞吐量性能，提出了本地信道接入参数二维优化机制即相应的分布式学习算法，使得分布式系统的信道接入参数能根据环境自动调整优化，进一步提升了系统性能。

(3)基于业务合作的时频二维自组织函数化联盟博弈接入决策。针对异构有限业务数据条件下机会频谱利用不够充分的问题，提出了业务合作联盟博弈模型。该模型在自组织联盟形成时以优化业务数据吞吐量为目标，同时考虑了频率信道选择冲突控制以及用户业务量决定的传输时间控制。针对现有研究中联盟形成算法中联盟动作主要采用二元决策机制的局限性，提出了函数化的联盟动作多元决策机制，可以针对实际情况需要采用更丰富灵活的联盟形成方法。针对提出的时频二维联合优化联盟形成，从传统二元决策、最优响应，以及概率决策三个方面定义了相应的联盟动作决策函数，提出了相应的联盟形成算法，证明了联盟算法的稳定性，验证了所提业务合作联盟博弈模型的性能。

(4)面向异构业务数据的自组织业务匹配序贯频谱接入决策。研究在多无人机自组织系统中采用序贯检测机制进一步提升机会频谱使用效率。主要针对现有研究中多用户序贯检测次序优化存在的非系统最优问题、检测次序拉丁矩阵决策空间限制等问题，去除拉丁矩阵决策空间这个前提假设，打破系统用户数要不大于系统信道数这一限制条件，在全决策空间内进行分布式学习优化，提出面向业务数据的本地合作序贯检测次序博弈决策模型，证明了系统吞吐量全局最优解是该博弈的一个稳态解。同时，提出了被证明能收敛到最优稳态解的学习算法，实现序贯检测次序与用户业务数据的最优匹配，达到系统业务吞吐量的最优稳定解。进一步，提出基于动态规划的快速分布式学习算法，提升了大决策空间条件下的学习收敛速率。

6.2　面向无人机业务数据的最优序贯机会频谱接入

6.2.1　问题引入

机会频谱接入中，如何高效地获取可用频谱机会是一个重要的研究内容。其中，序贯检测机会频谱接入机制能使用频用户(本书中为无人机)较为充分地检测到所需的频谱资源。序贯信道检测次序直接关系到频谱机会获取能力。如何确定最优的序贯检测次序是一个研究重点。现有研究中主要从信道容量、信道空闲概率、信道检测时间等因素出发对最优序贯检测次序的确定方法展开研究[46,47,78,79]。但是，现有研究基本上都通过假定用户有无限的业务数据需要传输，来屏蔽了用户实际信道接入需求的异构性。通过此假定，把信道接入获取的吞吐量等效为了接入信道的可用容量，从而采用频谱资源分配和管理的方法展开研究。

然而，对于实际系统中的用频用户而言，接入信道的根本目的是完成本用户数据队列里的业务数据传输。用户关心的吞吐量主要不是获取的可用信道容量，而是单位时间内完成的业务数据传输量，本章称之为业务吞吐量。可用信道容量和业务吞吐量在无限数据假设下等效，但是在有限业务数据时则不能等效。基于以上考虑，本节主要研究面向业务数据的最优序贯检测机会频谱接入，主要贡献如下。

(1)构建面向业务数据的无人机机会频谱序贯检测接入模型，提出了机会频谱接入中的业务吞吐量定义。该定义涵盖了有限业务数据和无限业务数据两种情况，相比常规的可用信道容量的吞吐量定义更具一般性。

(2)构建了能同时刻画突发业务流量和非突发平稳业务流量特征的综合业务模型，对待传输业务数据队列数据量进行了期望分析。

(3)提出了综合考虑业务数据、信道容量、信道空闲概率和信道检测时间的最优信道序贯检测次序算法。该算法使得使用机会频谱接入的用户业务吞吐量期望达到最优。

6.2.2 模型建立

1. 系统模型

考虑一个无人机(UAV)同时服务多个数据业务的典型场景。这里把数据业务抽象为用频用户(traffic offload user, OU)，其实际物理意义可以是无人机服务的需要传输数据的用频用户，也可以是无人机自身需要进行数据传输的不同服务进程等。假定 UAV 下带 J 个 OU 用户，每个用户具有不同的业务数据队列。假定有 N 个机会频谱信道，即需要通过频谱检测判定信道状态才能使用的信道，认知用户只能在空闲的信道上传输数据。UAV 采用同步时隙传输模式，时隙长度定义为 T（一般为毫秒级）。在一个时隙 T 内，信道要么存在用户使用，要么处于空闲状态[8,53]。UAV 通过检测本时隙内信道的占用状态，在信道空闲时，分配相应的 OU 用户使用该空闲信道进行业务数据传输。受频谱检测能力的限制，假定在一定检测时间内，UAV 只能对一个信道进行精确状态检测[28]，对于 N 个机会频谱信道，UAV 按一定的次序，即按序贯检测模式逐次检测信道状态，直到发现可用的信道，分配给相应 OU，然后继续为下一个需要服务的 OU 寻找可用信道。记服务用户 OU_j 数据业务的信道检测次序为 $\boldsymbol{S}_j = (s_j^1, s_j^2, \cdots,$

$s_j^k, \cdots, s_j^{N_j}$）。记 N 个信道的空闲概率为 $\boldsymbol{p}_0 = (p_{0,1}, p_{0,2}, \cdots, p_{0,i}, \cdots, p_{0,N})$，其中，$p_{0,i}$ 为信道 i 的空闲概率。记 N 个信道的信道容量为 $\boldsymbol{C} = (C_1, C_2, \cdots, C_i, \cdots, C_N)$，其中，信道 i 的容量为 C_i。各个信道达到可忽略检测误差所需的信道检测时间为 $\boldsymbol{\tau} = (\tau_1, \tau_2, \cdots, \tau_i, \cdots, \tau_N)$，其中，信道 i 的检测时间为 τ_i。本节集中关注最优信道序贯检测次序问题，因此简化相关频谱检测的内容，忽略信道状态检测误差。在具备较强频谱检测能力的 UAV、多 OU 用户协同频谱检测和恰当的检测时间条件下，忽略信道状态检测误差是合理的[80]。

与现有研究的主要区别在于考虑了用户的业务数据队列情况，不再假设所有用户都是无限业务数据，即一直维持满业务数据队列。对于实际的无人机集群网络数据通信而言，无限业务数据假设不符合实际情况。在本模型的有限业务条件下，有可能会由于业务数据量小而出现传输空闲的情况，即图 6-1 中的"无数据"所示。本节主要研究 UAV 如何根据每个 OU 的业务队列传输需求，寻求最优的信道检测次序，使得业务吞吐量最大。

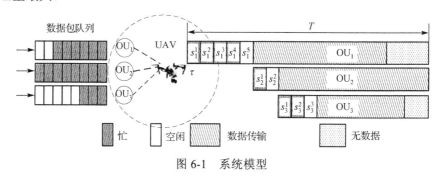

图 6-1　系统模型

2. 问题建模

首先给出业务吞吐量定义。在现有关于机会频谱接入的研究中，普遍使用的吞吐量定义为

$$R_i' = (T - k\tau) \times C_i \tag{6-1}$$

其中，C_i 为信道 i 的容量，$k\tau$ 为信道检测阶段消耗的时间，R_i' 为用户成功接入信道 i 获得的吞吐量。该吞吐量定义的实质为时隙 T 内，发现可用信道后，剩余时间 $T - k\tau$ 内的可传输容量值，也就是获得的机会频谱容量资源。该定义在用户一直有无限大的数据量需要传输时，与用户吞吐量一致。但是，在用户的数据业务有限时，两者存在明显不同。

在本节研究中，针对用户业务的吞吐量定义为

$$R = \frac{L(\text{transmitted data})\text{bit}}{t(\text{total time spend})\text{s}} \tag{6-2}$$

　　该吞吐量定义为单位时间内传输的数据比特数。传输的数据量最大不超过用户业务数据队列，消耗的时间包括信道检测消耗的时间以及传输时间。对于图 6-1 模型中的业务传输用户 OU_j，设其需传输的业务数据队列中数据量为 L_j，按检测顺序 $\boldsymbol{S}_j = (s_j^1, s_j^2, \cdots, s_j^k, \cdots, s_j^{N_j})$，通过信道检测过程后在自身检测顺序的第 k 个检测信道发现信道空闲 s_j^k，接入传输数据，则获取的业务吞吐量将为

$$R_j^k = \begin{cases} \dfrac{L_j}{\left(\displaystyle\sum_{b=1}^{m_j} t_b + \sum_{q=1}^{k} \tau_q + L_j / C_{s_j^k} \right)}, & \dfrac{L_j}{C_{s_j^k}} + \displaystyle\sum_{b=1}^{m_j} t_b + \sum_{q=1}^{k} \tau_q \leqslant T \\[4mm] \dfrac{\left(T - \displaystyle\sum_{b=1}^{m_j} t_b - \sum_{q=1}^{k} \tau_q \right) C_{s_j^k}}{T}, & \dfrac{L_j}{C_{s_j^k}} + \displaystyle\sum_{b=1}^{m_j} t_b + \sum_{q=1}^{k} \tau_q > T \end{cases} \tag{6-3}$$

其中，m_j 是排在 OU_j 之前 UAV 服务的用户数量；$\displaystyle\sum_{b=1}^{m_j} t_b$ 是 UAV 为前 m_j 个用户检测空闲信道消耗的时间；$\displaystyle\sum_{q=1}^{k} \tau_q$ 是为 OU_j 检测空闲信道消耗的时间；$L_j / C_{s_j^k}$ 是用户 OU_j 在信道 s_j^k 上完成其业务数据传输需要的时间。

　　按照序贯信道检测次序 $\boldsymbol{S}_j = (s_j^1, s_j^2, \cdots, s_j^k, \cdots, s_j^{N_j})$ 检测信道，用户 OU_j 业务吞吐量的期望为

$$E\{R_j(\boldsymbol{S}_j)\} = \sum_{k=1}^{N_j} p_{0, s_j^k} R_j^k \tag{6-4}$$

其中，p_{0, s_j^k} 为信道 s_j^k 的主用户(primary user，PU)用户空闲概率。对于系统 J 个用户，总的业务吞吐量期望为

$$R_J = \sum_{j=1}^{J} E\{R_j(\boldsymbol{S}_j)\} = \sum_{j=1}^{J} \sum_{k=1}^{N_j} p_{0, s_j^k} R_j^k \tag{6-5}$$

本节研究的目标就是要寻求最优的序贯信道感知次序方法，最大化系统业务吞吐量，即

$$\begin{aligned} (P1) \quad \boldsymbol{S}^* &= (\boldsymbol{S}_1^*, \boldsymbol{S}_2^*, \cdots, \boldsymbol{S}_j^*, \cdots, \boldsymbol{S}_J^*) \\ &= \arg\max R_J \\ &= \arg\max \sum_{j=1}^{J} E\{R_j(\boldsymbol{S}_j)\} \end{aligned} \tag{6-6}$$

该模型综合考虑了用户业务数据传输需求、信道空闲概率、信道容量以及信道检测时间等多个因素，更具一般意义。

6.2.3　业务数据模型

1. 平稳业务流量模型

从业务流量数学特点的角度来说，业务流量大致可以分为两类，一类是呈现平稳特征的数据流量，另一类是呈现非平稳突发特征的数据流量。平稳特征的数据流量一般由传统的泊松模型来刻画。泊松业务模型由于其分析简单以及对网络背景流量的适用性而被广泛采用[81,82]。尽管从 20 世纪 90 年代以来的众多研究表明大多数多媒体业务流量呈现自相关特定，不宜用泊松模型来刻画，但是又有新的研究表明在亚秒尺度上网络流量仍然能用泊松模型较好地描述[83]。总之，泊松模型是刻画具有平稳特征的业务流量的简单且有效的数学工具。在泊松模型中，数据包的到达被视为一个泊松过程。定义如下：记计数过程 $\{N(t), t \in T = [0, \infty)\}$，如果满足如下条件：

① $N(0) = 0$；

② $N(t)$ 是独立增量过程；

③对任意 $t_1 < t_2 \in [0, \infty)$，对应的增量 $N(t_1, t_2) = N(t_2) - N(t_1)$ 服从 $\lambda(t_2 - t_1)$ 的泊松分布，即

$$P(N(t_1, t_2) = k) = \frac{[\lambda(t_2 - t_1)]^k}{k!} \exp(-\lambda(t_2 - t_1)), \quad k = 0, 1, 2, \cdots (\lambda > 0) \qquad (6\text{-}7)$$

则称计数过程 $\{N(t), t \in T = [0, \infty)\}$ 为强度为 λ 的泊松过程。根据强度为 λ 的泊松过程的相关性质，在时间 T 内，数据包到达个数的期望为 λT。

2. 突发业务流量模型

非平稳特征的数据流量在众多现有研究中普遍采用 ON/OFF 模型来进行刻画。在 ON/OFF 模型中，数据流量发生在 ON 阶段，OFF 阶段没有数据流量。ON 和 OFF 阶段的时间长度服从帕累托分布：

$$T^{\mathrm{on}} \sim \mathrm{Pareto}(\theta^{\mathrm{on}}, \alpha^{\mathrm{on}}) \qquad (6\text{-}8)$$

$$T^{\mathrm{off}} \sim \mathrm{Pareto}(\theta^{\mathrm{off}}, \alpha^{\mathrm{off}}) \qquad (6\text{-}9)$$

对于帕累托分布 $T \sim \mathrm{Pareto}(\theta, \alpha)$，有

$$f_T(t) = \begin{cases} \alpha \theta^\alpha t^{-(\alpha+1)}, & t \geqslant \theta \\ 0, & t < \theta \end{cases} \qquad (6\text{-}10)$$

其中，(θ, α) 是帕累托分布的形状参数。相关研究表明，多个 ON/OFF 模型的叠加能较好地描述网络中的具有自相关特性的数据流量，视频流等多媒体业务一般呈现自相关特性[84]。

3. 综合业务流量模型

对于业务数据流量，现有研究中大多数只为用户假设一种业务类型来进行相关方法的性能研究，常用的有音频流、视频流，以及泊松数据流。从业务数据流量模型的角度来说，现有研究中大多数是针对具体的某种音频或视频标准来进行模型构建，一般也只是为用户假设一种特征的业务流量模型：泊松特性流量模型[81,82]或突发特性流量模型[85,86]。但是，在移动互联网中的用频用户终端，业务数据队列往往是多个应用业务数据形成的混合队列。用户在使用语音服务的同时，可能也在使用视频业务、HTTP业务、微信等，维持用户网络服务必需的各种控制管理类流量也在后台不间断运行。这些业务流量同时运行形成数据队列，都需要通过获取的机会频谱信道进行传输。

如图 6-2 所示，用户终端同时运行语音电话和 FaceBook 业务。FaceBook 业务数据包可用泊松模型来刻画，而语音电话数据流是一个典型的突发业务类型[87]。由于用户运行的具体应用各不相同且时刻变化，因此想要构建一个普遍适用的业务模型不太现实。本节提出采用平稳类型和非平稳突发类型叠加的方式，用广泛采用的泊松模型[83]和 ON/OFF 模型[84]叠加构建一个能表征两类业务数学特点的综合模型：

$$L = L^{\text{now}} + L^{\text{in}} = L^{\text{now}} + L^{\text{Poisson}} + L^{\text{burst}}$$

流入数据业务 L^{in} 为平稳类型业务 L^{Poisson} 与突发类型业务 L^{burst} 之和。设用户 j 的泊松流量参数为 λ_j，平均数据包大小为 D_j，突发业务流量 ON 阶段速率为 r_j，ON/OFF 时间长度分布服从参数为 $(\theta_j^{\text{on}}, \alpha_j^{\text{on}})$，$(\theta_j^{\text{off}}, \alpha_j^{\text{off}})$ 帕累托分布。对时间 T_j，用户 j 的业务数据量期望为

$$
\begin{aligned}
L_j &= E(L_j^{\text{now}} + \text{Poisson traffic} + \text{burst traffic}) \\
&= E(L_j^{\text{now}}) + E(\text{Poisson traffic}) + E(\text{burst traffic}) \\
&= L_j^{\text{now}} + L_j^{\text{Poisson}} + L_j^{\text{burst}} \\
&= L_j^{\text{now}} + \lambda_j T_j D_j + r_j T_j \frac{E(T_j^{\text{on}})}{E(T_j^{\text{on}}) + E(T_j^{\text{off}})}
\end{aligned}
\tag{6-11}
$$

其中，根据帕累托分布：

$$
\begin{aligned}
E(T) &= \int_{-\infty}^{\infty} t f_T(t) \mathrm{d}t = \int_{\theta}^{\infty} t \alpha \theta^{\alpha} t^{-(\alpha+1)} \mathrm{d}t \\
&= \alpha \theta^{\alpha} \left[\frac{t^{1-\alpha}}{1-\alpha} \right]_{\theta}^{\infty} = \frac{\alpha \theta}{\alpha - 1}
\end{aligned}
\tag{6-12}
$$

则有

$$E(T_j^{\text{on}}) = \frac{\alpha_j^{\text{on}} \theta_j^{\text{on}}}{\alpha_j^{\text{on}} - 1} \tag{6-13}$$

$$E(T_j^{\text{off}}) = \frac{\alpha_j^{\text{off}} \theta_j^{\text{off}}}{\alpha_j^{\text{off}} - 1} \tag{6-14}$$

则用户 j 的业务数据量期望为

$$L_j = L_j^{\text{now}} + \lambda_j T_j D_j + r_j T_j \frac{\alpha_j^{\text{on}} \theta_j^{\text{on}}}{\alpha_j^{\text{on}} - 1} \Big/ \left(\frac{\alpha_j^{\text{on}} \theta_j^{\text{on}}}{\alpha_j^{\text{on}} - 1} + \frac{\alpha_j^{\text{off}} \theta_j^{\text{off}}}{\alpha_j^{\text{off}} - 1} \right) \tag{6-15}$$

该模型具备刻画同时有平稳业务和突发业务的混合业务流量的特点。对于具体用户而言,可根据实际运行业务情况,叠加多个平稳业务和多个突发业务进行具体计算分析。

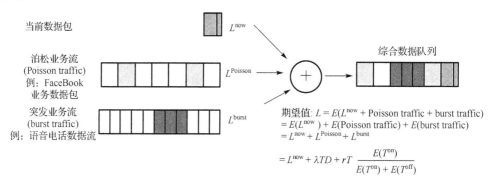

图 6-2　综合业务模型

6.2.4　最优序贯检测次序

1. 序贯检测期望吞吐量分析

记 U_j 为服务用户 j 时的可探测信道集合, $N_j = |U_j|$ 为可探测信道数量。设 $\boldsymbol{S}_j = (s_j^1, s_j^2, \cdots, s_j^k, \cdots, s_j^{N_j})$ 为 U_j 内信道的一个可能的排列,也是服务用户 j 时的一个可能信道探测次序,则按 $\boldsymbol{S}_j$ 进行序贯检测接入,用户 j 获得的业务吞吐量期望为

$$f(\boldsymbol{S}_j) = E\{R_j(\boldsymbol{S}_j)\}$$

$$= \begin{cases} \displaystyle\sum_{k=1}^{N_j} \prod_{i=1}^{k-1} (1 - p_{0,s_j^i}) p_{0,s_j^k} \frac{L_j}{\displaystyle\sum_{b=1}^{m_j} t_b + \sum_{q=1}^{k} \tau_q + L_j / C_{s_j^k}}, & \dfrac{L_j}{C_{s_j^k}} + \displaystyle\sum_{b=1}^{m_j} t_b + \sum_{q=1}^{k} \tau_q \leqslant T \\[4mm] \displaystyle\sum_{k=1}^{N_j} \prod_{i=1}^{k-1} (1 - p_{0,s_j^i}) p_{0,s_j^k} \frac{\left(T - \displaystyle\sum_{b=1}^{m_j} t_b - \sum_{q=1}^{k} \tau_q \right) C_{s_j^k}}{T}, & \dfrac{L_j}{C_{s_j^k}} + \displaystyle\sum_{b=1}^{m_j} t_b + \sum_{q=1}^{k} \tau_q > T \end{cases} \tag{6-16}$$

为简化表达，记 $\delta_j^k = \dfrac{L_j}{C_{s_j^k}} + \sum_{b=1}^{m_j} t_b + \sum_{q=1}^{k} \tau_q - T$。

根据业务模型的期望数据量计算，有

$$
f(S_j) = \sum_{k=1}^{N_j} \prod_{i=1}^{k-1} (1 - p_{0,s_j^i}) p_{0,s_j^k}
$$

$$
\times \left(\frac{1 - \operatorname{sgn}(\delta_j^k)}{2} \times \frac{L_j^{\text{now}} + \lambda_j T_j D_j + r_j T_j \dfrac{\alpha_j^{\text{on}} \theta_j^{\text{on}} / (\alpha_j^{\text{on}} - 1)}{\dfrac{\alpha_j^{\text{on}} \theta_j^{\text{on}}}{\alpha_j^{\text{on}} - 1} + \dfrac{\alpha_j^{\text{off}} \theta_j^{\text{off}}}{\alpha_j^{\text{off}} - 1}}}{\displaystyle\sum_{b=1}^{m_j} t_b + \sum_{q=1}^{k} \tau_q + \left(L_j^{\text{now}} + \lambda_j T_j D_j + r_j T_j \dfrac{\alpha_j^{\text{on}} \theta_j^{\text{on}} / (\alpha_j^{\text{on}} - 1)}{\dfrac{\alpha_j^{\text{on}} \theta_j^{\text{on}}}{\alpha_j^{\text{on}} - 1} + \dfrac{\alpha_j^{\text{off}} \theta_j^{\text{off}}}{\alpha_j^{\text{off}} - 1}} \right) / C_{s_j^k}} \right.
$$

$$
\left. + \frac{1 + \operatorname{sgn}(\delta_j^k)}{2} \times \frac{\left(T - \displaystyle\sum_{b=1}^{m_j} t_b - \sum_{q=1}^{k} \tau_q \right) C_{s_j^k}}{T} \right)
$$

$$
\tag{6-17}
$$

其中，

$$
\operatorname{sgn}(x) = \begin{cases} 1, & x > 0 \\ 0, & x = 0 \\ -1, & x < 0 \end{cases} \tag{6-18}
$$

2. 最优序贯检测次序决策算法

根据以上序贯检测次序期望吞吐量分析，对于两种序贯检测次序和 S_j^1 和 S_j^2，如果 $f(S_j^1) > f(S_j^2)$，则称 S_j^1 为较优的检测次序。穷举算法能得到最优检测次序，但是在信道数据较多时计算复杂度太高。通过使用典型的动态规划方法[46]，可得出针对用户 j 的业务数据的最优序贯检测次序 S_j^*。对于 UAV 下的多个业务用户，最优序贯检测决策算法如算法 6.1 所示。

相比现有研究中序贯检测次序优化的相关工作，所提算法综合考虑了用户业务数据传输需求、信道容量、信道空闲概率、信道检测时间等多个因素。当 $L_j = \infty, \forall j$，且 $J \geqslant N$，即所有用户业务队列数据量为无穷大，且用户数大于信道数时，本方法将等效于文献[79]；当 $L_j = \infty, \forall j, p_{0,i} = p, \tau_i = \tau, \forall i$，且 $J = 1$，即只有一个用户需要服务，用户业务队列数据量为无穷大，所有信道空闲概率和检测时间相同时，本方法将等效文献[47]；当 $L_j = \infty, \forall j, C_i = C, \tau_i = \tau, \forall i$，且 $J = 1$，即只有一个用户需要服务，用户业务队列数据量为无穷大，所有信道容量和检测时间相同时，本方法将等效文献[78]；这表明，所提模型和方法更具一般性。

算法 6.1　最优序贯检测算法

Initiate:　$j=1$; $m_1=0$; $U_1=\{1,2,\cdots,N\}$; $N_1=|U_1|=N$;

While　$j \leqslant J \,\&\&\, N_j > 0$

{

　　1：确定 OU_j 的可选信道集 $U_j=\{1,2,\cdots,N_j\}$；

　　2：根据所提综合业务模型和用户运行应用业务情况，计算用户 OU_j 期望业务数据量 L_j；

　　3：通过 N_j 个阶段的动态规划算法为 OU_j 在可用信道集内找寻最优的信道序贯检测次序 $\boldsymbol{S}_j^* = (s_j^1, s_j^2, \cdots, s_j^k, \cdots, s_j^{N_j})$；

　　4：按 $\boldsymbol{S}_j^* = (s_j^1, s_j^2, \cdots, s_j^k, \cdots, s_j^{N_j})$ 次序序贯检测信道，直到找到可用信道 s_j^k 为止，然后分配该可用信道给 OU_j 进行数据传输；

　　5：更新相关数据：$\overline{U_j}=\{s_j^1, s_j^2, \cdots, s_j^k\}$；$U_{j+1}=U_j \setminus \overline{U_j}$；$N_{j+1}=|U_{j+1}|$；$m_{j+1}=m_j+k$；$j=j+1$；

}

---

3. 计算复杂度

定义 $O(1)$ 为计算在某一特定信道上传输获得期望吞吐量的计算复杂度。在为用户 OU_j 寻找最优检测次序的 N_j 步的动态规划算法过程中，第 k 步的计算复杂度将为 $O\left(k\binom{N_j}{N_j-k}\right)$ [52]，则服务 OU_j 业务队列需要的动态规划算法求解计算复杂度为

$$O\left(\sum_{k=1}^{N_j} k\binom{N_j}{N_j-k}\right) = O\left(N_j \cdot 2^{N_j-1}\right)$$。对于 J 个用户，UAV 的序贯检测最优算法计算复杂度为 $O\left(\sum_{j=1}^{J} N_j \cdot 2^{N_j-1}\right)$，其中，$N_j \leqslant N$，$N_{j+1}=N_j-m_j$。如果采用穷举算法，计算复杂度将为 $O\left(\sum_{j=1}^{J} N_j \cdot N_j!\right)$，明显高于所提算法。

6.2.5　实验结果及分析

1. 仿真场景与参数设置

设置仿真场景如下：一个 UAV 服务 $J=2$ 个 OU 用户，信道数目为 $N=5$，时隙长度设为 $T=100\text{ms}$，信道检测时间设为 5ms，信道容量设置为 $\boldsymbol{C}=[1000,1200,$

1400,1600,1800] kbit/s ，信道空闲概率设为 $p_0 = [0.7, 0.8, 0.73, 0.6, 0.35]$。对于信道空闲概率的获取，已有文献进行了较为充分的研究[82]，可采用相关方法获取。

用户业务数据相关参数设置如下：平稳业务数据流量泊松强度 $\lambda = 20$，数据包大小均值为 $D = 200 \text{bytes}$。突发业务数据流模型帕累托分布形状参数设置为 $\alpha_{on} = 1.053$, $\alpha_{off} = 1.034, \theta_{on} = \theta_{off} = 0.001$。采用不同的 ON 阶段业务数据率来仿真不同应用业务类型的不同数据流量，具体设置为 $r = [16, 64, 256, 384, 512, 768, 1024, 1280, 1536, 1792] \text{bit/s}$。以上数据率设置包含了典型的音频和视频格式类型，如 G.728LD-CELP（16kbit/s）、G.711PCM（64kbit/s）、WMV（256kbit/s）、AVI/RM（384kbit/s）、Flash（512kbit/s）、H264（768kbit/s）。

2. 仿真结果及分析

图 6-3 给出了在不同应用数据率条件下序贯检测次序优化算法性能对比结果，选择了三种现有工作中的典型方法作为对比。其中，空闲概率排序是文献[78]提出的一种按信道空闲概率排序的序贯检测算法；容量排序是文献[47]提出的一种按信道容量排序的序贯检测算法；空闲概率和容量排序是文献[79]提出的一种综合考虑信道空闲概率和信道容量的序贯检测算法。这三种算法的一个共同特点就是只考虑信道本身特性，都假设用户有无穷多的数据需要发送，忽视用户实际业务数据需求。

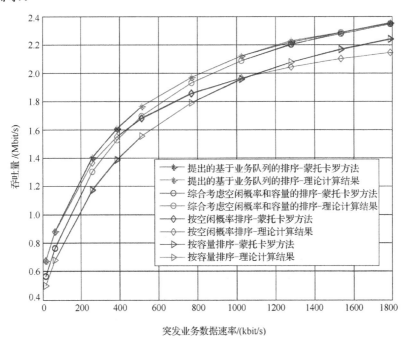

图 6-3　不同应用数据率条件下序贯检测次序优化算法性能对比(见彩图)

仿真结果首先显示了业务数据对最优序贯感知次序的重要影响。例如，比较空闲概率排序和容量排序两种方法，当数据率小于 1100bit/s 时，空闲概率排序方法相对较优；而当数据率大于 1100bit/s 时，容量排序相对较优。就算是综合考虑信道空闲概率和信道容量的空闲概率和容量排序方法，同样不能保证比单独考虑信道空闲概率或信道容量的方法有优势。在仿真参数的设置条件下，当数据率小于 450bit/s 时，空闲概率和容量排序方法比空闲概率排序方法差。这充分说明，只考虑信道本身特性，即空闲概率或信道容量来决定最优序贯检测次序是不够的，用户业务数据也是决定最优序贯检测次序的一个重要因素。

结果显示，相比于现有方法，所提出的面向业务数据的方法在各种数据率条件下均获得了最优业务吞吐量性能。其根本原因在于，现有方法在进行序贯检测次序优化时只考虑信道本身的因素，没有考虑业务数据的客观需求。当实际业务数据不再符合无限大数据量的理想假设时，其求解的序贯检测次序就不再是真正适合业务数据要求的最优次序。而本节所提出的方法从检测次序的吞吐量分析开始就是面向业务数据需求的，综合考虑了现有研究方法的信道空闲概率、信道容量等多个因素，其求解的最优序贯检测次序会根据业务数据量的不同而自动优化，所以能取得最佳的吞吐量性能。

值得注意的是，所提算法除了在小数据率情况下性能优势明显外，在数据率很高时，即业务数据队列趋近于满队列时，所提算法性能与综合考虑信道空闲概率和信道容量的序贯检测算法一致。这是因为当业务数据很大时，已经符合了现有工作中无限业务数据量这一理想假设。这表明，现有研究中的方法可以看成是所提方法的一种特殊情况，验证了之前的分析讨论。同时也说明，所提算法更具一般性。针对不同信道参数、业务参数的仿真结果对比与上述结果类似，故不再赘述。

6.2.6 小结

本节针对现有机会频谱接入研究中简化用户具体的业务数据量为无限业务需求、把可用信道容量等同于用户吞吐量的问题，从用户实际业务吞吐量出发，提出了更具一般性的用户业务吞吐量定义，构建了能同时刻画突发和非突发业务的综合业务流量模型，提出了综合考虑业务数据、信道容量、信道空闲概率和信道检测时间的最优信道序贯检测次序算法。仿真结果表明，所提出的算法相比现有工作中的方法取得了更好的业务吞吐量性能，且在用户业务数据较小时优势更为明显。并且，该算法在退化为无限业务数据条件时，与现有的序贯检测次序算法结果一致。这表明，所提出的方法更具一般性。

6.3　面向异构业务数据的集群合作势能博弈接入

6.3.1　问题引入

上一节研究了单个无人机面向用户业务数据的机会频谱接入优化问题。接下来研究多个无人机自组织系统内，如何实现分布式的、面向多用户异构业务数据的、系统级机会频谱接入策略优化问题。

在自组织无人机系统中，如何实现分布式频谱接入的优化是一个重要的研究内容。对于多信道多无人机系统来说，高效的信道选择机制和方法尤为重要。为便于表达，本节中无人机作为频谱信道的使用者，在系统中也称之为用户。

对于多用户分布式系统机会频谱接入优化问题，博弈论[52]是一个广泛使用的理论工具，本节也主要关注基于博弈论的系统优化研究。经典的基于博弈论的信道冲突控制研究一般假设用户的无线电频谱和信道的使用影响整个系统，即全局影响机会频谱接入系统。相应地，用户之间的信息交互也是全局一跳可达，即系统中的任一用户都能侦听到其他所有用户的信息[53,56,88]。实际上，由于自组织无人机的部署特性，任意一个无人机的信号作用范围是有限的，一般仅影响本无人机信号覆盖范围之内的其他无人机。因此，基于本地影响的分布式信道接入的冲突控制研究也得到了重视[89-94]。但以下问题仍值得关注，一是忽视了用户的实际业务接入需求，即假设接入系统的用户都有无限的数据需要发送。该假设掩盖了实际通信系统中信道接入是为了完成用户业务数据这一根本目的，实际上是把用户业务的吞吐量转化为了接入信道容量。更重要的是把多用户的异构的业务数据需求简化为了同构的无限业务需求，进而把异构业务下的用户间非对称相互作用简化为了对称相互作用，为建模和数学分析提供了便利。基于以上简化后的对称作用模型，当前研究中，控制用频用户之间信道选择的冲突成为一个核心内容，因为在此条件下冲突控制和吞吐量优化成正相关。但是，本节研究将表明，如果考虑实际系统中的异构业务数据，用户间相互作用将是非对称的，则现有研究中的冲突控制优化将不能实现实际业务吞吐量优化。二是忽视了用户的本地信道接入参数优化，即假设用户接入系统采用统一参数，如信道接入概率等。该假设实际上也简化了实际问题，但造成了非优化参数系统性能损失和脆弱的环境变化适应能力问题。

为了解决以上问题，本节提出面向异构业务数据的本地合作博弈模型以及相应的基于分布式学习的本地参数优化信道接入方法，以达到分布式自组织系统业务数据吞吐量的全局最优。本节主要贡献如下。

（1）为解决异构业务数据带来的非对称相互作用问题，提出了业务驱动的本地合作博弈模型，证明了系统业务数据吞吐量最优信道分配解是该博弈的一个纳什均衡，即系统业务数据吞吐量最大的全局最优状态在该模型框架下是一个稳态。

（2）为使得系统能以分布式自主决策的方式达到全局最优状态，提出了一个业务驱动本地合作分布式学习算法，证明了该算法能以本地信息交互的较小代价渐进收敛到全局最优状态。

（3）为增强环境变化适应能力和进一步提高系统业务吞吐量性能，提出了本地信道接入参数二维优化机制即相应的分布式学习算法，使得分布式系统的信道接入参数能根据环境自动调整优化，进一步提升了系统性能。

6.3.2　模型建立

1. 系统模型

考虑一个 N 个信道和 M 个无人机（UAV）的分布式系统，如图 6-4 所示。无人机采用同步时隙传输模式[3,47]以及并行接入模式[28]。UAV 检测本时隙内信道的占用状态，在信道空闲时，则可以使用该空闲信道进行业务数据传输。例如，在图 6-4 中，如果 UAV_1 在本时隙决定检测信道 1 或信道 3 且信道检测没有错误，由于此时信道 1 和信道 3 被 PU 占用，则 UAV_1 不能在本时隙接入信道进行业务传输，本时隙 UAV_1 的业务吞吐量即为 0。图 6-4 中，UAV 之间的相互影响是本地的，而非全局，即任意一个 UAV 的影响范围限于与它存在信号干扰关系的邻居之间。例如，UAV_1 和 UAV_4 可以在同一个信道上传输数据而互不干扰，因为他们不是邻居节点；而如果 UAV_2 和 UAV_3 在同一个信道上传输，则会发生冲突碰撞，因为他们是邻居节点。

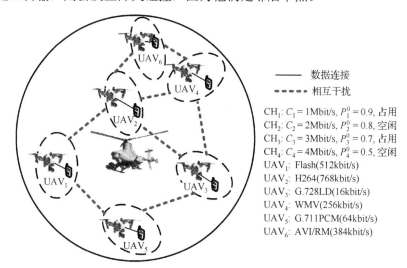

图 6-4　本地影响异构业务自组织机会频谱接入示例图

信道检测和业务传输时隙结构如图 6-5 所示。每个周期时隙 T 划分为信道选择和

检测阶段 τ_s、本地信息交互阶段和学习阶段 τ_l，以及业务数据传输阶段 $T-\tau_s-\tau_l$。定义信道容量为 C，UAV 的传输业务数据量为 L，则如果该 UAV 在此信道上成功传输数据，则实际数据传输所需要的时间为 L/C。在现有的相关工作[53,61,89-94]中，一般假设数据业务队列 L 是无穷大的，则传输时长将固定为数据传输阶段 $T-\tau_s-\tau_l$。这种假设忽视了用户业务数据往往是有限的这个实际情况。本模型针对用户具体业务数据的传输需求进行优化，业务队列长度 L 是有限的、异构的，由无人机服务的终端运行的应用来决定，如图 6-4 所示。值得注意的是，由于业务数据量和信道容量的不同，实际数据传输所需要的时间为 L/C，可能大于也可能小于业务数据传输阶段 $T-\tau_s-\tau_l$。当实际数据传输所需要的时间大于数据传输阶段 $T-\tau_s-\tau_l$ 时，本时隙的实际传输时长将是 $T-\tau_s-\tau_l$，剩余的未传输数据将保持在数据队列中等待下一次传输。而当实际数据传输所需要的时间小于数据传输阶段 $T-\tau_s-\tau_l$ 时，本时隙的实际传输时长将是 L/C，即会出现由于没有数据而信道空闲的情况，如图 6-5 所示。

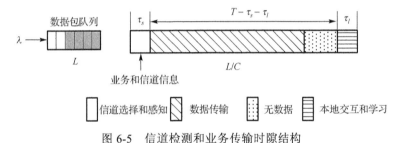

图 6-5　信道检测和业务传输时隙结构

　　为便于表述，做如下定义：$S_{\mathrm{CH}}=\{1,2,\cdots,N\}$ 为机会频谱信道集合；$S=\{1,2,\cdots,m,\cdots,M\}$ 为无人机集合，或称为用频用户集合；记信道容量向量为 $\boldsymbol{C}=[C_1,C_2,\cdots,C_N]$，信道空闲概率向量为 $\boldsymbol{P}^0=[P_1^0,P_2^0,\cdots,P_N^0]$，各信道状态检测在一定标准检测概率下虚警概率向量为 $\boldsymbol{P}_f=[P_f^1,P_f^2,\cdots,P_f^N]$，各个用户的业务数据向量为 $\boldsymbol{L}=[L_1,L_2,\cdots,L_M]$。定义 $D_{i,j}$ 为用户 i 和用户 j 之间的相互影响关系，也称相邻关系。$D_{i,j}=1$ 表示用户 i 和用户 j 互不影响，非相邻；$D_{i,j}=0$ 表示用户 i 和用户 j 处在对方信号影响范围内，是邻居。用户 UAV_m 选择接入的信道记为 n_m，记 $N_m=\{i\in S:D_{i,m}=0\}$ 为用户 UAV_m 的邻居集合，记 $N_m^*=\{i\in N_m:n_i=n_m\}$ 为用户 UAV_m 的邻居中与 UAV_m 选择相同信道的用户集合，记 $|N_m^*|$ 为 N_m^* 中的用户个数。

2.　问题建模

UAV 采用能量检测[22]方法进行信道状态感知，根据文献[59]可知，满足设定检测概率标准 $\overline{P_d}$ 条件下的虚警概率为

$$P_f=Q\left(\sqrt{2\gamma+1}Q^{-1}(\overline{P_d})+\sqrt{\tau f_s}\gamma\right) \tag{6-19}$$

其中，γ 表示信噪比，f_s 表示检测采样频率。

在如图 6-4 所示模型中，局部区域可能有多个 UAV 用户同时对相同信道检测结果为空闲，则会出现接入冲突。本节采用 Aloha 机制进行冲突控制，即检测此信道空闲的 UAV 用户以概率 ε 接入信道。当然，本节所提的机会频谱接入方法完全可以采用其他的碰撞信道模型，如 CSMA/CA 和 IEEE 802.11 DCF。本节研究重点不是冲突控制模型，所以采用广泛应用的简单 Aloha 机制。对于用户 UAV_m，数据成功传输需要满足如下几个条件：一是信道上不存在无人机集群系统外的用户工作；二是 UAV_m 检测信道没有发生虚警错误；三是没有其他的集群成员用户同时接入该信道，则 UAV_m 在信道 n 上成功传输数据的概率为

$$P_{s,m}^{n,\varepsilon} = P_n^0 (1-P_f^n)\varepsilon (P_f^n + (1-P_f^n)(1-\varepsilon))^{|N_m^*|-1} \tag{6-20}$$

其中，P_n^0 是信道 n 的空闲概率，$N_m^* = \{i \in N_m : n_i = n_m\}$ 为用户 UAV_m 的邻居中与 UAV_m 选择相同信道的用户个数。以上分析中，为了表达简洁，假设所有 UAV 用户的虚警概率相同，这在 PU 用户相距较远的局部区域是合理性假设，在现有工作中也经常采用。另外，如果采用非相同的虚警概率，即成功传输数据概率表达式变为

$$P_{s,m}^{n,\varepsilon} = P_n^0 (1-P_f^n)\varepsilon \prod_{i \in S, i \neq m} (P_{f,i}^n + (1-P_{f,i}^n)(1-\varepsilon)) \tag{6-21}$$

这个结果不会对接下来提出的模型和方法产生影响。本节不关注能量频谱检测的具体细节，为简化模型和相关表述，故采用相同信噪比设定。

不同于现有工作中把获取的可用信道容量作为吞吐量，类似于前文的业务吞吐量定义，UAV 接入机会频谱信道的业务吞吐量为单位时间内传输的业务数据量：

$$R_L = \frac{L(\text{transmitted data})\text{bit}}{t(\text{total time spend})\text{s}} = \begin{cases} \dfrac{L}{\tau_s + L/C}, & L < (T-\tau_s-\tau_l)C \\ \dfrac{T-\tau_s-\tau_l}{T-\tau_l}C, & L \geq (T-\tau_s-\tau_l)C \end{cases} \tag{6-22}$$

则对用户 UAV_m 的业务队列 L_m，在信道 n 上的期望吞吐量为

$$
\begin{aligned}
R_m &= R_m^{n,\varepsilon}(L_m) = P_{s,m}^{n,\varepsilon} R_L \\
&= \begin{cases} P_n^0(1-P_f^n)\varepsilon(P_f^n + (1-P_f^n)(1-\varepsilon))^{|N_m^*|-1} \dfrac{L_m}{\tau_s + L_m/C_n}, & L_m < (T-\tau_s-\tau_l)C_n \\ P_n^0(1-P_f^n)\varepsilon(P_f^n + (1-P_f^n)(1-\varepsilon))^{|N_m^*|-1} \dfrac{T-\tau_s-\tau_l}{T}C_n, & L_m \geq (T-\tau_s-\tau_l)C_n \end{cases}
\end{aligned} \tag{6-23}
$$

对于整个自组织 UAV 网络，系统业务吞吐量为

$$R_{\text{net}} = \sum_{m=1}^{M} R_m(L_m) \tag{6-24}$$

记 $\boldsymbol{n} = (n_1, n_2, \cdots, n_m, \cdots, n_M)$ 为 UAV 用户选择信道的决策向量，则优化目标为找寻

最优决策向量，使得系统业务吞吐量最大：

$$(P2): \quad (\boldsymbol{n}^{\text{opt}}, \varepsilon) = \underset{\substack{m \in S_{SL} \\ n_m \in S_{CH}}}{\arg \ \max} R_{\text{net}} = \underset{n_m \in S_{CH}}{\arg \ \max} \sum_{m=1}^{M} R_m^{n_m, \varepsilon}(L_m) \tag{6-25}$$

该问题是一个典型的组合优化问题[95]。在集中优化模式下，穷举算法可以得到系统最优解，但是在用户数较多或信道数较多时，计算复杂度非常高。例如，对于一个40 个 UAV 用户、3 信道的系统，可能解的个数为：$3^{40} = 1.2158 \times 10^{19}$。并且，在自组织无人机系统中，由于无人机的异构性，多数情况不设置中心控制节点。所以，无论从计算复杂度还是实际情况出发，期待的解决方案是分布式的优化方法。

采用基于博弈论的分布式优化方案，研究核心在于如何通过分布式的决策达到系统级的业务吞吐量全局最优，而不是仅仅寻找一种较好性能的可行方案。关于该问题，现有研究已经有了一些相关成果[59,61,89-94]。但是，所提出的优化问题的求解除了与相关研究已经考虑的信道容量信息 $\boldsymbol{C} = [C_1, C_2, \cdots, C_N]$、信道空闲概率信息 $\boldsymbol{P}^0 = [P_1^0, P_2^0, \cdots, P_N^0]$ 有关外，各个用户的业务数据信息 $\boldsymbol{L} = [L_1, L_2, \cdots, L_M]$ 也有决定性影响。关键问题在于，考虑用户异构业务数据，将把现有博弈模型中的用户之间的对称相互作用变为非对称相互作用，造成相关理论结果不再适用。

3. 非对称作用特性

非对称作用特性是所提出模型中异构业务数据带来的重要特点。现有模型中，均假设用户业务数据为无限大，且信道基本都假设为同构，即 $L_m = \infty, \forall m \in S$，$C_n = C$，$\forall n \in S_{CH}$，则如果 UAV_m 和 UAV_k 选择不同的信道接入，不会发生冲突，则各自获得的吞吐量相同，为

$$R_m = R_k = \frac{T - \tau_s - \tau_l}{T - \tau_l} C \tag{6-26}$$

相应地，如果 UAV_m 和 UAV_k 选择相同的信道接入，则会发生冲突，各自获得的吞吐量均为 0。也就是说，冲突时，各自损失的吞吐量也相同，为

$$R_m^{\text{loss}} = R_k^{\text{loss}} = \frac{T - \tau_s - \tau_l}{T - \tau_l} C \tag{6-27}$$

另外，记 UAV_m 选择信道 n，无冲突传输可能获得的吞吐量为 R_m^n，记 CSC_k 选择信道 h，无冲突传输可能获得的吞吐量为 R_k^h。在 $L_m = \infty, \forall m \in S$，$C_n = C, \forall n \in S_{CH}$ 条件下，两者互换信道获得的吞吐量和也不会发生变化，即

$$R_m^n + R_k^h = R_m^h + R_k^n \tag{6-28}$$

本节中，称现有研究中的模型具备的 $R_m^{\text{loss}} = R_k^{\text{loss}}$，$R_m^n + R_k^h = R_m^h + R_k^n$ 特性为用户间对称作用特性。但是，在用户异构业务数据条件下，根据业务吞吐量定义：

$$R_m^{\text{loss}}(L_m) = \begin{cases} \dfrac{L_m}{\tau_s + L_m/C_n}, & L_m < (T-\tau_s-\tau_l)C_n \\[3mm] \dfrac{T-\tau_s-\tau_l}{T-\tau_l}C_n, & L_m \geqslant (T-\tau_s-\tau_l)C_n \end{cases} \tag{6-29}$$

$$R_k^{\text{loss}}(L_k) = \begin{cases} \dfrac{L_k}{\tau_s + L_k/C_n}, & L_k < (T-\tau_s-\tau_l)C_n \\[3mm] \dfrac{T-\tau_s-\tau_l}{T-\tau_l}C_n, & L_k \geqslant (T-\tau_s-\tau_l)C_n \end{cases} \tag{6-30}$$

显然，各自损失的吞吐量不再相等，即 $R_m^{\text{loss}}(L_m) \neq R_k^{\text{loss}}(L_k)$。

对于互换信道传输的情况：

$$R_m^n(L_m) = \begin{cases} \dfrac{L_m}{\tau_s + L_m/C_n}, & L_m < (T-\tau_s-\tau_l)C_n \\[3mm] \dfrac{T-\tau_s-\tau_l}{T-\tau_l}C_n, & L_m \geqslant (T-\tau_s-\tau_l)C_n \end{cases} \tag{6-31}$$

$$R_k^h(L_k) = \begin{cases} \dfrac{L_k}{\tau_s + L_k/C_h}, & L_k < (T-\tau_s-\tau_l)C_h \\[3mm] \dfrac{T-\tau_s-\tau_l}{T-\tau_l}C_h, & L_k \geqslant (T-\tau_s-\tau_l)C_h \end{cases} \tag{6-32}$$

同样地，互换信道也将造成业务吞吐量的变化，$R_m^n(L_m) + R_k^h(L_k) \neq R_m^h(L_m) + R_k^n(L_k)$。

本节中称面向业务数据的模型具备 $R_m^{\text{loss}}(L_m) \neq R_k^{\text{loss}}(L_k)$，$R_m^n(L_m) + R_k^h(L_k) \neq R_m^h(L_m) + R_k^n(L_k)$ 特性为用户间非对称作用特性。

实质上，对称作用模型通过掩盖用户选择信道的差异性，把信道选择冲突控制与系统吞吐量优化建立起了等效关系，把系统吞吐量最优简化为了求解冲突控制最优。考虑异构业务数据后，非对称作用特性使得冲突控制最优就不再意味着系统吞吐最优，现有研究中的一些结果不再适用。本节通过构建面向业务数据的本地合作势能博弈模型及提出的相应学习算法，达到系统业务吞吐量最优。

6.3.3　面向业务数据的本地合作势能博弈

1. 博弈模型

自组织无人机网络中每个 UAV 被视为博弈中的一个用户或决策者，定义业务驱动本地合作博弈(traffic driven local cooperative game，TDLCG)为 $G = \{S, A_m, u_m, N_m, L_m\}$。其中，$S$ 是决策用户集合；A_m 是用户 UAV_m 的决策空间，即可供 UAV_m 选择的信道集合；N_m 是用户 UAV_m 的邻居用户集合；L_m 是用户 UAV_m 的业务数据；定义 $a_m = (n_m,$

$\varepsilon) \in A_m$ 为用户 UAV_m 的一个决策动作，n_m 是选择的信道，ε 是感知信道空闲后的接入概率，定义 $\boldsymbol{a} = \{a_1, a_2, \cdots, a_M\}$ 为系统各用户决策向量，u_m 是用户 UAV_m 的效用函数，$u_m = u_m(a_m, a_{-m})$，其中，a_m 是 UAV_m 的决策，a_{-m} 表示系统中除 UAV_m 以外的其他用户的决策。

为了以分布式决策方式实现系统级全局优化，基于合作思想[56,65,66,89]以及合作代价控制的需要，定义用户效用函数如下：

$$u_m = u_m(a_m, a_{-m}) = \sum_{i \in N_m} R_i^{n_i, \varepsilon}(L_i) \tag{6-33}$$

其中，$R_i^{n_i, \varepsilon}(L_i)$ 是用户 UAV_i 采用自身的决策动作，其业务数据 L_i 获得的吞吐量。该效用函数设计不仅考虑自身的业务吞吐量，同时考虑了邻居用户的业务吞吐量，体现了局部的频谱资源使用合作思想。同时，由于限定于邻居之间的合作，使得相互之间的合作带来的网络信令开销在高速光纤连接条件下得到有效的控制，具备了实用基础。

定义本博弈模型的纳什均衡为：系统用户策略向量 $\boldsymbol{a}^* = (a_1^*, \cdots, a_M^*)$ 是本模型的一个纳什均衡的条件是当且仅当所有用户都不能通过自身的策略改变来获得效用的增长，即

$$u_m(a_m^*, a_{-m}^*) \geqslant u_m(a_m, a_{-m}^*), \quad \forall m \in \mathcal{S}, \quad \forall a_m \in A_m, \quad a_m \neq a_m^* \tag{6-34}$$

根据该定义，系统达到均衡点后，所有用户都不会再改变其接入策略，即系统将达到稳态。

2. 最优稳态存在性证明

定理 6.1 所提出的系统业务吞吐量优化问题 $P2$ 的最优解是所提出的 TDLCG 博弈模型的一个必定存在的纳什稳态解。

证明 该证明过程基于文献[61,66]中的相关理论。定义势能函数为系统业务吞吐量：

$$\Phi(a_m, a_{-m}) = R_{\text{net}} = \sum_{i \in \mathcal{S}} R_i^{n_i, \varepsilon}(L_i) = \sum_{i \in N_m} R_i^{n_i, \varepsilon}(L_i) + \sum_{i \in \{\mathcal{S} \setminus N_m\}} R_i^{n_i, \varepsilon}(L_i) \tag{6-35}$$

假定任意一用户，如 UAV_m 改变其决策从 a_m 到 a_m'，其他用户策略保持不变，则势能函数的改变量为

$$\begin{aligned} \Delta\Phi &= \Phi(a_m, a_{-m}) - \Phi(a_m', a_{-m}) \\ &= \sum_{i \in N_m} R_i^{n_i, \varepsilon}(a_m, L_i) - \sum_{i \in N_m} R_i^{n_i, \varepsilon}(a_m', L_i) + \sum_{i \in \{\mathcal{S} \setminus N_m\}} R_i^{n_i, \varepsilon}(a_m, L_i) - \sum_{i \in \{\mathcal{S} \setminus N_m\}} R_i^{n_i, \varepsilon}(a_m', L_i) \end{aligned} \tag{6-36}$$

由于本系统是一个本地影响系统，非邻居用户的决策不会产生相互影响[96]，所以，对于 $i \in \{\mathcal{S} \setminus N_m\}$ 这部分用户，UAV_m 改变其决策不会对他们的效用产生影响，即

$$\sum_{i \in \{\mathcal{S} \setminus N_m\}} R_i^{n_i, \varepsilon}(a_m, L_i) - \sum_{i \in \{\mathcal{S} \setminus N_m\}} R_i^{n_i, \varepsilon}(a_m', L_i) = 0 \tag{6-37}$$

即有

$$\begin{aligned}\Delta\Phi &= \Phi(a_m, a_{-m}) - \Phi(a'_m, a_{-m}) \\ &= \sum_{i \in N_m} R_i^{n_i, \varepsilon}(a_m, L_i) - \sum_{i \in N_m} R_i^{n_i, \varepsilon}(a'_m, L_i) \\ &= u_m(a_m, a_{-m}) - u_m(a'_m, a_{-m}) = \Delta u_m\end{aligned} \tag{6-38}$$

此结果表明，任意一用户决策的改变引起的势能函数值的变化，恰好等于其效用函数的变化。根据文献[61]中势能博弈的相关理论，该 TDLCG 博弈模型是一个以系统业务吞吐量为势能函数的精确势能博弈，且精确势能博弈至少存在一个纳什均衡。进一步，根据文献[61]，在精确势能博弈中，势能函数的最优值必然是该势能博弈的一个纳什均衡。由于设计的势能函数表示的物理意义就是系统业务吞吐量，所以优化问题 P2 的最优解是所提出的 TDLCG 博弈模型的一个必定存在的纳什稳态解。定理 6.1 证毕。

值得注意的是，以上模型中效用函数的设计根据在于面向异构用户业务数据接入吞吐量优化模型的非对称作用特性。在传统的非合作博弈模型中，用户决策效用函数的定义一般是基于自私性假设，即用户的效用只考虑自身的利益，不会考虑其他用户的利益。用户与用户之间的关系基本上是纯粹的竞争。相关的研究工作，如文献[97]在这个原则的基础上通过效用函数的科学设计，也取得和一些使得具备用户间对称作用特性的系统达到最优化的结果。但是，在异构业务数据带来的非对称作用系统特性条件下，相关结果不再成立，因为用户间的相互对称作用是势能博弈证明过程中的一个必要条件[96]。在非对称相互作用条件下，该效用函数设计的博弈不再是势能博弈。基于所提模型的效用函数设计以及势能函数设计，保证了势能博弈的成立。另外，在自组织无人机系统中，无人机之间的适度合作是可实现的。如果固守完全自私性假定原则，系统优化将会陷入低效和困境[61]。事实上，也有一些文献已经开展了基于合作思想的研究[56, 65, 66]。

6.3.4　算法设计

1. 业务驱动本地合作分布式学习算法

1) 算法流程

上节证明了系统业务吞吐量优化问题 P2 的最优解是所提出的 TDLCG 博弈模型的一个必定存在的纳什稳态解。本节在此基础上提出相应的业务驱动本地合作分布式学习算法(decentralized traffic driven local cooperative learning，DTDLCL)，使得系统能通过分布式学习策略更新，达到系统最优稳态解。本节所提算法是基于博弈学习中的渐进逼近并使得势能函数最大的纳什均衡的 SAP 算法[66,98]，且采用概率决策思想[99-101]来避免系统陷入局部最优。算法 6.2 流程如下。

算法 6.2　DTDLCL 算法

Initiate:　设置学习步数 $t=0$;

任一用户，如 UAV_m，计算选择可选的各个决策可能获得的期望业务吞吐量，$R_m^{n,\varepsilon}, \forall n \in S_{CH}$。按以下混合策略概率分布随机选择一个决策动作:

$$\Pr(a_m=(n_m,\varepsilon))=\frac{\exp\{R_m^{n_m,\varepsilon}a_m\}}{\sum_{a'_m\in A_m}\exp\{R_m^{n_m,\varepsilon}(a'_m)\}} \tag{6-39}$$

Loop:
{
　　1: 用户按自己的决策检测相应信道，并在检测结果为空闲时按时隙 Aloha 方式接入，计算自己的业务吞吐量作为回报值;
　　2: 在时隙模型的 τ_l 阶段，相邻用户之间通过公共控制信道采用 802.11DCF 等方式通过发送一个短控制消息的方式完成信息交互和策略学习，信息交互的内容包括自己的策略和回报;
　　3: 从邻居用户中选择一个策略更新节点(可采用随机计时器等方式随机选出)，根据信息交互得来的信息，计算各种可能策略所能获得的期望回报，然后根据以下混合策略概率分布来随机决策:

$$\Pr(a_m=(n_m,\varepsilon))=\frac{\exp\{\beta u_m(a_m,a_{-m})\}}{\sum_{a'_m\in A_m}\exp\{\beta u_m(a'_m,a_{-m})\}} \tag{6-40}$$

其中，$\beta>0$ 是学习参数。
　　其他与 UAV_m 相邻的用户保持上一时隙的策略不变: $a_i(t+1)=a_i(t)$。
}

在循环的步骤 3 中，选择较大的 β 意味着用户倾向于选择最优响应，即选择当前能获得最大回报的决策。这种方式存在的主要问题在于容易使系统陷入局部最优解。而选择较小的 β 意味着用户选择当前次优回报决策的概率将变大，赋予系统接下来的优化步骤更大的策略探索空间。

2) 收敛性和最优性证明

定理 6.2　所提出的 DTDLCL 算法将收敛于各个用户的接入决策向量，服从如下分布的系统稳态:

$$\pi(a^*=(n^*,\varepsilon))=\frac{\exp\{\beta\Phi(n^*,\varepsilon)\}}{\sum_{(n,\varepsilon)\in A}\exp\{\beta\Phi(n,\varepsilon)\}} \tag{6-41}$$

其中，$\Phi(n,\varepsilon)$ 是定义的博弈势能函数，$A=A_1\otimes A_2\otimes\cdots\otimes A_M$ 为系统各用户可能策略的集合，$\otimes$ 表示笛卡儿乘积。

证明　基于文献[70]中理论 6.2 的分析，定义网络在第 k 步学习更新策略时系统状态为 $\boldsymbol{S}(t)=(S_1(t),S_2(t),\cdots,S_m(t),\cdots,S_M(t))$。由于系统状态也就是各个用户的决策状态可以表达为: $\boldsymbol{a}(t)=\boldsymbol{S}(t)$。根据所提 DTDLCL 算法流程，网络系统状态的变化仅由前一个状态决定，即 $a(t)$ 仅由 $a(t-1)$ 决定，系统是一个非周期常返的离散马尔可夫过程，具有平稳分布。设 a_1 和 a_2 是任意两个策略学习更新过程中的两个相邻网络状态，记从 a_1 到 a_2 的转移概率为

$$P_{a_1,a_2} = \Pr[S(t+1)=a_2 \mid S(t)=a_1] \tag{6-42}$$

记从 a_2 到 a_1 的转移概率为

$$P_{a_2,a_1} = \Pr[S(t+1)=a_1 \mid S(t)=a_2] \tag{6-43}$$

在所提算法中，任意更新策略的节点只会造成状态向量中的一个变量值的改变，例如，用户 UAV_m 改变其决策，则系统状态也就是系统各用户决策向量 $a=\{a_1,a_2,\cdots,a_M\}$ 中只会有 a_m 发生改变。这意味着非相邻状态之间的转移概率为 0。根据算法，假定用户 UAV_m 做出的决策并没有改变自身原有的决策，即 $a'_m = a_m$，则有 $a_1 = a_2$，则以下关系成立：

$$\pi(a_1)P_{a_1,a_2} - \pi(a_2)P_{a_2,a_1} = 0 \tag{6-44}$$

假定用户 UAV_m 做出的决策改变了自身原有的决策，即 $a'_m \neq a_m$，则有 $a_1 \neq a_2$。根据算法，UAV_m 被选为策略更新节点的概率为 $1/|N_m|$。根据算法中的策略更新选择机制，以下关系成立：

$$\pi(a_1)P_{a_1,a_2} = \frac{\exp\{\beta\Phi(a_1)\}}{\sum\limits_{a\in A}\exp\{\beta\Phi(a)\}} \times \frac{1}{|N_m|}\frac{\exp\{\beta u_m(a'_m,a_{-m})\}}{\sum\limits_{a_j\in A_m}\exp\{\beta u_m(a_j,a_{-m})\}} \tag{6-45}$$

类似地，

$$\pi(a_2)P_{a_2,a_1} = \frac{\exp\{\beta\Phi(a_2)\}}{\sum\limits_{a\in A}\exp\{\beta\Phi(a)\}} \times \frac{1}{|N_m|}\frac{\exp\{\beta u_m(a'_m,a_{-m})\}}{\sum\limits_{a_j\in A_m}\exp\{\beta u_m(a_j,a_{-m})\}} \tag{6-46}$$

则有

$$\begin{aligned}
\pi(a_1)P_{a_1,a_2} - \pi(a_2)P_{a_2,a_1} &= \frac{1}{|N_m|} \times \frac{1}{\sum\limits_{a\in A}\exp\{\beta\Phi(a)\}\sum\limits_{a_j\in A_m}\exp\{\beta u_m(a_j,a_{-m})\}} \\
&\times \begin{pmatrix} \exp\{\beta\Phi(a_1)+\beta u_m(a'_m,a_{-m})\} \\ -\exp\{\beta\Phi(a_2)+\beta u_m(a_m,a_{-m})\} \end{pmatrix}
\end{aligned} \tag{6-47}$$

根据势能博弈证明过程中的结论，势能函数的变化恰好为策略更新节点效用函数值的变化，即

$$\Phi(a_1)-\Phi(a_2) = u_m(a_m,a_{-m}) - u_m(a'_m,a_{-m}) \tag{6-48}$$

即

$$\pi(a_1)P_{a_1,a_2} - \pi(a_2)P_{a_2,a_1} = 0 \tag{6-49}$$

以上说明了在 $a'_m = a_m$ 和 $a'_m \neq a_m$ 两种情况时，均有 $\pi(\boldsymbol{a}_1)P_{\boldsymbol{a}_1,\boldsymbol{a}_2} = \pi(\boldsymbol{a}_2)P_{\boldsymbol{a}_2,\boldsymbol{a}_1}$ 成立。

综上，在系统状态转移中，有

$$\sum_{\boldsymbol{a}_1 \in A} \pi(\boldsymbol{a}_1)P_{\boldsymbol{a}_1,\boldsymbol{a}_2} = \sum_{\boldsymbol{a}_1 \in A} \pi(\boldsymbol{a}_2)P_{\boldsymbol{a}_2,\boldsymbol{a}_1} = \pi(\boldsymbol{a}_2)\sum_{\boldsymbol{a}_1 \in A} P_{\boldsymbol{a}_2,\boldsymbol{a}_1} = \pi(\boldsymbol{a}_2) \tag{6-50}$$

该结果意味着决策向量概率分布 $\pi(\boldsymbol{a}^* = (\boldsymbol{n}^*,\varepsilon)) = \dfrac{\exp\{\beta\Phi(\boldsymbol{n}^*,\varepsilon)\}}{\displaystyle\sum_{(\boldsymbol{n},\varepsilon)\in A} \exp\{\beta\Phi(\boldsymbol{n},\varepsilon)\}}$ 满足所提算

法对应的马尔可夫过程的平衡条件，则其必定为该马尔可夫过程的唯一的稳态分布[70]。
证毕。

定理 6.3　所提 DTDLCL 算法学习参数逐渐变大且最终满足 $\beta \to \infty$ 时，算法将以概率 1 收敛于系统吞吐量最优稳态。

证明　假定 $(\boldsymbol{n}^{\mathrm{opt}},\varepsilon)$ 是使得系统业务吞吐量最优的用户策略集，根据定理 6.1，$(\boldsymbol{n}^{\mathrm{opt}},\varepsilon)$ 对应的系统状态将是博弈的一个纳什均衡，且使得博弈的势能函数值最大，即

$$\begin{aligned}(\boldsymbol{n}^{\mathrm{opt}},\varepsilon) &= \mathop{\arg\max}_{(\boldsymbol{n},\varepsilon)\in A} R_{\mathrm{net}} \\ &= \mathop{\arg\max}_{(\boldsymbol{n},\varepsilon)\in A} \sum_{m=1}^{M} R_m^{n_m,\alpha} = \mathop{\arg\max}_{(\boldsymbol{n},\varepsilon)\in A} \Phi(\boldsymbol{n},\varepsilon)\end{aligned} \tag{6-51}$$

又根据定理 6.2，系统经过学习更新后收敛于稳态分布 $\pi(\boldsymbol{a}=(\boldsymbol{n},\alpha))$，则当 $\beta \to \infty$，有

$$\exp\{\beta\Phi(\boldsymbol{n}^{\mathrm{opt}},\varepsilon)\} \gg \exp\{\beta\Phi(\boldsymbol{n},\varepsilon)\}, \quad \forall(\boldsymbol{n},\varepsilon)\in\{A\setminus(\boldsymbol{n}^{\mathrm{opt}},\varepsilon)\} \tag{6-52}$$

则有

$$\lim_{\beta\to\infty} \pi(\boldsymbol{a}^{\mathrm{opt}} = (\boldsymbol{n}^{\mathrm{opt}},\varepsilon)) = \frac{\exp\{\beta\Phi(\boldsymbol{n}^{\mathrm{opt}},\varepsilon)\}}{\displaystyle\sum_{(\boldsymbol{n},\varepsilon)\in A} \exp\{\beta\Phi(\boldsymbol{n},\varepsilon)\}} = 1 \tag{6-53}$$

这意味着当 $\beta \to \infty$，算法以接近于 1 的概率逼近系统业务吞吐量最优且有稳态解。证毕。

值得注意的是，所提算法是以分布式学习的方式实现了系统全局的渐进最优，并且，是以仅仅局限于本地相邻用户之间的非常有限的信息交互代价实现了全局最优。

2. 业务驱动二维优化分布式学习算法

1）本地接入优化机制

以上提出的 DTDLCL 学习算法虽然以局部合作实现了该模型下全局最优，但还有很大的改进空间。其中一个主要问题就是在当前研究中几乎都被忽视的分布式本地接入优化问题。具体来说，在本模型的 Aloha 机制下，各个用户的接入概率 ε 不应该是固定的、给定的，而应当根据其所处环境、相邻用户的数目和位置、相应的决策动作等进行动态的调整、优化，以实现最优化的接入。本节基于提出的本地合作模型中的

已有的信息交互，设计分布式接入参数本地优化机制及相应的学习算法，进一步提高系统吞吐量和环境变化适应能力。

对于本地接入分析，在用户 UAV_m 及其邻居中，有一个用户在其决策选定的某个信道上成功进行数据传输的概率为

$$P_s^{n,\varepsilon} = C_{|N_m^*|}^1 P_n^0 (1-P_n^n) \varepsilon (P_f^n + (1-P_f^n)(1-\varepsilon))^{|N_m^*|-1} \tag{6-54}$$

令

$$\frac{\mathrm{d}P_s^{n,\varepsilon}}{\mathrm{d}\alpha} = 0 \tag{6-55}$$

则有

$$(P_f^n + (1-P_f^n)(1-\varepsilon)) + \varepsilon(|N_m^*|-1)(P_f^n - 1) = 0 \tag{6-56}$$

该方程的解为

$$\varepsilon_m^{\mathrm{opt}} = \frac{1}{|N_m^*|(1-P_f^n)} \tag{6-57}$$

上式表明，最优接入参数与环境密切相关，相邻用户的策略对接入概率的选取有重要影响。

根据以上本地接入分析，系统优化模型调整为信道选择与接入参数的二维优化问题：

$$(P3): \quad (\boldsymbol{n}^{\mathrm{opt}}, \varepsilon^{\mathrm{opt}}) = \arg_{\substack{m \in S \\ n_m \in S_{\mathrm{CH}}}} \max R_{\mathrm{net}} = \arg_{n_m \in S_{\mathrm{CH}}} \max \sum_{m=1}^M R_m^{n_m, \varepsilon_m}(L_m) \tag{6-58}$$

相应地，博弈模型中的效用函数调整为

$$u_m(a_m, a_{-m}) = u_{SL_m}(n_m, \varepsilon_m, a_{-m}) = \sum_{i \in N_m} R_i^{n_i, \varepsilon_i}(L_i) \tag{6-59}$$

2) 算法流程

基于以上分析，提出业务驱动二维优化合作分布式学习算法(decentralized traffic driven heterogeneous cooperative learning，DTDHCL)如算法 6.3 所示。

该算法在 DTDLCL 基础上，通过利用邻居用户之间交互的信息，实现了本地接入参数的动态优化调整。从决策层面来说，决策变量从信道拓展到了信道和接入概率；从学习更新层面来说，从选中的非相邻用户更新变为所有用户都更新，且各自更新的内容不同。在该算法下，接入参数不再是预先设定的固定值，而是能够根据环境和用户情况变化始终保持优化，且在分布式网络中各个局部接入参数都不相同，这在根本上符合局部影响网络的特点以及优化要求，因为在局部影响网络中，不存在所谓的最优全局参数。

算法 6.3　DTDHCL 算法流程

Initiate:　设置学习步数 $t = 0$;

　　任一用户，如 UAV_m，计算选择可选的各个决策可能获得的期望业务吞吐量，$R_m^{n,\varepsilon_m}, \forall n \in S_{\mathrm{CH}}$。其中，接入参数 ε_m 的初始化值按下式确定:

$$\varepsilon_m = \frac{1}{\dfrac{|N_m|}{N}(1 - P_f^n)} \tag{6-60}$$

然后，按以下混合策略概率分布随机选择一个决策动作:

$$\Pr(a_m = (n_m, \varepsilon_m)) = \frac{\exp\{R_m^{n_m,\varepsilon_m} a_m\}}{\displaystyle\sum_{a'_m \in A_m} \exp\{R_m^{n_m,\varepsilon_m}(a'_m)\}} \tag{6-61}$$

Loop:

{

　　1: 同 DTDLCL 算法;

　　2: 同 DTDLCL 算法;

　　3: 从邻居用户中选择一个策略更新节点(可采用随机计时器等方式随机选出)，根据信息交互得来的信息，计算各种可能策略所能获得的期望回报。然后根据以下混合策略概率分布来随机决策:

$$\Pr(a_m = (n_m, \varepsilon_m)) = \frac{\exp\{\beta u_m(a_m, a_{-m}, \varepsilon_m)\}}{\displaystyle\sum_{a'_m \in A_m} \exp\{\beta u_m(a'_m, a_{-m}, \varepsilon_m)\}} \tag{6-62}$$

其中，接入参数 ε_m 的值按下式确定:

$$\varepsilon_m = \frac{1}{|N_m^*|(1 - P_f^n)} \tag{6-63}$$

　　4: 其他与 UAV_m 相邻的用户在信道选择上保持上一时隙的策略不变: $a_i(t+1) = a_i(t)$，但是根据 UAV_m 信道选择决策造成的与自身同信道的用户数目的变化根据接入参数优化机制调整自身的接入参数 $\varepsilon_i, \forall i \in N_m$。

}

　　需要注意的是，局部最优接入参数的获得需要知道相邻用户的相关决策信息。而在现有的研究中，基于用户自私性假设，用户之间不会共享该信息，导致无法进行本地接入优化，所以基本都在模型和仿真中进行事先设定。这种事先设定的接入参数值，对系统性能具有重要影响。而且，在系统环境参数变化时，系统性能的稳定性十分脆弱。由于本节提出的模型本身就是基于本地用户之间的合作，所以具备了进行该接入优化的基础。同时，接入优化所需的信息本身就在其效用函数设计需要的信息之中，所以不会带来任何额外的交互开销。

6.3.5　实验结果及分析

1. 仿真场景与参数设置

设置仿真场景如下：一个 M 个 UAV 用户自组织网络，信道数目为 $N=3$，时隙长度设为 $T=100\text{ms}$。信道检测时间设为 5ms。本地信息交互阶段和学习阶段 τ_l 设为 5ms。学习消耗时间的设置取决于具体的信息交互机制采用的协议，以及控制信道等提供的交互能力，这需要在实际系统中按测试进行设置。本节不关注信息交互的具体过程，所以针对一般情况设置一个参数值以表示交互代价。该参数并不会对系统模型和方法本身产生重要影响。信道容量设置为 $C=[1000,2000,4000]\,\text{kbit/s}$，信道空闲概率设为 $p_0=[0.9,0.8,0.55]$。对于信道空闲概率的获取，已有文献进行了较为充分的研究[79]，可采用相关方法获取，在此不作为关注重点。信道检测虚警概率为 $P_f=[0.05,0.06,0.07]$。各个 UAV 业务数据量从以下向量中随机选取：$L=[8533\ 10133\ 16533\ 20800\ 25067\ 33600\ 42133\ 50667\ 59200\ 67733]\,\text{bits}$，分别表示模型图 6-4 中 G.711PCM、WMV、AVI/RM、Flash、H264 等各种业务对应的时隙业务量。在本节研究中，主要关注异构业务量下的系统业务吞吐量优化，对于各种应用业务如何形成业务队列的问题不作为本节重点。所以，在仿真中直接设置业务量值以简化仿真系统。该参数设置并没有特殊性，可以是任意业务量值，可以对应任意的应用业务，对本节研究的接入技术本身并没有决定性的影响。对于自组织的 M 个 UAV 用户，因为是局部影响网络，为避免某种特定网络拓扑对性能的影响，仿真运行时的 UAV 之间的邻居关系随机生成，以更好地检验方法的适用性。仿真结果为 1000 次运行的平均值。仿真停止条件：一是学习更新步数达到上限；二是吞吐量不再发生明显变化。

2. 仿真结果及分析

图 6-6 显示了当 UAV 数目为 10、信道接入概率为 0.7 时的各种方法业务吞吐量仿真结果。其中，DTDHCL 算法的接入概率是根据算法自身决定各个 UAV 的接入概率。该仿真结果综合反映了如下几个方面的结论。

第一，仿真结果显示了所提出的 DTDLCL 算法的收敛性和最优性。本仿真场景设置 10 个 UAV 的主要目的就是为了能够用穷举的方法得到系统业务吞吐量的最优解。如果用户数过多，穷举法需要耗用的仿真时间过长。所以，首先仿真 10 用户场景验证方法的理论分析结果。仿真结果显示，DTDLCL 算法在经过大约 50 步学习之后收敛，且性能几乎和穷举得出的系统最优值一样，验证了算法的渐进收敛性和最优性，即理论分析中指出的结果：算法能渐进收敛到系统全局最优稳态解。

第二，该仿真结果显示了本节提出的面向用户业务数据的重要性。传统现有工作中，忽视用户的具体业务数据，以获取最优的可用信道容量资源为优化目标，即采用传统吞吐量定义作为优化基础，本节称之为容量驱动方法。结果证明，面向可用信道容量最优的方法并不能获取真正的系统业务吞吐量最优，相比本节提出的面向业务数据的方法(称为业务驱动)有较大性能差距：将容量驱动和业务驱动穷举最优的性能进行比较，以及将容量驱动学习与业务驱动学习算法的性能进行比较，容量驱动的方法性能不如业务驱动方法。值得注意的是，容量驱动学习并没有获得收敛结果且波动较大，这是因为在学习过程中，决策动作根据获得的业务吞吐量回报进行调整，但是在调整过程中的动作期望吞吐量计算却以与业务吞吐并不一致的期望容量为依据，这就造成了两者之间的不一致，所以，该算法性能波动大。总之，仿真结果验证，要想获取用户业务数据吞吐量最优，就需要采用面向业务的系统模型和方法设计，不能简化为获取可用容量资源最优，用户业务数据是决定系统优化方法的重要因素，不可忽略。

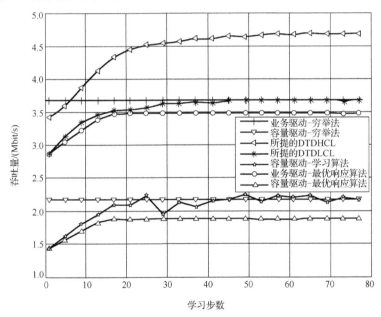

图 6-6 吞吐量性能比较($M = 10$，$\varepsilon = 0.7$(DTDHCL 除外))

第三，仿真结果验证了算法中采用概略决策的重要性。采用广泛使用的博弈学习中的最优响应算法(best response，BR)[68,74]作为比较。BR 算法的基本思路就是在可能策略中，以概率 1 选择最佳的策略作为下步动作。而本节提出的算法中都采用概略决策，即不是以概率 1 选择当前最佳策略，而是根据一定的概率分布在当前策略集中做出随机决策。BR 算法的主要缺点是容易收敛到局部最优。而概略决策的优势在于保持了接下来多步决策中可能达到更好性能的可能性。仿真结果验证，所提出算法优于BR 算法。

　　第四，仿真结果验证了考虑本地接入优化的 DTDHCL 算法的性能。结果显示，DTDHCL 算法学习后的性能明显优于采用固定接入概率的各种算法，包括 DTDLCL，甚至明显优于采用固定接入概率的穷举最优值。需要说明的是，接入概率 0.7 的设置并不是随意设置的，而是在多次仿真后选出的比较适合该场景的取得较好性能的参数。有关接入参数的问题在下一个仿真结果中会着重讨论。DTDHCL 算法取得良好性能的根本原因在于该算法根据网络环境和各个用户的动作情况实现了局部适应的、动态的、个性化的参数优化，各个用户选择了适应自身的接入参数。即便 0.7 的设置是所有接入参数中的最优值，但是并不意味着每个用户都应该采用 0.7 作为接入概率，这个问题是局部影响网络场景和全局影响网络场景的一个重要区别。局部影响网络场景中，接入参数优化必然是局部的、个性化的。

　　图 6-7 进一步验证了考虑本地接入优化的重要性和提出的 DTDHCL 算法的性能。左图是 DTDHCL 算法的学习曲线，取学习后的性能作为比较量。右图是固定接入概率从 0.1 到 0.9 情况下，采用穷举法获得的系统最优吞吐量值。该仿真结果可以得出如下结论。

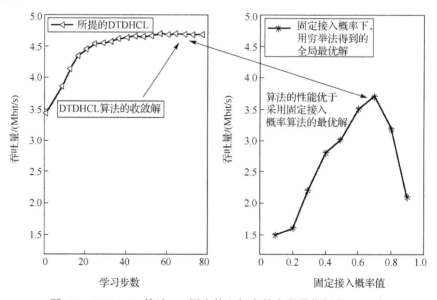

图 6-7　DTDHCL 算法 VS 固定接入概率的穷举最优解（$M=10$）

　　第一，现有工作中采用的固定接入参数机制，系统性能严重依赖于预先设定的参数值。右图中，随着参数值的变化，系统性能起伏十分明显。这意味着要想让系统获得较好的性能，必须研究设定合适的接入参数。然而，具体网络场景千差万别，很难从理论上研究接入参数的优化值。更重要的是，实际网络是一个动态的网络，用户数目、网络环境、用户业务数据等都在快速变化中，预先设定接入参数值这种方法对环境变化十分脆弱，需要研究动态更新优化方法。

第二，即便是固定接入概率从 0.1 到 0.9 中的最优值，穷举最优得到的性能也远低于 DTDHCL 算法学习后的性能。这充分说明，在局部影响网络中，采用本地化的根据具体环境的个性化接入参数优化，才能获得更好的系统性能。在 DTDHCL 算法学习过程中，利用本地邻居之间的信息交互和合作机制，实现了本地化、个性化的接入参数优化。

图 6-8 和图 6-9 进一步比较了 DTDHCL 算法和固定接入概率方法。分别采用 20 个 UAV 和 40 个 UAV 的自组织网络，以获得更普遍意义上的结论验证。限于计算复杂度问题，又考虑到 DTDLCL 的渐进最优收敛性质已经在图 6-6 中得到验证，这里不再采用穷举最优解作为比较，而是采用固定接入概率参数的 DTDLCL 作为比较。鉴于接入概率是从 0 到 1 的连续变量，不可能穷举，所以仿真中接入概率考虑 0.1，0.3，0.5，0.7，0.9 几种情况作为代表来反映性能趋势。图 6-8 和图 6-9 的仿真结果说明了如下结论。

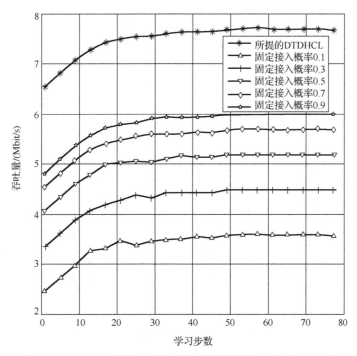

图 6-8　DTDHCL 算法与固定接入概率方法的对比（$M = 20$）

第一，固定接入概率机制环境适应能力的脆弱性。在 20 个 UAV 场景中，设置的接入参数获得的系统吞吐量比较关系为 0.9<0.1<0.3<0.7<0.5。但是在 40 个 UAV 场景中，变为 0.9<0.7<0.5<0.1<0.3。在图 6-7 的 10 个 UAV 场景中，却是 0.1<0.9<0.3<0.5<0.7。这充分说明固定接入概率机制无法适应网络情况的变化。在某个网络中表现

较好的接入参数，却可能在另外一个网络中表现得糟糕。也意味着网络运行过程中，出现某些新加入的 UAV 或出现某些 UAV 退出该自组织系统，则网络性能可能会急剧下降。

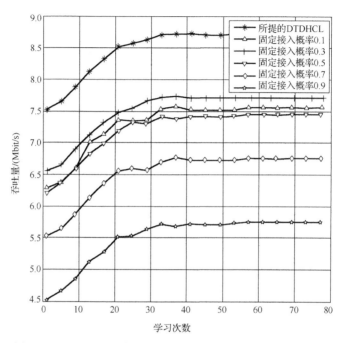

图 6-9　DTDHCL 算法与固定接入概率方法的对比（$M = 40$）

第二，所提 DTDHCL 算法本地接入参数优化机制的良好环境适应能力。图 6-8 和图 6-9 中，DTDHCL 算法均取得比固定接入参数更好的吞吐量性能。根本原因在于该算法能根据各个 UAV 用户的当前环境情况自动优化适合的接入参数。两个场景中吞吐量值不同，并不是说算法性能出现波动，而是不同 UAV 数目下业务数据量也不同，本就应该对应不同的吞吐量值。至于一定数量信道条件下最佳的 UAV 用户数目的问题，作为一个开放性问题留待今后研究。

6.3.6　小结

本节针对自组织无人机网络在异构业务数据条件下分布式机会频谱接入优化问题展开研究。研究动机主要有两个方面：一是要考虑实际系统中的异构业务数据，去除现有研究中无限数据的不合理假设；二是要考虑本地信道接入参数优化，去除现有研究中固定接入参数的不合理设定。针对异构业务数据带来的用频用户之间非对称相互作用问题，本节提出了业务驱动的本地合作博弈模型，证明了系统业务数据吞吐量最大的全局最优解是一个稳态。基于该模型和分析，进一步提出了通过分布式学习达到全局最优解的学习算法,证明了该算法的渐近收敛性。同时,本节还提出了本地信道接入参数的优化以及相应的学习算法,进一步提升了系统性能和环境变化适应能力。仿真结果验证了提出的模型和相关的理论分析结论,系统吞吐量性能有了明显提升。

6.4　基于集群业务合作的时频二维函数化联盟博弈接入

6.4.1　问题引入

从前文研究可以看出,对于异构业务数据,尤其是某些用频用户的小数据量而言,信道传输时段由于数据量的不足导致使用并不充分。这表明仅仅研究信道分配优化并不意味着系统业务吞吐的最优。另一方面,实际系统中存在用户数目大于信道数目的实际情况,根本无法实现无冲突的信道接入。

本节的构想是提出用频用户之间通过业务传输合作的方式来解决该问题,称构成合作关系的一个用频用户群体为联盟。核心思想在于把信道的排他性竞争转变为合作性使用,以充分利用机会频谱信道资源,提高系统业务吞吐能力。现有研究中没有提出此类机构和架构,是因为相关研究的基础性假设为每个用户的业务量是无限的,所以,根本没有进行合作传输的基础。基于实际应用中的有限、异构业务数据传输需求,如何以自组织的方式形成合理的联盟,同时具备良好的系统吞吐量性能以及系统稳定、快速收敛等性能,是本节研究的主要内容。

本节在前文基础上,采用联盟博弈[64]的方法,进一步研究基于业务合作的自组织机会频谱接入优化问题。机会频谱接入优化的现有工作中,也有一些研究使用联盟博弈来研究分布式接入决策[69-77,102],主要是通过适当的信息交互形成自组织的局部联盟来协调优化接入决策。但是,这些研究仍然主要集中在信道选择的冲突控制方面,很少考虑用户的业务数据传输需求问题。对于现有研究中提出的联盟模型和算法,也主要考虑联盟形成的稳定性,很少考虑形成的联盟获得的吞吐量、收敛速度等重要的系统性能。

本节提出业务数据驱动的时频二维机会频谱资源优化模型,以及相应的几种联盟算法,进一步提升系统业务吞吐性能。本节的主要贡献如下。

(1)为了获得更为高效的机会频谱使用效率,提出了业务合作联盟博弈模型。该模型在自组织联盟形成时以优化业务数据吞吐量为目标,同时考虑了频率信道选择冲突控制以及用户业务量决定的传输时间控制。

(2)针对现有研究中联盟形成算法中联盟动作主要采用二元决策机制的局限性,提出了函数化的联盟动作多元决策机制,可以针对实际情况需要采用更丰富灵活的联盟形成方法。

(3)针对提出的时频二维联合优化联盟形成,从传统二元决策、最优响应,以及概率决策三个方面定义了相应的联盟动作决策函数，提出了相应的联盟形成算法，证明了联盟算法的稳定性，验证了所提业务合作联盟博弈模型的性能。

6.4.2 模型建立

1. 系统模型

考虑一个 N 个信道和 M 个无人机(UAV，本节中也称为系统中的机会频谱用户)的分布式系统，如图 6-10 所示。无人机采用同步时隙传输模式[3,47]以及并行接入模式[28]。UAV 检测本时隙内 PU 信道的占用状态，在信道空闲时，可以使用该空闲信道进行业务数据传输。例如，在图 6-10 中，信道 5 被 PU 占用，UAV 不能使用，但是 UAV 可以使用没有被 PU 占用的信道 1 到信道 4。如果两个以上 UAV 同时接入某个信道进行数据传输，则认为发生冲突，同时接入的 UAV 业务吞吐量均为 0。与本节关注的异构用户业务数据研究目标一致，本节中各个 UAV 的业务数据也是异构的。

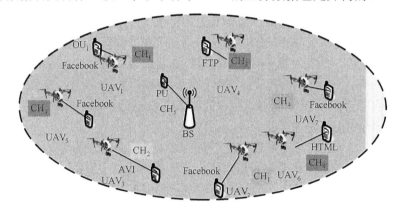

联盟：$CO_1^1 = \{UAV_1,\ UAV_2\}$，$CO_2^3 = \{UAV_4\}$，$CO_3^4 = \{UAV_5,\ UAV_6,\ UAV_7\}$，$CO_4^2 = \{UAV_3\}$
CH_i：信道i；OU：业务卸载用户(offload user)——数据链路(data link)；UAV_i：无人机i

图 6-10　异构业务自组织无人机联盟信道分配示意图

与前文场景的一个重要区别在于：UAV 数目明显大于系统 PU 信道数。这在实际应用场景中是普遍存在的。例如，802.11 协议下通常使用的信道数为 3 个，而接入的用户数远不止 3 个。现有研究中主要关注信道分配，一般假定了信道数量比较充足，致力于研究无冲突分配问题，所以很少有研究讨论本节中研究的信道分配和传输合作的问题。在图 6-10 所示场景中，7 个 UAV 却只有 4 个 PU 信道，无法实现无冲突分配。

本节的构想是提出 UAV 之间进行业务传输合作的方式来解决该问题，称构成合作关系的一个 UAV 群体为联盟。如在图 6-10 中，$CO_3^4 = \{UAV_5, UAV_6, UAV_7\}$ 为由三个 UAV 构成的业务传输联盟，工作在信道 4。联盟内部的 UAV 就不再构成信道占用的竞争关系，而是与其他联盟争用信道。$CO_1^1 = \{UAV_1, UAV_2\}$ 是由两个 UAV 构成的联盟，工作在信道 1 上。在非联盟机制下，本来 UAV_1 和 UAV_2 是要争用信道的，如都决策使用信道 1，如果两者均检测信道为空闲而同时进行数据传输，则两者吞吐量均为 0，且本来可以利用的空闲信道 1 却实际上由于争用而浪费。通过本节所提的联盟机制，UAV_1 和 UAV_2 组成联盟共享信道 1，变冲突为利用，大大提高机会频谱使用效率。至于联盟内部的传输管理等问题，可以采用类似 802.11 DCF[13]中的网络分配矢量(network allocation vector, NAV)机制等方法来协调，这取决于采用哪种具体的协议，并不是本节研究的重点。

本节主要研究如何形成联盟。联盟组成一方面取决于 UAV 之间的信道竞争，更重要的是取决于自身的业务传输需求情况。例如，$CO_3^4 = \{UAV_5, UAV_6, UAV_7\}$ 允许三个 UAV 共享一个信道，因为他们的应用业务数据量都比较小，一个信道能够满足需求。而 UAV_3 和 UAV_4 却各自单独形成联盟来争用信道，因为他们的应用业务数据量大，无法和其他 UAV 共享一个信道。图 6-10 中的示例中，7 个 UAV 根据自身业务情况实现了在 4 个 PU 信道上的无冲突分配，相比现有研究中的 7 个 UAV 各自争用信道而言，明显将具有更好的系统性能。

图 6-11 显示了与图 6-10 示例场景相对应的信道和时间分配情况。每个周期时隙为 T，每个 UAV 检测信道需要消耗时间为 τ_s。记信道容量向量为 $\boldsymbol{C} = [C_1, C_2, \cdots, C_N]$，各个 UAV 的业务数据向量为 $\boldsymbol{L} = [L_1, L_2, \cdots, L_M]$。每个 UAV 的数据实际传输占用信道时间取决于其数据量和接入的信道容量。例如，在图 6-11 示例中，CSC_1 的实际占用信道传输数据时间为 L_1 / C_1。为便于表述，做如下定义：$S_{CH} = \{1, 2, \cdots, N\}$ 为机会频谱

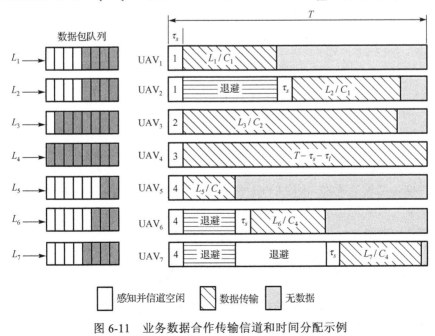

图 6-11 业务数据合作传输信道和时间分配示例

信道集合；$S = \{1,2,\cdots,m,\cdots,M\}$ 为无人机集合或称为用频用户集合；信道空闲概率向量为 $\boldsymbol{P}^0 = [P_1^0,P_2^0,\cdots,P_N^0]$。定义 $P = \{\{CO_1^{n_1}\},\{CO_2^{n_2}\},\cdots,\{CO_l^{n_l}\}\}$ 为联盟集合，$CO_k^{n_k}$ 表示联盟 k 工作在信道 n_k 上。图 6-12 显示了联盟形成及信道分配情况。

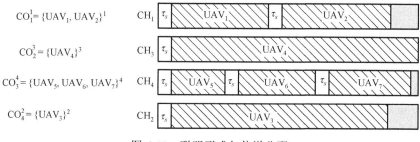

图 6-12　联盟形成与信道分配

2. 问题建模

基于实际应用中的有限、异构业务数据传输需求，如何以自组织的方式形成合理的联盟，同时具备良好的系统吞吐量性能以及系统稳定、快速收敛等性能，是本节研究的主要内容。

与前文一致，面向 UAV 的应用业务数据，定义业务吞吐量。用户 UAV_m 在联盟 $CO_k^{n_k}$ 内，如果在空闲的机会频谱信道 n_k 成功进行数据传输，业务吞吐量为

$$R_m = \frac{L(\text{transmitted data})\text{bit}}{t(\text{total time spend})\text{s}} = \begin{cases} \dfrac{L_m}{\tau_{bm} + L_m / C_{n_k}}, & L_m < (T - \tau_{bm})C_{n_k} \\[3mm] \dfrac{T - \tau_{bm}}{T}C_{n_k}, & L_m \geqslant (T - \tau_{bm})C_{n_k} \end{cases} \tag{6-64}$$

其中，τ_{bm} 为用户 UAV_m 在联盟 $CO_k^{n_k}$ 内的传输退避时间。如在图 6-11 中，UAV_2 的退避时间是 $\tau_{bm} = L_1 / C_1 + \tau_s$，即联盟 $CO_k^{n_k}$ 内排在 CSC_2 前的用户消耗的时间。

在本节所提的自组织无人机联盟接入模型中，可能存在不同联盟中的用户同时接入同一个信道，这就会造成冲突。对于用户 $UAV_m \in CO_k^{n_k}$，其数据在信道 n_k 上传输成功需要满足如下条件：①信道空闲；②UAV_m 检测信道 n_k 时没有发生虚警；③没有其他的用户准备接入信道 n_k，即除 $CO_k^{n_k}$ 外的联盟中决策检测信道 n_k 的 UAV 均发生虚警错误。记 Ψ^{n_k} 为决策检测信道 n_k 的用户集合，则用户 $UAV_m \in CO_k^{n_k}$，其数据在信道 n_k 上传输成功的概率为

$$p_{s,m}^{CO_k^{n_k}} = p_0^{n_k} \times (1 - p_{f,m}^{n_k}) \times \prod_{h \in \{\Psi^{n_k} \setminus CO_k^{n_k}\}} p_{f,h}^{n_k} \tag{6-65}$$

其中，$p_{f,m}^{n_k}$ 是 UAV_m 检测信道 n_k 的虚警概率，$p_0^{n_k}$ 是信道 n_k 的空闲概率。关于能量检测[22]的虚警概率分析等细节，在相关文献中已有详细阐述，本节不再重复。

假定联盟 $\mathrm{CO}_k^{n_k}$ 包括 j 个成员，$\mathrm{CO}_k^{n_k} = \{\mathrm{UAV}_1, \cdots, \mathrm{UAV}_j\}$，而 UAV_m 为其第 i 个加入的成员，则 UAV_m 在联盟 $\mathrm{CO}_k^{n_k}$ 的传输退避时间计算为

$$\tau_{bm}^{\mathrm{CO}_k^{n_k}} = \sum_{t=1}^{i-1} (\tau_s + (1 - p_{f,t}^{n_k})(L_t / C_{n_k})) \tag{6-66}$$

为表达简洁，记 $\xi_m^{\mathrm{CO}_k^{n_k}} = \dfrac{L_m}{C_{n_k}} + \tau_{bm}^{\mathrm{CO}_k^{n_k}} - T$，$R_m^{\mathrm{CO}_k^{n_k},1} = \dfrac{L_m}{\tau_{bm}^{\mathrm{CO}_k^{n_k}} + L_m / C_{n_k}}$，$R_m^{\mathrm{CO}_k^{n_k},2} = \dfrac{T - \tau_{bm}^{\mathrm{CO}_k^{n_k}}}{T} C_{n_k}$，则 UAV_m 工作在信道 n_k 上的联盟 $\mathrm{CO}_k^{n_k}$ 内时的业务吞吐量期望为

$$\begin{aligned} R_m^{\mathrm{CO}_k^{n_k}} &= p_{s,m}^{\mathrm{CO}_k^{n_k}} \times \left(\frac{1 - \mathrm{sgn}(\xi_m^{\mathrm{CO}_k^{n_k}})}{2} R_m^{\mathrm{CO}_k^{n_k},1} + \frac{1 + \mathrm{sgn}(\xi_m^{\mathrm{CO}_k^{n_k}})}{2} R_m^{\mathrm{CO}_k^{n_k},2} \right) \\ &= p_0^{n_k} \times (1 - p_{f,m}^{n_k}) \times \prod_{h \in \{\Psi^{n_k} \backslash \mathrm{CO}_k^{n_k}\}} p_{f,h}^{n_k} \\ &\quad \times \left(\frac{1 - \mathrm{sgn}(\xi_m^{\mathrm{CO}_k^{n_k}})}{2} R_m^{\mathrm{CO}_k^{n_k},1} + \frac{1 + \mathrm{sgn}(\xi_m^{\mathrm{CO}_k^{n_k}})}{2} R_m^{\mathrm{CO}_k^{n_k},2} \right) \end{aligned} \tag{6-67}$$

其中，

$$\mathrm{sgn}(x) = \begin{cases} 1, & x > 0 \\ 0, & x = 0 \\ -1, & x < 0 \end{cases} \tag{6-68}$$

从该吞吐量计算公式可以看出，用户业务吞吐量取决于选择的联盟、联盟工作信道、联盟之间的信道竞争、信道空闲概率、信道容量、业务数据量等多个因素。

对于联盟 $\mathrm{CO}_k^{n_k}$，其联盟整体吞吐量为

$$R^{\mathrm{CO}_k^{n_k}} = \sum_{m \in \mathrm{CO}_k^{n_k}} R_m^{\mathrm{CO}_k^{n_k}}(L_m) \tag{6-69}$$

对于整个自组织网络，系统业务吞吐量为

$$R^{\mathrm{net}} = \sum_{m \in S} R_m^{\mathrm{CO}_k^{n_k}}(L_m) \tag{6-70}$$

本节研究的目标就是要寻找稳定的、性能优化的联盟方法，提升系统业务吞吐量：

$$(P3): \quad P^* = \{\{\mathrm{CO}_1^{n_1}\}, \{\mathrm{CO}_2^{n_2}\}, \cdots, \{\mathrm{CO}_l^{n_l}\}\} = \arg\max R_{\mathrm{net}} = \sum_{m \in S} R_m^{\mathrm{CO}_k^{n_k}}(L_m) \tag{6-71}$$

$$\forall i, j, \ \mathrm{CO}_i^{n_i} \subseteq S, \ \mathrm{CO}_j^{n_j} \subseteq S, \ \mathrm{CO}_i^{n_i} \bigcap \mathrm{CO}_j^{n_j} = \varnothing, \ \bigcup_{i=1}^{l} \mathrm{CO}_i^{n_i} = S$$

如果采用集中式优化方法，在 UAV 数目和信道数目较大时，联盟形成的组合优化问

题具有很高的计算复杂度，并且集中式优化方法背离了自组织网络结构这一特征。因此，期望的解决方案是通过分布式的学习方法，以 UAV 自我决策的方式形成稳定的联盟。本节采用联盟博弈的方法来求解该问题。

6.4.3 业务合作联盟博弈

1. 博弈模型

定义 6.1 业务合作联盟博弈定义为 $G = (S, v, F, A, P)$，其中，S 是决策用户集，本节中即为系统中的 UAV；v 为效用函数；F 是联盟动作决策函数，即由此函数来规范系统中的用户按什么规则来决定加入或退出某个联盟；$A = (a_1, a_2, \cdots, a_m, \cdots, a_M)$ 是决策用户集的决策向量，例如，对于用户即 UAV_m 的决策动作 a_m，按当前环境下的联盟动作决策函数 F，可能做出三种决策动作：加入某个联盟、离开某个联盟、保持现有状态不变；P 是联盟结构，即系统形成的联盟状态，$P = \{\{\text{CO}_1^{n_1}\}, \{\text{CO}_2^{n_2}\}, \cdots, \{\text{CO}_l^{n_l}\}\}$，$\forall i, j$，$\text{CO}_i^{n_i} \subseteq S$，$\text{CO}_j^{n_j} \subseteq S$，$\text{CO}_i^{n_i} \bigcap \text{CO}_j^{n_j} = \varnothing$，$\bigcup_{i=1}^{l} \text{CO}_i^{n_i} = S$。

定义 6.2 用户效用函数定义为其可获得的业务吞吐量，即对于 $\text{UAV}_m \in \text{CO}_k^{n_k}$，其效用函数表示为

$$v_m(\text{CO}_k^{n_k}) = R_m^{\text{CO}_k^{n_k}} \tag{6-72}$$

定义 6.3 记当前系统的联盟结构为 $P_{cu} = \{\{\text{CO}_1^{n_1}\}, \{\text{CO}_2^{n_2}\}, \cdots, \{\text{CO}_l^{n_l}\}\}$，对于 $\text{UAV}_m \in \text{CO}_k^{n_k}$，可能的决策动作 a_m 从影响联盟结构的角度来说分两种：一是加入当期已经存在的某个联盟，这里包括从独立状态加入和从某个现有联盟中脱离然后加入这两种情况，二是选择非合作状态自己独立称为一个联盟，这里也包括保持原来的独立状态和从当前联盟脱离出来形成独立联盟两种情况。定义任意用户 $\text{UAV}_m \in \text{CO}_k^{n_k}$ 的候选动作集为

$$\begin{aligned} Sa_m &= \{a_{m1}, a_{m2}, \cdots, a_{mt}\} \\ &= P_{cu} \bigcup \{\{\text{UAV}_m^1\}, \{\text{UAV}_m^2\}, \cdots, \{\text{UAV}_m^N\}\} \\ &= \{\{\text{CO}_1^{n_1}\}, \{\text{CO}_2^{n_2}\}, \cdots, \{\text{CO}_l^{n_l}\}\} \bigcup \{\{\text{UAV}_m^1\}, \{\text{UAV}_m^2\}, \cdots, \{\text{UAV}_m^N\}\} \\ &\overset{\text{denote}}{\Leftrightarrow} Sa_m = \{\{\text{CO}_1^{n_1}\}, \{\text{CO}_2^{n_2}\}, \cdots, \{\text{CO}_t^{n_t}\}\} \end{aligned}$$

其中，$t = |Sa_m|$ 是候选动作集中可能动作的数量。

定义 6.4 本联盟中用户的联盟动作决策需要满足帕累托改进条件[63]，即对任意联盟 $\text{CO}_k^{n_k} \subseteq Sa_m$ 中的任意用户 $\text{UAV}_m \in \text{CO}_k^{n_k}$，帕累托改进效用函数为

$$\mu_m(\text{CO}_k^{n_k}) = \begin{cases} v_m(\text{CO}_k^{n_k}), & \forall j \in \text{CO}_k^{n_k} \setminus \{m\}, \ v_j(\text{CO}_k^{n_k}) \geqslant v_j(\text{CO}_k^{n_k} \setminus \{m\}) \\ 0, & \text{其他} \end{cases} \tag{6-73}$$

使得帕累托改进效用函数为正的决策行为意味着该用户的决策在改进自身效用

的同时，不会损伤本联盟其他用户的利益。现有的研究中，也有基于完全自私或部分自私等多种用户决策行为规范条件，但帕累托改进效用函数是其中广泛使用的一种[76,77,103]。帕累托改进效用函数反映了集体利益的诉求，也符合无人机集群联盟这一组织形态的一般特点。

定义 6.5（联盟动作的二元决策）　任意用户 $UAV_m \in CO_k^{n_k}$ 的候选动作集 $Sa_m = \{\{CO_1^{n_1}\},\{CO_2^{n_2}\},\cdots,\{CO_t^{n_t}\}\}$，联盟动作决策 a_m 由二元选择指令 $\succ_m$ 决定：

$$a_m = \begin{cases} CO_1^{n_1}, & CO_1^{n_1} \succ_m CO_2^{n_2} \\ CO_2^{n_2}, & CO_2^{n_2} \succ_m CO_1^{n_1} \end{cases} \tag{6-74}$$

其中，$CO_1^{n_1} \succ_m CO_2^{n_2}$ 意味着 UAV_m 必须选择联盟 $CO_1^{n_1}$，而不是 $CO_2^{n_2}$。

对于本节提出的业务合作联盟博弈模型，定义二元选择指令为

$$CO_1^{n_1} \succ_m CO_2^{n_2} \Leftrightarrow \mu_m(CO_1^{n_1}) \succ \mu_m(CO_2^{n_2}) \tag{6-75}$$

即联盟动作决策由帕累托改进函数值的大小关系确定：

$$a_m = \begin{cases} CO_1^{n_1}, & \mu_m(CO_1^{n_1}) \succ \mu_m(CO_2^{n_2}) \\ CO_2^{n_2}, & \mu_m(CO_2^{n_2}) \succ \mu_m(CO_1^{n_1}) \end{cases} \tag{6-76}$$

该联盟动作的二元决策机制是当前联盟博弈研究中普遍采用的[69-77,102,103]，只不过是具体的选择指令函数根据具体场景和研究的问题来设定。值得注意的是，这种二元决策机制有两个局限：一是联盟动作决策仅仅比较两个候选动作之间的关系，缺乏全局性；二是联盟动作决策是一种硬判决，过于刚性，缺乏灵活性。本节研究发现，传统二元决策机制的局限不利于系统性能的提高。

2. 函数化联盟动作多元决策

鉴于上述传统二元决策机制的不足，本节提出一种更具一般性的函数化的多元决策机制，以增强联盟动作的灵活性，使其能根据具体研究问题的情况和需要进行优化设计。

定义 6.6（函数化联盟决策指令）　任意用户 $UAV_m \in CO_k^{n_k}$ 的候选动作集 $Sa_m = \{\{CO_1^{n_1}\},\{CO_2^{n_2}\},\cdots,\{CO_t^{n_t}\}\}$，联盟动作决策 a_m 由函数选择指令 F_m 决定：

$$a_{F_m} = F_m(Sa_m) = F_m(\{CO_1^{n_1}\},\{CO_2^{n_2}\},\cdots,\{CO_t^{n_t}\}) \tag{6-77}$$

其中，F_m 的具体形式根据研究问题和指标需求来进行具体设计。与二元决策的区别主要在于：一是联盟动作的决策不再局限于比较两个联盟，而是可以综合多个联盟的信息来做出决策；二是决策不再是刚性的二选一，而是可以根据需要设计更为灵活的决策输出，如进行概率决策。传统二元决策也可以看成是 F_m 的一种特定形式。

定义 6.7（最优响应决策指令）　基于定义 6.6 的函数化决策机制，定义一种最优响应

决策指令如下：任意用户 $\mathrm{UAV}_m \in \mathrm{CO}_k^{n_k}$ 的候选动作集 $Sa_m = \{\{\mathrm{CO}_1^{n_1}\},\{\mathrm{CO}_2^{n_2}\},\cdots,\{\mathrm{CO}_t^{n_t}\}\}$，联盟动作决策 a_m 由函数选择指令 F_{BSm} 决定：

$$
\begin{aligned}
a_{BSm} &= F_{BSm}(\{\mathrm{CO}_1^{n_1}\},\{\mathrm{CO}_2^{n_2}\},\cdots,\{\mathrm{CO}_l^{n_l}\}) \\
&= \max\left(\{\mathrm{CO}_1^{n_1}\},\{\mathrm{CO}_2^{n_2}\},\cdots,\{\mathrm{CO}_l^{n_l}\}\right) \\
&= \mathrm{CO}_k^{n_k}
\end{aligned} \tag{6-78}
$$

$$
\text{如果}\,\forall \mathrm{CO}_i^{n_i} \subseteq P_{cu}\ \&\ \mu_m(\mathrm{CO}_i^{n_i}) \succ 0, \quad \mu_m(\mathrm{CO}_k^{n_k}) \geqslant \mu_m(\mathrm{CO}_i^{n_i})
$$

该定义意味着用户严格选择满足帕累托改进效用条件前提的当前动作集中的最优者作为当前动作。这种决策机制看似在当前做出最优响应，但是实际上容易陷入局部最优困境，使系统过早地趋于稳定，失去了探索更好结构的机会。

定义 6.8（概率决策指令）　基于定义 6.6 的函数化决策机制，定义一种概略决策指令如下：任意用户 $\mathrm{UAV}_m \in \mathrm{CO}_k^{n_k}$ 的候选动作集 $Sa_m = \{\{\mathrm{CO}_1^{n_1}\},\{\mathrm{CO}_2^{n_2}\},\cdots,\{\mathrm{CO}_t^{n_t}\}\}$，联盟动作决策 a_m 由函数选择指令 $F_{PDm}(\{\mathrm{CO}_1^{n_1}\},\{\mathrm{CO}_2^{n_2}\},\cdots,\{\mathrm{CO}_l^{n_l}\})$ 决定，用户按如下混合策略概率分布随机做出决策：

$$
\mathrm{Pr}(a_{PDm} = \mathrm{CO}_k^{n_k}) = \frac{\exp\{\beta\mu_m(\mathrm{CO}_k^{n_k})\}}{\displaystyle\sum_{\substack{\mathrm{CO}_i^{n_i} \subseteq Sa_m \\ \mu_m(\mathrm{CO}_i^{n_i})>0}} \exp\{\beta\mu_m(\mathrm{CO}_i^{n_i})\}} \tag{6-79}
$$

该定义意味着用户不再严格地选择某个特定的动作，即便是效用最优的动作，而是按概率随机决策。较优效用的候选动作只是获得了较大的被选择概率。这种决策机制看似在当前没有做出最优响应，但是实际上为接下来多步的系统联盟构成和选择留下了更多的探索空间，能较为有效地摆脱局部最优困境，反而获得更好的联盟构成结果。

6.4.4　业务驱动联盟形成算法

根据上节中的三种联盟动作决策指令，对于本节提出的业务合作传输模型，提出三种对应的联盟形成算法，并进行相关性能分析。

1. 二元决策业务合作联盟算法

1）算法流程

根据定义 6.5 的传统二元决策机制，采用业务合作传输模式，提出面向用户业务数据吞吐量优化的二元决策业务合作联盟算法（binary preferring traffic cooperation coalition formation，BPTCCF）如算法 6.4 所示。

算法 6.4　BPTCCF 算法

Initiate: 各个 UAV 形成一个非合作的独立的联盟，随机选择一个信道，构成初始化的联盟结构：$P_{\mathrm{int}} = \{\{\mathrm{CO}_1^{n_1}\},\{\mathrm{CO}_2^{n_2}\},\cdots,\{\mathrm{CO}_M^{n_M}\}\}$。

Loop:

　{

　　阶段 1：信息获取。通过合作机制下的信息交互收集联盟决策需要的业务数据队列信息、潜在的可选择动作、信道空闲概率和容量等信息。

　　阶段 2：联盟形成。

　　Repeat:

　　记当前联盟结构为 $P_{cu} = \{\{CO_1^{n_1}\}, \{CO_2^{n_2}\}, \cdots, \{CO_l^{n_l}\}\}$，对任意用户 UAV_m，按如下步骤做出联盟决策。

　　①形成可选动作集。选择当前联盟或选择非合作模式独立成为自我联盟：

$$Sa_m = \{a_{m1}, a_{m2}, \cdots, a_{mt}\}$$

$$= P_{cu} \bigcup \{\{UAV_m^1\}, \{UAV_m^2\}, \cdots, \{UAV_m^N\}\}$$

$$= \{\{CO_1^{n_1}\}, \{CO_2^{n_2}\}, \cdots, \{CO_l^{n_l}\}\} \bigcup \{UAV_m^1\}, \{UAV_m^2\}, \cdots, \{UAV_m^N\}\} \tag{6-80}$$

$$\overset{\text{denote}}{\Longleftrightarrow} Sa_m = \{\{CO_1^{n_1}\}, \{CO_2^{n_2}\}, \cdots, \{CO_t^{n_t}\}\}$$

　　②在动作集中随机选择一个动作，如果定义 6.5 的决策指令条件满足，则选择该动作：

$$a_m = a_{mi} = \text{choose } \{CO_i^{n_i}\},$$

$$\text{if } CO_i^{n_i} \succ_m CO_k^{n_k} \Leftrightarrow \mu_m \{CO_i^{n_i}\} \succ \mu_m (CO_k^{n_k}) \tag{6-81}$$

$$\forall \{CO_i^{n_i}\} \subseteq Sa_m$$

　　③根据 UAV_m 的动作更新当前联盟结构 P_{cu}。

　　Until： 系统收敛到稳定联盟结构 P_{BP}^*。

　　阶段 3：信道检测与合作业务传输。以能量检测方式检测选定的信道，如果信道空闲，则进行数据传输。联盟内部的检测和传输排序按照成员加入联盟的先后次序。

　}

2) 稳定性分析

联盟算法中，稳定性是重要指标。定义联盟纳什稳定结构为：任意用户都不能从改变当前所处联盟状态的动作中获得满足帕累托改进条件下的效用提升。即对于联盟结构 $P_{BP}^* = \{\{CO_1^{n_1^*}\}, \{CO_2^{n_2^*}\}, \cdots, \{CO_t^{n_t^*}\}\}$ 是一个纳什稳定结构，如果满足如下条件：

$$\forall \{CO_t^{n_t^*}\} \subseteq P_{BP}^*, \quad \forall \{CO_i^{n_i}\} \subseteq P_{BP}^*,$$

$$\text{对于} \forall m \in \{CO_t^{n_t^*}\}, \quad CO_t^{n_t^*} \succ_m CO_i^{n_i} \Leftrightarrow a_m = \text{选择} \{CO_i^{n_i}\} \tag{6-82}$$

定理 6.4　从任意初始联盟结构 P_{int} 开始，所提出的二元决策业务合作联盟算法（BPTCCF）将收敛到一个纳什稳定联盟结构 P_{BP}^*。

证明　该证明过程与文献[69-77,102,103]中的方法类似。联盟结构的变化来源于算法中的阶段 2。由于系统中的用户数和信道数都是有限值，则系统可能的状态数，即可能的联盟结构数目也将是有限的[63]。由于帕累托改进条件的设定要求，系统在有限数量状态之间转移，最终将停止于某个状态 P_{BP}^*，在该状态下，任何动作都将不再能满足帕累托条件。此时，算法将收敛于该状态。

进一步，该最终状态必定是纳什稳定联盟结构 P_{BP}^*。假定收敛状态 P_{BP}^* 不是纳什稳定的，则 $\exists m \in \{CO_t^{n_t^*}\} \subseteq P_{BP}^*, a_m \neq$ 选择 $\{CO_t^{n_t^*}\}$，这意味着用户 UAV_m 的决策动作将不是保持现有状态，而是选择其他联盟或独立为非合作状态，这将导致系统联盟结构的变化。这就与最终状态假定相违背。所以，该最终状态必定是纳什稳定状态。证毕。

2. 最优响应业务合作联盟算法

根据定义 6.7 提出的最优响应多元决策机制，采用业务合作传输模式，提出面向用户业务数据吞吐量优化的最优响应业务合作联盟算法（best selection traffic cooperation coalition formation，BSTCCF）如算法 6.5 所示。

算法 6.5　BSTCCF 算法

Initiate:　各个 UAV 形成一个非合作的独立的联盟，随机选择一个信道，构成初始化的联盟结构：$P_{int} = \{\{CO_1^{n_1}\}, \{CO_2^{n_2}\}, \cdots, \{CO_M^{n_M}\}\}$。

Loop:

{

　　阶段 1: 同 BPTCCF。

　　阶段 2: 联盟形成。

　　Repeat:

　　　记当前联盟结构为 $P_{cu} = \{\{CO_1^{n_1}\}, \{CO_2^{n_2}\}, \cdots, \{CO_l^{n_l}\}\}$，对任意用户 UAV_m，按如下步骤做出联盟决策。

　　　①形成可选动作集。选择当前联盟或选择非合作模式独立成为自我联盟：

$$Sa_m = \{a_{m1}, a_{m2}, \cdots, a_{mt}\}$$
$$= P_{cu} \bigcup \{\{UAV_m^1\}, \{UAV_m^2\}, \cdots, \{UAV_m^N\}\}$$
$$= \{\{CO_1^{n_1}\}, \{CO_2^{n_2}\}, \cdots, \{CO_l^{n_l}\}\} \bigcup \{UAV_m^1\}, \{UAV_m^2\}, \cdots, \{UAV_m^N\}\} \quad (6\text{-}83)$$
$$\overset{denote}{\Leftrightarrow} Sa_m = \left\{\{CO_1^{n_1}\}, \{CO_2^{n_2}\}, \cdots, \{CO_t^{n_t}\}\right\}$$

　　　②根据定义 6.7 的决策指令在当前动作集中选择满足帕累托条件前提下使得效用最大的动作：

$$a_{BSm} = F_{BS}(Sa_m) = a_{mi} = \text{choose } \{CO_i^{n_i}\},$$
$$\text{如果 } \forall(CO_j^{n_j}) \subseteq Sa_m, \quad \mu_m(CO_i^{n_i}) \succ \mu_m(CO_j^{n_j}) \quad (6\text{-}84)$$

　　　③根据 UAV_m 的动作更新当前联盟结构 P_{cu}。

　　Until:　系统收敛到稳定联盟结构 P_{BS}^*。

　　阶段 3: 同 BPTCCF。

}

BSTCCF 算法的稳定性分析类似于 BPTCCF 算法，仅仅是联盟动作选择的规则发生变化，这里不再赘述。值得注意的是，与基于传统的二元决策机制的 BPTCCF 算法

相比，最优响应联盟算法不再是在随机两个动作之间做出二选一，而是全面比较候选动作集中的所有动作，选出当前最优效用者。这种方法将获得较快的收敛速度，但是收敛状态的联盟结构性能往往不是最理想的，因为当前状态下的最优选择往往让系统失去了一些更好性能演变的可能性。

3. 概率决策业务合作联盟算法

1）算法流程

根据定义 6.8 提出的概率响应多元决策机制，采用业务合作传输模式，提出面向用户业务数据吞吐量优化的概率决策业务合作联盟算法（probabilistic decision traffic cooperation coalition formation，PDTCCF）如算法 6.6 所示。

算法 6.6　PDTCCF 算法

Initiate: 各个 UAV 形成一个非合作的独立的联盟，随机选择一个信道，构成初始化的联盟结构：$P_{\text{int}} = \{\{\mathrm{CO}_1^{n_1}\}, \{\mathrm{CO}_2^{n_2}\}, \cdots, \{\mathrm{CO}_M^{n_M}\}\}$。

Loop:

{

　　阶段 1：同 BPTCCF。

　　阶段 2：联盟形成。

　　Repeat:

　　记当前联盟结构为 $P_{cu} = \{\{\mathrm{CO}_1^{n_1}\}, \{\mathrm{CO}_2^{n_2}\}, \cdots, \{\mathrm{CO}_l^{n_l}\}\}$，对任意用户 UAV_m，按如下步骤做出联盟决策。

　　①形成可选动作集。选择当前联盟或选择非合作模式独立成为自我联盟：

$$
\begin{aligned}
Sa_m &= \{a_{m1}, a_{m2}, \cdots, a_{mt}\} \\
&= P_{cu} \bigcup \{\{\mathrm{UAV}_m^1\}, \{\mathrm{UAV}_m^2\}, \cdots, \{\mathrm{UAV}_m^N\}\} \\
&= \{\{\mathrm{CO}_1^{n_1}\}, \{\mathrm{CO}_2^{n_2}\}, \cdots, \{\mathrm{CO}_l^{n_l}\}\} \bigcup \{\{\mathrm{UAV}_m^1\}, \{\mathrm{UAV}_m^2\}, \cdots, \{\mathrm{UAV}_m^N\}\}
\end{aligned}
\tag{6-85}
$$

$$
\overset{\text{denote}}{\Leftrightarrow} Sa_m = \{\{\mathrm{CO}_1^{n_1}\}, \{\mathrm{CO}_2^{n_2}\}, \cdots, \{\mathrm{CO}_t^{n_t}\}\}
$$

　　②根据定义 6.8 的决策指令，用户按如下混合策略概率分布在当前动作集中随机做出决策：

$$
\Pr(a_m = \mathrm{CO}_k^{n_k}) = \frac{\exp\{\beta \mu_m(\mathrm{CO}_k^{n_k})\}}{\displaystyle\sum_{\substack{\mathrm{CO}_i^{n_i} \subseteq Sa_m \\ \mu_m(\mathrm{CO}_i^{n_i}) \succ 0}} \exp\{\beta \mu_m(\mathrm{CO}_i^{n_i})\}}
\tag{6-86}
$$

其中，$\beta > 0$ 是学习参数。

　　③根据 UAV_m 的动作更新当前联盟结构 P_{cu}。

　　Until: 系统收敛到稳定联盟结构 P_{PD}^*。

　　阶段 3：同 BPTCCF。

}

在步骤②中，引入了概率决策机制[99-101]，以试图摆脱收敛于局部最优的困境，获取更好的系统性能。学习参数 β 的设置反映资源使用和资源探索的折中。 β 较大意味着倾向于选择当前较优的动作， β 较小意味着当前次优的动作被选择的机会将会适当增加。

值得注意的是，相比于二元决策（BPTCCF）机制和最优响应（BSTCCF）机制，概率决策业务合作联盟算法（PDTCCF）的最大不同在于不再是刚性的决策，而是在候选动作中，按一定的概率分布进行随机决策。随机决策意味着用户不再严格地选择某个特定的动作，即便是效用最优的动作。较优效用的候选动作只是获得了较大的被选择概率。这种决策机制看似在当前没有做出最优响应，但是实际上为接下来多步的系统联盟构成和选择留下了更多的探索空间，能较为有效地摆脱局部最优困境，反而获得更好的联盟构成结果。

2）稳定性分析

定理 6.5 当学习参数 $\beta \to \infty$ 时，从任意初始联盟结构 P_{int} 开始，所提出的概率决策业务合作联盟算法（PDTCCF）将以概率 1 渐进收敛到一个纳什稳定联盟结构 P_{BP}^*。

证明 联盟结构的变化来源于算法中的阶段 2。根据文献[74-77,103]的分析，由于系统中的用户数和信道数都是有限值，则系统可能的状态数，即可能的联盟结构数目也将是有限的[63]。

假定用户 UAV_m 的候选动作集为 $Sa_m = \{\{CO_1^{n_1}\},\{CO_2^{n_2}\},\cdots,\{CO_t^{n_t}\}\}$，其中，$\{CO_k^{n_k}\}$ 是最优动作，即 $\forall\{CO_i^{n_i}\} \subseteq Sa_m, i \neq k, \mu_m(CO_k^{n_k}) \succ \mu_m(CO_i^{n_i})$。当 $\beta \to \infty$ 时，有

$$\forall\{CO_i^{n_i}\} \subseteq Sa_m, \quad i \neq k, \quad \exp\{\beta\mu_m(CO_k^{n_k})\} \gg \exp\{\beta\mu_m(CO_i^{n_i})\}$$

根据算法中的决策概率分布，有

$$\lim_{\beta\to\infty} \Pr(a_m = \text{choose } \{CO_k^{n_k}\}) = \lim_{\beta\to\infty} \frac{\exp\{\beta\mu_m(CO_k^{n_k})\}}{\sum_{\substack{CO_i^{n_i}\subseteq Sa_m, CO_k^{n_k}\subseteq Sa_m \\ \mu_m(CO_i^{n_i})\succ 0, \mu_m(CO_k^{n_k})\succ 0}} \exp\{\beta\mu_m(CO_i^{n_i})\}} = 1 \quad (6\text{-}87)$$

这意味着当 $\beta \to \infty$ 时，用户将以接近概率 1 选择最佳动作。按照定理 6.4 中的分析，在算法要求动作更新满足帕累托改进条件的情况下，有限状态数量的系统的联盟状态将以概率 1 收敛于最终联盟结构 P_{PD}^*。

类似于定理 6.4 的分析，收敛的最终联盟结构 P_{PD}^* 必定是纳什稳态。记 $P_{PD}^* = \{\{CO_1^{n_1^*}\}, \{CO_2^{n_2^*}\},\cdots,\{CO_t^{n_t^*}\}\}$，假设 P_{PD}^* 不是纳什稳态，则 $\exists UAV_m \in \{CO_t^{n_t^*}\} \subseteq P_{BP}^*$，$\{CO_i^{n_i^*}\} \subseteq P_{BP}^*$，$i \neq k, \mu_m(CO_i^{n_i^*}) \succ \mu_m(CO_t^{n_t^*})$，则当 $\beta \to \infty$ 时，$\exp\{\beta\mu_m(CO_i^{n_i^*})\} \gg \exp\{\beta\mu_m(CO_t^{n_t^*})\}$，进一步有 $\lim_{\beta\to\infty} \Pr(a_{PDm} = \text{choose } \{CO_i^{n_i^*}\}) = 1$，这意味着用户 UAV_m 将以接近概率 1 选择 $CO_i^{n_i^*}$ 而不是当前的联盟 $CO_t^{n_t^*}$，将以接近概率 1 导致联盟结构的改变，而这与最终联盟结构假设矛盾。所以，收敛的最终联盟结构 P_{PD}^* 必定是纳什稳态。证毕。

6.4.5　实验结果及分析

1. 仿真场景与参数设置

设置仿真场景如下：一个 M 个 UAV 用户自组织网络，信道数目为 $N=4$，时隙长度设为 $T=100\text{ms}$，信道检测时间设为 5ms，信道容量设置为 $C=[1000,2000,3000,4000]\,\text{kbit/s}$，信道空闲概率设为 $p_0=[0.9,0.85,0.9,0.85]$。对于信道空闲概率的获取，已有文献进行了较为充分的研究[82]，可采用相关方法获取，在此不作为关注重点。信道检测虚警概率为 0.05。各个 UAV 业务数据量从以下向量中随机选取：$L=[8533\ 10133\ 16533\ 20800\ 25067\ 33600\ 42133\ 50667\ 59200\ 67733]\,\text{bits}$，分别表示 G.711PCM、WMV、AVI/RM、Flash、H264 等各种业务对应的时隙业务量。在本节研究中，主要关注异构业务量下的系统业务吞吐量优化，不作为本节重点。所以，在仿真中直接设置业务量值以简化仿真系统。该参数设置并没有特殊性，可以是任意业务量值，可以对应任意的应用业务，对本节研究的接入技术本身并没有决定性的影响。仿真结果以 1000 次运行的平均值为准。仿真停止条件：一是学习更新步数达到上限；二是吞吐量不再发生明显变化。

2. 仿真结果及分析

图 6-13～图 6-16 分别显示了 UAV 数目为 4、6、8、10 时的二元决策业务合作联

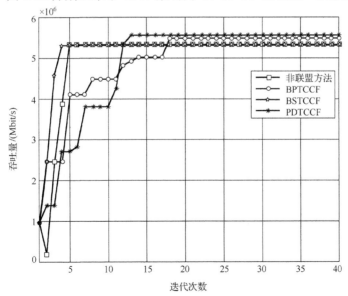

图 6-13　吞吐量性能比较（$M=4$，$L=[8533\ 16533\ 25067\ 42133]\,\text{bits}$）

收敛的稳态联盟结构为二元决策业务合作联盟(BPTCCF)：$\{1,3\}^3$, $\{2,4\}^4$；最优响应业务合作联盟(BSTCCF)：$\{1,3\}^4$, $\{2,4\}^3$；概率决策业务合作联盟(PDTCCF)：$\{1\}^2$, $\{2,4\}^4$, $\{3\}^3$；非联盟方法：$\{1\}^1$, $\{2\}^2$, $\{3\}^3$, $\{4\}^4$

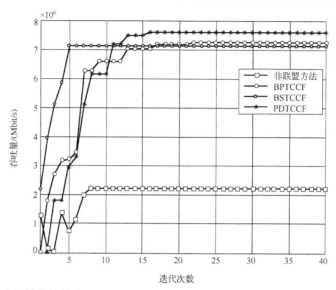

图 6-14　吞吐量性能比较（$M = 6$，$L = [42133\ 33600\ 25067\ 16533\ 20800\ 8533]$ bits）

收敛的稳态联盟结构为二元决策业务合作联盟（BPTCCF）：$\{1,3\}^4$，$\{2,5\}^3$，$\{4\}^2$，$\{6\}^1$；

最优响应业务合作联盟（BSTCCF）：$\{1,4\}^4$，$\{2,5\}^3$，$\{3\}^2$，$\{6\}^1$；概率决策业务合作联盟（PDTCCF）：

$\{3,2\}^4$，$\{5,1\}^3$，$\{6,4\}^2$；非联盟方法：$\{1\}^1$，$\{2\}^4$，$\{3\}^2$，$\{4\}^3$，$\{5\}^3$，$\{6\}^4$

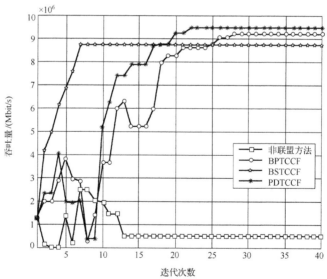

图 6-15　吞吐量性能比较（$M = 8$，$L = [42133\ 50667\ 10133\ 33600\ 16533\ 20800\ 25067\ 8533]$ bits）

收敛的稳态联盟结构为二元决策业务合作联盟（BPTCCF）：$\{6,3,5,1\}^4$，$\{7\}^2$，$\{8,4,2\}^3$；

最优响应业务合作联盟（BSTCCF）：$\{1,4,7\}^4$，$\{2,6\}^3$，$\{3,5\}^2$；概率决策业务合作联盟（PDTCCF）：

$\{3\}^1$，$\{4\}^2$，$\{5,7,1\}^4$，$\{8,6,2\}^3$；非联盟方法：$\{1\}^1$，$\{2\}^3$，$\{3\}^4$，$\{4\}^2$，$\{5\}^2$，$\{6\}^3$，$\{7\}^4$，$\{8\}^1$

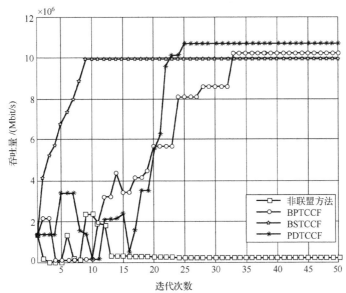

图 6-16　吞吐量性能比较，（ $M = 10$ ，
L = [42133 50667 20800 10133 33600 16533 20800 33600 25067 8533] bits ）

收敛的稳态联盟结构为二元决策业务合作联盟（BPTCCF）：{1,2},{4,3,10}[2],{5,6,7,8}[4],{9}[1]；
最优响应业务合作联盟（BSTCCF）：{1,4,5,8}[4], {2,7,9}[3], {3,6}[2], {10}[1]；
概率决策业务合作联盟（PDTCCF）：{4,3}[2], {6,7,5}[3], {8}[1], {9,10,1,2}[4]；
非联盟方法：{1}[1], {2}[1], {3}[4], {4}[3], {5}[2], {6}[4], {7}[3], {8}[3], {9}[4], {10}[2]

盟算法（BPTCCF）、最优响应业务合作联盟算法（BSTCCF）、概率决策业务合作联盟算
法（PDTCCF），以及传统的非联盟信道分配方法（no coalition）吞吐量仿真对比结果。
相关参数设置和各种算法收敛后的联盟结构在注释中给出了说明。该仿真结果综合反
映了如下几个方面的结论。

　　第一，传统的非合作的信道分配冲突优化机制失效，UAV 数目越多，性能越差。
因为当 UAV 数目大于信道数时，不可能实现无冲突信道分配。用户之间只能争用信
道，而用户数越多，竞争冲突越厉害，导致系统性能降低。仿真 UAV 数目大于信道
数场景的目的，是为了验证实际系统中经常存在的重负载情况，这在实际系统中是普
遍存在的。需要说明的是，图 6-13 中，传统的非合作的信道分配方式也取得了较好的
性能，这是因为系统有 4 个信道，而也仅仅有 4 个 UAV 用户，所以能够实现无冲突
的信道分配。即便如此，所提出的业务合作联盟机制能根据各个用户的业务情况以及
不同信道的容量和空闲概率进行更加优化的调整，获得比仅仅是无冲突分配更好的性
能。例如，在 PDTCCF 算法收敛结果中，UAV_4 宁愿选择和 UAV_2 共享信道 4，也不
愿意单独使用信道 1。这是因为信道 4 容量更大，即便是与 UAV_2 共享，获得的效用
也比单独使用相对较差的信道 1 更好。这也说明，冲突避免为目标的干扰管理的优化

目标和真正的业务吞吐量优化目标并不完全一致。

第二，所提出的三个算法都能收敛到稳定状态，都优于传统的非合作信道分配冲突优化模式。不同决策动作指令下的收敛结果是不同的。收敛状态并不意味着最优状态。例如，图 6-13 中，BPTCCF 算法的收敛结果与 PDTCCF 的收敛结果相比，从系统业务吞吐量的角度出发，UAV$_1$ 应该调整到信道 2 上，但是在 BPTCCF 算法中，UAV$_1$ 做决策时，却愿意选择信道 3，因为它自己处于联盟中的第一位置，获得的效用比在信道 2 上更大，所以它不会跳出当前状态。

第三，概率决策业务合作联盟算法(PDTCCF)的收敛结果获得了最好的吞吐量性能。因为相比于其他算法，概率决策一方面倾向于选择较好效用的动作，另一方面也有一定的概率选择相对较差的动作，保留了系统以后的更好性能方向演变的可能性，避免了陷入局部最优困境。

第四，最优响应业务合作算法(BSTCCF)的收敛结果性能最差，因为按照当前最优效用来刚性地选择动作容易使系统过早地陷入局部最优。并且，由于其刚性选择机制，陷入局部最优之后，也无法再从局部最优跳出来获得探索更好状态的机会。但是，BSTCCF 算法的收敛速度是最快的。当系统设计更加注重算法收敛速度时，可以采用这种联盟动作决策指令设计。

第五，随机二元决策业务合作算法(BPTCCF)的收敛结果性能也比较好，优于最优响应业务合作算法(BSTCCF)，逊于概率决策业务合作联盟算法(PDTCCF)。这是因为 BPTCCF 算法的决策是随机挑选两个候选动作进行比较，其本身就意味着是某种概率决策的形式。但是这种随机挑选的概率决策模式相比所提的 PDTCCF 算法有两个不足：一是收敛速度慢，主要原因是完全等概率挑选比较对象，没有在候选动作集合中选择较优者概率较大的机制；二是性能还稍有差距，主要原因是在比较的两个对象之间还是刚性决策，而不是柔性机制。

图 6-13～图 6-16 是针对某个场景的一次仿真实验结果，主要目的是显示联盟形成的细节，便于分析算法之间的差别。为了避免一次实验的随机性，图 6-17 给出了在 10 个 UAV 场景下，500 次独立仿真结果的均值曲线。结果显示的性能比较关系与图 6-13～图 6-16 的分析基本一致。

第一，不考虑业务合作的传统冲突控制信道分配方法由于多个用户争用信道，系统吞吐量性能很差，即这种方法不适合用户数大于信道数的较重负载情况。

第二，所提出的三个基于业务合作的联盟算法都能收敛到稳定状态，都优于传统的非合作信道分配冲突优化模式。

第三，概率决策业务合作联盟算法(PDTCCF)的收敛结果获得了最好的吞吐量性能，收敛速度也较快。最优响应业务合作算法(BSTCCF)的收敛结果性能最差，但是其收敛速度最快。二元决策业务合作算法(BPTCCF)的收敛结果优于最优响应业务合作算法(BSTCCF)，逊于概率决策业务合作联盟算法(PDTCCF)，但是收敛速度慢。

　　图 6-18 和图 6-19 显示了三种算法在不同 UAV 数目情况下的收敛速度和收敛的稳态系统性能对比关系。该结果更为清晰地显示了非合作模式的系统性能会随着 UAV 个数的增加而快速下降，而所提出的基于业务合作的联盟传输模式能通过变竞争为合作利用更加充分地使用机会频谱资源，提高业务吞吐量性能。就联盟方法来说，相比于传统的随机二元决策机制（BPTCCF），所提出的函数化多元决策机制更具有一般性和灵活性。如果期望系统具有更快的收敛速度，如在环境变化较快的系统中，可以采

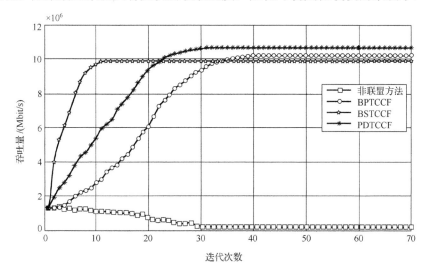

图 6-17　吞吐量性能比较（$M = 10$，
$L = [42133\ 50667\ 20800\ 10133\ 33600\ 16533\ 20800\ 33600\ 25067\ 8533]$ bits）

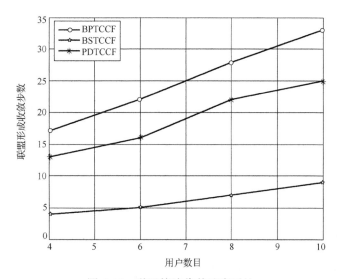

图 6-18　联盟算法收敛速度对比

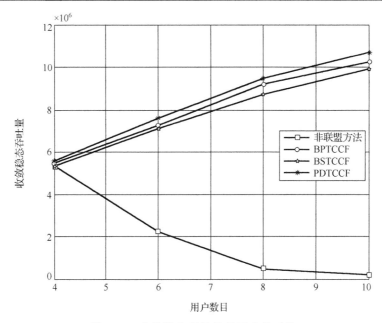

图 6-19　收敛稳态系统业务吞吐量对比

用最优响应机制(BSTCCF)使联盟快速稳定;而如果期望获得更好的稳定的系统吞吐性能,可以采用概率决策业务合作联盟算法(PDTCCF)。

6.4.6　小结

本节针对无人机集群异构有限业务数据条件下机会频谱接入资源使用不够充分的问题进行了进一步优化,提出了以优化业务数据吞吐量为目标的业务合作联盟博弈模型,同时从频域信道选择以及时域数据传输两个方面优化频谱使用。对于联盟形成机制,提出了相比现有研究中的二元决策机制更为灵活的函数化联盟动作多元决策机制。在此机制基础上,分别提出了二元决策业务合作联盟形成算法、最优响应业务合作联盟形成算法、概率决策业务合作联盟形成算法,证明了算法收敛性,验证了所提模型和算法的性能。仿真结果验证了相应的理论分析,且表明所提出的时频二维优化联盟机会频谱接入方法能明显地提升系统业务数据吞吐量性能。

6.5　面向集群异构业务数据的自组织业务匹配序贯接入

6.5.1　问题分析

针对无人机集群系统的接入问题,前文主要采用了机会频谱接入中的并行接入机制,即本时隙内,用频用户(无人机)决策感知接入某个信道。而如果该信道检测结果为忙，则需要在下一个时隙再进行信道感知决策。该并行接入机制较为简单，相应的研究也较多，但存在频谱机会探测不够充分的问题[34]。本节研究采用序贯检测机制，即用频用户决策感知多个信道，直到找到可用信道为止。虽然单用户的序贯检测问题相关研究较为充分，但是，如果在多用户系统中采用序贯检测机制，将带来一系列的挑战。

当前，由于系统的复杂性，基于序贯检测机制的自组织多用户检测次序优化决策相关研究还较少[11,12,104-107]。其中，文献[11, 104-107]都只是给出了一些多用户检测次序优化的可行方法，并未得出能获取系统最优解的方法，更没有从理论上分析所提出方法的最优性。文献[12]给出了一种能达到系统最优的分布式学习决策方法，但是和文献[11]一样，都是假定了用户在一个预先定义的、由一个中心协调机制来协调的检测次序拉丁矩阵范围内做出决策。在一个 N 信道系统中，拉丁矩阵即为一个 $N \times N$ 的循环移位矩阵，保证各个检测次序无重叠。该假定条件较强，大大简化了实际系统中各用频用户的序贯检测决策空间和冲突分析，且限制了系统用户数要不大于系统信道数。更重要的是，基于该假设条件得出的方法虽然在文献[12]中达到了冲突避免的最优系统解，但是，该系统解远不等同于实际吞吐量的系统最优解。在考虑多用户实际异构业务数据时更是需要进一步优化其方法。

从机会频谱接入是为了完成用频用户业务数据传输这个根本目标出发，本节提出面向业务数据的序贯检测次序博弈决策模型和相应学习算法。本节主要贡献如下。

(1)去除现有研究中拉丁矩阵决策空间这个前提假设，打破系统用户数要不大于系统信道数这一限制条件，提出了面向业务的本地合作序贯检测次序博弈决策模型，证明了系统吞吐量全局最优解是该博弈的一个稳态解。

(2)为了以分布式学习的方式达到系统最优解，提出了业务驱动的本地合作序贯检测次序决策学习算法，证明了该学习算法能渐进收敛到系统最优解，实现多用户异构业务数据与其序贯检测次序的最优匹配。

(3)为了改善用户大决策空间带来的学习收敛速度较慢的问题，提出了基于动态规划的快速分布式学习算法。

6.5.2　模型建立

1. 系统模型

考虑一个 N 个信道和 M 个无人机(UAV)的分布式系统，如图 6-1 所示。无人机采用同步时隙传输模式[3,47]以及串行接入模式[28]，即 UAV 按一定次序检测信道直到发现空闲信道进行数据传输为止。UAV 通过检测本时隙内信道的占用状态，在信道空闲时，则可以使用该空闲信道进行业务数据传输。例如，在图 6-20 中，如果 UAV_1 在本时隙决定检测信道 1 或信道 3 且信道检测没有错误，由于此时信道 1 和信道 3 被占用，则 UAV_1 不能在本时隙接入信道进行业务传输，则本时隙 UAV_1 的业务吞吐量即为 0。

图 6-20 中，UAV 之间的相互影响是本地的，而非全局，即任意一个 UAV 的影响范围限于与它存在信号干扰关系的邻居之间。例如，UAV_1 和 UAV_4 可以在同一个信道上传输数据而互不干扰，因为他们不是邻居节点。而如果 UAV_2 和 UAV_3 在同一个信道上传输，则会发生冲突碰撞，因为他们是邻居节点。图 6-20 中，各个 CSC 服务终端运行的应用是异构的，各个信道的容量和空闲概率也是异构的。

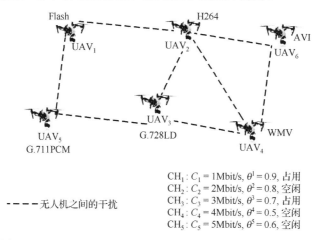

图 6-20　本地影响异构业务自组织无人机机会频谱接入场景图

为便于表述，做如下定义：$S_{CH} = \{1, 2, \cdots, N\}$ 为机会频谱信道集合；$S = \{1, 2, \cdots, m, \cdots, M\}$ 为无人机集合或称为用频用户集合；记信道容量向量为 $\boldsymbol{C} = [C_1, C_2, \cdots, C_N]$，信道空闲概率向量为 $\boldsymbol{\theta} = [\theta^1, \theta^2, \cdots, \theta^N]$。各个用户的业务数据向量为 $\boldsymbol{L} = [L_1, L_2, \cdots, L_M]$。定义 $D_{i,j}$ 为用户 i 和用户 j 之间的相互影响关系，也称相邻关系。$D_{i,j} = 1$ 表示用户 i 和用户 j 互不影响，非相邻。$D_{i,j} = 0$ 表示用户 i 和用户 j 处在对方信号影响范围内，是邻居。用户 UAV_m 选择接入的信道记为 n_m。记 $\Psi_m = \{i \in S : D_{i,m} = 0\}$ 为用户 UAV_m 的邻居集合(包括 UAV_m 自身)。对任意用户 UAV_m，记其对各信道状态检测的虚警概率向量为 $\boldsymbol{P}_{f,m} = [p_{f,m}^1, p_{f,m}^2, \cdots, p_{f,m}^n, \cdots, p_{f,m}^N]$，检测概率为 $\boldsymbol{P}_{d,m} = [p_{d,m}^1, p_{d,m}^2, \cdots, p_{d,m}^n, \cdots, p_{d,m}^N]$。虚警概率为信道本来空闲但是由于检测错误为信道忙的概率，检测概率为信道忙且检测结果也为信道忙的概率。由于本节不关注信道频谱检测的具体细节[16]，所以不再赘述。

本节研究充分考虑业务异构性、信道异构性，以及实际中的信道检测错误。下面对图 6-21 所示的多用户序贯接入信道可能会出现的几种典型情况进行说明。UAV 序贯信道检测和业务传输时隙结构如图 6-21 所示。每个周期时隙 T 划分为信道选择和检测阶段(若干个 τ_s)、本地信息交互阶段和学习阶段 τ_l，以及业务数据传输阶段。记信道集合 $S_{CH} = \{1, 2, \cdots, N\}$ 的全排列 $\mathcal{O}$，每个 UAV，如 UAV_m，可以从中选择一个检测次序 $S_m = (s_{m1}, s_{m2}, \cdots, s_{mN})$，然后按该次序序贯检测信道，直到发现空闲可用信道，然后接入信道传输数据。图 6-21 示例中，UAV_1 虽然检测信道 5，本身信道是空闲的，但是在检测过程中发生了虚警错误，失去了机会，然后继续按次序检测直到正确检测到空闲信道 4，在时间 $3\tau_s$ 开始数据传输。根据业务数据量和信道容量，实际数据传输时间为 L_1/C_4。对于 UAV_4，因为和 UAV_1 不相邻，也可以同时接入信道 4，它的传输实际为 $T-3\tau_s-\tau_l$，即本时隙剩余时间，因为它的业务数据量大。UAV_2 和 UAV_3 由于是邻居，企图同时接入相同信道，所以发生传输冲突。这里造成冲突的重要原因就是各自的信道序贯检测次序发生了重叠。UAV_6 在检测信道 1 时发生了漏检，即信道本身忙，但是检测结果却为空闲，所以在信道 1 上传输必然发生冲突。

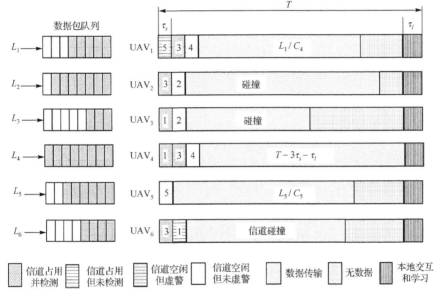

图 6-21　多无人机序贯检测信道使用示例图

实质上，当前非常有限的相关研究中，通过限定用户的决策空间为预先指定的循环移位拉丁矩阵[11,12]，并且限定用户数小于信道数，则互不交叠的检测次序的数目就不会小于用户数。这实际上就巧妙地把多用户序贯检测次序问题转化为了类似于正交决策分配问题，就可以采用原来的正交信道分配方法来求解。但是，这种方法有两个局限：一是两个限制条件较强，不符合实际系统情况；二是即便达到了正交次序选择无冲突状态，也和系统吞吐量优化目标不一致。

本节研究去除这两个限制条件，允许各个 UAV 按全策略空间进行决策，允许 UAV 之间的检测次序出现部分重叠，面向异构用户业务数据，实现检测次序与业务的最优匹配，达到系统业务吞吐最优。同时，充分考虑异构信道、信道检测错误等实际系统中的要素。

2. 吞吐量分析及问题建模

1) 允许交叠序贯检测业务吞吐分析

UAV 接入机会频谱信道的业务吞吐量为单位时间内传输的业务数据量。对于用户

UAV$_m$ 的业务队列 L_m，假定检测次序为 $S_m = (s_{m1}, s_{m2}, \cdots, s_{mN})$，如果该次序中第 k 个信道 s_{mk} 被正确检测为信道空闲，且业务数据传输无冲突，则用户 UAV$_m$ 的业务吞吐量为

$$R_{s_{mk}} = \frac{L(\text{transmitted data})\text{bit}}{t(\text{time spend})\text{s}} = \begin{cases} \dfrac{L_m}{k\tau_s + L_m / C_{S_{mk}}}, & \dfrac{L_m}{C_{S_{mk}}} + k\tau_s + \tau_l \leq T \\[4mm] \dfrac{(T - k\tau_s - \tau_l)C_{S_{mk}}}{T - \tau_l}, & \dfrac{L_m}{C_{S_{mk}}} + k\tau_s + \tau_l > T \end{cases} \tag{6-88}$$

其中，$C_{S_{mk}}$ 为信道 s_{mk} 的信道容量。

在所提模型中，多个 UAV 有可能同时接入某个信道，产生冲突。对于用户 UAV$_m$，检测次序为 $S_m = (s_{m1}, s_{m2}, \cdots, s_{mN})$，假定在邻居中有另外一个用户 UAV$_h$，检测次序为 $S_h = (s_{h1}, s_{h2}, \cdots, s_{hk}, \cdots, s_{hN})$，定义以下函数来描述两者之间的信道重叠关系：

$$\delta(s_{mk}, s_{hk}) = \begin{cases} 1, & s_{mk} = s_{hk} \\ 0, & s_{mk} \neq s_{hk} \end{cases} \tag{6-89}$$

即如果 $\delta(s_{mk}, s_{hk}) = 1$，表示 UAV$_m$ 和 UAV$_h$ 的检测次序在第 k 个信道上发生重叠。记 $\Psi_{m,k}^{s_{mk}} = \{h \in \Psi_m : \delta(s_{mk}, s_{hk}) = 1\}$ 为 UAV$_m$ 的邻居中与 UAV$_m$ 的检测次序在第 k 个信道上发生重叠的用户集合；记 $\Psi_{m,-i}^{s_{mi}} = \{h \in \Psi_m : \exists j \leq i, \delta(s_{mi}, s_{hj}) = 1\}$ 为 UAV$_m$ 的邻居中检测序列在前 i 个中包含 UAV$_m$ 的第 i 个检测信道 s_{mi} 的用户集合。

对于任意用户，如 UAV$_m$，业务数据在其第 k 个检测次序信道 s_{mk} 上无冲突成功传输，需要满足如下几个条件：一是该信道上没有无人机集群用户外的用频设备在工作；二是 UAV$_m$ 检测信道没有发生虚警错误；三是没有其他邻居用户已经占用信道 s_{mk}；四是 UAV$_m$ 没有在检测 s_{mk} 之前就已经在前面的检测过程中接入信道；五是没有其他邻居用户企图同时接入该信道，即要么他们在第 k 个检测次序信道前已经接入其他信道，要么在检测 s_{mk} 发生虚警。综上，UAV$_m$ 在第 k 个检测次序信道 s_{mk} 上成功传输数据的概率为

$$\begin{aligned} p_m^{s_{mk}} = {} & \theta^{s_{mk}} \times (1 - p_{f,m}^{s_{mk}}) \times \prod_{i=1}^{k-1} ((1 - p_0^{s_{mi}}) p_{d,m}^{s_{mi}} + p_0^{s_{mi}} p_{f,m}^{s_{mi}}) \\ & \times \prod_{h \in \Psi_{m,k}^{s_{mk}} \backslash m} \left(1 - (1 - p_{f,h}^{s_{hk}}) \times \prod_{j=1}^{k-1} ((1 - p_0^{s_{hj}}) p_{d,h}^{s_{hj}} + p_0^{s_{hj}} p_{f,h}^{s_{hj}}) \right) \end{aligned} \tag{6-90}$$

其中，$p_0^{s_{mi}} = \theta^{s_{mi}} \times \prod_{h \in \Psi_{m,-i}^{s_{mi}} \backslash m} \sum_{j=1}^{i} (1 - p_h^{s_{hj}}) \delta(s_{mi}, s_{hj})$ 是 UAV$_m$ 的邻居集 Ψ_m 中的用户没有占用 s_{mk} 的概率。

为便于表达，记 $\xi_m^k = \dfrac{L_m}{C_{S_{mk}}} + k\tau_s + \tau_l - T$，$R_{S_{mk}}^1 = \dfrac{L_m}{k\tau_s + L_m / C_{S_{mk}}}$，$R_{S_{mk}}^2 = \dfrac{(T - k\tau_s - \tau_l)C_{S_{mk}}}{T - \tau_l}$，

则 UAV_m 在 s_{mk} 的期望吞吐量为

$$E\{R_m^k\} = p_m^{s_{mk}} \times \left(\frac{1 - \text{sgn}(\xi_m^k)}{2} R_{S_{mk}}^1 + \frac{1 + \text{sgn}(\xi_m^k)}{2} R_{S_{mk}}^2 \right) \tag{6-91}$$

其中，

$$\text{sgn}(x) = \begin{cases} 1, & x > 0 \\ 0, & x = 0 \\ -1, & x < 0 \end{cases} \tag{6-92}$$

综上，对于用户 UAV_m 的某个序贯检测次序 $S_m = (s_{m1}, s_{m2}, \cdots, s_{mN})$，可获得的期望业务吞吐量为

$$\begin{aligned}
R_m(L_m, S_m) &= \sum_{k=1}^{N} E(R_m^k) \\
&= \sum_{k=1}^{N} \theta^{s_{mk}} \times (1 - p_{f,m}^{s_{mk}}) \times \prod_{i=1}^{k-1} ((1 - p_0^{s_{mi}}) p_{d,m}^{s_{mi}} + p_0^{s_{mi}} p_{f,m}^{s_{mi}}) \\
&\quad \times \prod_{h \in \Psi_{m,k}^{s_{mk}} \backslash m} \left(1 - (1 - p_{f,h}^{s_{hk}}) \times \prod_{j=1}^{k-1} ((1 - p_0^{s_{hj}}) p_{d,h}^{s_{hj}} + p_0^{s_{hj}} p_{f,h}^{s_{hj}}) \right) \\
&\quad \times \left(\frac{1 - \text{sgn}(\xi_m^k)}{2} R_{S_{mk}}^1 + \frac{1 + \text{sgn}(\xi_m^k)}{2} R_{S_{mk}}^2 \right)
\end{aligned} \tag{6-93}$$

上式表明，在多 UAV 系统中采用序贯检测信道接入方法时，用户获得的业务吞吐量取决于业务数据量、信道质量参数、其他用户的决策、信道检测误差等多个复杂因素。各个用户之间在所有可能的检测次序之间选择决策时，由于会出现用户间的次序交叠，相互作用的复杂程度会大大高于现有工作[11,12]中拉丁矩阵限定下的序贯次序决策优化。

2) 优化问题

对于整个自组织 UAV 网络，系统业务吞吐量为

$$R_{\text{net}} = \sum_{m=1}^{M} R_m(L_m, S_m) \tag{6-94}$$

其中，L_m 是用户 UAV_m 的业务数据队列，S_m 是用户 UAV_m 的序贯检测次序。

记 $\boldsymbol{S} = (S_1, S_2, \cdots, S_m, \cdots, S_M)$ 为各个用户的序贯检测次序向量集合，优化目标表达为

$$(P4): \boldsymbol{S}^{\text{opt}} = \arg\ \max\ R_{\text{net}} = \arg\ \max \sum_{m \in S, S_m \in \mathcal{O}} R_m(L_m, S_m) \tag{6-95}$$

其中，$\boldsymbol{S}^{\text{opt}}$ 表示系统达到业务吞吐量最优时，各个用户的序贯检测次序向量；$\mathcal{O}$ 是信道集合的全排列。

在本问题中，系统最优序贯检测策略 $\boldsymbol{S}^{\text{opt}}$ 的求解由信道容量向量 $\boldsymbol{C} = [C_1, C_2, \cdots, C_N]$、信道空闲概率向量为 $\boldsymbol{\theta} = [\theta^1, \theta^2, \cdots, \theta^N]$、各个用户的业务数据向量为 $\boldsymbol{L} = [L_1, L_2, \cdots, L_M]$，以及各个用户对各个信道的检测概率、虚警概率等多个因素决定。由于决策空间为全排列，允许次序之间的相互交叠，导致系统总的可能状态数大大高于不考虑业务异构、不考虑相互交叠的现有研究，复杂度很高。

本模型的多用户检测次序优化问题，是一个典型的组合优化问题[32]。在集中优化模式下，穷举算法可以得到系统最优解，但是在用户数较多或信道数较多时，计算复杂度非常高。并且，在 5G 自组织无人机系统中，由于无人机的异构性，多数情况不设置中心控制节点。所以，无论从计算复杂度还是从实际情况出发，期待的解决方案是分布式的优化方法。

本节研究核心在于如何通过分布式的决策达到系统级的业务吞吐量全局最优。主要的问题在于现有研究中的关于次序冲突优化的方法[12]并不能在异构业务数据、异构信道参数的条件下实现吞吐量最优。需要指出的是，在本模型的异构业务数据和异构信道条件下，用户间非对称作用特性仍然存在，对现有研究中的相关方法造成了障碍。由于本节中的非对称作用分析除了具体计算公式外，表达的主要观点和结论与前文有关非对称分析基本一致，所以在此不再赘述。

要想实现本模型的全局业务吞吐量最优，必须要根据用户业务数据需求以及信道参数条件，在考虑用户之间相互影响的同时，还要实现各个用户的检测次序与业务需求的最优匹配。本节采用基于博弈论的分布式优化方案，通过本地合作思想，付出可以接受的信息交互代价，以低复杂度的分布式学习方式，实现全局业务与检测次序的最优匹配，进而实现业务吞吐量全局最优。

6.5.3　面向业务数据的序贯接入博弈模型

无人机集群网络中每个 UAV 被视为博弈中的一个用户或决策者，定义面向业务数据的序贯接入博弈模型为 $G = \{S, S_{\text{CH}}, \mathcal{O}, A_m, u_m, \Psi_m, L_m\}$，其中，$S$ 是决策用户集合；S_{CH} 是机会频谱信道集合；$\mathcal{O}$ 是 S_{CH} 的全排列；A_m 是任意用户 UAV_m 的决策空间，即可供 UAV_m 选择的信道集合；Ψ_m 是用户 UAV_m 的邻居用户集合；L_m 是用户 UAV_m 的的业务数据；定义 $a_m = S_m = (s_{m1}, s_{m2}, \cdots, s_{mN}) \in A_m$ 为用户 UAV_m 的一个决策动作，$\boldsymbol{a} = \{a_1, a_2, \cdots, a_M\}$ 为系统各用户决策向量，u_m 是用户 UAV_m 的效用函数，$u_m = u_m(a_m, a_{-m})$，其中，a_m 是 UAV_m 的决策，a_{-m} 表示系统中除 UAV_m 以外的其他用户的决策。

由于异构业务数据和异构信道条件，导致了系统的非对称相互作用特性。在这种情况下，如果仍然固守传统博弈设计中的完全自私假设，会让系统陷入低效和困境[92]。在无线通信网络设计中，有一些文献已经开展了基于合作思想的研究[56,65,66,89,108]。更重要的是，在自组织无人机系统中，无人机之间的适度合作是可实现的，也是合理的。所以，为了以分布式决策方式实现系统级全局优化，基于合作思想以及合作代价控制的需要，定义用户效用函数如下：

$$u_m(a_m, a_{-m}) = u_m(S_1, S_2, \cdots, S_m, \cdots, S_M) = \sum_{i \in \Psi_m, S_i \in \mathcal{O}} R_i(L_i, S_i) \tag{6-96}$$

其中，$R_i(S_i, L_i)$ 是用户 UAV_i 采用自身的决策动作，其业务数据 L_i 获得的吞吐量。用户的某个决策动作所取得的效用，不仅取决于自身的业务数据、信道质量等客观因素，更取决于系统中其他用户对它的影响。用户间检测次序的相互作用对吞吐量的影响具体由 6.2.2 节吞吐量分析中的 $R_i(L_i, S_i)$ 计算定量刻画。

定义本博弈模型的纳什均衡为：系统用户策略向量 $\boldsymbol{a}^* = (a_1^*, \cdots, a_M^*)$ 是本模型的一个纳什均衡的条件是：当且仅当所有用户都不能通过自身的策略改变来获得效用的增长，即

$$u_m(a_m^*, a_{-m}^*) \geqslant u_m(a_m, a_{-m}^*), \quad \forall m \in \mathcal{S}, \quad \forall a_m \in A_m, \quad a_m \neq a_m^* \tag{6-97}$$

根据该定义，系统达到均衡点后，所有用户都不会再改变其接入策略，即系统将达到稳态。

6.5.4　面向业务数据的序贯接入决策分布式学习算法

1.　面向业务匹配的检测次序分布式学习算法

上节证明了系统业务吞吐量优化问题 $P4$ 的最优解是所提出的博弈模型的一个必定存在的纳什稳态解。借鉴博弈学习方法[98,99,109]，在本节所提博弈模型基础上提出相应的面向业务匹配的检测次序分布式学习算法，即分布式面向业务本地合作学习算法(decentralized traffic oriented local cooperative learning，DTOLCL)，使得系统能通过分布式学习策略更新，达到系统最优稳态解。算法 6.7 流程如下。

算法 6.7　DTOLCL 算法

Initiate:　设置学习步数 $t=0$；

　　任一用户，如 UAV_m，从所有可能的检测次序中，即信道集合 $S_{CH} = \{1, 2, \cdots, N\}$ 的全排列 $\mathcal{O}$ 中，等概率地随机选择一个序贯检测次序作为初始动作即 $a_m = S_m = (s_{m1}, s_{m2}, \cdots, s_{mN}) \in \mathcal{O}$。

Loop:

　　{

　　1：任意用户，如 UAV_m，按自己的选择的序贯检测次序 $S_m = (s_{m1}, s_{m2}, \cdots, s_{mN})$ 逐次检测信道，并在检测结果为空闲时接入信道传输自己的业务数据 L_m；

　　2：在时隙模型的 τ_l 阶段，相邻用户之间通过公共控制信道采用 802.11DCF 等方式，通过发送一个短控制消息的方式完成信息交互和策略学习，信息交互的内容包括自己的策略和回报；

　　3：从邻居用户中选择一个策略更新节点（可采用随机计时器等方式随机选出），更新节点按以下步骤做出策略更新决策：

　　①首先计算当前状态下自己的决策动作 $a_m = S_m$ 的期望效用 $u_m(a_m, a_{-m})$，计算的依据是 6.5.2 节中的业务吞吐量计算公式以及邻居之间交互的状态信息；

　　②然后从自己所有可能的决策空间 A_m 中，随机挑选一个策略 $a'_m = S'_m$，根据信息交互得来的信息，计算 a'_m 策略下所能获得的期望效用 $u_m(a'_m, a_{-m})$；

　　③根据以下混合策略概率分布来随机决策：

$$\Pr(a_m(t+1) = a_m) = \frac{\exp\{\beta u_m(a_m, a_{-m})\}}{\exp\{\beta u_m(a_m, a_{-m})\} + \exp\{\beta u_m(a'_m, a_{-m})\}}$$

$$\Pr(a_m(t+1) = a'_m) = \frac{\exp\{\beta u_m(a'_m, a_{-m})\}}{\exp\{\beta u_m(a_m, a_{-m})\} + \exp\{\beta u_m(a'_m, a_{-m})\}} \tag{6-98}$$

其中，$\beta > 0$ 是学习参数。

　　其他与 UAV_m 相邻的用户保持上一时隙的策略不变：$a_i(t+1) = a_i(t)$。

　　在循环的步骤③中，选择较大的 β 意味着用户倾向于选择最优响应，即选择当前能获得最大回报的决策。这种方式存在的主要问题在于容易使系统陷入局部最优解。而选择较小的 β 意味着用户选择当前次优回报决策的概率将变大，赋予系统接下来的优化步骤更大的策略探索空间。

　　定理 6.6　所提出的 DTOLCL 算法将收敛，各个用户的接入决策向量服从如下分布的系统稳态，当学习参数逐渐变大且最终满足 $\beta \to \infty$ 时，算法将以概率 1 渐进收敛于系统业务吞吐量最优稳态，即 $P4$ 问题的最优解：

$$\pi(a_1, a_2, \cdots, a_M) = \pi(S_1, S_2, \cdots, S_M) = \frac{\exp\{\beta \Phi(S_1, S_2, \cdots, S_M)\}}{\sum\limits_{S \in A} \exp\{\beta \Phi(\boldsymbol{S})\}} \tag{6-99}$$

其中，$\Phi(\cdot)$ 是定义的势能函数，其值为某种参数条件下系统业务吞吐量值；$A = A_1 \otimes A_2 \otimes \cdots \otimes A_M$ 为系统各用户可能策略的集合，$\otimes$ 表示笛卡尔乘积。

　　该定理的证明可以基于文献[70]中理论 6.2 的相关马尔可夫理论，以及 6.3.2 节中证明的博弈模型的性质给出。由于证明过程与 6.3.4 节中的算法收敛性与最优性所运用的马尔可夫理论基本一致，区别只是在于系统状态转移过程中的决策方法不同，对理论分析本身没有什么影响，所以在此不再赘述。

　　需要指出的是，本节所提算法之所以不采用 6.3.4 节中的策略更新决策方法，是由本节研究问题的特点决定的。6.3.4 节中算法的决策空间为可用机会信道，而在本节模型中，用户的决策空间为所有可用机会信道的全排列，在信道数目比较多时，决策空间将非常大，再采用 6.3.4 节中计算所有可能决策的期望效用的方法将面临很高的计算复杂度。所以，本节算法采用了随机选择并进行概率决策的方法。

2. 稳定性和最优性分析

定理 6.7　所提出的博弈必定存在至少一个纳什稳态，且 6.5.2 节中的系统各用户序贯检测次序全局业务吞吐量优化问题 P4 的最优解必定是其中一个纳什稳态。

证明　该证明过程基于文献[61,66]中相关理论。定义势能函数为系统业务吞吐量：

$$\Phi(a_m, a_{-m}) = R_{net} = \sum_{i \in S, S_i \in \mathcal{O}} R_i(L_i, S_i) = \sum_{i \in \Psi_m} R_i(L_i, S_i) + \sum_{i \in \{S \setminus \Psi_m\}} R_i(L_i, S_i) \quad (6\text{-}100)$$

假定任意一用户，如 UAV_m 改变其决策从 a_m 到 a_m'，即 UAV_m 的序贯检测次序从 S_m 变为 S_m'，其他用户策略保持不变，则势能函数的改变量为

$$\begin{aligned}
\Delta\Phi &= \Phi(a_m, a_{-m}) - \Phi(a_m', a_{-m}) \\
&= \sum_{i \in \Psi_m} R_i(S_1, S_2, \cdots, S_m, \cdots, S_M) - \sum_{i \in \Psi_m} R_i(S_1, S_2, \cdots, S_m', \cdots, S_M) \\
&\quad + \sum_{i \in \{S \setminus \Psi_m\}} R_i(S_1, S_2, \cdots, S_m, \cdots, S_M) - \sum_{i \in \{S \setminus \Psi_m\}} R_i(S_1, S_2, \cdots, S_m', \cdots, S_M)
\end{aligned} \quad (6\text{-}101)$$

在 6.5.2 节模型中，一个用户的影响范围限于邻居之内，不会影响邻居之外的其他用户。所以，对于用户 UAV_m 的序贯检测次序从 S_m 变为 S_m'，将会对用户 UAV_m 的邻居用户，即 Ψ_m 中的用户的检测次序的吞吐量产生影响，而 Ψ_m 之外的用户的检测次序的吞吐量不会有变化，即

$$\sum_{i \in \{S \setminus \Psi_m\}} R_i(S_1, S_2, \cdots, S_m, \cdots, S_M) - \sum_{i \in \{S \setminus \Psi_m\}} R_i(S_1, S_2, \cdots, S_m', \cdots, S_M) = 0 \quad (6\text{-}102)$$

即有

$$\begin{aligned}
\Delta\Phi &= \Phi(a_m, a_{-m}) - \Phi(a_m', a_{-m}) \\
&= \sum_{i \in \Psi_m} R_i(S_1, S_2, \cdots, S_m, \cdots, S_M) - \sum_{i \in \Psi_m} R_i(S_1, S_2, \cdots, S_m', \cdots, S_M) \\
&= u_m(a_m, a_{-m}) - u_m(a_m', a_{-m}) = \Delta u_m
\end{aligned} \quad (6\text{-}103)$$

此结果表明，任意一用户决策的改变引起的势能函数值的变化，恰好等于其效用函数的变化。根据文献[61]中势能博弈的相关理论，该博弈模型是一个以系统业务吞吐量为势能函数的精确势能博弈，且精确势能博弈至少存在一个纳什均衡。进一步，根据文献[61]，在精确势能博弈中，势能函数的最优值必然是该势能博弈的一个纳什均衡。由于设计的势能函数表示的物理意义就是系统业务吞吐量，所以优化问题 *P4* 的最优解是所提出的博弈模型的一个必定存在的纳什稳态解。定理 6.7 证毕。

3. 快速学习算法

上节中提出的 DTOLCL 学习算法虽然能以局部合作实现全局业务吞吐量最优，但是

存在一个较为棘手的问题制约实际运用。由于从信道集合全排列中随机选择策略,再进行概率选择更新,在信道数目较多导致决策空间较大时,算法的学习收敛速度将会很慢。

通过仔细研究相关更新策略方法[98,99,109],本节研究发现他们的更新方式设计实质上是受到了相关博弈模型设计中用户完全自私假设条件的限制,即在相关更新策略中,用户自私、不合作,自然不会进行对他人有利的信息交互。然而,在本节所提博弈模型中,为了避免在异构业务数据条件下导致的用户间非对称作用造成博弈困境问题,在博弈效用函数设计时就已经考虑了用户之间的本地合作。因此,在针对本节模型中的算法设计时应该充分利用基于本地合作的交互信息,来提高算法性能。并且,该信息交互存在于博弈模型本身的有限的局部交互开销,并不是算法自身额外带来的开销。

针对本节研究问题存在的大策略空间导致算法学习收敛慢的问题,基于博弈模型中的用户本地合作设计,本节提出运用动态规划的方法提高用户决策学习速度,即分布式面向业务本地合作快速学习(distributed traffic oriented local cooperative fast learning,DTOLCFL)算法如算法 6.8 所示。

算法 6.8　DTOLCFL 算法

Initiate:　同 DTOLCL 算法;

Loop:

{

　　1:同 DTOLCL 算法;

　　2:同 DTOLCL 算法;

　　3:从邻居用户中选择一个策略更新节点(可采用随机计时器等方式随机选出),更新节点按以下步骤做出策略更新决策:

　　　①首先计算当前状态下自己的决策动作 $a_m = S_m$ 的期望效用 $u_m(a_m, a_{-m})$,计算的依据是 6.5.2 节中的业务吞吐量计算公式以及邻居之间交互的状态信息;

　　　②然后从自己所有可能的决策空间 A_m 中,根据信息交互得来的邻居状态信息,使用动态规划算法[46,110],找出期望效用 $u_m(a'_m, a_{-m})$ 最大的策略 $a_m^{\text{opt}} = S_m^{\text{opt}}$,该动态规划计算的方法基于 6.5.2 节中的业务吞吐量计算分析,过程本身与标准的动态规划并无特殊之处,所以此处只简单介绍如下:

　　　　步骤 1:计算相应序贯检测次序的最后一个信道的最大期望效用;

　　　　步骤 k($1 < k < N$):基于第 $k-1$ 步的结果,计算第 k 步的最大期望;

　　　　步骤 N:经过最后一个信道的计算结果,得到最优检测次序 S_m^{opt}。

　　　③根据以下混合策略概率分布来随机决策:

$$\Pr(a_m(t+1) = a_m) = \frac{\exp\{\beta u_m(a_m, a_{-m})\}}{\exp\{\beta u_m(a_m, a_{-m})\} + \exp\{\beta u_m(a_m^{\text{opt}}, a_{-m})\}}$$

$$\Pr(a_m(t+1) = a_m^{\text{opt}}) = \frac{\exp\{\beta u_m(a_m^{\text{opt}}, a_{-m})\}}{\exp\{\beta u_m(a_m, a_{-m})\} + \exp\{\beta u_m(a_m^{\text{opt}}, a_{-m})\}} \quad (6\text{-}104)$$

其中,$\beta > 0$ 是学习参数。

　　　其他与 UAV$_m$ 相邻的用户保持上一时隙的策略不变:$a_i(t+1) = a_i(t)$。

}

该算法在 DTOLCL 基础上，通过使用动态规划，把原来的随机挑选策略进行更新，转变为挑选当前最优策略来更新，这就能大大加快学习速度。因为随机挑选的策略很有可能是期望效用较差的策略。该快速算法施行的条件在于博弈模型设计中的合作机制提供动态规划计算过程中需要的相关信息，这是现有文献工作中没有具备的客观条件。总的来说，该快速算法通过利用本地交互信息，既实现了在所有策略空间中寻找较优者的目的，提高学习速度，又避免了在本模型的巨大策略空间进行穷举计算的高复杂度。

6.5.5　实验结果及分析

1. 仿真场景与参数设置

设置仿真场景如下：一个 M 个 UAV 用户自组织网络，信道数目为 $N=3$，时隙长度设为 $T=100\text{ms}$，信道检测时间设为 5ms，本地信息交互阶段和学习阶段 τ_l 设为 5ms。信道容量设置为 $C=[1000,2000,4000]\text{ kbit/s}$，信道空闲概率设为 $\theta=[0.6,0.7,0.8]$。对于信道空闲概率的获取，已有文献进行了较为充分的研究[82]，可采用相关方法获取，在此不作为关注重点。各个 UAV 业务数据量从以下向量中随机选：$L=$[8533 10133 16533 20800 25067 33600 42133 50667 59200 67733] bits，分别表示模型图 6-4 中 G.711PCM、WMV、AVI/RM、Flash、H264 等各种业务对应的时隙业务量。在本节研究中，主要关注异构业务量下的系统业务吞吐量优化，对于各种应用业务如何形成业务队列的问题不作为本节重点。所以，在仿真中直接设置业务量值以简化仿真系统。该参数设置并没有特殊性，可以是任意业务量值，可以对应任意的应用业务，对本节研究的接入技术本身并没有决定性的影响。仿真结果为 1000 次运行的平均值。仿真停止条件：一是学习更新步数达到上限；二是吞吐量不再发生明显变化。

2. 仿真结果及分析

如图 6-22～图 6-24 所示，仿真三个 UAV 用户的场景来验证所提模型和算法的相关理论分析和性能。业务数据队列设置为 $L=[8533 \quad 25067 \quad 67733]$ bits。各个 UAV 用户对各个信道的检测概率设置为 $\boldsymbol{p}_{d,1}=[p_{d,1}^1,p_{d,1}^2,p_{d,1}^3]=[0.9,0.95,0.8]$，$\boldsymbol{p}_{d,2}=[p_{d,2}^1,p_{d,2}^2,p_{d,2}^3]=[0.95,0.9,0.8]$，$\boldsymbol{p}_{d,3}=[p_{d,3}^1,p_{d,3}^2,p_{d,3}^3]=[0.95,0.8,0.85]$；虚警概率设置为 $\boldsymbol{p}_{f,1}=[p_{f,1}^1,p_{f,1}^2,p_{f,1}^3]=[0.01,0.15,0.1]$，$\boldsymbol{p}_{f,2}=[p_{f,2}^1,p_{f,2}^2,p_{f,2}^3]=[0.08,0.1,0.15]$，$\boldsymbol{p}_{f,3}=[p_{f,3}^1,p_{f,3}^2,p_{f,3}^3]=[0.1,0.15,0.05]$。该参数设置符合一般机会频谱接入通常设置，且参数的合理变化并不会从根本上影响本方法的运行。

图 6-22 显示了当 UAV 数目为 3，信道也为 3 时，各种方法的业务吞吐量仿真结果，反映了如下几个方面的结论。

第一，仿真结果显示了所提出的 DTOLCL 算法的收敛性和最优性。本仿真场景设置 3 个 UAV 的主要目的就是为了能够用穷举的方法得到系统业务吞吐量的最优解。

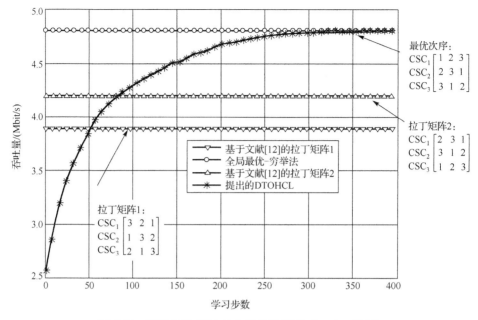

图 6-22　DTOLCL 算法的收敛性验证（3 个 UAV 场景）

如果用户数过多，穷举法需要耗用的仿真时间过长。所以，首先仿真 3 用户场景验证方法的理论分析结果。仿真结果显示，DTOLCL 算法在经过大约 290 步学习之后收敛，且性能几乎和穷举法得出的系统最优值（global optimum-exhaustive search）一样，验证了算法的渐进收敛性和最优性，即理论分析中指出的结果：算法能渐进收敛到系统全局最优稳态解。从序贯检测次序的角度来说，通过学习，各个用户的检测次序达到了通过穷举法获得的最优分配方案，实现了检测次序与各自业务数据的匹配。从这里也可以看出，由于在全排列决策空间中采用随机挑选概率决策更新，该学习算法的收敛速度是比较慢的。

　　第二，本节提出的方法优于现有工作中基于拉丁矩阵假设的方法。作为对比，给出了按基于两种拉丁矩阵的方法中达到无冲突检测次序分配方案后的系统性能，即相关方法中收敛后的性能。从结果可以看出，不同的预先设定的拉丁矩阵会对应不同的收敛性能，有的拉丁矩阵永远不能获得系统最优解。例如，如果设定拉丁矩阵为图 6-22 中的 1 号矩阵，则无论如何调整各个 UAV 的检测次序，都不能达到最优次序（optimal order），因为该最优次序根本不是 1 号拉丁矩阵的任意变形。更进一步，即便选择了能够达到最优解的拉丁矩阵，即图中的 2 号矩阵，按相关研究中的方法，仅仅是收敛到次序无冲突，并不一定会调整到"最优次序"的业务与次序最优匹配的状态，即次序 [3 1 2]应该分配给 UAV_3 而不是 UAV_2。这是因为相关研究方法的优化目标就是在假定无限业务数据条件下的无冲突优化，而不是本节研究的面向异构业务数据的业务吞吐量优化。这说明，忽视业务数据的方法不能实现最优的业务与检测次序的匹配，也就不能达到真正的吞吐量最优化。

　　图 6-23 验证了快速学习算法(DTOLCFL)的学习速度以及采用概略决策的重要性。采用广泛使用的博弈学习中的最优响应算法(best response，BR)[74]作为比较。BR算法的基本思路就是在可能策略中，以概率 1 选择最佳的策略作为下步动作。而本节提出的算法中都采用概略决策，即不是以概率 1 选择当前最佳策略，而是根据一定的概率分布在当前策略集中做出随机决策。BR 算法的主要缺点是容易收敛到局部最优。而概略决策的优势在于保持了接下来多步决策中可能达到更好性能的可能性。仿真结果验证，所提出的算法优于 BR 算法。同时，对比图 6-22，该仿真结果也显示：虽然所提快速学习算法(DTOLCFL)的性能相比全局最优略有差距，但是 DTOLCFL 算法的学习速度大大加快，原因在于采用了基于动态规划的当前最优策略挑选机制代替了所提 DTOLCL 算法中的随机策略挑选机制。

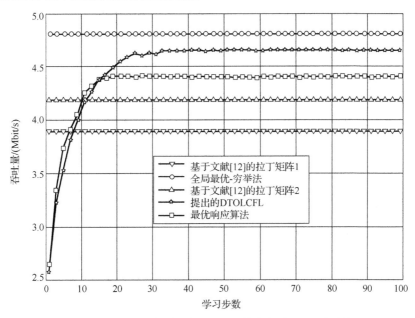

图 6-23　DTOLCFL 算法对比 BR 算法(3 个 UAV 场景)

　　图 6-24 仿真结果显示了本节提出的面向用户业务数据的重要性。传统现有工作中的研究，一般都忽视用户的具体业务数据，以获取最优的可用信道容量资源为优化目标，本文称之为面向信道容量方法。结果证明，面向可用信道容量最优的方法并不能获取真正的系统业务吞吐量最优，相比本节提出的面向业务数据的方法有较大性能差距：不论是穷举的面向业务数据的最优性能还是提出的面向业务数据的快速学习算法(DTOLCFL)，都比面向容量的穷举最优性能好。根本原因在于，面向容量的优化，忽视了用户的业务数据传输需求，没有考虑业务与检测次序的最优匹配问题。所以，要想获取用户业务数据吞吐量最优，就需要采用面向业务的系统模型和方法设计，不能

简化为获取可用容量资源最优。只有与业务传输需求匹配的序贯次序优化分配结果才是能实现系统业务吞吐量最优的目标。

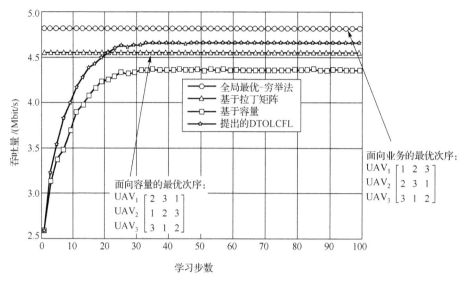

图 6-24　业务驱动机制与容量驱动机制的对比(3 个 UAV 场景)

图 6-22～图 6-24 仿真 3 个 UAV 用户、3 个机会频谱信道的场景，是为了验证算法的收敛性和最优性，以及从细节上与现有算法的优化结果进行对比，因为现有工作中的相关方案是基于 UAV 用户数不大于机会频谱信道数的假设。实质上，本节所提模型和方案的真正优势在于 UAV 用户数比机会频谱信道数更多的重负载情况。这种情况在实际应用中是普遍存在的。业务数据队列设置为 $L = [8533\ 25067\ 42133\ 67733]$ bits。第四个 UAV 用户对各个信道的检测概率设置为 $p_{d,4} = [p_{d,4}^1, p_{d,4}^2, p_{d,4}^3] = [0.9, 0.8, 0.8]$，虚警概率设置为 $p_{f,4} = [p_{f,4}^1, p_{f,4}^2, p_{f,4}^3] = [0.08, 0.15, 0.05]$。前三个 UAV 的检测概率和虚警概率不变。

图 6-25 是 3 个信道 4 个 UAV 用户场景的仿真结果。同样地，给出现有工作基于拉丁矩阵的方法学习收敛后的性能作为比较。可以看出，与 3 个 UAV 用户情况相比，所提出的算法的性能优势大大增强。几个主要的结论如下。

第一，基于拉丁矩阵的方法在 UAV 用户数比机会频谱信道数更多时，性能急剧下降。主要原因是 3 个信道的拉丁矩阵可供选择的无冲突次序策略只有 3 个，则必然会出现某两个 UAV 用户选择完全相同的检测次序的情况。例如，拉丁解决方案 2 中，UAV$_3$ 和 UAV$_4$ 的检测次序完全相同。一旦出现这种情况，这两个完全重叠次序的用户在各个信道上的冲突概率会很大。这说明，拉丁矩阵假设虽然简化了系统分析的复杂度，但是同样也限制了决策空间，丢失了很多具有更好性能的可能性。

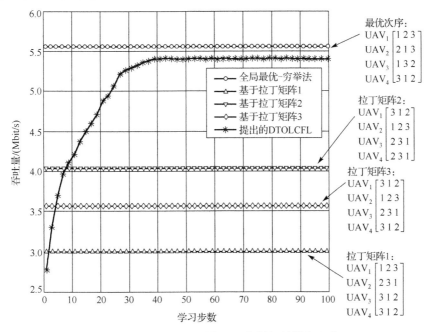

图 6-25　4 个 UAV 用户和 3 信道场景性能比较

第二，所提方法仍然能获得良好的吞吐量性能。主要原因在于所提方法的决策空间是所有信道的全排列，不限于拉丁矩阵的正交次序选择，而是允许检测次序的部分交叠。例如，面向业务的最优次序分配方案，并不是基于一个拉丁矩阵的任何演变。UAV_2 和 UAV_4 的检测出现部分交叠，而不是像基于拉丁矩阵方法出现全部重叠，这大大降低了两个用户的冲突风险。由于用户会检测多个信道，而只出现非常有限的重叠，在考虑虚警概率等检测错误时，冲突避免的可能性是比较大的。并且，交叠情况是由所提算法根据用户业务和其他用户行为学习更新得出的最优匹配结果。

图 6-26 的结果更清晰地反映了随着 UAV 数目逐渐增加，各种方法的性能对比。基于拉丁矩阵的方法在 UAV 数目达到 6 个时，冲突已经非常严重，性能很差。因为无冲突选择的策略个数只有 3 个，每增加一个 UAV，就必然增加一个检测次序完全重合的竞争者。所提方法由于决策空间不受拉丁矩阵限制，因此在 6 个 UAV 时仍能找到适合的检测次序分配方案。所提的 DOTLCL 算法获得了最好的性能，因为它能以概率 1 收敛到全局最优解。所提的 DOTLCFL 快速算法性能稍差，但是，获得了大大加快的学习速率，这对于环境动态性较强的场景是非常重要的。两个算法都比 BR 算法性能更好，因为都采用了概率决策而不是容易陷入局部最优困境的刚性决策。

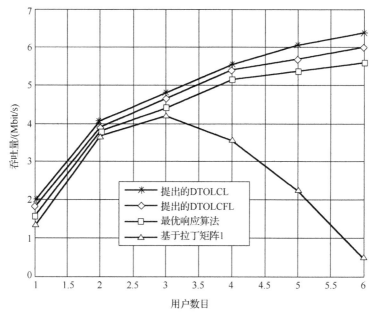

图 6-26　多 UAV 用户场景性能比较

图 6-27 显示了更大范围拓扑和更多 UAV 的场景仿真结果，以验证算法的场景适应性。为避免某种特定网络拓扑对性能的影响，仿真运行时的 UAV 之间的邻居关系随机生成，以更好地检验方法的适用性。仿真结果与图 6-26 的结果是类似的，当 UAV

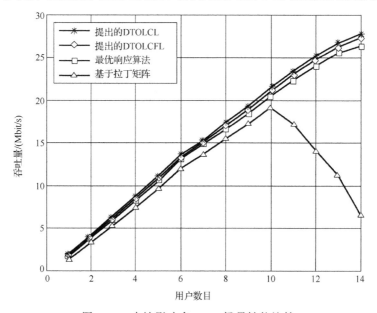

图 6-27　本地影响多 UAV 场景性能比较

数目增加到一定数量时(本场景为 10 个),即用户密集度增加到一定程度时,基于拉丁矩阵的方法由于冲突加剧而急剧下降。所提出的面向用户业务数据的、允许检测次序部分重叠的全策略空间搜寻方法能继续获得吞吐量的提升。但是到 UAV 用户的密集程度继续增加时,吞吐量提升势头也开始放缓。至于如何分析最优系统容量对应的最优的 UAV 数目,在理论上还有很多挑战,留待今后研究。

综合以上仿真结果可以得出如下结论:一是面向容量优化的方案并不意味着用户业务吞吐量最优;二是必须要设计面向业务数据传输需求的检测次序学习分配方案,才能获得更好的吞吐量性能;三是拉丁矩阵假设限制了用户决策空间,在用户数较多的场景中不适用;四是所提方法面向业务数据、基于全策略空间、追求业务与检测次序的最佳匹配,能获得更好的系统业务吞吐量性能。

6.5.6 小结

本节研究在多无人机自组织系统中采用序贯检测机制进一步提升机会频谱使用效率。主要针对现有研究中多用户序贯检测次序优化存在的非系统最优问题、检测次序拉丁矩阵决策空间限制等问题进行研究。本节研究表明,要想达到系统业务数据吞吐量的全局最优化,现有工作中仅从干扰分析角度来进行系统优化是远远不够的,必须实现序贯检测次序与业务需求的最优匹配,才能真正实现系统最优化。本节研究面向系统异构业务数据传输需求,去除拉丁矩阵决策空间这个前提假设,打破系统用户数要不大于系统信道数这一限制条件,在全决策空间内进行分布式学习优化,提出面向业务数据的本地合作序贯检测次序博弈决策模型,证明了系统吞吐量全局最优解是该博弈的一个稳态解。同时,提出了被证明能收敛到最优稳态解的学习算法,实现序贯检测次序与用户业务数据的最优匹配,达到系统业务吞吐量的最优稳定解。进一步,提出基于动态规划的快速分布式学习算法,提升了大决策空间条件下的学习收敛速率。仿真结果验证了所提博弈模型和相应学习算法的收敛性、最优性,显示所提方法能明显提升系统业务吞吐量性能。

6.6 开放性讨论

从简单的信道接入走向面向业务需求的数据传输是无线接入技术的发展趋势。本节从无人机面向用户业务数据的机会频谱接入研究入手,初步探索了面向业务数据的接入优化理论和技术。以此为基础,还有若干重要问题需要在接下来的工作中加以研究。

(1)无人机集群网络综合业务流量模型与预测。要研究面向业务数据的网络接入优化,构建能刻画新型业务的数据流量模型,并研究相应的业务流量预测方法是必要的基础。更具挑战性的是,用户数据流量越来越呈现为多种应用业务混合流量的趋势，这使得业务数据流量模型的建立和预测方法相比传统建模方法和预测计算方法更加困难。

（2）大规模无人机面向业务数据的接入优化技术。无人机集群网络的一个突出特点就是大规模高密度无人机组网。现有研究，包括本章的研究，虽然致力于解决自组织多无人机的接入优化问题，但是基本上还是针对有限的网络规模，还无法真正适应大规模网络的需要。大规模网络的接入优化面临信息交互困难、学习收敛速度慢、环境参数差异明显、资源调度协调困难、响应速度慢等挑战。

（3）业务数据服务质量的综合评价。当前研究中对于系统性能的评价指标主要还是传统的吞吐量、时延等 Qos 指标。虽然目前也出现了以用户体验为目标的 QoE 评价标准，但是相关研究还较为初步。今后的工作中还需要进一步研究更为综合的业务数据服务质量评价模型和方法。从针对具体单一业务的基于模型的评价走向针对综合业务的基于数据的评价，从针对业务本身的评价走向结合任务场景的业务评价，更为重要的是要展开对业务数据服务系统级评价的研究。

参 考 文 献

[1] Demestichas, P, Georgakopoulos A, Karvounas D, et al. 5G on the Horizon: Key challenges for the radio-access network[J]. IEEE Vehicular Technology Magazine, 2013, 8（3）: 47-53.

[2] Wildemeersch M, Quek T, Slump C H, et al. Cognitive small cell networks: Energy efficiency and trade-offs[J]. IEEE Transactions on Communications, 2013, 61（9）: 4016-4029.

[3] Elsawy H, Hossain E, Kim D, et al. HetNets with cognitive small cells: User offloading and distributed channel access techniques[J]. IEEE Communications Magazine, 2013, 51（6）: 28-36.

[4] Fehske A J, Viering I, Voigt J, et al. Small-cell self-organizing wireless networks[J]. Proceedings of the IEEE, 2014, 102（3）: 334-350.

[5] Park Y, Heo J, Kim H, et al. Effective small cell deployment with interference and traffic consideration[C]//2014 IEEE 80th Vehicular Technology Conference, 2014: 1-5.

[6] Siomina I, Di Y. Optimization approaches for planning small cell locations in load-coupled heterogeneous LTE networks[C]// 2013 IEEE 24th International Symposium on Personal Indoor and Mobile Radio Communications（PIMRC）, 2013: 2904-2908.

[7] Semasinghe P, Hossain E, Zhu K. An evolutionary game for distributed resource allocation in self-organizing small cells[J]. IEEE Transactions on Mobile Computing, 2015, 14（2）: 274-287.

[8] Kolodzy P, Tenhula P, van Wazer L, et al. Spectrum policy task force report[R]. Washington: Federal Communications Commission, 2002.

[9] Haykin S. Cognitive radio: Brain-empowered wireless communications[J]. IEEE Journal on Selected Areas in Communications, 2005, 23（2）: 201-220.

[10] Mitola J I, Maguire G Q. Cognitive radio: Making software radios more personal[J]. IEEE Personal Communications, 1999, 6(4): 13-18.

[11] Khan Z, Lehtomaki J, Dasilva L A, et al. Autonomous sensing order selection strategies exploiting channel access information[J]. IEEE Transactions on Mobile Computing, 2013, 12(2): 274-288.

[12] Xu Y, Wu Q, Wang J, et al. Robust multiuser sequential channel sensing and access in dynamic cognitive radio networks: Potential games and stochastic learning[J]. IEEE Transactions on Vehicular Technology, 2015, 64(8): 3594-3607.

[13] IEEE. IEEE draft standard for information technology-Telecommunications and information exchange between systems-Local and metropolitan area networks-Specific requirements-Part 11: Wireless LAN medium access control(MAC) and physical layer(PHY) specifications[S]. Piscataway: IEEE, 2012.

[14] Buljore S, Harada H, Filin S, et al. Architecture and enablers for optimized radio resource usage in heterogeneous wireless access networks: The IEEE 1900.4 working group[J]. IEEE Communications Magazine, 2009, 47(1): 122-129.

[15] Cabric D, Mishra S M, Brodersen R W. Implementation issues in spectrum sensing for cognitive radios[C]//Conference Record of the Thirty-Eighth Asilomar Conference on Signals, Systems and Computers, 2004: 772-776.

[16] Liang Y C, Zeng Y, Peh E, et al. Sensing-throughput tradeoff for cognitive radio networks[J]. IEEE Transactions on Wireless Communications, 2008, 7(4): 1326-1337.

[17] Yucek T, Arslan H. A survey of spectrum sensing algorithms for cognitive radio applications[J]. IEEE Communications Surveys & Tutorials, 2009, 11(1): 116-130.

[18] Zhe C, Qiu R C. Prediction of channel state for cognitive radio using higher-order hidden Markov model[C]// Proceedings of 2010 IEEE SoutheastCon, 2010: 276-282.

[19] Yarkan S, Arslan H. Binary time series approach to spectrum prediction for cognitive radio[C]// IEEE Vehicular Technology Conference, 2007: 1563-1567.

[20] Akbar I A, Tranter W H. Dynamic spectrum allocation in cognitive radio using hidden Markov models: Poisson distributed case[C]// Proceedings of 2007 IEEE SoutheastCon, 2007: 196-201.

[21] Blossom E. GNU radio: Tools for exploring the radio frequency spectrum[J]. Linux Journal, 2004, (122): 76, 78, 80-83.

[22] Tong Z, Arifianto M S, Liau C F. Wireless transmission using universal software radio peripheral[C]// 2009 International Conference on Space Science & Communication, 2009: 19-23.

[23] McHenry M, Livsics E, Nguyen T, et al. XG dynamic spectrum sharing field test results[C]//2007 2nd IEEE International Symposium on New Frontiers in Dynamic Spectrum Access Networks, 2007: 676-684.

[24] Khattab A, Camp J, Hunter C, et al. Demonstration abstract: WARP-A flexible platform for

clean-slate wireless medium access protocol design[J]. ACM Sigmobile Mobile Computing & Communications Review, 2008, 12(1): 56-58.

[25] Murphy P, Sabharwal A, Aazhang B. Design of WARP: A wireless open-access research platform[C]//European Signal Processing Conference, 2006: 1804-1824.

[26] Lien S Y, Chen K C, Liang Y C, et al. Cognitive radio resource management for future cellular networks[J]. IEEE Wireless Communications, 2014, 21(1): 70-79.

[27] Elsawy H, Hossain E. Two-tier HetNets with cognitive femtocells: Downlink performance modeling and analysis in a multichannel environment[J]. IEEE Transactions on Mobile Computing, 2014, 13(3): 649-663.

[28] Xu Y, Anpalagan A, Wu Q, et al. Decision-theoretic distributed channel selection for opportunistic spectrum access: Strategies, challenges and solutions[J]. IEEE Communications Surveys & Tutorials, 2013, 15(4): 1689-1713.

[29] Hu Q, Yue W. Markov Decision Processes with Their Applications[M]. Berlin: Springer, 2008.

[30] Puterman M L. Markov Decision Processes: Discrete Stochastic Dynamic Programming[M]. New Jersey: John Wiley & Sons, 2009.

[31] Zhao Q, Swami A. A decision-theoretic framework for opportunistic spectrum access[J]. IEEE Wireless Communications, 2007, 14(4): 14-20.

[32] Zhao Q, Tong L, Swami A, et al. Decentralized cognitive MAC for opportunistic spectrum access in ad hoc networks: A POMDP framework[J]. IEEE Journal on Selected Areas in Communications, 2007, 25(3): 589-600.

[33] Zhao Q, Krishnamachari B, Liu K. On myopic sensing for multi-channel opportunistic access: Structure, optimality, and performance[J]. IEEE Transactions on Wireless Communications, 2008, 7(12): 5431-5440.

[34] Ahmad S H A, Liu M, Zhao Q, et al. Optimality of myopic sensing in multichannel opportunistic access[J]. IEEE Transactions on Information Theory, 2009, 55(9): 4040-4050.

[35] Chen Y, Zhao Q, Swami A. Joint design and separation principle for opportunistic spectrum access in the presence of sensing errors[J]. IEEE Transactions on Information Theory, 2008, 54(5): 2053-2071.

[36] Unnikrishnan J, Veeravalli V V. Algorithms for dynamic spectrum access with learning for cognitive radio[J]. IEEE Transactions on Signal Processing, 2010, 58(2): 750-760.

[37] Chen Y, Zhao Q, Swami A. Distributed spectrum sensing and access in cognitive radio networks with energy constraint[J]. IEEE Transactions on Signal Processing, 2009, 57(2): 783-797.

[38] Lai L, Gamal H E, Hai J, et al. Cognitive medium access: Exploration, exploitation and competition[J]. IEEE Transactions on Mobile Computing, 2011, 10(2): 239-253.

[39] Agrawal R. Sample mean based index policies with O(log n) regret for the multi-armed Bandit

problem[J]. Advances in Applied Probability, 1995, 27(4): 1054-1078.

[40] Anantharam V, Varaiya P, Walrand J. Asymptotically efficient allocation rules for the multiarmed bandit problem with multiple plays-Part II: Markovian rewards[J]. IEEE Transactions on Automatic Control, 1987, 32(11): 977-982.

[41] Anantharam V, Varaiya P, Walrand J. Asymptotically efficient allocation rules for the multiarmed bandit problem with multiple plays-Part I: IID rewards[J]. IEEE Transactions on Automatic Control, 1987, 32(11): 968-976.

[42] Lai T L, Robbins H. Asymptotically efficient adaptive allocation rules[J]. Advances in Applied Mathematics, 1985, 6(1): 4-22.

[43] Mahajan A, Teneketzis D. Multi-Armed Bandit Problems[M]. Berlin: Springer, 2008: 121-151.

[44] Auer P, Cesa-Bianchi N, Teneketzis D. Finite-time analysis of the multiarmed bandit problem[J]. Machine Learning, 2002, 47(2/3): 235-256.

[45] Sabharwal A, Khoshnevis A, Knightly E. Opportunistic spectral usage: Bounds and a multi-band CSMA/CA protocol[J]. IEEE/ACM Transactions on Networking, 2007, 15(3): 533-545.

[46] Jiang H, Lai L, Fan R, et al. Optimal selection of channel sensing order in cognitive radio[J]. IEEE Transactions on Wireless Communications, 2009, 8(1): 297-307.

[47] Cheng H T, Zhuang W. Simple channel sensing order in cognitive radio networks[J]. IEEE Journal on Selected Areas in Communications, 2011, 29(4): 676-688.

[48] Pei Y, Liang Y C, Teh K C, et al. Energy-efficient design of sequential channel sensing in cognitive radio networks: Optimal sensing strategy, power allocation, and sensing order[J]. IEEE Journal on Selected Areas in Communications, 2011, 29(8): 1648-1659.

[49] Bi Z, Friderikos V. Optimal stopping for energy efficiency with delay constraints in Cognitive Radio networks[C]// 2012 IEEE 23rd International Symposium on Personal Indoor and Mobile Radio Communications, 2012.

[50] Chang N B, Liu M. Optimal channel probing and transmission scheduling for opportunistic spectrum access[J]. IEEE/ACM Transactions on Networking, 2009, 17(6): 1805-1818.

[51] Xu Y, Shen L, Anpalagan A, et al. Energy-efficient exploration and exploitation of multichannel diversity in spectrum sharing systems[J]. Transactions on Emerging Telecommunications Technologies, 2012, 23(8): 701-706.

[52] Myerson R B. Game Theory: Analysis of Conflict[M]. Cambridge: Harvard University, 1991.

[53] Nie N, Comaniciu C. Adaptive channel allocation spectrum etiquette for cognitive radio networks[J]. Mobile Networks & Applications, 2006, 11(6): 779-797.

[54] Law L M, Huang J, Liu M, et al. Price of anarchy for cognitive MAC games[C]// IEEE Global Telecommunications Conference, 2009: 1-6.

[55] Han Z, Pandana C, Liu K J R. Distributive opportunistic spectrum access for cognitive radio using

correlated equilibrium and no-regret learning[C]// IEEE Wireless Communications & Networking Conference. IEEE, 2007: 11-15.

[56] Maskery M, Krishnamurthy V, Zhao Q. Decentralized dynamic spectrum access for cognitive radios: Cooperative design of a noncooperative game[J]. IEEE Transactions on Communications, 2009, 57(2): 459-469.

[57] Li H. Multi-agent Q-learning for competitive spectrum access in cognitive radio systems[C]// Networking Technologies for Software Defined Radio. IEEE, 2010: 1-6.

[58] Li H. Multi-agent Q-learning of channel selection in multi-user cognitive radio systems: A two by two case[C]// IEEE International Conference on Systems, 2009: 1893-1898.

[59] Li H, Zhu H. Competitive spectrum access in cognitive radio networks: Graphical game and learning[C]// 2010 IEEE Wireless Communications and Networking Conference, 2010: 1-6.

[60] Tekin C, Liu M, Southwell R, et al. Atomic congestion games on graphs and their applications in networking[J]. IEEE/ACM Transactions on Networking, 2012, 20(5): 1541-1552.

[61] Liu M, Ahmad S H A, Wu Y. Congestion games with resource reuse and applications in spectrum sharing[C]// 2009 International Conference on Game Theory for Networks, 2009: 171-179.

[62] Chen X, Huang J, et al. Evolutionarily stable spectrum access[J]. IEEE Transactions on Mobile Computing, 2013, 12(7): 1281-1293.

[63] Saad W, Han Z, Debbah M, et al. Coalitional game theory for communication networks[J]. IEEE Signal Processing Magazine, 2009, 26(5): 77-97.

[64] Apt K R, Radzik T. Stable partitions in coalitional games[J]. Computer Science, 2006.

[65] Zhang Z, Shi J, Chen H H, et al. A cooperation strategy based on nash bargaining solution in cooperative relay networks[J]. IEEE Transactions on Vehicular Technology, 2008, 57(4): 2570-2577.

[66] Marden J R, Arslan G, Shamma J S. Cooperative control and potential games[J]. IEEE Transactions on Systems Man & Cybernetics, 2009, 39(6): 1393-1407.

[67] Mathur S, Sankaranarayanan L, Mandayam N B. Coalitional games in cooperative radio networks[C]// 2006 4th Asilomar Conference on Signals, Systems & Computers, 2006: 1927-1931.

[68] Apt K R, Witzel A. A Generic Approach to Coalition Formation[J]. International Game Theory Review, 2009, 11(3): 347-367.

[69] Urgaonkar R, Neely M J. Opportunistic cooperation in cognitive femtocell networks[J]. IEEE Journal on Selected Areas in Communications, 2012, 30(3): 607-616.

[70] Gharehshiran O N, Attar A, Krishnamurthy V. Collaborative sub-channel allocation in cognitive LTE Femto-cells: A cooperative game-theoretic approach[J]. IEEE Transactions on Communications, 2013, 61(1): 325-334.

[71] Soret B, Hua W, Pedersen K I, et al. Multicell cooperation for LTE-advanced heterogeneous network

scenarios[J]. IEEE Wireless Communications, 2013, 20(1): 27-34.

[72] Pantisano F, Bennis M, Saad W, et al. Coalition formation games for femtocell interference management: A recursive core approach[C]// 2011 IEEE Wireless Communications and Networking Conference, 2011: 1161-1166.

[73] Wang T, Song L, Zhu H, et al. Overlapping coalitional games for collaborative sensing in cognitive radio networks[C]// 2013 IEEE Wireless Communications & Networking Conference, 2013: 4118-4123.

[74] Saad W, Han Z, Hjrungnes A. Coalitional Games for Cooperative Cellular Wireless Networks[M]. Cambridge: Cambridge University Press, 2011.

[75] Saad W, Zhu H, Basar T, et al. Coalition formation games for collaborative spectrum sensing[J]. IEEE Transactions on Vehicular Technology, 2011, 60(1): 276-297.

[76] Saad W, Han Z, Zheng R, et al. Coalitional games in partition form for joint spectrum sensing and access in cognitive radio networks[J]. IEEE Journal of Selected Topics in Signal Processing, 2012, 6(2): 195-209.

[77] Li Y, Jin D, Yuan J, et al. Coalitional games for resource allocation in the device-to-device uplink underlaying cellular networks[J]. IEEE Transactions on Wireless Communications, 2014, 13(7): 3965-3977.

[78] Kim H, Kang G S. Efficient discovery of spectrum opportunities with MAC-layer sensing in cognitive radio networks[J]. IEEE Transactions on Mobile Computing, 2008, 7(5): 533-545.

[79] Liu C H, Tran J A, Pawelczak P, et al. Traffic-aware channel sensing order in dynamic spectrum access networks[J]. IEEE Journal on Selected Areas in Communications, 2013, 31(11): 2312-2323.

[80] Ghasemi A, Sousa E S. Collaborative spectrum sensing for opportunistic access in fading environments[C]// First IEEE International Symposium on New Frontiers in Dynamic Spectrum Access Networks, 2005: 131-136.

[81] Wang S, Zhang J, Lang T. Delay analysis for cognitive radio networks with random access: A fluid queue view[C]// 2010 Proceedings IEEE INFOCOM, 2010: 1-9.

[82] Liu Y, Tewfik A. Primary traffic characterization and secondary transmissions[J]. IEEE Transactions on Wireless Communications, 2014, 13(6): 3003-3016.

[83] Karagiannis, Molle, Faloutsos, et al. A nonstationary poisson view of internet traffic[C]// 2004 Proceedings IEEE INFOCOM, 2004, 3: 1558-1569.

[84] Paxson V, Floyd S. Wide-area traffic: The failure of poisson modeling[C]// IEEE/ACM Transaction on Networking, 1995, 3(3): 226-244.

[85] Rashid M M, Hossain M J, Hossain E, et al. Opportunistic spectrum scheduling for multiuser cognitive radio: A queueing analysis[J]. IEEE Transactions on Wireless Communications, 2009, 8(10): 5259-5269.

[86]　He X, Jiang T. P-persistent CSMA protocol simulation based on ON/OFF source model in cognitive radio network[C]// 2010 6th International Conference on Wireless Communications Networking & Mobile Computing, 2010: 1-3.

[87]　Castellanos-Lopez S L, Cruz-Perez F A, Rivero-Angeles M E, et al. Joint connection level and packet level analysis of cognitive radio networks with voip traffic[J]. IEEE Journal on Selected Areas in Communications, 2014, 32(3): 601-614.

[88]　Felegyhazi M, Cagalj M, Hubaux J P. Efficient MAC in cognitive radio systems: A game-theoretic approach[J]. IEEE Transactions on Wireless Communications, 2009, 8(4): 1984-1995.

[89]　Xu Y, Wang J, Wu Q, et al. Opportunistic spectrum access in cognitive radio networks: Global optimization using local interaction games[J]. IEEE Journal of Selected Topics in Signal Processing, 2012, 6(2): 180-194.

[90]　Ahmad S, Tekin C, Liu M, et al. Spectrum sharing as spatial congestion games[J]. Computer Science and Game Theory, 2010.

[91]　Elias J, Martignon F, Capone A, et al. Competitive interference-aware spectrum access in cognitive radio networks[C]// International Symposium on Modeling & Optimization in Mobile. IEEE, 2010: 85-90.

[92]　La Q D, Chew Y H, Soong B H. An interference-minimization potential game for OFDMA-based distributed spectrum sharing systems[J]. IEEE Transactions on Vehicular Technology, 2011, 60(7): 3374-3385.

[93]　Yu Q, Chen J, Fan Y, et al. Multi-channel assignment in wireless sensor networks: A game theoretic approach[C]// 2010 Proceedings IEEE INFOCOM, 2009: 1-9.

[94]　Wang J, Xu Y, Wu Q, et al. Optimal distributed interference avoidance: Potential game and learning[J]. European Transactions on Telecommunications, 2012, 23(4): 317-326.

[95]　Arnborg S. Efficient algorithms for combinatorial problems on graphs with bounded decomposability: A survey[J]. Bit Numerical Mathematics, 1985, 25(1): 1-23.

[96]　Montanari A, Saberi A. Convergence to equilibrium in local interaction games[C]//2009 50th Annual IEEE Symposium on Foundations of Computer Science, 2009: 303-312.

[97]　Wu Q, Xu Y, Wang J, et al. Distributed channel selection in time-varying radio environment: Interference mitigation game with uncoupled stochastic learning[J]. IEEE Transactions on Vehicular Technology, 2013, 62(9): 4524-4538.

[98]　Young H P. Individual Strategy and Social Structure[M]. Princeton: Princeton University Press, 1998.

[99]　Bennis M, Perlaza S, Blasco P, et al. Self-organization in small cell networks: A reinforcement learning approach[J]. IEEE Transactions on Wireless Communications, 2013, 12(7): 3202-3212.

[100]　Van P, Aarts E. Simulated Annealing: Theory and Applications[M]. Dordrecht: Reidel Publishing

Company, 1987.

[101] Sutton R, Barto A. Reinforcement Learning: An Introduction[M]. Massachusetts: MIT Press, 1998.

[102] Lee K, Jo O, Cho D H. Cooperative resource allocation for guaranteeing intercell fairness in femtocell networks[J]. IEEE Communications Letters, 2011, 15(2): 214-216.

[103] Zhang Z F, Song L Y, Han Z, et al. Coalitional games with overlapping coalitions for interference management in small cell networks[J]. IEEE Transactions on Wireless Communications, 2014, 13(5): 2659-2669.

[104] Fan R, Jiang H. Channel sensing-order setting in cognitive radio networks: A two-user case[J]. IEEE Transactions on Vehicular Technology, 2009, 58(9): 4997-5008.

[105] Zhao J, Xin W, Wang X. Channel sensing order in multi-user cognitive radio networks[C]//2012 IEEE International Symposium on Dynamic Spectrum Access Networks, 2012: 397-407.

[106] Mendes A C, Augusto C, Silva M, et al. Channel sensing order for cognitive radio networks using reinforcement learning[J]. 2011 IEEE 36th Conference on Local Computer Networks, 2011, 27(8): 546-553.

[107] Shokri-Ghadikolaei H, Sheikholeslami F, Nasiri-Kenari M. Distributed multiuser sequential channel sensing schemes in multichannel cognitive radio networks[J]. IEEE Transactions on Wireless Communications, 2013, 12(5): 2055-2067.

[108] Altman E, Jiménez T, Vicuna N, et al. Coordination games over collision channels[C]// 2008 6th International Symposium on Modeling and Optimization in Mobile, Ad Hoc, and Wireless Networks and Workshops, 2008: 523-527.

[109] Yang S, Chi Z, Fang Y. Joint channel and power allocation in wireless mesh networks: A game theoretical perspective[J]. IEEE Journal on Selected Areas in Communications, 2008, 26(7): 1149-1159.

[110] Kim H, Shin K G. Optimal online sensing sequence in multichannel cognitive radio networks[J]. IEEE Transactions on Mobile Computing, 2013, 12(7): 1349-1362.

第 7 章　智能无人机集群网络路由选择

7.1　引　　言

　　路由问题一直以来是网络优化，尤其是自组织网络优化的重要研究课题之一。对于无人机集群网络而言，其高动态、自组织的特性，使得路由问题显得尤为复杂，也得到了众多研究的关注。简单移植自组织网络中的路由选择算法，很难解决高动态无人机集群面临的问题。在无人机集群网络面临多种约束的条件下，要想实现通用的、各个方面指标都满意的路由选择，将是较为困难的。因此，针对无人机集群遂行任务所需，进行倾向性的路由选择，是无人机集群网络路由选择的现实途径。另外，从方法上，寻求传统路由决策算法之外的基于人工智能的新方法，是值得探索的技术途径。

7.1.1　概述

　　无人机集群通信网等具备高动态、多跳、无中心和自组织特征，路由的稳定性和高效性至关重要。同时，其网络业务流的时空分布强度、多样性和复杂性的大大增加，给网络路由选择问题带来了极大的挑战。如果没有适当的路由选择策略，将严重破坏集群网络的稳定性和数据传输的流畅和效率。

　　无人机集群网络路由算法应该具备以下特点：①分布式路由[1]，满足无人机集群网络结构特征和功能分布化特征的需要；②动态环境适应性强，可适应动态变化的网络拓扑结构，否则将增加了分组传送时间，而且浪费了能量资源[2,3]；③路由维护开销少；④具有可扩展性，适用于大规模网络；⑤不确定信息适应性强，对网络拓扑信息缺失、错误容忍度高，在无法准确获取网络全部信息的情况下，依旧可以选择合适路由。

　　传统上，无线自组织网络的节点仅能获取自身及周围有限的信息，无法获取全局实时状态信息，而解决单源最短路径问题的迪克斯特拉算法[4]（Dijkstra's algorithm）需要全局网络拓扑信息和节点状态信息，因此无人机集群网络路由优化需要考虑分布式算法[5]。但分布式算法存在收敛至局部最优解而非全局最优解的问题。传统无线自组织网络路由算法大多以最短路径为优化的目标，优化跳数或传输时延。现有的路由选择算法往往设计较为简单，大都弱化考虑节点的动态性，或者对节点的动态移动轨迹或网络拓扑结构做了预先的假设，没有考虑实时网络状态，存在局部拥塞、链路利用率低等问题[6]。无线自组织网络路由选择需综合网络状态信息、网络结构特点、网络环境[7]、路由协议等多因素[8]。

现有的无线网络路由选择方法，大多基于模型假设，对问题建模并利用传统优化理论对问题进行求解，这些方法在大规模网络下存在路由开销大、网络状态获取难的问题，无法处理大规模时变网络模型。同时在高动态的无线网络中，庞大的状态空间往往使得现有的无线网络路由选择算法难以快速收敛。在无线网络路由优化问题中，使用强化学习(reinforcement learning，RL)是一种相对新颖的思想和概念。特别是，使用深度强化学习(deep reinforcement learning，DRL)进行无线网络路由算法优化能解决高动态环境、复杂状态空间等条件下的路由收敛问题。DRL 使用深度神经网络(deep neural network，DNN)进行值函数的拟合，采用高维感知输入学习控制智能体(agent)的行为，在状态空间大的决策问题上有较好的表现能力。如何将深度强化学习应用于解决无人机集群网络的路由选择问题，使得所提路由协议方法能适应无人机集群组网的需要，是值得深入探讨的课题。

1. 基于值函数的深度强化学习路由选择算法

Mnih 等[9]在 Q 学习基础上结合 DNN 提出了基于值函数的强化学习方法——深度 Q 网络(deep Q network，DQN)，其框架流程如图 7-1 所示，主要特点有：

①用深度卷积神经网络逼近行为值函数；

②提出经验回放(experience rely)机制，将历史数据与当前数据结合，解决了数据相关性问题；

③设置目标网络(target network)来处理时间差分算法中的时域差分误差(temporal difference error，TD Error)。

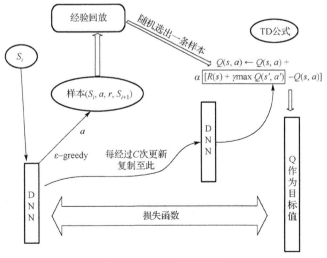

图 7-1　DQN 框架流程

2017 年 Stampa 等[10]结合深度神经网络在强化学习中的最新研究[11,12]，训练了一种能够根据预定义的目标指标(网络延迟)优化路由的深度强化学习智能体,将流量带宽定义为状态,不考虑节点队列大小、链路质量等其他因素。使用 OMNeT++ [9,12]收集给定流量和路由参数的传输延迟[13]。随着路由变化,智能体可以通过更改奖励函数实现不同的策略选择,相较传统路由选择算法,优化了传输延迟。Hu 等[14]提出了基于强化学习感知生命周期的自适应路由算法,所提算法能自适应网络变化,在决策中综合考虑节点的剩余能量、节点之间的能量分布、数据重传和数据丢包对路由选择造成的影响,设计了优化节点剩余能量回报函数。Ghaffari[15]提出了基于 Q 学习[16]的移动自组网算法,该算法无须对环境做出任何假设,仅依赖于从邻居获得的节点的局部信息,考虑到可持续性和路径短等参数,采用基于试错的强化学习方法,提出了一种在所有邻居中选择最佳方案向目标发送数据包的方法。实验证明,所提出的算法与最优蚁群路由算法[17,18]相比,随着节点数量的增加表现出更好的兼容性。将网络路由的变化与拥塞时所提算法相比较[18],能更快地搜索到最新路由。在网络状态不变的情况下,所提出的算法相较结合人工神经网络和蚁群的算法[19]具有更高的效率,在传输延迟方面有较强的优势。张彬彬[20]将 RL 应用到 SDN 网络路由选择中,改进了基于 Q 学习的路由规划算法,提出了基于 $Q(\lambda)$ 路由规划算法,用统计信息统计链路质量,具有更快的收敛速度,可以有效降低链路拥塞率和端到端延时。

2. 基于策略梯度的深度强化学习路由选择算法

实际网络是状态空间很大的复杂连续时间系统,而上面提到的所有研究都使用状态动作表来找到某种路由策略,这种策略很难处理太多的状态。策略梯度(policy gradient,PG)[21]优化算法采用逼近器来近似表示和优化策略,不断计算策略期望总回报,梯度更新策略参数,以端到端的方式在策略空间中搜索最优策略[22]。Lillicrap 等[23]将确定性策略梯度(deterministic policy gradient,DPG)算法[24]与 DQN[25]相结合,提出深度确定性策略梯度(deep deterministic policy gradient,DDPG)算法,框架流程如图 7-2 所示。相较 DQN,该算法能更快收敛,用较少的时间步求得最优解。

文献[26, 27]使用 DDPG 和循环神经网络(recurrent neural network,RNN)来进行流量工程(traffic engineering,TE)的策略选择。作为一种无模型方案,该算法通过训练就可生成接近最佳的动态路由策略。该算法可随着网络中流量分布的变化而紧密地更新路由规则,而一旦在线部署则仅花费少量的计算和存储资源。实验证明,随着网络规模的扩大,与传统最短路径算法相比,所提出算法能更好减少传输延迟。但同时根据实验结果显示,该算法对流量强度大小要求较为严格,在流量强度较小时,与传统路由算法相比并无优势,在网络流量强度很高时,噪声流量的随机性又会削弱该算法的准确性。Yu 等[28]考虑到 Q 学习在用于网络路由优化时需要庞大的 Q 表,

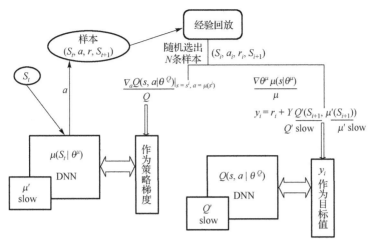

图 7-2　DDPG 框架流程

且不适用于动态变化的网络环境，结合 DDPG 提出了一种在连续时间内实现通用和可定制的路由选择算法 DROM(DDPG routing optimization mechanism)，所提出的算法相较现有的路由算法而言具有良好的收敛性和有效性，并节省了维护大规模 Q 表所导致的存储开销和表查找的时间成本，在网络中流量强度较大时可有效减少网络延迟，提高吞吐量。

3. 结合图神经网络的深度强化学习路由选择算法

离散状态的强化学习问题中，不同的状态可以自然地表示为一个图的形式，图形神经网络(graph neural networks，GNN)是 Franco 等[29]引入的用于处理图结构信息的新型神经网络，以实现关系推理和组合泛化的目的，并已发展出许多变式[30-32]，在网络建模和优化领域显示了空前的泛化能力[33,34]。

目前 GNN 所解决的问题中，图结构是一次性全部给出的，而在强化学习中，需要通过策略的探索来遇见相应的节点，当节点数目较多时，相应的图就会变得特别庞大，图 7-3 给出了 GNN 聚合示例。因此，如何一边探索并记录所遇到的状态，一边对于状态(节点)做聚合(aggregation)就成了一个十分重要的问题[35]。

Almasan 等[36]将 GNN 与 DRL 结合做网络的路由优化，用图神经网络对计算机网络场景进行建模，DRL 智能体采用了 DQN 算法[37]，其中，q 值函数由 GNN 得出。在网络领域，从给定的流量矩阵中找到最佳路由配置是一个基本问题，研究人员提出了几个基于 DRL 的解决方案来解决路由优化[38-42]。然而，它们不能推广到看不见的场景。他们通常会预处理来自网络状态的数据，并以固定大小的矩阵形式呈现由传统的神经网络(如完全连接的卷积神经网络)处理。这些神经网络不适合学习和归纳那些固有地被构造成图形的数据。Almasan 等[36]所提出的模型能够针对未知的网络并维持类似的精确度，且能较好地推广至其他拓扑结构。

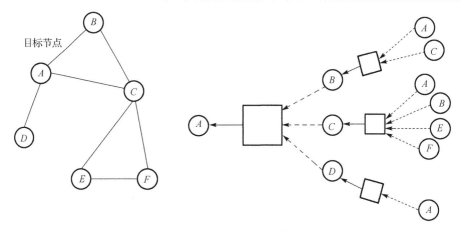

图 7-3　GNN 聚合示例

　　对于无人机集群网络来说，单属性的路由优化问题并不符合网络实际，例如，单纯的跳数最少不一定能使所选路由更优，而延时最小但跳数过多导致链路脆弱易阻断的问题也时有存在。单属性的决策往往是无法达到较优的结果的，这个时候可以考虑多个属性的联合决策，以期达到更好的优化效果。Fu 等[43]提出了一种基于层次分析法和灰色关联分析法的网络服务质量决策机制，通过层次分析法获取网络属性，并采用简单加权法对网络属性进行加权。Liu 等[44]考虑了多属性网络的服务质量问题，根据业务对不同属性的要求，提出基于信噪比(signal noise ratio，SNR)和层次分析法的垂直切换算法。为了获得相同的数据速率，考虑不同网络所需的等效SNR、用户所需带宽、用户服务花销和可用带宽，构造属性矩阵，并根据服务的特点使用多属性 QoS 考虑的切换决策。Bhunia 等[45]考虑剩余能量、跳数、接收数据包数等属性，结合熵权法对每个属性进行加权，选择数据传输的最优路径。Kao 等[46]只研究影响决策的主要属性，提出了定向主成分分析法，所提算法分析网络中连通性属性之间的相关性，并用其评估每个属性对网络连通性的重要程度，简化了评估过程[47,48]。Li 等[49]提出了基于 TOPSIS 的动态评价方法，该方法可以在权衡各属性的分离度和增长度的基础上，得到某时刻各评价对象的综合评分和某时间段各评价对象的综合评分。Rekik 等[50]通过模糊逻辑结合了分组重传数、分组传输数和信道质量三个链路属性，提出了一种全局链路质量评估算法，并仿真验证了该算法在丢包率、端到端时延、能量效率和拓扑稳定性等方面表现较好，但不能及时反映链路的变化。Boano 等[51]综合 SNR 和链路质量指示(link quality indication，LQI)信息，提出基于综合指标的三角评估模型，其优点是通过计算 LQI 和 SNR 之间的欧几里得距离评估链路质量，在较少的链接关系的场景下考虑更全面的信息。

　　本章从面向时延优化的无线网络出发，进而考虑多属性联合网络和属性优先级无线网络，利用深度强化学习得到路由选择策略解决无线网络的路由优化问题。

7.1.2　本章主要内容

本章针对无人机集群网络路由优化问题，研究了适应拓扑结构动态变化的分布式网络路由决策算法。将无人机集群网络路由优化问题建模为节点选择和性能优化的联合决策问题，研究场景从面向时延优化的无线网络出发，进而考虑多属性联合网络和属性优先联合无线网络，旨在优化高效、健壮的无线网络路由决策。本章主要内容如下。

(1)提出了一种面向时延优化的无线网络路由优化算法。利用分层选择-评估(option-critic)框架，以最小化传输时延为优化目标，设计了可以学习网络环境的深度强化学习算法。智能体可以逐步学习内部策略和终止函数，同时实施策略，最终学到有效的全局策略。该算法在网络环境变化之后相较其他 RL 方法能更快地寻找到路由，具有更强的实时性，在较多网络节点的大规模网络环境中收敛更快且开销更少。

(2)提出了一种多属性联合的无线网络路由优化算法。针对单一时延优化但链路脆弱导致链路中断的问题，分析无线自组织网络多属性要素，提出了此场景下的路由优化方案。设计了基于多属性联合的回报函数，实现多属性决策的深度强化学习无线网络路由优化算法。引入多个决策属性信息，用熵权法为多个属性赋予权重，设计了一个多属性联合的回报函数，解决了各属性之间的不可公度性问题。

(3)提出了一种属性优先级分析的无线网络路由优化问题。针对特定网络业务需优先考虑特定属性优化，以及现有多属性优先算法在同优先级内属性仅考虑极端情况、信息获取不全面的问题，提出了此场景下的路由优化方案。所提算法分析了各属性之间的优先级，结合毕达哥拉斯数学环境，设计了一个带有优先级的多属性回报函数，解决了各属性之间的"轻重缓急"问题。

7.2　面向传输时延优化的路由选择

7.2.1　问题分析

为摆脱对模型的依赖，采用强化学习思路对无人机集群网络路由选择进行优化。强化学习是解决复杂动态环境中决策问题的有效方法。强化学习可根据过去和当前的实时节点状态预测情况。该预测为协议提供了有效的路由信息，可用于帮助选择网络中的路由。然而基于值函数的强化学习方法难以解决连续动作的建模和控制问题，不适用于动态实时网络系统。基于策略的强化学习方法可以实现连续的时间控制和优化，但只能生成线性函数的策略函数，存在因相关而导致的过拟合问题。因此考虑结合 option-critic 框架和神经网络提出一种较为新颖的基于深度强化学习的无线网络路由优化算法。

通过将路由选择优化问题建模为路径选择和最小化传输时延的联合决策问题，设计面向时延优化的深度强化学习路由优化算法，克服传统强化学习在解决大状态空间的决策问题时难以达到收敛的难点，利用 option-critic 函数的框架，使得智能体可以逐步学习内部策略和终止函数，同时实施策略，最终学到有效的全局策略。仿真实验表明，所提算法在网络环境变化之后相较其他 RL 方法和传统路由选择方法能更快地寻找到路由，具有更强的实时性，在较多网络节点的大规模网络环境中收敛更快且开销更少。

7.2.2　模型建立

路由选择的本质是从源节点出发，找到目的节点，且满足约束条件，优化目标最大的路径。集群网络路由选择是由多个节点智能体共同完成的，但网络各个节点无人机是对等且相互独立的，所以可以将问题看成一个个智能体单独学习问题，大大降低了问题处理难度。为便于问题的分析建模，我们将结合图论[12]对网络进行分析。

用加权图 $G(N,L)$ 表示网络拓扑，其中，N 代表网络节点的集合，$N = \{n_1, n_2, n_3, \cdots, n_u\}$，$u$ 表示节点数目；节点间有若干条全双工链路，组成通信链路集 L，$L = \{l_1, l_2, l_3, \cdots, l_v\}$，$v$ 表示网络中链路的数量。由于无人机集群网络的移动特性，节点的位置可能会动态更改，并且链接的存在可能不会持续。每个节点都有其通信范围（用虚线圈表示），网络拓扑如图 7-4 所示。在该算法中，假定无人机集群网络中每个节点的有效通信范围相等，两个节点若在其相互通信范围内，则节点间存在全双工链路。对于任何链路 $l \in L$，都有 $l = (n_i, n_j)$。节点 1 和节点 2 不在相互可通信范围内，因此要想实现这两个节点之间的通信，需要其他节点进行数据转发。为了适应网络拓扑的动态变化，每个节点定期发送检测信息，若发现有邻居节点移出该节点通信范围，则删除与该邻居节点间链路，以此不断添加、删除链路，更新路由表，维护网络拓扑。

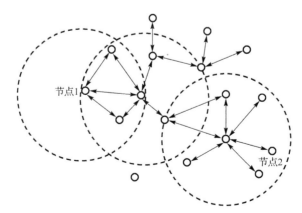

图 7-4　无人机集群网络拓扑结构图

在路由选择过程中，若 $p(s,d)$ 表示从源节点 s 到目标节点 $d \in N$ 的一条路径，l 为路径上的一条链路，则路径的时延等于该路径上所有节点的时延与链路时延之和：

$$\text{Delay}(p(s,d)) = \sum_{l \in p(s,d)} \text{delay}(l) + \sum_{n \in p(s,d)} \text{delay}(n) \tag{7-1}$$

其中，$\text{delay}(l)$ 为链路的时延函数，$\text{delay}(n)$ 为节点的时延函数。我们需要找一条满足以下约束条件的路径 $p(s,d)$：

$$\text{Delay}(p(s,d)) \leqslant D \tag{7-2}$$

其中，D 代表链路的最大时延，超过这个最大值则废弃这条链路。

7.2.3　基于深度强化学习的无人机集群路由算法设计

结合 option-critic 分层强化学习框架，分析无人机集群网络系统模型的状态、动作、转移和回报值，通过 7.2.2 节介绍的强化学习符号来描述路由选择问题。强化学习的要素如表 7-1 所示。

表 7-1　强化学习要素

环境	Ad hoc 网络路由
智能体	每个数据包 $p(i,j)$
状态	网络中的每个节点
状态空间	网络中节点的集合
动作	选择一个可通信节点作为下一跳

1. 路由选择算法框架设计

算法框架为：无人机集群网络各个节点相互独立，可以将每个节点选择看成一个个智能体单独学习问题，可以将问题建模为马尔可夫决策过程。将从源节点 n_{so} 到目标节点 n_{de} 路径 $p(so,de)$ 的每一小段看成是一个智能体。智能体的目标是确定从状态 S 空间到动作 A 空间的最优行为策略映射 $\pi(\pi : S \rightarrow A)$，使期望回报 $r \in \mathbb{R}$（最小化网络时延）最大化。在每个时刻 t，节点 n_{so} 通过与环境交互生成的 option-critic 网络的训练数据训练神经网络。它通过使用两个深度神经网络（一个为选择（option）网络，一个为评估（critic）网络）来迭代更新最终到达收敛状态。当神经网络收敛时，认为用户得到了动态变化网络下的路由选择方案，即下一跳路由节点 n_h。

1)状态空间 S 和动作空间 A

状态空间是路由表中所有可能的下一节点集合，每个节点 n_i 都包含状态信息 $s_t = (n_i, \text{delay}_i(t))$。智能体的动作：在其通信范围内，选择一个可达节点作为下一跳路由。每个节点 n_i 都有一个可选动作集 $A_i = (a_{io}, a_{ip}, \cdots, a_{iq})$，其中，$o, p, q, \cdots$ 为与节点 n_i 可通信的节点序号。

2) 动作选择策略

想要最大化长期回报,在动作选择时,需权衡探索(exploration)和利用(exploitation)之间的比重。探索是尝试不同的动作以收集更多的信息,利用则是基于当前信息选择当前的最佳动作。本研究所提的算法中,采用贪心(ε-greedy)算法进行顶层 option 的选择:以 ε 的概率选择探索新 option,以 $1-\varepsilon$ 的概率选择当前最优 option。在确定了 option 后,本节考虑将 Softmax 算法用于动作选择策略中。Softmax 算法是根据当前已知的平均回报来进行探索与利用。状态 s 下,选择 option ω 时,采取动作 a 的概率可以用 Boltzmann 分布表示为

$$\pi(s,\omega,a)=\frac{\mathrm{e}^{\frac{Q_U(s,\omega,a)}{T_u}}}{\sum_{i=1}^{u}\mathrm{e}^{\frac{Q_U(s,\omega,a_i)}{T_u}}} \tag{7-3}$$

其中,u 是所有可能的动作总数,在本研究中为所有可选择的下一跳节点数;$Q_U(s,\omega,a)$ 为状态 s 下,选择 option ω 时,采取动作 a 的值函数;T_u 是温度参数,T_u 取值越高,选择动作的策略趋向于随机策略选择,所有的动作都可能被选择;T_u 取值越低,选择动作的策略趋于贪婪策略,更倾向于选择当前已学习到的最大值动作。为加快收敛速度,结合线性函数改进了 T_u 参数,在开始训练时,T_u 保持一个较高的值,尽可能探索不同策略,而在训练接近收敛时,T_u 值会降低,更多利用已学习到的策略,具体设计方法如下:

$$T_u=T_0-\frac{u(T_0-T_t)}{t} \tag{7-4}$$

其中,t 为收敛所用时间,T_0 为初始温度值,T_t 为到达收敛时的温度值。

3) 立即回报 R

R 是环境对智能体执行上一次动作所获回报的评价,本模型中,无线网络的优化目标是最小化传输延时,使智能体找到一条从源节点到目的节点的最大回报值(最小传输延时)的路径。为满足最大化立即回报的优化目标,定义回报为网络传输时延的相反数,如式(7-5)所示:

$$r_t=-\mathrm{delay}_{p(i,j)_t} \tag{7-5}$$

$$\mathrm{delay}_{p(i,j)}=\frac{2}{\pi}\arctan\left(d_{p(i,j)}-\frac{\sum_{k=1}^{\mathrm{Num}(i)}d_{p(i,k)}}{\mathrm{Num}(i)}\right) \tag{7-6}$$

其中,$\mathrm{delay}_{p(i,j)}$ 表示数据包从节点 n_i 传输到节点 n_j 的网络传输时延,$\mathrm{Num}(i)$ 表示节点 n_i 的可通信下一跳节点数。

2. 深度网络参数更新方法

option-critic 算法的参数更新过程分为两个部分：option 模块更新和 critic 模块更新。$\pi_\omega, \beta_\omega, \pi_\Omega$ 是 option 部分的更新，critic 包含 Q_Ω 和 A_Ω 的估计，需指定 option 的数量，然后利用 Q 函数对 option 进行选择，在训练的过程中优化内部选项策略和终止函数。

由状态 s 下，选择 option ω 的值函数 Q_Ω 和状态 s 下，选择 option ω 时，采取某动作的值函数 Q_U 可以求解优化目标函数对参数的梯度：

$$\frac{\partial Q_\Omega(s,\omega)}{\partial \theta} = \left(\sum_a \frac{\partial \pi_{\omega,\theta}(a\,|\,s)}{\partial \theta} Q_U(s,\omega,a) \right) \\ + \sum_a \pi_{\omega,\theta}(a\,|\,s) \sum_{s'} \gamma P(s'\,|\,s,a) \frac{\partial U(\omega,s')}{\partial \theta} \tag{7-7}$$

其中，$U: S \times \Omega \to \mathbb{R}$，为选择-价值（option-value）函数，到达状态 s' 时执行 option ω 的值函数：

$$U(\omega,s') = (1 - \beta_{\omega,\vartheta}(s')) Q_\Omega(s',\omega) + \beta_{\omega,\vartheta}(s') V_\Omega(s') \tag{7-8}$$

进一步进行了推导，得到了上式的最终结果：

$$\frac{\partial Q_\Omega(s_0,\omega_0)}{\partial \theta} = \sum_{s,\omega} \sum_{k=0}^{\infty} P_\gamma^{(k)}(s,\omega\,|\,s_0,\omega_0) \sum_a \frac{\partial \pi_{\omega,\theta}(a\,|\,s)}{\partial \theta} Q_U(s,\omega,a) \\ = \sum_{s,\omega} \mu_\Omega(s,\omega\,|\,s_0,\omega_0) \sum_a \frac{\partial \pi_{\omega,\theta}(a\,|\,s)}{\partial \theta} Q_U(s,\omega,a) \tag{7-9}$$

由上述结果我们可以看出，在动作层面上的改变会对整体的优化目标产生影响，这是其他方法所没有考虑的部分。

可得终止函数的梯度如下：

$$\frac{\partial Q_\Omega(s,\omega)}{\partial \vartheta} = \sum_a \pi_{\omega,\theta}(a\,|\,s) \sum_{s'} \gamma P(s'\,|\,s,a) \frac{\partial U(\omega,s')}{\partial \vartheta} \tag{7-10}$$

其中最后一项可以进一步展开：

$$\frac{\partial U(\omega,s')}{\partial \vartheta} = -\frac{\partial \beta_{\omega,\vartheta}(s')}{\partial \vartheta} A_\Omega(s',\omega) + \gamma \sum_{\omega'} \sum_{s''} P(s'',\omega'\,|\,s',\omega) \frac{\partial U(\omega',s')}{\partial \vartheta} \tag{7-11}$$

其中，A_Ω 代表优势函数，定义成 $A_\Omega(s',\omega) = Q_\Omega(s',\omega) - V_\Omega(s')$。如果一个 option 比其他 option 的表现差，那么优势函数为负，增加了在这个状态终止的概率，得到了终止函数的梯度的结果，如下：

$$\frac{\partial U(\omega_0,s_1)}{\partial \vartheta} = -\sum_{\omega,s'} \sum_{k=0}^{\infty} P_\gamma^{(k)}(s',\omega\,|\,s_1,\omega_0) \frac{\partial \beta_{\omega,\vartheta}(s')}{\partial \vartheta} A_\Omega(s',\omega) \\ = -\sum_{\omega,s'} \mu_\Omega(s',\omega\,|\,s_1,\omega_0) \frac{\partial \beta_{\omega,\vartheta}(s')}{\partial \vartheta} A_\Omega(s',\omega) \tag{7-12}$$

图 7-5 为 option-critic 体系结构的训练更新方式，虚线代表渐变，点划线代表选项终止。

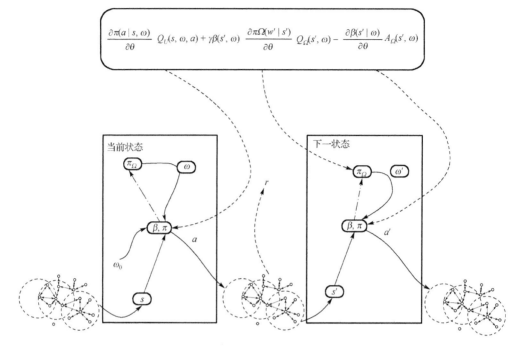

$$\frac{\partial \pi(a\,|\,s,\omega)}{\partial \theta}\,Q_U(s,\omega,a)+\gamma\beta(s',\omega)\,\frac{\partial \pi_\Omega(w'\,|\,s')}{\partial \theta}\,Q_\Omega(s',\omega)-\frac{\partial \beta(s'\,|\,\omega)}{\partial \theta}\,A_\Omega(s',\omega)$$

图 7-5　option-critic 参数更新示意图

3. 算法流程

所提算法采用 option-critic 分层强化学习框架，在每个时隙 t，智能体在状态 s_t 下，根据 ε-greedy 策略从 $\pi_\Omega(s_t)$ 选择 option ω，在该 option 下采用 Softmax 方式从动作空间中选择动作 $\pi_\omega(a\,|\,s_t)$，通过接收反馈的传输时延计算回报 r_{a_t}，转到下一状态 s_{t+1}，继续选择动作 $\pi_\omega(a\,|\,s_{t+1})$，直到 β_ω 判断 option ω 终止，到达 s_{t+n}，再根据 $\pi_\omega(a\,|\,s_{t+n})$ 重新选择一个新的 option 重新开始训练。具体步骤如算法 7.1 所示。

算法 7.1　面向时延优化的深度强化学习路由算法

1. 在节点 n_i，初始化 $Q_\Omega(s,\omega)$，$Q_U(s,\omega,a)$，$\pi_\Omega(s)$；

2. 设置折扣因子 γ，终止学习率 α_β，内部 option 学习率 α_i，critic 网络学习率 α_c，option 数量，ε，温度参数；

For each run:

For $t=1,2,3,\cdots,T$：

　　3. 根据 ε-greedy 从 $\pi_\Omega(s)$ 选择一个下一跳 option ω；

　　　　For each episode:

　　　　4. 采取 option ω，在状态 s，选择动作 a，计算到达下一个状态的期望值：

$$Q_U(s,\omega,a) = r(s,a) + \gamma \sum_{s'} P(s'\,|\,s,a) U(\omega,s')$$

5. 根据 Softmax 选择在这个 option 下的动作 a_t；

6. 得到 r_t 和 s_{t+1}；

7. 更新参数：

$$\theta \to \theta + \alpha_\theta \frac{\partial \log \partial \pi_{\omega,\theta}(a\,|\,s)}{\partial \theta} Q_U(s,\omega,a)$$

$$\vartheta \to \vartheta - \alpha_\vartheta \frac{\partial \beta_{\omega,\vartheta}(s')}{\partial \vartheta} Q_\Omega(s',\omega) - V_\Omega(s')$$

根据 $\beta_{\omega,\vartheta}$ 判断当前 option 是否结束：

　　如果结束，reward+=200，跳出当前循环，开始新的回合；

　　如果没有，继续；

重新选择一个 option；

直到 s' 为终止状态。

7.2.4　实验结果及分析

1. 仿真设置及网络结构

仿真场景设置如下。算法参数设置如表 7-2 所示。

(1)无人机集群网络的 14 个节点和 17 条全双工链路分布在一个面积为 1000m×1000m 的空间里。寻找一条从 0 节点到 13 节点的最小化传输延时的链路。网络拓扑结构见图 7-6。设置节点每 30s 发送检测信息，若发现有邻居节点移出该节点通信范围，则删除与该邻居节点间链路，重新寻路。

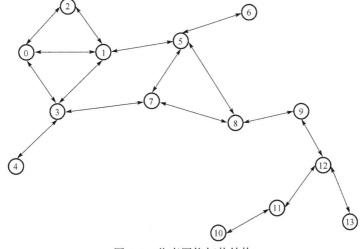

图 7-6　仿真网络拓扑结构

(2) 奖励策略设置为：当所选下一节点与当前节点无连接关系，奖励值–30；每次判断回合是否结束：如果结束奖励值为 200，如果没有结束，奖励值–2。

(3) option-critic 相关参数设置：折扣因子为 0.99，终止函数学习率为 0.25，内部 option 学习率为 0.25，critic 学习率为 0.5。

表 7-2　算法参数设置

参数	值
折扣因子 γ	0.99
ε-greedy 策略选择参数 ε	0.1
option 学习率 α_o	0.25
critic 学习率 α_c	0.5
Boltzmann 温度参数初始值	0.1
策略数量	1

2. 实验结果及分析

通过实验验证所提算法在不同参数场景下的性能，对比分析在 option 神经网络及 critic 神经网络中不同学习率设置对算法的影响。由于所提算法需要指定 option 数量，因此实验还对比了在不同 option 数量下的算法收敛性能。

深度网络学习率控制着深度网络参数的更新幅度，图 7-7 展示了不同的深度网络学习率对所提算法收敛性的影响。本实验中需分别考虑两个深度网络的学习率参

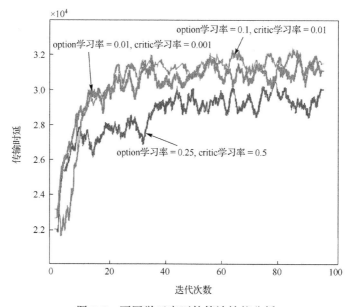

图 7-7　不同学习率下的算法性能分析

数：option 网络与 critic 网络，其中，option 网络包括终止 option 学习率与内部 option 学习率，这两个学习率的设置一般相同，在这里不做另外考虑。从图中可以看到，三条曲线整体上呈现上升趋势，且趋势大致相同，学习率为 0.25 和 0.5 的曲线能收敛到一个更低的传输时延，因此，在本研究中将 option 网络学习率设置为 0.25，评估网络学习率设置为 0.5。

折扣因子的设置影响着智能体对回报的注重程度，折扣因子接近于 0 时，智能体注重短期回报；折扣因子趋于 1 时，更强调长期回报。图 7-8 展示了不同的强化学习折扣因子对所提算法收敛性的影响，探讨了折扣因子设置为 0.85，0.90，0.99 时算法收敛性的变化。从图中可以看到，三条曲线的趋势大致相同且区分不大，因此，在本研究中将折扣因子设置为 0.99，以保证智能体能更快地学习到最优策略。

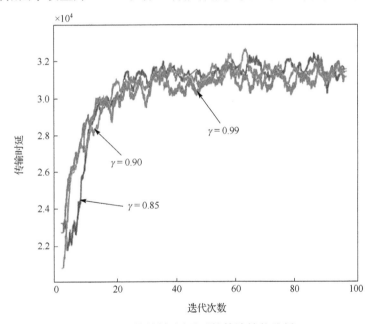

图 7-8　不同折扣因子下的算法性能分析

图 7-9 分别是在 1、2、4 option 下算法的回报（reward）收敛趋势图。顶层的策略超过选项（policy over option）使用了 ε-greedy 策略，内部策略选用 Boltzmann 策略，$\varepsilon=0.1$，终止 option 采用线性 Sigmoid 函数。由上述实验对比，将 critic 学习率 α_c 设置为 0.5，option 学习率 α_o 设置为 0.25。由实验数据显示，前 10 个回合是学习准备期，在第 10 个回合之后才能选择并更新该策略。在大约 40 个回合的时候，三条曲线都已经学习到了近乎最优的选择，且 option 设置为 1 时，训练时间为 1376.79268s；option 设置为 2 时，训练时间为 1422.65315s；option 设置为 4 时，训练时间为 1787.53088s。三条曲线总体的趋势大致都相同，option 设为 1 时能更快收敛，且获得更大的回报（即更小的传输时延）。

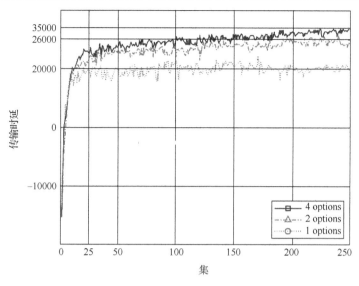

图 7-9　不同 option 数下的算法收敛性分析

　　本实验中设置网络的所有节点都是可以选择的，智能体从节点 0 出发，最终到达节点 13，做出最优策略选择。相较于现有的分层强化学习算法，所提算法自发学习到适合自己的小目标，能够同时学习内部 option 策略和 option 终止条件。在实验中，将 1000 步(step)作为一个集(episode)，1000 个集作为一个航程(run)，一共设置了 10 个航程。

　　图 7-10 和图 7-11 则是显示了 option 在集中的持续步数以及随着训练时间的增加，option 的平均持续时间也越来越短，能较快地学习到该策略。在刚开始的训练中，

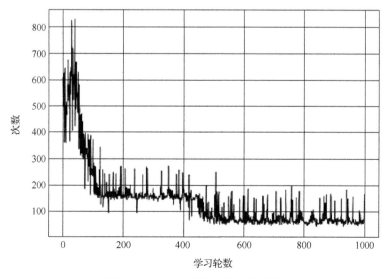

图 7-10　option 在每个集中的步数

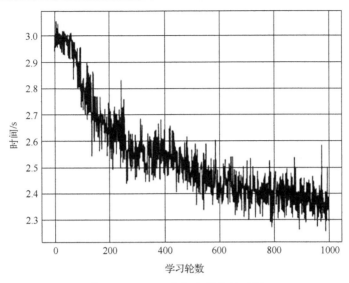

图 7-11 option 在集中的持续时间

智能体需要约 800 步才能收敛到一个较优的 option，且该 option 训练的持续时间也较长，但随着训练次数的增加，从 200 集开始，智能体学习 option 的时间有了显著下降，且在大约 500 集开始趋于一个较为稳定的值，代表着已收敛到较优 option。

图 7-12 所示是在 10 个航程中每个 option 的平均持续时间，随着训练时间的增加，选择这个 option 作为策略的平均持续时间有所下降，并稳定在 2.005 左右，这代表着智能体能够越来越"熟练"地学习到目标策略。

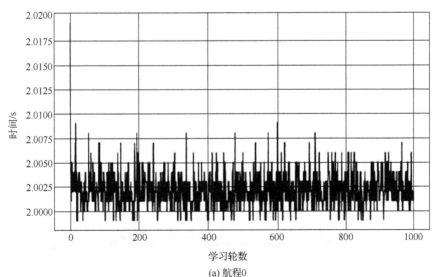

(a) 航程0

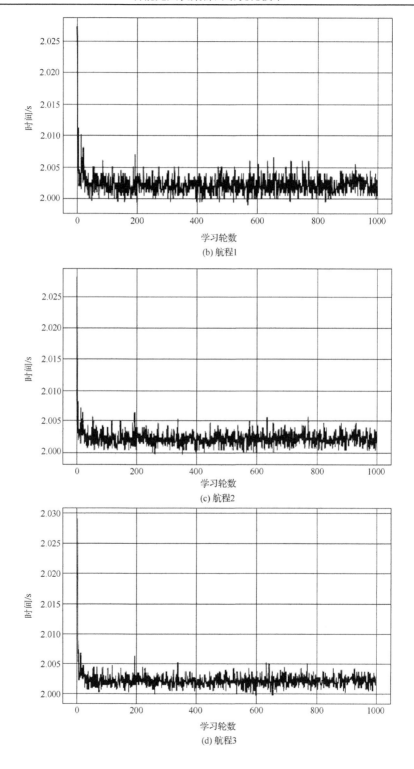

(b) 航程1

(c) 航程2

(d) 航程3

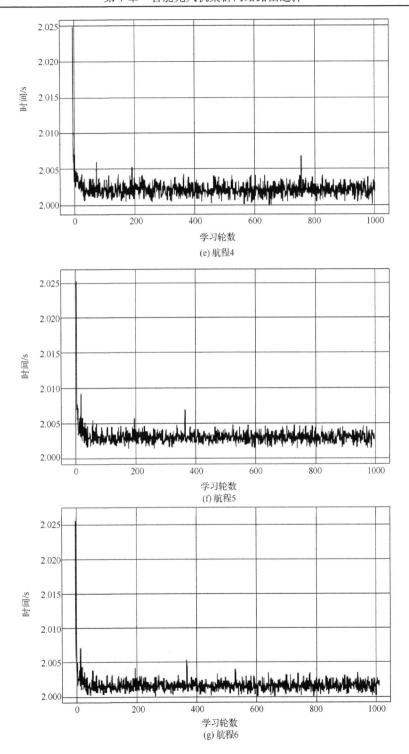

(e) 航程4

(f) 航程5

(g) 航程6

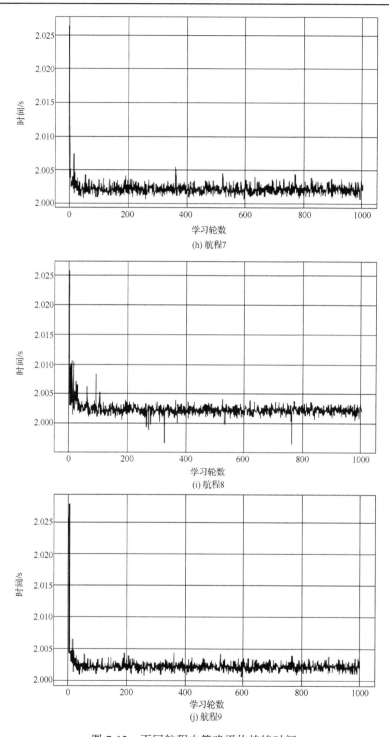

(h) 航程7

(i) 航程8

(j) 航程9

图 7-12　不同航程中策略平均持续时间

　　图 7-13 显示了选择节点 3、7、8 的次数随着训练次数的增加而增加。每个数据点显示了在每 1000 个集中每个节点的平均访问次数。这表明所提算法中，智能体会自动优先学习到选择节点 7 最后到达选择目的节点的方式以获得更高的回报。由图 7-14 可以看出随着训练的进行，智能体学会更频繁地选择一个较优的中间节点（在本实验中即为节点 7），并通过它成功地选择到目的节点。

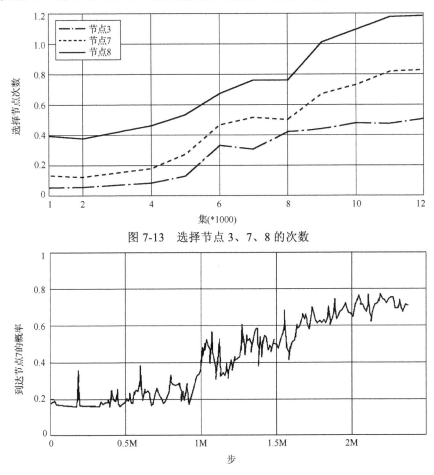

图 7-13　选择节点 3、7、8 的次数

图 7-14　到达节点 7 的概率

　　实验对比了在五种不同拓扑环境下的所提算法与 Q 学习算法的训练时间和训练占用内存大小。其中，网络拓扑复杂度为：环境 1 <环境 2 <环境 3 <环境 4 <环境 5。图 7-15 是用箱线图表示的不同环境下算法训练时间的比较。实验结果表明，所提算法的训练时间远小于 Q 学习算法的较低四分位数训练时间，且随着网络环境复杂度的提升，所提算法的训练时间一直保持在一个较为稳定的值，而 Q 学习算法则需要更多的时间来训练，验证了所提算法的优越性和有效性。

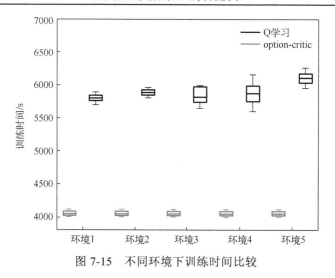

图 7-15　不同环境下训练时间比较

图 7-16 所示为两种算法训练时内存占用情况的比较,所提算法训练时内存占用相较 Q 学习算法有较为明显的优势,且随着网络状态空间复杂度的提升,Q 学习算法需要更大的内存来进行学习,而所提出的面向时延优化的深度 option-critic 算法虽然所需空间也有所增加,但其幅度增加相较 Q 学习算法明显较少。

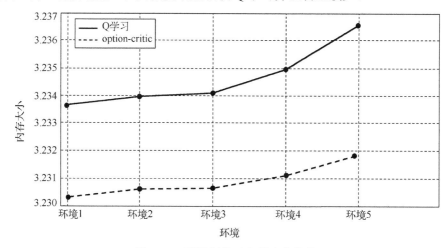

图 7-16　不同环境下占用内存比较

7.2.5　小结

本节结合 option-critic 框架提出了一种面向时延优化的 Ad hoc 网络路由优化算法,以优化网络传输时延。该算法具有三个优点:首先,与现有的强化学习算法相比,提出的算法对总奖励不敏感,通过 option 内策略梯度更新和终止 option 梯度更新,可以实现端到端的学习以获得 option 内策略和相应的终止函数,而无须进行精确调整,只需要指定需要学习的 option 数量,与其他分层强化学习算法相比,它可以有效、高效地引入先验知识,自动学习 option 的策略和 option 的切换功能,不需要指定子目标或内部奖励;其次,该算法使用神经网络代替 Q 表,节省了维护大规模 Q 表所引起的查找路由表的存储和时间成本;最后,提出的算法不依赖于任何特定的网络状态,因此可以被广泛使用。实验结果表明,所提算法相较 Q 学习算法,收敛速度更快且训练时间更短,节省了路由计算的内存和时间。随着链路复杂度的提高,智能体会自动优先学习到选择一个中间节点作为其小目标,最后到达选择目的节点的方式以获得更高的回报,具有明显的优势。

7.3　面向多个属性联合优化的路由选择

7.3.1　问题分析

在无人机集群网络路由决策中,由于集群任务的需要和网络所在环境的复杂性,往往需要考虑几种属性的联合决策才能取得较优的结果。例如,单纯的跳数最少不一定能使所选路径更优,而延时最小但跳数过多导致链路脆弱易阻断的问题也时有存在。不同的属性之间既有联系,又存在矛盾,这个时候可以考虑多个属性的联合决策,以期达到更好的优化效果。与单属性决策相比,多属性决策需要考虑各属性之间没有统一的度量标准,且各属性之间可能会产生矛盾。在路由选择中需优化传输延迟,减少丢包率,提高瓶颈带宽,但这些属性没有统一的量纲,无法将多个属性简单直接归并为单个属性。

本节在上一节研究的基础上进一步改进优化,考虑多属性联合的路由选择问题。针对带权重的多约束路由决策问题,提出一种适用于无人机集群网络的基于多属性联合的深度强化学习路由选择算法,综合考虑 Ad hoc 网络移动特性,考虑传输带宽、链路丢包率、通信可达节点数、传输时延等多个决策属性,设计了基于多属性的强化学习回报函数,解决了各属性之间的不可公度性问题。智能体学习并选择回报最大的节点作为下一跳节点。该算法在一定程度上综合评价移动节点的各项属性及网络状况,根据各个节点网络状态实时调整路由决策,提高了路径转发率,降低了网络时延。

7.3.2　模型建立

用加权图 $G(N,L)$ 表示网络拓扑,其中, N 代表网络节点的集合, $N=\{n_1,$ $n_2,\cdots,n_u\}$, u 表示节点数目;节点间有若干条全双工链路,组成通信链路集 L , $L=\{ll_1,ll_2,\cdots,ll_v\}$, v 表示网络中链路的数量。对于任何链路 $ll\in L$, $ll=(N_i,N_j)$,都

有传输带宽、丢包率、通信节点个数、传输时延等 m 个属性，记为 $A = \{a_1, a_2, \cdots, a_m\}$，如图 7-17 所示。我们用基于 option-critic 框架的强化学习寻找一条多因素联合最优的路径。

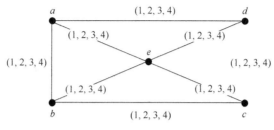

图 7-17　赋权示意图

对于多目标约束的移动无人机集群网络中路径优化问题，选取带宽（bandwidth）、丢包率（packet loss rate）、通信可达节点数（number）和传输时延（delay）作为状态属性因子。在路由选择过程中 $p(s,d)$ 表示从源节点 s 到目标节点 $d \in N$ 的一条路径，l 为路径上的一条链路。

（1）属性 1：传输带宽。

每段链路都有其相应的带宽，路径的带宽等于链路上带宽的最小值。
$$\text{Bandwidth}(p(s,d)) = \min\{\text{bandwidth}(ll)\}$$

其中，bandwidth(ll) 为链路的带宽函数。

（2）属性 2：丢包率。

考虑到无人机集群网络动态性强、链路不稳定、丢包频繁，因此丢包率是反映节点的负载状态的因素之一，也是衡量路由可靠与否的重要标准之一，因此想要尽可能降低丢包率。路径的丢包率等于路径上节点的丢包率与链路丢包率之和：
$$\text{PacketLossRate}(p(s,d)) = \sum_{ll \in p(s,d)} \text{packetlossrate}(ll) + \sum_{n \in p(s,d)} \text{packetlossrate}(n)$$

其中，packetlossrate(ll) 为链路的丢包率函数，packetlossrate(n) 为节点的丢包率函数。

（3）属性 3：通信可达节点数。

假定无人机集群网络中节点 X 的通信范围为一个圆，面积为 $s = \pi r^2$，圆内有 N 个节点随机分布，且节点间相互独立，则节点 X 通信范围内的通信可达节点数为[52]
$$\text{Num} = \sum_{n=0}^{N} m \frac{(\rho s)^n}{n!} e^{-\rho s} + 3\sigma \qquad (7\text{-}13)$$

其中，ρ 表示节点分布区域密度，是一个常数，$\rho = \dfrac{N}{S}$；σ 为泊松分布的标准差。

(4) 属性 4：传输延时。

考虑到无人机集群网络动态性强，选择传输延时较短的节点能有效提高网络传输效率，优化链路选择。路径的时延等于该路径上所有链路的时延与排队时延之和：

$$\text{Delay}(p(s,d)) = \sum_{ll \in p(s,d)} \text{delay}(ll) + \sum_{ll \in p(s,d)} \text{queue}(ll)$$

其中，delay(ll) 为链路的时延函数，queue(ll) 为排队的时延函数。

7.3.3　基于熵权法的多属性路由决策

1. 多属性决策模型

本节研究中，回报函数是由传输时延、通信可达节点数、传输带宽、丢包率联合确定的。将这四个属性按公式规范化处理，再组合加权，构造网络综合属性回报值，根据网络综合属性回报值进行深度网络参数的更新，训练智能体不断学习，找到最佳路由转发策略。

假设在 t 时刻，网络中有一源节点 s 需向目的节点 d 传送数据，此时有 n 个可通信的节点可供选择，节点数目由式 (7-13) 得到，即节点有 n 个可选下一跳节点，每个可选下一跳节点由 m 个属性构成的属性集表示，记为 $A(a_1, a_2, \cdots, a_m)$。考虑的属性包括传输时延、通信可达节点数、传输带宽，以及实时丢包率，属性集为 $A = ($Bandwidth, Delay, Number, PacketLossRate$)$。每个可选下一跳节点有四个属性，得到可选下一跳节点 i 关于属性 j 的属性值 d_{ij}，则 n 个可选下一跳节点可以构成一个多属性决策矩阵，如下所示：

$$\boldsymbol{D} = \begin{vmatrix} \text{Bandwidth}_1 & \text{Delay}_1 & \text{Number}_1 & \text{PacketLossRate}_1 \\ \text{Bandwidth}_2 & \text{Delay}_2 & \text{Number}_2 & \text{PacketLossRate}_2 \\ \vdots & \vdots & \vdots & \vdots \\ \text{Bandwidth}_n & \text{Delay}_n & \text{Number}_n & \text{PacketLossRate}_n \end{vmatrix}_{n \times 4} \tag{7-14}$$

根据多属性决策理论，Bandwidth、Number 为效益型属性[53]，Delay、PacketLossRate 为成本型属性[53]。由于各个属性之间的不可公度性，对决策矩阵进行归一化处理，如式 (7-15) 所示，得到规范化矩阵 $\boldsymbol{F} = (f_{ij})$：

$$f_{ij} = \frac{d_{ij} - d_j^-}{d_j^+ - d_j^-} \tag{7-15}$$

其中，当 $j \in$ 效益型属性时，$d_j^- = \min(d_{ij})$，$d_j^+ = \max(d_{ij})$；当 $j \in$ 成本型属性时，$d_j^- = \max(d_{ij})$，$d_j^+ = \min(d_{ij})$。

2. 多属性权值计算

权重大小的选择直接影响决策的结果，一般情况下，属性值差异越大赋予的权重值也越大，反之权重值越小。为了计算权重，采用 Shannon 提出的信息熵[7]确定决策矩阵权值大小。

对于一个规范化决策矩阵 $\boldsymbol{F} = (f_{ij})$，方案对于属性 j 下第 i 个记录所占比重 g_{ij} 定义为

$$g_{ij} = \frac{f_{ij}}{\sum_{i=1}^{n} f_{ij}}, \quad \forall i, j \tag{7-16}$$

将式 (7-16) 的 g_{ij} 代入信息熵计算公式，则方案关于属性 j 的熵值 e_j 为

$$e_j = -k \sum_{i=1}^{n} g_{ij} \log g_{ij} \tag{7-17}$$

其中，k 是一个常数，$k = \dfrac{1}{\ln n}$，n 是方案数，由式 (7-17) 得到，k 值的引入可以确保熵值范围为 $[0,1]$。

第 j 个属性信息偏差度 b_j 定义为

$$b_j = 1 - e_j \tag{7-18}$$

在计算得到每个属性的多样化指标之后，可以得到每个客观性权重 w_j 如下：

$$w_j^1 = \frac{b_j}{\sum_{j=1}^{m} b_j}, \quad \forall j \tag{7-19}$$

满足 $0 \leqslant w_j^1 \leqslant 1, \sum_{j=1}^{m} w_j^1 = 1$。

7.3.4　多属性联合深度强化学习算法设计

1. 问题分析

将无人机集群网络决策动作定义为一个五元组 $G = (N, L, \text{Bandwidth}, \text{Delay}, \text{Number}, \text{PacketLossRate})$，其中，$N$ 代表节点的集合，$N = \{n_1, n_2, n_3, \cdots, n_u\}$ 代表网络中的 u 个节点；L 是节点间有若干条全双工链路的集合，$L = \{ll_1, ll_2, ll_3, \cdots, ll_v\}$ 代表网络中的 v 条链路；Bandwidth 表示一定的带宽；Delay 表示一定的延时；Number 表示可通信节点数目；PacketLossRate 表示一定的丢包率。节点智能体选择与其相连的输出链路作为其一个动作 a_t 属于 A。动作选择依据当前状态，这个状态由目的节点、当前传输带宽、相邻节点传输延时、相邻节点可通信节点数目、相邻节点丢包率和相邻节点的剩余带宽来决定。

将 $p(s,d)$ 定义为源节点 s 到目标节点 $d \in N$ 的路径，l 为路径上的一条链路。我们要找一条满足以下约束条件的路径 $p(s,d)$。

①时延约束：$\text{Delay}(p(s,d)) \leqslant D$，其中，$D$ 表示最大时延；

②带宽约束：Bandwidth$(p(s,d)) \geqslant B$，其中，B 表示最小带宽；

③节点数约束：Number$(p(s,d)) \leqslant N$，其中，N 表示节点数；

④丢包率约束：PacketLossRate$(p(s,d)) \leqslant$ PLR，其中，PLR 表示最大丢包率。

对于任意两个节点 i 和节点 j 之间的路径 $p(i,j)$ 满足以下条件：

$$p(i,j) = \text{Delay}(p(i,j)) \leqslant D$$
$$\bigcap \text{Bandwidth}(p(i,j)) \geqslant B$$
$$\bigcap \text{Number}(p(i,j)) \leqslant N$$
$$\bigcap \text{PacketLossRate}(p(i,j)) \leqslant \text{PLR}$$

则称此路径 $p(i,j)$ 为可行路径。我们路由选择的实质就是在满足以上四个条件下的可行路径中寻找一条最优的路径。

2. 算法设计

假设每个节点都能够感知与其相邻的节点数量 $N(j)$、链路传输带宽 $B(j)$、延迟 $D(j)$ 和丢包率 $P(j)$，其中，$j \in (1, \cdots, m_i)$。无人机集群网络各个节点是对等且相互独立的，可以将每个节点看成一个个智能体单独学习问题。将从源节点 n_{so} 到目标节点 n_{de}，$de \in N$ 的每一小段 $p(so, de)$ 看成是一个智能体。智能体的目标是确定从状态 S 空间到动作 A 空间的最优行为策略映射 $\pi(\pi : S \to A)$，使期望回报 $r \in \mathbb{R}$（最小化网络时延）最大化。在每个时刻 t，节点 n_{so} 通过与环境交互生成的 option-critic 网络的训练数据训练神经网络。它通过使用两个深度神经网络(一个为 option 网络，一个为 critic 网络)来迭代更新最终到达收敛状态。当神经网络收敛时，认为用户得到了动态变化网络下的路由选择方案，即下一跳路由节点 n_h，可以将问题建模为马尔可夫决策过程。

(1)状态空间 S 和动作空间 A。

状态空间是节点 n_i 所有可能的下一节点集合，下一跳节点的选择依据当前节点 n_i 状态，状态信息包括传输带宽、传输延时、通信可达节点数、实时丢包率，可表示为

$$s_t = (n_i, \text{bandwith}_i(t), \text{delay}_i(t), \text{number}_i(t), \text{packetlossrate}_i(t))$$

在节点处智能体的动作是：在其通信范围内，选择一个可达节点作为下一跳节点。每个节点 n_i 都有一个可选动作集 $A_i = (a_{io}, a_{ip}, \cdots, a_{iq})$，其中，$o, p, q, \cdots$ 为与节点 n_i 可通信的节点序号。智能体根据 Softmax 策略从在该状态节点的可通信节点中选择一个节点作为其动作 $a_t \in A_i$。

(2)立即回报 R。

考虑各属性的正负相关性，由规范化矩阵 $\boldsymbol{F}$ 及属性权重向量 $\boldsymbol{W} = (w_1, w_2, w_3, w_4)$ 可知，可将 option-critic 算法下可选节点 i 的多属性回报函数设计如下：

$$R_t = R(i \rightarrow j \mid_{s_t, a_t})$$

$$= -w_1(\lambda_1 \text{delay}_{ij} + \lambda_2 \text{queue}_j) + w_2 \text{bandwidth}_{ij} - w_3 \text{packetloss}_j + w_4 \text{number} \quad (7\text{-}20)$$

$$\text{delay}_{ij} = \frac{2}{\pi} \arctan\left(d_{ij}^l - \frac{\sum_{k=1}^{\text{Num}(i)} d_{ik}^l}{\text{Num}(i)} \right) \quad (7\text{-}21)$$

$$\text{queue}_{ij} = \frac{2}{\pi} \arctan\left(d_{ij}^q - \frac{\sum_{k=1}^{\text{Num}(i)} d_{ik}^q}{\text{Num}(i)} \right) \quad (7\text{-}22)$$

$$\text{packetloss}_{ij} = 1 - 2\% \text{packetloss}_{ij} \quad (7\text{-}23)$$

$$\text{bandwidth}_{ij} = \frac{2}{\pi} \arctan(0.01)\left(\text{BW}_{ij}^A - \frac{\sum_{k=1}^{\text{Num}(i)} \text{BW}_{ik}^A}{\text{Num}(i)} \right) \quad (7\text{-}24)$$

其中，d_{ij}^l 和 d_{ij}^q 分别代表从节点 i 到节点 j 的链路传输时延和排队时延，$\text{Num}(i)$ 是节点 i 的相邻可通信节点数目，$\% \text{packetloss}_{ij}$ 是丢包率，BW_{ij}^A 是可用带宽，BW_{ij}^T 是链路 $i \rightarrow j$ 的总带宽。式(7-21)考虑链路 $i \rightarrow j$ 与其他可能的下一跳的链路时延，式(7-22)考虑链路 $i \rightarrow j$ 与其他可能的下一跳的排队时延，式(7-23)描述损失率，式(7-24)表示链路 $i \rightarrow j$ 的可用带宽。

图 7-18～图 7-21 分别为传输时延、排队时延、丢包率、带宽函数的图像，由图可知，函数值都在[-1，1]，值趋近 1 代表路由选择时相应属性被偏好，而值趋于-1 则将其作为惩罚。

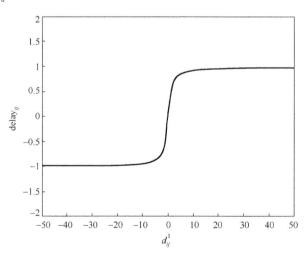

图 7-18　传输时延函数

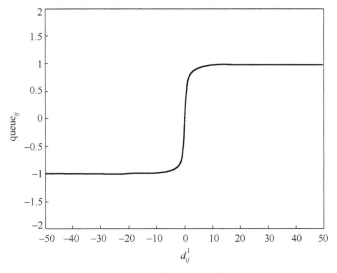

图 7-19　排队时延函数

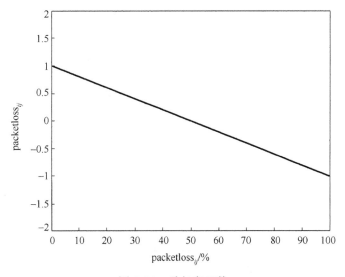

图 7-20　丢包率函数

图 7-22 展示了多属性回报函数的计算流程，每个节点都能感知网络的 m 个属性状态信息，为各属性信息做归一化处理，根据网络业务侧重点的不同，结合熵权赋值法，为不同属性赋予不同权重，权重越大的属性在本次路由决策中就越重要。如果一个属性的权重为 1,其他属性的权重为 0,则模型结果与单属性模型结果一致，因此，该方法是单属性决策模型的扩展，更符合实际。

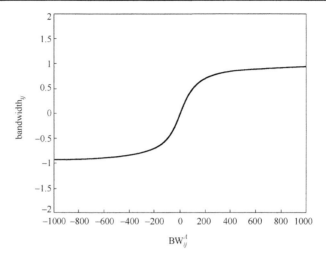

图 7-21 平均带宽函数

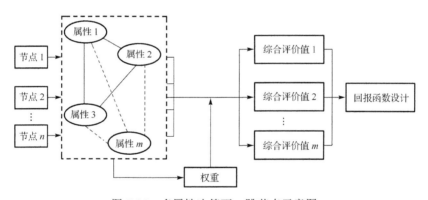

图 7-22 多属性决策下一跳节点示意图

结合上述回报函数的设计，提出多属性联合决策的无线网络路由优化算法，具体步骤如算法 7.2 所示。

算法 7.2 多属性联合的深度强化学习路由算法

---

1. 在节点 n_i ，

2. 初始化 $Q_\Omega(s,\omega)$ ， $Q_U(s,\omega,a)$ ， $\pi_\Omega(s)$ ，深度网络参数集 θ ， ϑ ；

3. 设置 option 网络学习速率，critic 网络学习速率，折扣系数；

4. 在 t 时隙：

    5. 根据 ε-greedy 算法从 $\pi_\Omega(s_t)$ 选择一个下一跳 option ω_t ；

    6. 在状态 s_t ， option ω_t 下，选择 a_t ；

    7. 得到 r_t 和 s_{t+1} ；

---

8. 根据 intra-option 策略梯度法更新参数 θ：

$$\theta \to \theta + \alpha_\theta \frac{\partial \log \partial \pi_{\omega,\theta}(a \,|\, s)}{\partial \theta} Q_U(s, \omega, a)$$

9. 根据终止策略梯度法更新参数 ϑ：

$$\vartheta \to \vartheta - \alpha_\vartheta \frac{\partial \beta_{\omega,\vartheta}(s')}{\partial \vartheta} Q_\Omega(s', \omega) - V_\Omega(s')$$

10. if $\beta_{\omega,\vartheta}$ 判断 s' 为目的节点

　　重复步骤 5

　　$s \leftarrow s'$

直到 s' 为终止状态。

7.3.5　实验结果及分析

1. 仿真环境及参数设置

如图 7-23 所示，为仿真网络拓扑结构图，每个节点都有其通信半径，在其通信半径内的所有节点都可相互转发通信。节点间的路径包含相应属性信息：可通信节点数、带宽、传输延迟和丢包率，相邻节点属性见表 7-3 所示。网络拓扑设置为每30 秒检测一次，如果不变，原路由保持不变，如果网络拓扑发生变化，重新搜索路由。

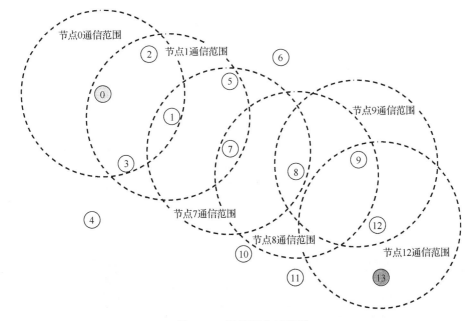

图 7-23　网络拓扑结构图

表 7-3　相邻节点属性

节点	邻居节点	带宽/Mbps	延时/ms	丢包率/%
n_0	n_1	2	10	10
	n_2	1.1	20	15
	n_3	1.1	20	15
n_1	n_2	1.2	10	15
	n_3	1.3	15	15
	n_5	1.9	12	10
n_3	n_4	1.7	11	20
	n_7	1.1	15	15
n_5	n_6	1.7	10	20
	n_7	1.9	10	15
	n_8	2	9	10
n_7	n_8	1.2	19	15
n_8	n_9	2	8	10
n_9	n_{12}	3	8	10
n_{12}	n_{13}	1.9	9	10
n_{10}	n_{11}	1.5	17	20
n_{11}	n_{13}	1.5	17	20

奖励策略设置如下：当选择的下一个节点与当前节点没有连接关系时，奖励值为 -30；每次判断所选择节点是否为目的节点：如果为目的节点，奖励值为 200，如果不是目的节点，奖励值 -2；相关仿真网络参数设置如表 7-4 所示，算法参数设置如表 7-5 所示。

表 7-4　网络参数设置

参数	值
节点数量	14
链路数量	17
节点传输半径	250m
链路丢包率	[0,30%]
链路延迟	[5ms,20ms]
带宽约束	[0,2Mbps]

表 7-5　算法参数设置

参数	值
折扣因子 γ	0.99
顶层 option ε-greedy 策略 ε	0.1
终止 option 学习率 α_β	0.25
内部 option 学习率 α_i	0.25
critic 学习率 α_c	0.5
Softmax 温度参数	0.01
option 数量	1

2. 仿真结果

实验探究了强化学习折扣因子不同对智能体学习最优策略的影响。图 7-24 研究了三组折扣因子对比学习实验，分别设置 $\gamma = 0.85$、$\gamma = 0.90$、$\gamma = 0.99$，对比其对所提算法的影响。当 $\gamma = 0.85$ 时，训练超出了预算时间，提前终止回合学习，无法学习到策略；当 $\gamma = 0.90$ 时，智能体能够学习到一个较为理想的策略，但总体用时较多；当 $\gamma = 0.99$ 时，智能体能够快速学习到最佳策略，收敛到一个最优的综合性能回报值。

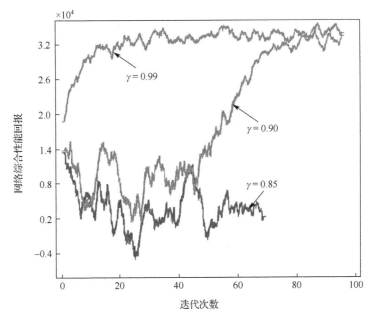

图 7-24　不同折扣因子下的算法性能分析

为了使算法优势更直观地展示出来，在本研究实验中，将 1000 个步的平均传输延迟添加到此集的总延迟中以衡量结果。如图 7-25 所示，所提算法在第 40 个回合之后就能稳定在一个较为理想的延迟，而 Q 学习算法需要在 80 个回合之后才能逐步趋于稳定。随着训练步骤的增加，所提算法的总延时呈下降趋势，在足够的回合之后，提出的方案胜过 Q 学习算法。

本节所提算法借鉴了 AODV 按需距离矢量路由协议的思想，且在 Q 学习算法基础上加入分层深度策略网络，因此在本节仿真实验中，我们将提出的算法与传统的 AODV 协议和强化学习 Q 学习算法的结果进行了比较。

图 7-26 比较了三种算法在不同规模网络环境下的时延变化。所提算法借鉴了 AODV 按需距离矢量路由协议的思想，整体表现与 AODV 协议类似，Q 学习算法的整体传输延迟高于我们提出的算法和 AODV 协议，而传统的 AODV 协议在传输延

迟方面具有更好和更稳定的性能。本节所提出的算法起初不稳定，但经过一段时间后，它也可以保持较低的延迟水平，且随着节点数增多，网络规模增大，所提算法与 AODV 协议的传输时延始终低于 Q 学习算法。

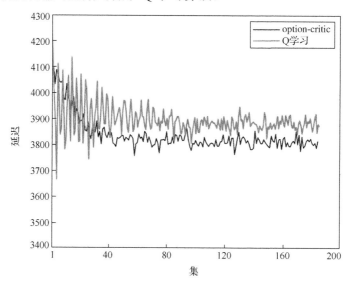

图 7-25　算法时延性能比较

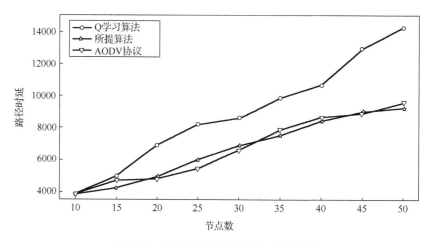

图 7-26　不同网络环境下算法时延比较

图 7-27 对比了三种算法在相同环境下随训练次数增加，数据包转发率的变化。传统的 AODV 协议从始至终在初始值附近一直比较稳定，本节所提出的算法和 Q 学习算法随着迭代次数的增加呈上升趋势。本节所提算法的数据包转发率曲线趋势与 Q 学习算法大致相同，所提算法能收敛到一个更优的策略，有更高的数据包转发发

率，最终稳定在[0.89，0.9]；而 Q 学习算法只能收敛到一个次优的策略，最终稳定在[0.86，0.87]。

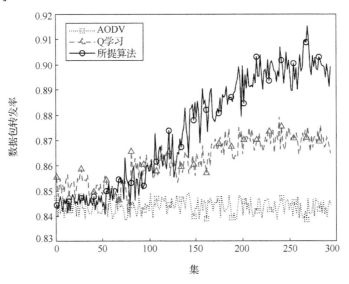

图 7-27　三种算法数据包转发率比较

　　图 7-28 展示了随着网络环境复杂性的增加，三种算法的数据包转发率变化。刚开始的时候，当网络中节点数较少、链路数比较少的时候，三种算法的数据包投递率相差不大。随着链路数量的增加，网络状态空间变大，三种算法的数据包转发率都呈现出明显的下降趋势。其中，我们提出的算法在面对复杂链路时表现最佳，而 Q 学习算法与 AODV 协议之间的转发率大大降低，并且随着状态空间的增加，Q 学习算法需要更长的训练时间才能收敛。

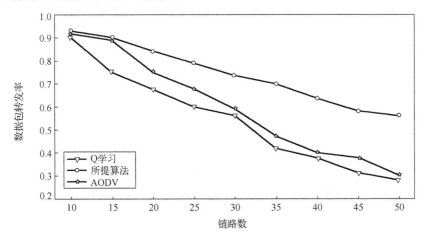

图 7-28　不同网络环境数据包转发率的比较

图 7-29 设计了在不同节点数量的网络环境下三种算法路径开销的对比实验。随着链路数量的增加，网络规模大大增加，三种算法的路由开销也发生了变化。与传统的 AODV 协议相比，本研究所提出的算法略优于 AODV 协议，具有更好、更稳定的开销，且对网络规模表现不是很敏感。而 Q 学习算法对状态空间的要求更高，随着网络中节点数量的增加，状态空间大大加深，Q 学习算法的路由开销也呈接近指数型上升趋势。

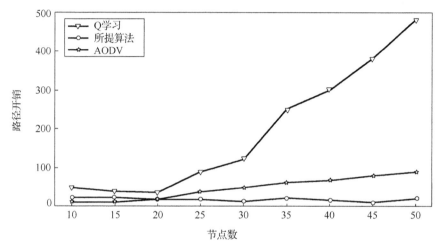

图 7-29　不同网络环境下的开销比较

7.3.6　小结

本节基于 option-critic 框架，提出了无人机集群网络多属性决策路由算法。用组合加权法来计算每个决策属性的权重，通过引入传输带宽、丢包率、通信节点数、传输延迟等多种决策属性，建立了基于多属性的决策模型。智能体根据所提出的多属性决策模型学习并选择最佳的下一跳节点。在该方法中，根据每个属性的权重，应用适当的性能来确定两个特定节点之间的最终路由。与单属性无线网络路由优化算法相比，该方法综合考虑了网络中移动节点的各种属性和网络条件，并考虑了属性之间的不可通约性、属性产生的矛盾和属性之间的正负特性，可以通过分配的权重来观察属性的重要性。仿真实验证明，提出的算法满足多属性联合优化的条件，收敛性能良好，相较 Q 学习算法，所提算法能够较快地实现收敛，且收敛至一个更优的策略。随着节点数增多、网络规模增大、网络状态空间变大，所提出的算法在传输时延、数据包转发率、路径开销方面都呈现出一定优势。

7.4 考虑任务属性优先级的路由选择

7.4.1 问题分析

在无人机集群网络路由决策中，考虑多属性决策问题时只是客观地为不同属性赋予权重，而忽视了特定集群任务对特定属性的侧重程度不同的问题。因此，需要为不同的属性指定不同的优先级，以期望能够满足无人机集群网络业务传输的特定需求。同时，部分属性的优先级是相同的，且需优先考虑某些属性，只有在满足这些属性的基础上才能进行下一步的优化任务。不同的属性如时延、抖动、吞吐量、丢包率、开销等之间既存在并列关系，又存在优先顺序。

本节在前文研究的基础上进一步改进优化，考虑属性优先级无人机集群网络路由选择问题。针对多个属性存在优化先后顺序问题，综合考虑无人机集群网络移动特性，分析传输时延、抖动、吞吐量、丢包率、开销等多个决策属性之间的优先顺序，提出一种适用无人机集群网络的属性优先深度强化学习路由选择算法。智能体学习并选择回报最大的节点作为下一跳节点。该算法结合移动节点的各项属性优先顺序及网络业务实际，能根据各个节点网络状态实时调整路由决策，提高了路径转发率和链路利用率。

7.4.2 属性优先级分析

现有考虑各属性优先级的方法大多为：为优先级高的属性赋予一个很高的权重，以期让低优先级属性无法对总决策产生影响。但这种方法，同一优先级属性只选择极端情况作为衡量标准，而忽略了该优先级中各属性的差异性，无法评估每个属性具体对于决策结果的影响。结合文献[54,55]提出的毕达哥拉斯数据环境和 Cheng 等[56,57]的研究基础，本节为网络状态信息的各属性要素首先做模糊预处理，为各属性划分优先级，计算各优先级内部的属性权重，集成得到该优先级权重，继而计算各优先级之间的属性值，最后将各优先级属性权重集成，形成对节点的综合评分，作为选择该节点的立即回报值。

假设网络中每个节点都包含 m 个属性信息，属性集合为 $A = \{a_1, a_2, \cdots, a_m\}$，这些属性可划分为 o 个优先级，记作 $Pr_i, i = 1, 2, 3, \cdots, o$，且 $Pr_1 > Pr_2 > Pr_3 > \cdots > Pr_o$。对于 Pr_i 内的不同属性，使用熵权法确定统一优先级属性的客观权重，具体方法参见 7.3.3 节，得到节点 n_k 属性优先级 Pr_i 内属性 j 的权重：

$$w_{kj}^1 = \frac{b_j}{\sum_{j=1}^m b_j}, \quad \forall j \tag{7-25}$$

节点 n_k 在 Pr_i 内第 j 个属性的得分值可表示为

$$\beta_{ij}(n_k) = f(\lambda_{ij}(n_k), \upsilon_{ij}(n_k)) \tag{7-26}$$

其中，$0 \leqslant (\lambda_{ij}(n_k))^2 + (\upsilon_{ij}(n_k))^2 \leqslant 1$。

由式(7-25)和式(7-26)可以得到 Pr_i 的权重 γ_i：

$$\gamma_i = \begin{cases} (1,0), & i=0 \\ \overset{n_i}{\underset{i=1}{\oplus}} w_{ij}^1 \beta_{ij} = \overset{n_i}{\underset{i=1}{\oplus}}\left(\sqrt{1-(1-\lambda_{ij}^2)^{w_{ij}^1}}, (\upsilon_{ij})^{w_{ij}^1}\right), & i=1,2,\cdots,o \end{cases} \tag{7-27}$$

在得到 Pr_i 的权重 γ_i 后，考虑各优先级之间的权重计算。$w_i^2(n_k)$ 是优先级 Pr_i 的权重，是比 Pr_i 优先的所有优先级权重的积：

$$w_i^2(n_k) = \gamma_0 \otimes \gamma_1 \otimes \cdots \otimes \gamma_{i-1} \tag{7-28}$$

对节点 n_k 所有属性集成，根据优先级权重 $w_i^2(n_k)$，对该优先级属性得分 $\beta_{ij}(n_k)$ 加权求和，对各优先级的求和结果再次求和，得到节点 n_k 所有属性集成的总得分值。

将集成得到的节点 n_k 得分值作为强化学习中该节点的立即回报值：

$$R(n_k) = \overset{q}{\underset{i=1}{\oplus}}\left(\overset{n_i}{\underset{j=1}{\oplus}}(w_i^2(n_k) \otimes \beta_{ij}(n_k))\right) \tag{7-29}$$

7.4.3　基于属性优先级的深度强化学习算法设计

针对属性优先级无线网络路由决策问题，本节设计了基于属性优先的深度强化学习无线网络路由选择算法，考虑多属性之间的优先级关系，充分分析每个属性的重要性及其对链路的影响，更贴合网络实际。下面将对算法模型及框架进行介绍。

1. 算法模型

网络环境设计与前文研究类似，用加权图 $G(N,L,A)$ 表示网络拓扑，其中，N 代表网络节点的集合，$N=\{n_1,n_2,n_3,\cdots,n_u\}$，$u$ 表示节点数目；节点间有若干条全双工链路，组成通信链路集 L，与节点 n_i 相连的链路 $L_i=\{l_1^i,l_2^i,l_3^i,\cdots,l_k^i\}$，$k$ 表示与该节点相连的通信链路数，网络中所有链路 $L=L_1 \cup L_2 \cup L_3 \cup \cdots \cup L_u$，节点 n_i 相连的第 j 条链路 l_j^i 对应的 $A_{ij}=(d_{ij},j_{ij},th_{ij},plr_{ij},ct_{ij})$，其中，$d_{ij},j_{ij},th_{ij},plr_{ij},ct_{ij}$ 分别表示时延、抖动、吞吐量、丢包率、开销。无线网络中的路由选择可以描述为数据包从源节点 n_{so} 出发，经过一系列中间节点 n_{relay}，最终到达目的节点 n_{de} 的过程，在每个 n_{relay} 节点，都需要进行路由选择，可以将问题建模为马尔可夫决策过程(Markov decision process，MDP)。无人机集群网络各个节点是对等且相互独立的，每个节点可以看成为一个智能体单独学习问题。

(1) 状态空间。

定义状态 $s_{so,de}$ 为数据包从源节点 n_{so} 出发到达目的节点 n_{de} 的状态，状态空间为 $S=\{s_{00},s_{01},s_{02},s_{03},\cdots,s_{ij},\cdots,s_{uu}\}$。每个节点的状态信息都包括：

$$s_{ij_t}=(d_{ij_t},j_{ij_t},th_{ij_t},plr_{ij_t},ct_{ij_t})$$

其中，d_{ij} 表示当前链路 $i \to j$ 的延时，j_{ij} 表示当前链路 $i \to j$ 的抖动，th_{ij} 表示当前链路 $i \to j$ 的吞吐量，plr_{ij} 表示当前链路 $i \to j$ 的丢包率，ct_{ij} 表示当前链路 $i \to j$ 的通信开销。

(2) 动作空间。

定义动作为：在通信范围内选择一个通信可达节点作为下一跳。每个节点都有一个可选动作集 $A_i=(a_{io},a_{ip},\cdots,a_{iq})$，其中，$o,p,q,\cdots$ 为与节点 n_i 可通信的节点序号。动作空间为 $A=A_1 \bigcup A_2 \bigcup A_3 \bigcup \cdots \bigcup A_u$。

(3) 立即回报。

是对上一个动作所获得的回报的评价，在本研究中则是选择每一节点得到的模糊综合得分值。本模型中，无人机集群网络优先多属性优化模型的优化目标是最大化综合得分值，由式(7-29)所得。

在每个阶段，节点智能体从网络拓扑环境中观察状态 s_t，根据 $\pi_{\Omega}(s_t)$ 选择 option ω，在该 option 下根据当前策略 $\pi_{\omega}(a|s_t)$ 进行路由选择。在选择动作后，智能体得到立即回报 R，转到下一个状态 s_{t+1}，继续选择动作 $\pi_{\omega}(a|s_{t+1})$。直到 option ω 凭 β_{ω} 终止，到达 s_{t+n}。智能体可以根据返回的回报值以及 Q_{Ω} 和 Q_U 值来而调整自己的选择动作策略，根据 $\pi_{\Omega}(s_{t+n})$ 重新选择一个 option 进行下一轮学习训练。

2. 算法流程描述

本节研究综合考虑无人机集群网络中常用的五种属性做多属性决策，各属性之间的优先顺序大致如下。

(1) 首先考虑时延和抖动对链路的影响，我们希望找到一条时延最短的路径，且抖动最少的路径。

(2) 在保证时延和抖动越小的情况下考虑路由开销，期望找到一条开销最少的路径。

(3) 在保证上述属性的前提下最后考虑降低丢包率、提高吞吐量。

以带有 4 个可通信邻居节点的节点 n_i 为例，分别记为节点 n_a,n_b,n_c,n_d，则可以构建决策矩阵：

$$D=\begin{vmatrix} \text{Delay}_{ia} & \text{Jitter}_{ia} & \text{Throughput}_{ia} & \text{PacketLossRate}_{ia} & \text{Cost}_{ia} \\ \text{Delay}_{ib} & \text{Jitter}_{ib} & \text{Throughput}_{ib} & \text{PacketLossRate}_{ib} & \text{Cost}_{ib} \\ \text{Delay}_{ic} & \text{Jitter}_{ic} & \text{Throughput}_{ic} & \text{PacketLossRate}_{ic} & \text{Cost}_{ic} \\ \text{Delay}_{id} & \text{Jitter}_{id} & \text{Throughput}_{id} & \text{PacketLossRate}_{id} & \text{Cost}_{id} \end{vmatrix}$$

　　为各个属性划分优先级并分类，将属性数据模糊预处理、规范化，带有优先级的多属性权重数据处理流程如图 7-30 所示。

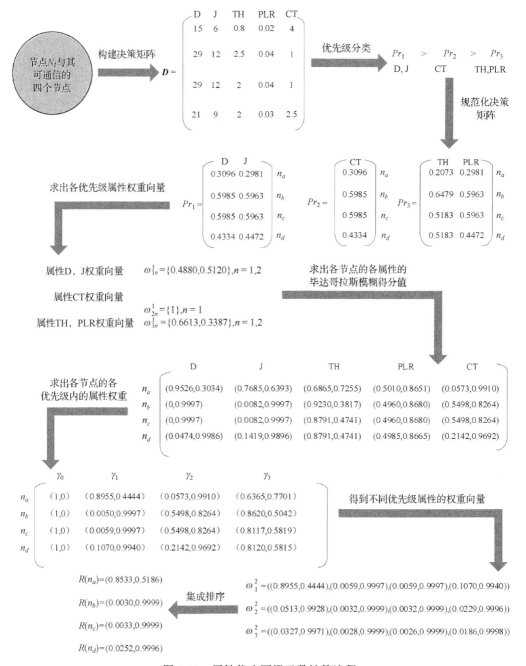

图 7-30　属性优先回报函数计算流程

7.4.4　实验结果及分析

1. 仿真环境及参数设置

仿真环境设置、算法参数设置与上一节研究相同，设计了不同节点数量的网络环境，将所提算法与单属性优化算法、客观赋权法相比较。

2. 仿真结果

本节所提算法是在 Q 学习基础上结合分层深度强化学习网络提出的，因此本节将所提算法与 Q 学习算法(作为基准)进行对比，验证了所提算法的有效性。根据在一个集中获得的平均奖励来评估这两种算法。图 7-31 展示了两种算法在 10 次航程中的平均回报变化。Q 学习即使在 200 个集之后也无法找到最优策略，收敛到一个次优策略，获得 31965 的回报。相比之下，所提出的算法相较 Q 学习算法能够找到一个更优的策略，获得了更高的平均回报，大概在 31990。

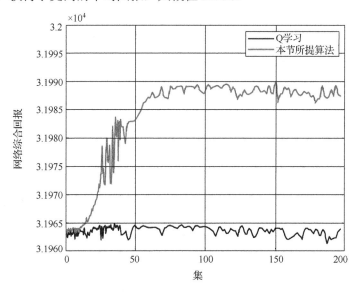

图 7-31　平均回报变化对比图

实验设计了节点数分别为 10，15，20，25，30，35，40，45，50 的十个网络拓扑环境，图 7-32～图 7-36 分别对比了所提算法与单属性优化算法、客观赋权法的传输时延、抖动、吞吐量、丢包率、开销五个属性在不同网络环境下的性能。所提算法在单一属性优化的表现虽略逊于单属性优化算法，但与客观赋权法相比有较明显的优势，特别是在优先级较低的属性上表现得更为明显。

图 7-32 所示为三种算法在传输时延性能方面的比较，所提算法与时延优化算法

都可以得到一个较小的传输时延，而客观赋权法得到的传输时延相较二者要偏大，且在节点数量增多的情况下表现得更为显著。

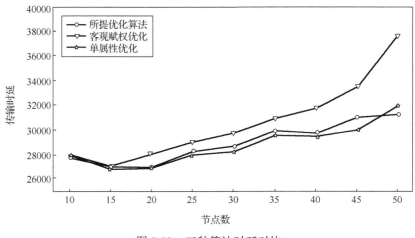

图 7-32　三种算法时延对比

　　图 7-33 所示为三种算法在链路抖动性能方面的比较，三种算法在该性能方面的差异不是很大，所提算法和单属性优化算法以较小优势略胜客观赋权法，这是因为在我们所划分的优先级中，抖动是第一优先级的属性，且在客观赋权法中为抖动赋予的权重也是较高的，因此这三者差异不是很大。

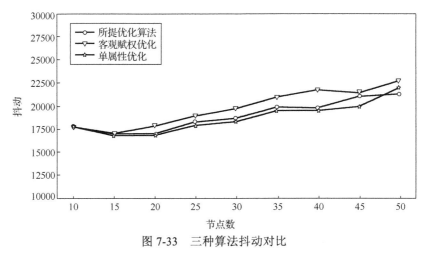

图 7-33　三种算法抖动对比

　　图 7-34 和图 7-35 所示分别为三种算法的吞吐量与链路丢包率的比较，在本研究中吞吐量与丢包率被划分为第三优先级的属性，在客观赋权法中为其赋予了较低的权重，仿真结果验证了所提算法能充分考虑低优先属性对链路的影响，与单一优化吞吐量、丢包率的算法相比，性能不相上下，且远胜于客观赋权法。

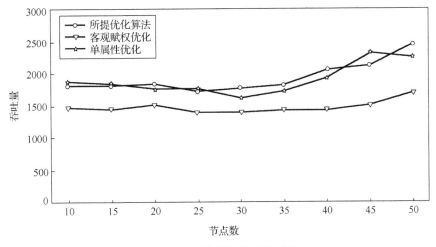

图 7-34 三种算法吞吐量对比

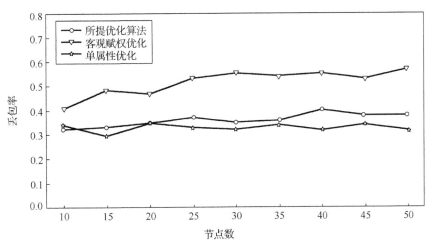

图 7-35 三种算法丢包率对比

图 7-36 所示为三种算法路由开销性能的比较,在本研究中,链路开销是第二类优化顺序的属性。在设计路由选择算法时,结合按需距离矢量路由协议设计了路由优化算法,因此在路由开销方面三种算法都有着较好表现。随着网络中节点数目的增加,网络规模变大,状态空间大大加深,三种算法的路由开销整体都呈现上升趋势,所提算法与单属性优化算法都能得到一个较低的路由开销。

综合上述仿真实验,所提算法能综合优化所有属性,充分考虑每一个属性对路由选择的影响,与单属性优化算法相比,所提算法每个属性优化性能都与其有一致的优化效果,验证了所提算法的有效性。

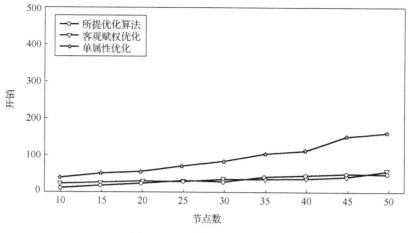

图 7-36　三种算法开销对比

7.4.5　小结

为解决无人机集群网络多属性有优先级的问题，本节提出了一种基于属性优先的无人机集群网络路由决策算法。考虑无线网络中常用的五种属性，即时延、抖动、吞吐量、丢包率、开销，做多属性决策。根据网络传输数据类型，分析并划分了各属性之间的优先级。同一优先级内的属性，采用熵权法计算权重；不同优先级间的属性结合毕达哥拉斯数据环境集成；最后将所有属性及权重再次加权求和，构建了基于属性优先的多属性决策回报函数。仿真实验证明，提出的算法满足优先多属性联合优化的条件，能考虑到各个优先级内的每一个属性，较快地实现收敛，在复杂链路环境下保持良好的性能。与传统属性优先优化算法相比，所提算法的五种属性都有所优化，特别是优先级高的属性，其性能表现相较单属性优化提升较为明显。

7.5　开放性讨论

本章从无人机集群路由优化所面临的问题出发，基于分布式决策算法优化的角度，研究了拓扑结构动态变化场景下的无人机集群网络路由优化问题，仍存在以下问题亟待解决。

(1)需要研究不同程度的信息缺失条件下的路由优化问题。本章考虑的网络具有许多已知的条件，而实际的无人机集群网络在信息缺失方面，可能会更加严重。网络无法获得如此全面和准确的信息，信息获取不全和缺失的现象时有发生。可以结合有关链路预测方面的研究，对相关方法进行进一步探索和改进。

(2)所研究的无线网络路由决策问题是基于离散动作空间的，在后续研究中，可以对连续动作空间下，无线网络路由选择问题进行进一步研究。可结合长短记忆网络对状态信息预处理，生成隐状态并将其传输给 option 和 critic 神经网络，对智能体的动作进行预测性控制。这方面的工作有待进一步深入。

<h1 style="text-align:center">参 考 文 献</h1>

[1] 蒋丽影, 张昕. Ad hoc 网络按需路由协议 DSR 性能研究[J]. 中国新通信, 2008, (5): 17-20.

[2] Spyropoulos T, Rais R, Turletti T, et al . Routing for disruption tolerant networks: Taxonomy and design[J]. Wireless Networks, 2010, 16(8): 2349-2370.

[3] Vasilakos A V, Zhang Y, Spyropoulos T. Delay Tolerant Networks: Protocols and Applications[M]. Boca Raton: CRC Press, 2011: 10-13.

[4] 余莉, 舒勤, 郑洪. 随机早期检测算法研究[J]. 微计算机信息, 2005, (1): 115-116.

[5] 黄伟, 路冉, 刘存才, 等. 基于 SDN 分级分域架构的 QoS 约束路由算法[J]. 网络与信息安全学报, 2019, 5(5): 21-31.

[6] Wang Z, Crow C J. QoS routing for supporting resource reservation[J]. IEEE Journal on Selected Areas in Communications, 1996, 14(7): 1228-1234.

[7] Zhang L, Lakas A, El-Sayed H, et al. Mobility analysis in vehicular ad hoc network VANET[J]. Journal of Network & Computer Applications, 2013, 36(3): 1050-1060.

[8] 段冬梅. Ad Hoc 网络 QoS 多径路由协议研究[D]. 青岛: 青岛大学, 2016.

[9] Mnih V, Kavukcuoglu K, Silver D, et al. Playing Atari with deep reinforcement learning[J]. Computer Science, 2013.

[10] Stampa G, Arias M, Sánchez D, et al. A Deep-reinforcement learning approach for software-defined networking routing optimization[J]. arXiv: 1709. 07080, 2017.

[11] Li Y X. Deep reinforcement learning: An overview[J]. arXiv: 1701. 07274, 2017.

[12] Varga A. The OMNeT++ discrete event simulation system[C]//The 15th European Simulation Multiconference(ESM 2001), 2001: 1-7.

[13] Mestres A, Rodriguez-Natal A, Carner J, et al. Knowledge-defined networking training datasets[J]. Association for Computing Machinery, 2017, 47(3): 2-10.

[14] Hu T, Fei Y. QELAR: A machine-learning-based adaptive routing protocol for energy-efficient and lifetime-extended underwater sensor networks[J]. IEEE Transactions on Mobile Computing, 2010, 9(6): 796-809.

[15] Ghaffari A. Real-time routing algorithm for mobile ad hoc networks using reinforcement learning and heuristic algorithms[J]. Wireless Networks, 2017, 23(3): 703-714.

[16] Watkins C J, Dayan P. Q-learning[J]. Machine Learning, 1992, 8(3/4): 279-292.

[17] Maltz D, Broch J. DSR: The dynamic source routing protocol for multi-hop wireless ad hoc networks[J]. Ad Hoc Networking, 2001: 13891-15213.

[18] Gunes M, Sorges U, Bouazizi I. ARA-the ant-colony based routing algorithm for MANETs[C]//The International Conference on Parallel Processing Workshops IEEE, 2002: 79-85.

[19] Chatterjee S, Das S. Ant colony optimization based enhanced dynamic source routing algorithm for mobile ad hoc network[J]. Information Sciences, 2015, 29(5): 67-90.

[20] 张彬彬. 基于强化学习的 Ad Hoc 网络 QoS 路由算法研究[D]. 苏州: 苏州大学, 2010.

[21] Sutton R S, Mcallester D, Singh S, et al. Policy gradient methods for reinforcement learning with function approximation[J]. Advances in Neural Information Processing Systems, 2000, 12: 1057-1063.

[22] 刘全, 翟建伟, 章宗长, 等. 深度强化学习综述[J]. 计算机学报, 2018, 41(1): 1-27.

[23] Lillicrap T P, Hunt J J, Pritzel A, et al. Continuous control with deep reinforcement learning[J]. Computer Science, 2015, 8(6): 187-202.

[24] Silver D, Lever G, Heess N, et al. Deterministic policy gradient algorithms[C]//International Conference on Machine Learning, 2014: 387-395.

[25] Mnih V, Kavukcuoglu K, Silver D. et al. Human-level control through deep reinforcement learning[J]. Nature, 2015, 518(7540): 529-533.

[26] Sun P, Li J, Lan J, et al. RNN deep reinforcement learning for routing optimization[C]//2018 IEEE 4th International Conference on Computer and Communications(ICCC), 2018: 285-289.

[27] Sun P, Hu Y, Julong L, et al. TIDE: Time-relevant deep reinforcement learning for routing optimization[J]. Future Generation Computer Systems, 2019, 99: 401-409.

[28] Yu C, Lan J, Guo Z, et al. DROM: Optimizing the routing in software-defined networks with deep reinforcement learning[J]. IEEE Access, 2018, 6(4): 533-539.

[29] Franco S, Marco G, Ah Chung T, et al. The graph neural network model[J]. IEEE Transactions on Neural Networks, 2008, 20(1): 61-80.

[30] Micha D, Xavier B, Pierre V. Convolutional neural networks on graphs with fast localized spectral filtering[J]. Advances in Neural Information Processing Systems, 2016(3): 844-852.

[31] Li Y J, Daniel T, Marc B, et al. Gated graph sequence neural networks[J]. arXiv: 1511. 05493, 2015.

[32] Veličković P, Cucurull G, Casanova A, et al. Graph attention networks[J]. ArXiv: 1710. 10903, 2017.

[33] Krzysztof R, José Suárez-Varela, A M, et al. Unveiling the potential of graph neural networks for network modeling and optimization in SDN[C]//The 2019 ACM Symposium on SDN Research, 2019: 140-151.

[34] José S, Carol-Bosch S, Krzysztof R, et al. Challenging the generalization capabilities of graph neural networks for network modeling[C]//The ACM SIGCOMM 2019 Conference Posters and Demos, 2019: 114-115.

[35] Wu Z, Pan S, Chen F, et al. A comprehensive survey on graph neural networks[J]. IEEE Transactions on Neural Networks and Learning Systems, 2021, 32(1): 4-24.

[36] Almasan P, Suárez-Varela J, Badia-Sampera A, et al. Deep reinforcement learning meets graph neural networks: An optical network routing use case[J]. arXiv preprint arXiv: 1910. 07421, 2019.

[37] Kai A, Marc D, Miles B, et al. A brief survey of deep reinforcement learning[J]. arXiv: 1708. 05866, 2017.

[38] Justin B, Michael L. Packet routing in dynamically changing networks: A reinforcement learning approach[J]. Advances in Neural Information Processing Systems, 1994: 671-678.

[39] Chen X L, Guo J N, Zhu Z Q, et al. Deep-RMSA: A deep-reinforcement learning routing, modulation and spectrum assignment agent for elastic optical networks[C]//Optical Fiber Communications Conference and Exposition(OFC), 2018: 1-3.

[40] Choudhury G, Lynch D, Thakur G, et al. Two use cases of machine learning for SDN-enabled IP/optical networks: Traffic matrix prediction and optical path performance prediction[J]. IEEE/OSA Journal of Optical Communications and Networking, 2018, (10): 52-62.

[41] Suarez-Varela, Mestres A, Yu J, et al. Routing in optical transport networks with deep reinforcement learning[J]. Journal of Optical Communications and Networking, 2019, (11): 547-558.

[42] Xu Z Y, Tang J, Meng J S, et al. Experience-driven networking: A deep reinforcement learning based approach[C]//IEEE INFOCOM 2018-IEEE Conference on Computer Communications, 2018: 1871-1879.

[43] Fu J, Wu J, Zhang J, et al. A novel AHP and GRA based handover decision mechanism in heterogeneous wireless networks[C]//International Conference on Information Computing and Applications. Berlin: Springer, 2010: 213-220.

[44] Liu S M, Meng Q M, Pan X. Research on SAW vertical handover algorithm based on SINR and analytic hierarchy process in heterogeneous wireless networks[J]. Journal of Electronics and Information, 2011, 33(1): 235-239.

[45] Bhunia S S, Das B, Mukherjee N. EMCR: Routing in WSN Using Multi Criteria Decision Analysis and Entropy Weights[M]. Berlin: Springer, 2014.

[46] Kao Y, Vanroy B. Directed principal component analysis[J]. Operations Research, 2014, 62(4): 957-972.

[47] Shu J, Guo K, Liu Q, et al. Research on connectivity parameters of opportunistic sensor networks[J]. Chinese Journal of Computers, 2016, 39(5): 1067-1070.

[48] 贾晨浩. 基于不确定多属性决策理论的链路质量评估模型[D]. 南昌: 南昌航空大学, 2018.

[49] Li M J, Chen G H, Lin Z B, et al. Research on dynamic evaluation method based on ideal

solution[J]. China Management Science, 2015, 23（10）: 156-161.

[50] Rekik S, Baccour N, Jmaiel M, et al. Holistic link quality estimation-based routing metric for RPL networks in smart grids[C]//Proceedings of the 27th International Symposium on Personal, Indoor, and Mobile Radio Communications, 2016: 1-15.

[51] Boano C, Zuniga M, Voigt T, et al. The triangle metric: Fast link quality estimation for mobile wireless sensor networks[C]//Proceedings of the 19th International Conference on Computer Communications and Networks, 2010: 1-7.

[52] Li M, Li Z, Vasilakos A V. A survey on topology control in wireless sensor networks: Taxonomy, comparative study, and open issues[J]. Proceedings of the IEEE, 2013, 101（12）: 2538-2557.

[53] 阎曼婷, 张全, 姜渴鑫. 基于前景理论的多属性决策方法研究[J]. 电脑知识与技术, 2020, 16（16）: 1-2, 8.

[54] Yager R R. Pythagorean membership grades in multi-criteria decision making[J]. IEEE Transaction on Fuzzy Systems, 2014, 22: 958-965.

[55] Zhang X L, Xu Z S. Extension of TOPSIS to multiple criteria decision making with Pythagorean fuzzy sets[J]. International Journal of Intelligent System, 2014, 29: 1061-1078.

[56] 程凯欣. 基于模糊多属性决策方法的异构网络 QoE 评估问题研究[D]. 南京: 陆军工程大学, 2018.

[57] Zhu L, Cheng K, Wang L, et al. QOE based heterogeneous network selection using pythagorean fuzzy methods[J]. Mathematical Problems in Engineering, 2018,（14）: 1-11.

第8章　智能无人机集群网络拓扑优化

8.1　引　　言

拓扑控制是无人机集群网络优化的重要内容,也是无人机集群网络的特色之一。传统的无线网络,其拓扑变化虽然也存在,但是相比于无人机集群来说就显得微不足道。即便是车联网,拓扑控制和优化的重要性也不如无人机集群网络。无人机集群网络的拓扑控制,不仅仅和集群控制有关,也和集群网络的性能和优化密切相关。具备拓扑快速调整能力的无人机集群网络,在拓扑控制方面的潜力十分巨大,对完成集群任务而言至关重要,值得深入探讨和研究。

8.1.1　概述

无人机集群的拓扑控制优化首先体现在覆盖部署问题上。在自然灾害或军事打击下,地面通信基础设施往往会被摧毁,需要无人机集群通过覆盖并部署网络,从而执行搜索和救援行动。无人机集群在执行覆盖任务时存在许多其他挑战,包括机动性、能量瓶颈、机群间的通信连接和空中障碍等都是需要面临的问题。

其中,能量瓶颈问题是无人机的一个致命不足。巡航及搜查任务往往需要无人机集群进行长时间或者大功率的作业,而这种情况下无人机携带的能源一旦无法支持其完成任务,就会导致其被迫返航甚至坠毁,从而无法有效完成通信任务。因此,在无人机集群网络中,研究无人机集群的高效和节能通信是重要任务[1]。当无人机集群执行任务驱使下的覆盖任务时,通过减少通信和飞行的开销,就能避免严重的后果,并极大地提高任务处理效率。无人机协同作业能够充分利用无人机大规模的特征,通过合作覆盖提高任务完成效率。

然而,考虑到协同机制下的利益和代价分配问题,多无人机协同覆盖下的合作关系往往很难构建[2]。为了在区域覆盖场景下更好地解决无人机集群的高效部署和节能问题,需要研究基于功率控制的无人机集群网络覆盖部署模型和方法。

在执行覆盖任务时,无人机集群根据地面需求到达指定地点,并执行通信连通、数据收集等覆盖任务。之后,业务信息将通过无人机通信链路上传到中央无人机。无线链路的空中损耗特性使得信息传输所消耗的能量随着传输距离增加而呈指数型上升。而单架无人机受体积限制,只能携带有限的能源。根据任务要求,需要以尽量少的传输能量消耗来获取最大的覆盖收益。因此,在无人机通信中应该建立良好的数据传输机制。现有研究文献利用无人机作为中继节点进行部署并进行资源转发[3,4]，但却没有考虑基于地面业务的覆盖部署优化。由于无人机之间复杂的合作行为，无人机集群网络部署和设计传输机制的联合优化具有挑战性。

8.1.2　本章主要内容

本章研究无人机集群网络拓扑控制优化方法。以无人机集群的高效覆盖部署为主线，分别从能量效率和信息传输两个视角，通过具体的频谱资源优化和功率控制等方面，进行无人机集群拓扑优化研究，主要工作如下。

(1)针对无人机集群在进行覆盖任务时因能源不足会导致任务失败的问题，考虑了一个无人机集群网络中的多无人机覆盖部署场景，通过设计多无人机对地面的覆盖效用函数，提出了一个基于功率控制的多无人机高效协作覆盖模型；将该模型构建为势能博弈模型，并证明该博弈在给定局部效用函数后具有纳什均衡解；设计了一种基于空间自适应行动的无人机多覆盖高效部署算法，收敛并得到该模型的纳什均衡解，所提的覆盖部署模型能够通过合理的覆盖部署和功率调整有效地提升全网的覆盖效率。

(2)针对无人机集群在对地面用户进行通信覆盖和信息传输任务时因无人机大规模特征而导致的高能源传输开销问题，考虑了一种无人机集群通信覆盖和信息传输场景，并针对覆盖收益和传输开销的权衡进行了效用函数的设计，提出了一种基于高效信息传输机制的覆盖部署模型；将该模型构建为联盟形成博弈，证明了该模型存在稳定分区解。设计了基于帕累托秩序的联盟选择优化算法，使得模型收敛到稳定分区解，所提算法能够有效地提升全网的覆盖效用。

8.2　面向能量效率的无人机集群拓扑优化

8.2.1　问题分析

为了准确描述无人机集群在进行能量优化的覆盖任务时的合作关系，需要构建一个基于功率控制的多无人机覆盖部署模型。在该模型中，需要考虑无人机集群覆盖的能量开销的具体计算，其中包括天线的信道增益和通信链路传输损耗。同时，需要研究覆盖概率的定义并符合无人机集群遂行任务的特征。

鉴于无人机集群的自组织特性，又要同时符合优化效率的需要，研究集中分布式优化体系架构，并设计具体的能量效率较高的覆盖部署方案。该方案需要具备两个特性：一是能够让无人机通过自主决策的方式达到系统稳定，二是该稳定的拓扑部署方案具备优秀的服务性能和能量效率。

8.2.2 模型建立

1. 系统模型

本节主要考虑一个无人机集群执行空对地合作覆盖任务的场景。无人机根据各自的功率和部署状态不同,对地面的任务目标所产生的覆盖效用也不尽相同。受到路径损耗、衰落和视距链路概率等影响,每架无人机对地面区域都有一定的覆盖成功概率,但通过相互之间的合作覆盖,无人机集群能够对整个任务区域实现更好的覆盖效果,从而具有无人机"各自为战"所无法达到的任务执行能力。

由图 8-1 可知,任务区域能被无人机网络覆盖的概率是由能侦测到该区域的无人机所共同决定的。假设无人机 j 对任务区域点 i 的覆盖成功概率为 $q_{j,i}$。在视距范围内,任务区域点同时受到了无人机 1、2 和 3 的覆盖影响,因此,其覆盖成功率可以被提高到 $1-(1-q_{1,i})\times(1-q_{2,i})\times(1-q_{1,i})$。文献[5]指出,信号成功传输概率是由路径损耗、相对位置、载波传输功率和其他环境影响因素共同决定的。接下来引入该文献的工作,对相应的环境参数进行刻画并合理地表示覆盖成功概率。

$$G = \begin{cases} G_m, & \dfrac{-\theta}{2} \leqslant \phi \leqslant \dfrac{\theta}{2} \\ \dfrac{1}{\sin^2(3\pi/2\sqrt{N_0})}, & \text{其他} \end{cases} \tag{8-1}$$

当信号在波束宽度之内时,无人机的天线增益等于主瓣增益 G_m 并且在数值上与天线数量 N_0 呈线性相关;当信号超过天线的波束宽度,天线增益由旁瓣增益所决定。

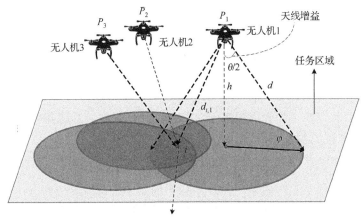

任务区域点 i 的覆盖成功概率 $1-(1-q_{1,i})\times(1-q_{2,i})\times(1-q_{3,i})$

图 8-1 一种多无人机协作覆盖任务区域场景

接下来对考虑相对位置和载波传输功率的路径损耗进行描述。空对地通信传输路径损失通常表示如下[6]：

$$L_{\mathrm{dB}} = 10 \cdot n_0 \log\left(\frac{4\pi f_c d_{i,n}}{c}\right) \tag{8-2}$$

其中，n_0 表示路径损耗系数，f_c 表示无人机工作时的载波频率，$d_{i,n}$ 表示无人机 n 和任务区域点 i 的距离。

给定路径损耗后，引入文献[1]的工作，考虑信号无线传输中的视距(line of sight，LOS)链路和非视距链路(none line of sight，NLOS)，并且给定视距链路概率为 $P_{\mathrm{LOS},n} = \alpha\left(\frac{180}{\pi}\theta_n - \theta_0\right)^\gamma$，其中，$\theta_0$ 是无人机的观测阈值，即能够从低空平台接收到地面信号的最小倾斜角度，α 和 γ 为环境影响系数。相应地，非视距链路概率表示为：$P_{\mathrm{NLOS},n} = 1 - P_{\mathrm{LOS},n}$。最后，无人机 n 对任务区域点 i 的覆盖成功概率公式表示如下：

$$q_i(s_n) = P_{\mathrm{LOS},n}Q\left(\frac{p_{\min} + L_{\mathrm{dB}} - p_n - G + \mu_{\mathrm{LOS}}}{\sigma_{\mathrm{LoS}}}\right) \\ + P_{\mathrm{NLOS},n}Q\left(\frac{p_{\min} + L_{\mathrm{dB}} - p_n - G + \mu_{\mathrm{NLOS}}}{\sigma_{\mathrm{NLOS}}}\right) \tag{8-3}$$

其中，p_n 表示无人机 n 的载波传输功率，$p_{\min}$ 是无人机一次成功探测所需的最小载波传输功率，$(\mu_{\mathrm{LOS}}, \sigma_{\mathrm{LOS}})$ 和 $(\mu_{\mathrm{NLOS}}, \sigma_{\mathrm{NLOS}})$ 则分别表示 LOS 和 NLOS 链路下阴影衰落的平均值和方差。

2. 问题建模

上一节推导得到了单架无人机对指定任务区域网格的覆盖成功概率。因此，每个任务区域点 i 在当前无人机集群网络的覆盖效用期望 $g_{i,\mathcal{N}}$ 构建如下：

$$g_{i,\mathcal{N}} = \sigma_i[1 - \prod_{n\in\mathcal{N}}(1 - q_i(s_n))] \tag{8-4}$$

其中，$q_i(s_n)$ 表示无人机 n 对区域点 i 的覆盖成功率；σ_i 表示区域点 i 的重要度(业务量)。因此，$g_{i,\mathcal{N}}$ 表示为无人机集合 $\mathcal{N}$ 对任务区域点 i 的覆盖效用，由此推导得到全网下任务区域的覆盖效用：

$$U_0 = \int_{i\in I} g_{i,\mathcal{N}} \mathrm{d}i = \int_{i\in I} \sigma_i[1 - \prod_{n\in\mathcal{N}}(1 - q_i(s_n))]\mathrm{d}i \tag{8-5}$$

考虑到无人机携带的载波功率 p_n 影响着覆盖性能，一方面，无人机需要尽量降低自己的载波传输功率从而减少能耗，另一方面，任务完成质量也必须要保证。文献[7]给出了能量效率的概念，旨在体现无人机集群的高效工作能力。受上述工作启发，假定任务区域的最低通信需求为 τ，并推导无人机集群全网的总覆盖能量效率

G_0 如下：

$$G_0 = \begin{cases} \dfrac{U_0}{\displaystyle\sum_{t \in \mathcal{N}} p_t}, & U_0 \geq \tau \\[2mm] 0, & \text{其他} \end{cases} \tag{8-6}$$

其中，p_t 表示无人机 t 携带的载波传输功率。式(8-6)表示在满足任务区域的覆盖需求后，覆盖能量效率为单位载波功率能够带来的覆盖效用，而如果无人机集群无法满足最低覆盖需求，视为任务执行失败，效率为零。因此，优化目标转化为在满足最低通信需求的前提下使得无人机集群网络的覆盖效率 G_0 达到最高：

$$P : S^{\text{opt}} = \arg\max G_0 \tag{8-7}$$

其中，S^{opt} 表示全网覆盖效率最大时无人机集群的状态参数（位置和功率）。显然，该问题是一个非确定性多项式(NP-hard)问题[8]，通过优化无人机集群的位置部署和功率选择，进而求解最优的全局效用。传统的集中式方法不能很好地求解多维变量导致的高策略空间问题。因此，本节研究提出一种降维解法，并引入博弈理论框架对所提模型进行求解与分析。

8.2.3　基于功率控制的无人机集群覆盖部署

考虑到上一节所提出的系统模型涉及多个离散变量，因此需要一个有效的解决方案来解决由巨大的策略空间带来的高计算复杂性问题。文献[9,10]讨论并建立了小型无人机集群网络的集中式和分布式优化体系结构。首先，如图 8-2 所示，在集中式层面，任务区域的环境参数和无人机集群的信息如部署位置、载波传输功率和联盟编队选择都通过云端上报给地面指挥中心。在指挥中心，无人机集群网络被映射到虚拟决策网络。然后，指挥中心通过设计一种优化方法来解决问题，并将得到的决策结果 S^{opt} 分配给无人机集群。最后，在分布式层面，无人机集群将根据决策结果调整它们的位置部署、载波功率大小等参数。

1. 针对部署和功率策略优化的降维解法

当指挥中心收到整个无人机集群的信息后，就需要关注问题 P 的求解，提出了一种降维的方法，通过将问题 P 转化为 $P1$ 和 $P2$ 两个子问题以降低策略选择的复杂性。具体解决方案如图 8-2 所示。

步骤一(覆盖效用最大化)：网络内所有无人机最大化其载波传输功率，然后求解无人机集群在任务区域最大化覆盖要求下的部署位置：

$$P1 : S1_n^{\text{opt}} = \arg\max U_0 \tag{8-8}$$

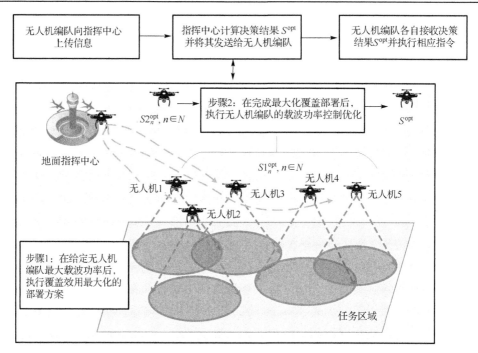

图 8-2 一种面向无人机覆盖效率最优部署方案 P 的降维解法

步骤二（功率控制）：在当前位置部署策略下，无人机集群如果不满足最低覆盖需求，方案 P 无解；如果满足需求，则进行最优功率分配，目标是最大化全网覆盖能量效率：

$$P2: S2_n^{\mathrm{opt}} = \arg\max G_0 \tag{8-9}$$

在完成两个步骤后，就能得到完成决策的无人机集群状态策略 $S_n = S1_n^{\mathrm{opt}} \otimes S2_n$，其中，$\otimes$ 是笛卡尔乘积。相应的决策结果将由指挥中心传给无人机。

事实上，$P1$ 和 $P2$ 同样也是离散的 NP-Hard 问题，在利用传统的中心式方法求解时效率并不高。博弈理论作为一种分布式多决策工具，通过个体决策影响全局效用，能有效地解决这一问题。首先，构建一个基于无人机集群覆盖部署模型的博弈理论框架，并将所提覆盖问题建模为如下博弈策略模型：

$$\mathcal{R}_1 = (\mathcal{N}, \{S_n\}_{n\in\mathcal{N}}, \{u_n\}_{n\in\mathcal{N}}) \tag{8-10}$$

其中，$\mathcal{N} = \{1,2,\cdots,N\}$ 表示无人机序号，S_n 表示无人机的可选状态，包括可选位置集 $S1_n$ 和传输功率集 $S2_n$，$S_n = S1_n \otimes S2_n$。定义 l_n 和 p_n 分别为 $S1_n$ 和 $S2_n$ 集合中的元素，则 $\{u_n\}_{n\in\mathcal{N}}$，$l_n$ 和 p_n 分别表示无人机 n 的效用函数集、位置部署和载波传输功率选择。

在进行覆盖部署时，无人机集群通过相互间的合作覆盖提高了覆盖成功率，这证明了所提的模型是一种合作博弈。在该博弈中，参与者(无人机)的效用是由自身和其他参与者(无人机)在网络中的状态所共同决定的。文献[11]表明，参与者在分布式多代理系统中进行合作控制时，其自身效用要与全局效用相关联，这使得势能博弈能够应用在合作博弈中并能够很好地构建各种博弈要素。下面针对分解后的两步问题模型分别进行博弈分析。

2. 基于合作博弈的无人机集群覆盖效用最大化

针对步骤一即覆盖效用最大化，所设计的模型主要关注于合作覆盖下的无人机集群，存在重叠探测区域的无人机往往具有合作行为。受局部合作博弈[12]的启发，一架无人机的决策取决于它本身和它邻居无人机的当前和预测位置部署的变化。正如图 8-3 所描述，无人机 1 的位置变化不仅会影响它自身的覆盖效用，还会影响那些与其侦查区域存在重叠的无人机。可以看到，无人机 2 和无人机 3 的部分侦查区域在无人机 1 的探测范围内，这也使得它们成为无人机 1 的邻居。无人机 1 的策略选择直接影响了图中白色任务区域的覆盖成功概率，从而也导致了其他两架无人机的覆盖效用的改变。

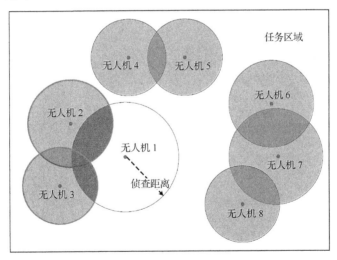

图 8-3　无人机 1 和周围无人机的侦测范围关系

首先将无人机集群覆盖最大化问题构建为合作覆盖博弈模型，设置 I_n 为无人机 n 的侦测范围，J_n 为与无人机 n 侦查范围有重叠的邻居无人机集合，即 $I_n \bigcap I_{J_n} \neq 0$。并构建基于无人机 n 覆盖效用的局部效用函数如下：

$$u1_n(s_n, s_{J_n}) = \int_{i \in I_n^*} \sigma_i [1 - \prod_{k \in J1_n} (1 - q_i(s_k))] \mathrm{d}i \tag{8-11}$$

其中，$J1_n = \{n, J_n \bigcup J_n'\}$，$J_n'$ 表示无人机 n 选择期望位置后的新邻居无人机。因此，

问题转化为通过优化无人机集群的位置策略从而最大化无人机 n 和邻居无人机对任务区域的总覆盖效用：

$$G1: \max u1_n(s_n, s_{J_n}), \quad \forall n \in \mathcal{N} \tag{8-12}$$

下面通过博弈分析证明 $G1$ 存在最优解。

定理 8.1 针对面向无人机集群覆盖最大化问题的合作覆盖博弈 $G1$，将式 (8-11) 作为效用函数，则 $G1$ 是一个 EPG，并且至少有一个 NE 点。同时，该 NE 点是无人机集群覆盖最大化问题 $P1$ 的最优解。

证明 首先将全局覆盖效用构建为势能函数并表示如下：

$$\phi_e(s_n, s_{-n}) = \int_{i \in I} u_n(s_n, s_{-n}) \mathrm{d}i \tag{8-13}$$

当任意一架无人机 $n \in \mathcal{N}$ 将其策略 s_n 改成 s_n' 时，势能函数的变化推导如下：

$$\phi_e(s_n, s_{-n}) - \phi_e(s_n', s_{-n}) =$$

$$\int_{i \in I_n^*} \sigma_i \left\{ (q_i(s_n)) - q_i(s_n') \prod_{k \in J_n \cup J_n'} (1 - q_i(s_k)) + \prod_{k \in \{\mathcal{N} \setminus J1_n\}} (1 - q_i(s_k)) - \prod_{k \in \{\mathcal{N} \setminus J1_n\}} (1 - q_i(s_k)) \right\} \mathrm{d}i \tag{8-14}$$

对于不与无人机 n 的侦测范围产生重叠的无人机 $k \in \{\mathcal{N} \setminus J1_n\}$，其覆盖概率不受当前无人机 n 策略改变的影响。因此，积分号里的后两项和为 0。这样，由式 (8-11) 和式 (8-14) 得到：

$$u1_n(s_n, s_{J_n}) - u1_n(s_n', s_{J_n}) = \phi_e(s_n, s_{-n}) - \phi_e(s_n', s_{-n}) \tag{8-15}$$

从上式可知，当任意的无人机改变其位置部署策略时，其局部效用函数的变化值和势能函数的变化值是相同的。因此，所构建的合作覆盖博弈 $G1$ 是一个 EPG，并且该博弈至少有一个纯策略 NE 点。值得注意的是，式 (8-13) 中的势能函数实际上是全网的覆盖效用，所以该纯策略 NE 点也是无人机集群覆盖最大化问题 $P1$ 的最优解。证明完毕。

3. 基于势能博弈的无人机集群功率控制优化

从式 (8-3) 可以看出，无人机集群对地面任务区域点的覆盖概率不仅取决于无人机集群的位置部署，而且与它们的载波传输功率也密切相关。在给定单架无人机的位置部署下，其载波传输功率能够明显地影响对地面任务区域点的覆盖概率。如图 8-4 所示，对于地面任务区域点 A1：（1000，6000）(m)，选择两个不同位置的无人机，通过调整载波功率进行覆盖成功概率的比较。分析该图得到如下结论：①对同一个区域点，无人机的载波传输功率越高，离的距离越近，其覆盖成功概率也就越高；②当载波传输功率增加到一定量时，覆盖成功概率会逐渐变得平缓，并最终趋于峰值。

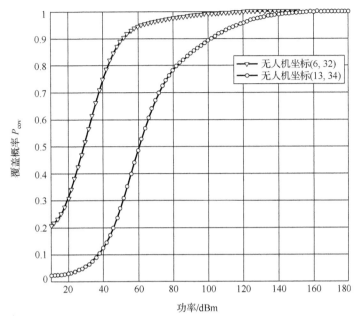

图 8-4　无人机和地面任务区域点 A1 的覆盖成功概率与载波传输功率的关系

　　根据分析的特征，在完成步骤一的位置部署后，将执行无人机功率控制即进行问题 P2 的求解。在确定位置部署后，每架无人机的覆盖概率的变化同样也影响着与其进行合作覆盖的无人机的效用，这符合势能博弈的特征。因此，考虑联系每个参与者(无人机)的局部效用，并与全局效用进行关联。在式(8-6)的基础上，构建无人机 n 基于覆盖能量效率的局部效用函数如下：

$$u2_n(p_n, p_{-n}) = \frac{\int_{i \in I_n} \sigma_i[1 - \prod_{k \in J1_n}(1 - q_i(p_k))]\mathrm{d}i}{\sum_{t \in \mathcal{N}} p_t} \tag{8-16}$$

其中，I_n 表示无人机 n 的可侦测区域。因此，问题转化为通过优化无人机 n 的载波传输功率选择策略从而最大化无人机集群对无人机 n 可侦测任务区域的总覆盖能量效率：

$$G2: \max u2_n(p_n, p_{-n}), \quad \forall n \in \mathcal{N} \tag{8-17}$$

　　定理 8.2　针对面向无人机集群覆盖效率最大化问题的势能博弈，将式(8-16)作为效用函数，则 G2 是一个 EPG，并且至少有一个 NE 点。同时，该 NE 点是无人机集群覆盖效率最大化问题 P1 的最优解。

证明　首先将全网的覆盖效用与无人机集群的总载波传输功率的比值作为势能函数，表示如下：

$$\phi(p_n, p_{-n}) = \frac{\int\limits_{i \in I} g_{i,\mathcal{N}}(p_n, p_{-n})\mathrm{d}i}{\sum\limits_{t \in \mathcal{N}} p_t} \tag{8-18}$$

对于无人机 $n \in \mathcal{N}$，其载波功率选择从 p_n 变为 p_n'，则所构建的势能函数的变化量为

$$\phi(p_n, p_{-n}) - \phi(p_n', p_{-n}) = \left(\frac{\int\limits_{i \in I_n} g_{i,\mathcal{N}}(p_n, p_{-n})\mathrm{d}i}{\sum\limits_{t \in N} p_t} - \frac{\int\limits_{i \in I_n} g_{i,\mathcal{N}}(p_n', p_{-n})\mathrm{d}i}{p_n' + \sum\limits_{t \in \mathcal{N} \setminus n} p_t} \right) \\ + \left(\frac{\int\limits_{i \in I \setminus I_n} g_{i,\mathcal{N}}(p_n, p_{-n})\mathrm{d}i}{\sum\limits_{t \in N} p_t} - \frac{\int\limits_{i \in I \setminus I_n} g_{i,\mathcal{N}}(p_n', p_{-n})\mathrm{d}i}{p_n' + \sum\limits_{t \in \mathcal{N} \setminus n} p_t} \right) \tag{8-19}$$

需要注意的是，不在无人机 n 侦测范围内的任务区域完全不受相应功率选择策略变化的影响，由此推导得到：

$$\frac{\int\limits_{i \in I \setminus I_n} g_{i,\mathcal{N}}(p_n, p_{-n})\mathrm{d}i}{\sum\limits_{t \in \mathcal{N}} p_t} - \frac{\int\limits_{i \in I \setminus I_n} g_{i,\mathcal{N}}(p_n', p_{-n})\mathrm{d}i}{p_n' + \sum\limits_{t \in \mathcal{N} \setminus n} p_t} = 0 \tag{8-20}$$

这样，由式(8-19)和式(8-20)可推导出势能函数和效用函数随无人机功率选择策略改变而产生的变化量是相等的，即

$$\phi(p_n, p_{-n}) - \phi(p_n, p_{-n}') = u2_n(p_n, p_{-n}) - u2_n(p_n', p_{-n}) \tag{8-21}$$

由势能博弈的定义可知，基于功率控制的势能博弈 $G2$ 是一个 EPG，并且拥有至少一个 NE 点。考虑到势能函数在数值上等于无人机集群的总覆盖效率，因此得出该博弈 $G2$ 的纯策略 NE 点就是问题 $P2$ 的最优解。证明完毕。

通过效用函数的设计和势能函数的构建分别证明了 $G1$ 和 $G2$ 都是 EPG，且它们的纯策略 NE 点分别是 $P1$ 和 $P2$ 的最优解。在此基础上，所提的基于功率控制的无人机集群高效多覆盖模型的解法将机群和环境的信息通过云端上传给指挥中心，中心再将问题分为两步，分别对位置部署和功率选择两个策略量进行求解，从而使得无人机集群高效地以最少的载波功率去完成对任务区域的覆盖。根据前面设定的效用函数，设计了基于空间自适应行动的无人机集群覆盖高效部署算法，并通过该算法实现了 $P1$ 和 $P2$ 的最优解。

4. 基于空间自适应行动的无人机集群覆盖部署算法

考虑到本节将无人机集群覆盖部署问题构建成了势能博弈，因此引入学习算法来探索博弈模型的纳什均衡，从而防止无人机集群的策略选择陷入循环陷阱，即局部最优。通过设计一种基于空间自适应行动的无人机多覆盖高效部署算法(multiple UAV energy coverage deploy-spatial adaptive play，MUECD-SAP)，指挥中心根据设计好的效用函数进行探索学习并执行策略选择，直至所有无人机的策略选择实现收敛。

如算法 8.1 所示，MUECD-SAP 主要分为两个步骤，步骤一引入对数线性学习作为探索机制，算法的收敛性在文献[7]中得到了证明。给定设计好的效用函数，算法能够有效收敛到 NE 点。因此，利用该学习机制对无人机给定最大载波传输功率的覆盖部署最大化进行研究。而针对步骤二，考虑到多代理决策系统的复杂性，引入一种分布式学习算法，即空间自适应行动(spatial adaptive play，SAP)[12]，从而将无人机集群的传输功率收敛到最优且稳定的状态。β 是学习参数，通过设定其大小，可以使得算法在探索和选择中有所折中，这样既保证了收敛的效果，也提升了收敛的速度。

算法 8.1　基于空间自适应行动的无人机集群覆盖高效部署算法(MUECD-SAP)

初始化：设置无人机集群的状态参数 $S_n = \{l_n, p_n\}, n \in N$，设定任务区域 I 的环境参数 σ，设置迭代次数。

步骤一：给定最大传输功率下的无人机覆盖最大化部署

while：达到迭代次数或者满足收敛条件

　　Step 1：每次迭代 t 都随机选择一个无人机 j 进行操作，其载波传输功率调整为最大。

　　Step 2：在可选位置策略集 $S1_n$ 中选择一个位置策略 $l_j(t)$，更新此时状态 $s_j(t)$。

　　Step 3：针对选择的无人机 j，利用式(8-11)计算它当前位置策略下的效用值 $u1_j(s_j(t), s_{J_j}(t))$ 和期望策略下的效用值 $u1_j(s'_j(t), s_{J_j}(t))$，$\forall s_j(t), s'_j(t) \in S_n$。根据两个效用值构建策略选择概率函数，即式(8-22)，并根据该函数进行依时隙的位置部署选择更新。

　　Step 4：依据概率选择公式，无人机更新其下一迭代的状态 $s_j(t+1)$。

$$t = t_0 + 1$$

end while

计算当前无人机集群网络的总覆盖收益 U，如果 $U \geq \tau$，保存当前无人机集群的状态集 S_n，并进入步骤二；如果 $U < \tau$，算法结束，返回指令。

步骤二：最大覆盖部署下的无人机集群功率控制优化

while：达到迭代次数或者满足收敛条件

　　Step 1：每次迭代 t 都随机选择一个无人机 n 进行操作。

　　Step 2：所有其他无人机重复上一次的功率选择，即 $p_k(t+1) = p_k(t), k \in J_n$。

Step 3：针对选择的无人机 n，利用式(8-16)计算当前的效用值 $u2_n(p_n(t),p_{-n}(t))$ 和不同功率选择策略下的效用值 $u2_n(p'_n(t),p_{-n}(t))$，$p'_n \in S2_n / p_n$。

Step 4：依据得到的效用函数，通过构建概率选择式(8-23)，无人机更新其下一迭代的状态 $p_n(t+1)$。

$$t = t_0 + 1$$

end while

输出最终的无人机集群状态策略集 S_n^{opt}。

$$P(s_j(t+1)=s_j(t)) = \frac{\mathrm{e}^{\beta U1_j(s_j(t))}}{\mathrm{e}^{\beta U1_j(s_j(t))} + \mathrm{e}^{\beta U1_j(s'_j(t))}}$$

$$P(s_j(t+1)=s'_j(t)) = 1 - P(s_j(t+1)=s_j(t)) \tag{8-22}$$

$$q_n(t) = \frac{\exp\{\beta U2_n(p_n(t),p_{-n}(t))\}}{\exp\{\beta U2_n(p_n(t),p_{-n}(t))\} + \sum\limits_{p'_n \in P_n/\{p_n\}} \exp\{\beta U2_n(p'_n(t),p_{-n}(t))\}} \tag{8-23}$$

其中，式(8-22)和式(8-23)为无人机根据各自效用进行依概率更新的判别函数。执行完 MUECD-SAP 算法后，指挥中心下发指令，无人机集群根据决策的结果 S_n^{opt} 进行功率分配并飞向各自指定的任务区域部署位置。

8.2.4　实验结果及分析

本节通过执行算法仿真来评估所设计的方法对于系统模型的有效性。系统仿真采用 MATLAB 软件，参数设定不影响一般性。仿真参考文献[6]中对城市环境下的无人机集群网络参数设置，并设定 $\mu_{\mathrm{LOS}}=1\mathrm{dB}$，$\mu_{\mathrm{NLOS}}=20\mathrm{dB}$，$\alpha=0.6$，$\gamma=0.11$；$n_0=2.5$，$\sigma_{\mathrm{LOS}}(\theta_j)=k_1\exp(-k_2\theta_j)$，$\sigma_{\mathrm{NLOS}}(\theta_j)=g_1\exp(-g_2\theta_j)$，$(k_1,k_2)=(10.39,0.05)$，$(g_1,g_2)=(29.06,0.03)$。在已知任务区域信息的前提下，将区域划分为 50×50 的任务区域网格，单位距离为 200m，并且设计了符合正态分布的概率密度函数来描述区域业务量。无人机集群的飞行高度统一设置为 500m。所有无人机携带的载波频率均设置为 2000MHz，天线数量 N_0 设置为 $16^{[5]}$，学习系数 β 依据实际效用值进行改变，并随着迭代次数增加而增大，使得结果逐渐从学习探测过程偏向收敛。$p_n=\{32,34,36,38,40,42,44,46,48,50\}(\mathrm{dBm}),n\in\mathcal{N}$。

图 8-5 为无人机集群网络下的一个任务区域实例，将(3000，7000)，(7000，3000)(m)设置为任务区域的业务热点，越靠近热点，任务区域的重要度（业务量）越高，这对无人机的部署起到了决定性的作用。为了方便进行优化计算，对任务区域的重要度 σ_i 做了归一化处理。

图 8-6 表示使用 MUECD-SAP 算法下的不同数量的无人机总覆盖效用的变化曲线。可以看到，当部署 5 个或更多的无人机时，结果最终都收敛到一个稳定的状态。

然而，在部署 4 个无人机的情况下，由于步骤一中的最优覆盖效用小于 0.6，这表明此时的无人机集群不能满足通信的要求，因此不能进行步骤二，即功率控制步骤。

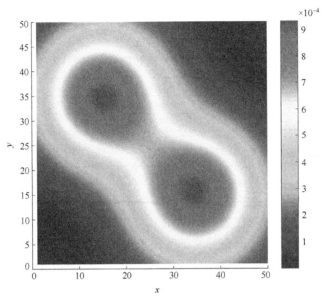

图 8-5　无人机集群网络下的一个任务区域密度分布图（×200m）（见彩图）

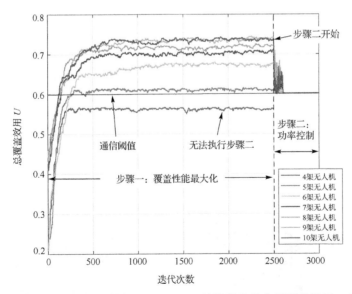

图 8-6　不同无人机数量下利用 MUECD-SAP 算法得出的全网覆盖效用 U（见彩图）

表 8-1 所示为收敛结果，为了确保结果的有效性和非偶然性，对每个数量下的无人机部署都执行了 20 次算法，并计算平均覆盖效用。分析表格数据，发现当无人

机增加到一定数量时，覆盖效用的增长变得越来越缓慢。这是因为，随着无人机数量的增加，热点区域的探索效果逐渐饱和，而为了不重复侦查，新增加的无人机只能探测并覆盖剩余重要度偏低的区域，这使得单架无人机的覆盖效果变得很差，从而使得覆盖效用增长率变低。

表 8-1　给定最大载波功率下不同数量无人机的最大覆盖效用

无人机数量	覆盖效用	增长率/%
4	0.5618	/
5	0.6236	11.0
6	0.6738	8.05
7	0.7027	4.29
8	0.7215	2.68
9	0.7368	2.12

需要指出的是，在实际任务执行中，无人机的数量是提前确定的。为了模拟任务执行的场景，同时在满足覆盖要求的前提下更好地对所提出的模型方法进行有效性评估，根据图 8-6 和表 8-1 进行分析，接下来的仿真将设置无人机的数量为 8，并在后面进行整体算法性能的比较评估。

1. 覆盖部署

图 8-7 是 8 架无人机携带最大载波传输功率(50dBm)的覆盖效用最大化部署图。图中任务区域的颜色对应了其在无人机集群作用下的覆盖成功概率。首先，利用线

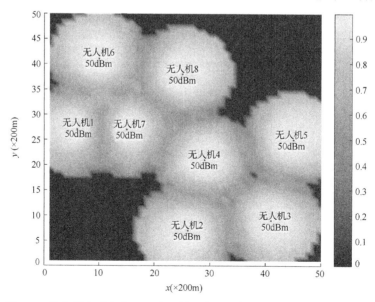

图 8-7　给定最大功率(50dBm)下的 8 架无人机最优覆盖部署(见彩图)

性对数学习算法，进行了最大化传输功率下的最优覆盖计算。该图中，无人机的部署很好地对应了图 8-5 中任务区域重要度的分布特性，证明了该算法的有效性和真实性。

图 8-8 是在 MUECD-SAP 算法下全网覆盖总效用的收敛曲线(20 次)，通过多次仿真运算避免了算法结果的偶然性。该图步骤一的曲线表示通过计算无人机的局部覆盖效用，能够使得无人机在最大化载波传输功率时使得全网覆盖效用达到最优并收敛，也说明了图 8-7 的无人机集群最优覆盖部署是切实可靠的，该图的第二步曲线表明无人机集群在功率控制算法下的收敛性，且最终收敛结果满足通信最低需求，表明所提算法符合模型要求，具有可靠性。

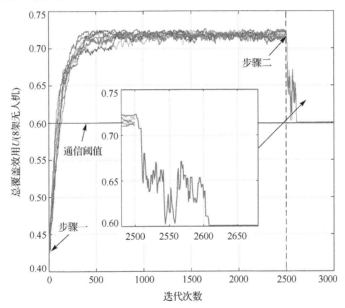

图 8-8 无人机集群总覆盖效用 U 在 MUECD-SAP 算法下的收敛曲线(见彩图)

图 8-9 是给定 8 架无人机在 MUECD-SAP 算法下的功率分配及部署示意图。根据步骤二，无人机集群在确定覆盖部署位置后进行载波功率分配。该图表示无人机集群已经完成了功率的最优分配，结合图 8-8 的步骤二曲线可知，该分配部署下的无人机集群覆盖效用满足通信需求。

图 8-10 是空间自适应行动(SAP)算法下各功率选择下无人机数量的收敛曲线。该图表示通过计算无人机的局部能量效率，全网的无人机载波传输功率从迭代一开始全部都为 50dBm，到迭代 110 次后稳定至 4 架无人机调整为 32dBm，2 架无人机调整为 48dBm，1 架调整为 46dBm，1 架调整为 50dBm。下面对收敛性能进行分析，从而印证无人机集群的功率分配部署是切实可靠的。

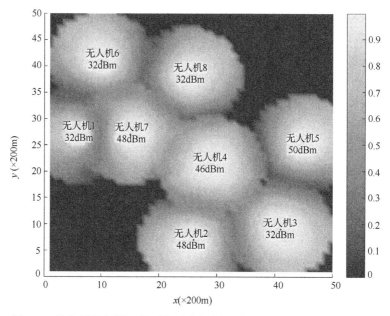

图 8-9　最大覆盖部署下的最优功率控制示意图（8 架无人机）（见彩图）

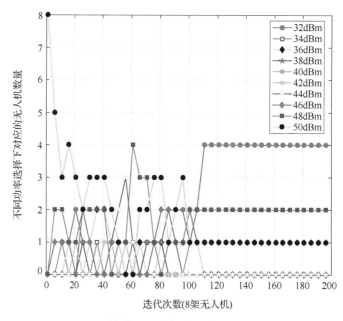

图 8-10　MUECD-SAP 算法下无人机载波传输功率的收敛曲线（见彩图）

2. 收敛性能

图 8-11 和图 8-12 是考虑不同数量无人机时 MUECD-SAP 算法执行得出的无人

机集群总传输功率和总覆盖能量效率的收敛曲线。这两张图表示通过计算无人机的局部传输功率和能量效率，全网的总功率和能量效率都能达到最优并收敛，也印证了图 8-9 中的无人机集群的功率分配部署是切实可靠的，进一步验证了能量效率概念的合理性和所述算法的收敛性，证明了所提模型的真实性和合理性。

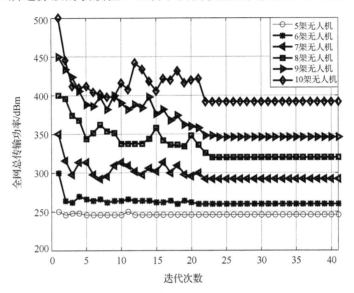

图 8-11　MUECD-SAP 算法下考虑无人机数量的总传输功率收敛曲线

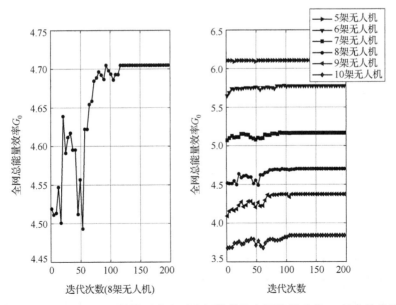

图 8-12　MUECD-SAP 算法下考虑无人机数量的全网能量功率 G_0 的收敛曲线

8.2.5　拓展分析

(1)本节所提出的模型通过使用覆盖成功概率来描述无人机集群的覆盖能力。大数定律表明，随机事件发生的频率等于其在恒定条件下的概率，这意味着在给定发生概率后，在大量重复出现的无人机覆盖情况中，成功覆盖的次数是近似确定的。此外，该模型假定所有的无人机都是通过相同的载波频率进行通信的。如果考虑到频率互扰，无人机集群覆盖性能就会被削弱。因此，频域信道选择优化也是一项值得研究的重要工作，以提高无人机的协同通信效率。

(2)本节所提出的方法是一种基于覆盖和功率优化的离线算法。在面对动态未知的场景，如任务区域的状态高速变化时，模型的时效性就需要得到保证。由于变化策略空间导致的庞大计算量，相应的在线学习研究进展非常有限。强化学习(RL)是解决动态环境中的决策问题的一种新颖而有效的方法。现有的文献着重于强化学习在抗干扰通信环境下的应用[13]，这为接下来解决无人机集群在动态可变环境中的高效决策提供了重要参考，也是未来工作的研究方向之一。

8.2.6　小结

本节提出了一种基于功率控制的无人机集群覆盖部署博弈优化模型。无人机的合作覆盖能够体现无人机间的协作，并且使覆盖任务的执行更加可靠和高效。通过引入能量效率，设计了一个解决能量瓶颈和覆盖部署的方案。模型的求解被分为两个步骤：给定最大功率下的覆盖最大化和固定最优部署下的功率控制，并设计了相应的效用函数，构建了场景模型，两个模型都在本节中被证明是势能博弈，并且至少有一个纳什均衡(NE)点。设计了一个基于空间自适应行动(SAP)的多无人机覆盖部署算法，分别采用对数线性学习和SAP执行无人机集群部署和功率控制，从而在保障覆盖需求的前提下实现了最优功率部署，得出了所提模型的可靠解。最后，仿真验证了所提出方法的有效性，并验证了模型的可靠性，说明了所提方法能够有效提升系统的覆盖效率。

8.3　面向高效信息传输的无人机集群拓扑优化

8.3.1　问题分析

在合作机制设计的激励下，通过引入联盟形成博弈(coalition formation game，CFG)来描述无人机之间的关系。目前CFG的研究主要集中在通信连接增强、数据传输和路由机制改进上[14]。本节通过对无人机集群网络下覆盖收益和相应能量开销进行权衡研究，探索合理的联盟形成架构，并优化相应的性能指标。

考虑一个无人机集群的通信覆盖和数据传输场景，并提出一种基于高效信息传输的无人机集群覆盖部署模型。这其中，联盟形成的关键是覆盖收益与能源开销之间的权衡。虽然文献[15,16]也研究了相关问题，特别是文献[15]在构建无人机覆盖模型时考虑了相似的覆盖部署评估机制，但本节研究具有如下特点：①对于无人机部署模型的构建不仅涉及覆盖效益，同时也依靠于覆盖收益和能源消耗下的联盟形成，考虑了信息传输对于部署位置的影响，使得模型更贴近实际场景；②将部署下的覆盖收益引入已有的能量消耗模型，将二者进行关联，从而为联盟形成机制下的性能权衡提供了理论依据，易于最后的均衡求解。

8.3.2　模型建立

1.　系统模型

考虑一个灾难场景下的无人机集群通信传感网络，地面通信因无人机失效而导致中断，因此需要无人机编队执行侦察和数据收集任务。该网络包含一架集中式控制无人机和 N 架无人机组成的编队。无人机利用安装在机身上的传感器设备并通过无线电频率(radio frequency，RF)信号进行通信，并可以通过该信号获得其他无人机传感器的位置。无人机集群通过覆盖地面来收集数据信息。考虑到无人机的体积小、负载轻，因此传感器设备的大小也受限，导致能源功率和数据处理能力有限。在本节模型中，无人机的覆盖能力是由观测阈值决定的。这样，由无人机编队收集的数据流量将会通过无人机通信链路发送到中央控制无人机进行处理。然而，由于信息在长距离传输中会造成巨大能量消耗，因此无人机集群网络中需要部分无人机节点作为中继来进行数据的转发和传输。

图 8-13 展示了一个无人机集群合作部署示例。如图所示，有 7 架无人机执行覆盖任务，并将收集到的信息数据上传至中央无人机。由于传感器设备的能量有限，无人机需要形成编队并进行合作传输。在这种情况下，无人机 2 和无人机 5 作为中继，将收集到的数据信息进行收集和转发，从而优化数据传输的能量消耗。需要注意的是，相隔太远的无人机(如无人机 1 和无人机 7)之间传输能量消耗太高，这也导致了两架无人机更倾向于自己和中央无人机进行交互，而不是相互进行合作传输，这阻止了大联盟的形成。因此，通过考虑联盟形成来优化无人机集群网络的覆盖效用是十分有意义的。

为了简化计算过程，对连续的任务区域 $I \in R^2$ 进行离散化处理，并将其均匀地分割成网状的单元格，每个单元格的宽度是 l_w，并且由其中心位置点的三维坐标 $g_i^* = \{x_i, y_i, h_i\}$ 所表示。所有可用的联盟(编队)表示为 M，$1 \leq M \leq N$，并假定中央控制无人机的序号为 0。对任意一架无人机 $n \in \mathcal{N}$，定义其三维坐标为 $g_n = \{x_n, y_n, h_n\}$，则中央无人机的坐标被定义为 $g_0 = \{x^*, y^*, h^*, h^* > h\}$，无人机 n 的联盟选择

表示为 c_n。因此，无人机 n 的状态被定义为 $s_n = \{g_n, c_n\}$，包括位置部署和联盟选择。对于任意的联盟 $m \in \mathcal{M}$，定义 CO_m 为所有选择联盟 m 的无人机集合，$\mathrm{CO}_m = \{n \in \mathcal{N} : c_n = m\}$。

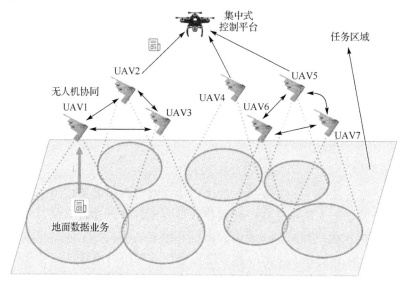

图 8-13   无人机集群通信覆盖及协同信息传输示意图

2. 问题建模

首先构建了一个基于高效信息传输的无人机集群覆盖部署模型。无人机集群根据覆盖地面网络得到的任务收益和数据回传产生的通信开销进行节点部署和联盟形成。对于任务区域点 $i \in I$，设置一个归一化概率密度函数 $\sigma(i)$ 来表征它的重要度，即存在不同优先级的业务量。对于无人机集合 ξ，定义其完成区域覆盖任务后的任务收益为 U_ξ，该收益表示为

$$U_\xi = \int_I h(\min_{n \in \xi} \| g_n - g_i^* \|) \sigma(i) \mathrm{d}i \tag{8-24}$$

其中，$h(\| g_n - g_i^* \|)$ 为无人机 n 是否成功覆盖任务区域网格 i 的判断函数，表示如下：

$$h(\| g_n - g_i^* \|) = \begin{cases} 1, & \| g_n - g_i^* \| \leqslant R_n \\ 0, & \text{其他} \end{cases} \tag{8-25}$$

式(8-25)表示只要区域网格点 i 在无人机 n 的侦测范围内，那么它就被认为是被该无人机成功覆盖，并且该区域所有数据都被成功收集。因此，U_ξ 表示任务区域 I 在无人机集合 ξ 下的覆盖性能(即收益)。特别地，将 U_N 定义为全网的覆盖收益。

根据系统模型的描述，无人机编队收集的数据信息将通过无人机通信链路

(UAV-to-UAV link)上传到中央控制无人机进行处理。在无人机通信传感网络中，无人机传感器所消耗的大部分能量都用于信号的发送和接收操作。因此，本节引入文献[17]的工作，通过能量消耗公式来描述每个传感器节点通过射频信号传输和接收信息的能量消耗。举两架无人机为例，该公式表示如下：

$$Receiving: E_r = E_0$$

$$Transmitting: E_t(d_{i,j}) = \begin{cases} E_0 + \varepsilon_s \cdot d_{i,j}^2, & d_{i,j} < d_0 \\ E_0 + \varepsilon_l \cdot d_{i,j}^4, & d_{i,j} \geqslant d_0 \end{cases} \qquad (8\text{-}26)$$

其中，$d_{i,j}$ 表示无人机 i 和无人机 j 的距离，E_0 表示传输和接收信号所消耗的能量，ε_s 和 ε_l 分别表示短距离和长距离下传输单位比特数据所消耗的能量。由此推导出两架无人机传输单位比特数据所消耗的总能量为

$$E(d_{i,j}) = E_r + E_t(d_{i,j}) \qquad (8\text{-}27)$$

根据之前的描述，在一个联盟中，作为簇头的无人机负责与联盟成员和上层中央无人机通信，并进行数据信息转发。不同联盟间的信息转发是不相通的，因此该模型考虑每个联盟中数据转发的能量消耗，并计算全局能量消耗如下：

$$E_0 = \sum_{m=1}^{M} \left(\sum_{n \in CO_m} (E(d_{n,cl_m}) \cdot U_n) + E(d_{0,cl_m}) \cdot U_{CO_m} \right) \qquad (8\text{-}28)$$

其中，cl_m 表示联盟 m 内的簇头无人机，U_n 和 U_{CO_m} 分别表示无人机 n 和无人机集合 CO_m 的覆盖收益，即各自收集到的信息数据量。式(8-28)包含两项，第一项表示联盟 m 内的无人机成员将所有收集到的信息传输给簇头无人机所消耗的能量；第二项表示联盟 m 的簇头无人机将整个联盟收集到的信息传输给上层中央无人机所消耗的能量。因此，该公式有效地反映了全网的数据传输开销。

需要注意的是，E_0 不仅和信息的传输距离有关，也与无人机的覆盖收益相关联。现实场景中，为了获得更高的覆盖收益，无人机往往需要飞行到特定且分散的区域，从而导致整个机群的距离拉大，增加信息传输开销。因此，需要通过研究这种部署和传输关系来优化无人机集群执行覆盖任务的能力。通过设置权重因子 ρ，全网的覆盖效用定义如下：

$$U_1 = U_{\mathcal{N}} - \rho \cdot E_0 \qquad (8\text{-}29)$$

ρ 表示任务收益和传输能量消耗的重要性。需要指出的是，ρ 是根据无人机的物理参数和任务需求环境进行综合测量并给定的。因此，ρ 的设置体现了任务需求，即具有衡量收益和开销的参考价值。在任务驱使下，也可以为模型设定约束条件，如保证最小覆盖收益和限制最大能量消耗。为了直观地比较，下面通过优化无人机集群的位置选择 $\{g_n\}_{n \in \mathcal{N}}$ 和联盟选择 $\{c_n\}_{n \in \mathcal{N}}$ 从而达到最大化全网覆盖效用的目标：

$$\mathcal{G}: s_n^{\text{opt}} = \arg\max U_1, \quad n \in \mathcal{N} \tag{8-30}$$

求解 $\mathcal{G}$ 可以得到一个高效多无人机部署和联盟传输机制,这使得全网的无人机集群可以在获得高覆盖收益的同时,不会因信息数据传输和接收而产生大量能量消耗。

8.3.3　覆盖效用最优的联盟形成博弈

因为策略空间(位置部署和联盟选择)的庞大, $\mathcal{G}$ 的求解较为困难。下面提出一个有效的方案进行问题的简化和求解:①在当前联盟选择下执行覆盖最优部署;②在①后的覆盖部署下,通过联盟选择优化覆盖效用;③循环前两个步骤直至该问题模型得到稳定解。

所提的无人机集群覆盖模型实质上是一个多用户决策问题。在分布式多代理控制系统中,参与者可以通过交互信息来制定自主决策,这与博弈的思想不谋而合。因此,考虑将所提的无人机集群高效部署问题构建为一个博弈模型。根据式(8-29),全网的效用函数包含了两项,而所提模型的目标是实现全局效用最优,因此首先将问题建模为如下博弈策略模型:

$$\mathcal{G} = (\mathcal{N}, \{S_n\}_{n \in \mathcal{N}}, \{u_n\}_{n \in \mathcal{N}}) \tag{8-31}$$

其中, $\mathcal{N} = \{1, 2, \cdots, N\}$ 表示无人机序号, $S_n = G_n \otimes C_n$ ($\otimes$ 是笛卡尔乘积)表示无人机 n 的所有可选状态策略集,包括可选位置 G_n 和可选联盟 $C_n = \{1, 2, \cdots, M\}$ 。定义 g_n 和 c_n 分别为 G_n 和 C_n 的元素,表示无人机 n 的位置部署和联盟选择。 $\{u_n\}_{n \in \mathcal{N}}$ 为无人机 n 的效用函数并且可以被表示成 $u_n(s_n, s_{-n})$ 的形式,其中, $s_n \in S_n$ 表示无人机 n 的状态选择,定义 $s_{-n} \in S_1 \otimes S_2 \otimes \cdots \otimes S_{n-1} \otimes S_{n+1} \otimes \cdots \otimes S_N$ 为所有除了无人机 n 的可选状态策略集, g_{-n} 和 c_{-n} 也是同理。

显然, $\mathcal{G}$ 是一个典型的 CFG,且其效用取决于联盟中所有无人机所联合选择的策略,这表明该博弈是一种不可转移效用博弈(nontransferable utility game,NTU)[18]。

1. 覆盖部署势能博弈

1)效用函数

在系统模型中,每一架无人机都倾向于更高的覆盖收益和更少的传输能量消耗,因此引入边际效用对无人机的覆盖收益进行刻画。无人机 n 和不属于其所属联盟中的无人机的数据传输相互不受影响。因此,无人机 n 的边际覆盖效用函数可表示为

$$
\begin{aligned}
u_n^*(g_n, g_{-n}) = &\int_I h\Big(\min_{k \in \mathcal{N}}(\| g_k - g_i^* \|)\Big)\sigma(i)\mathrm{d}i \\
&- \int_I h\Big(\min_{k \in \mathcal{N} \setminus n}(\| g_k - g_i^* \|)\Big)\sigma(i)\mathrm{d}i - \rho \cdot E_0(\mathrm{CO}_n)
\end{aligned}
\tag{8-32}
$$

该式表明无人机 n 的边际覆盖效用只由自身所覆盖的收益和所属联盟的传输能量消耗所决定。在①中，无人机在每次迭代进行联盟选择前都需要进行覆盖优化部署，因此，该步骤的优化目标就是保证每架无人机的覆盖效用最大化，如下所示：

$$\mathcal{P}_1 : \max u_n^*(g_n, g_{-n}) \tag{8-33}$$

2) $\mathcal{G}_1$ 博弈分析

无人机集群之间的合作行为和决策选择需要很好地进行描述，因此下面引入势能博弈，将每个参与者的局部效用和全网效用联系起来[12,19]。结合无人机的分布式自组织特性，整个系统可以做出决策以实现更高效的性能。

首先将覆盖部署问题构建为势能博弈：$\mathcal{G}_1 = (\mathcal{N}, \{S_n\}_{n \in \mathcal{N}}, \{u_n^*\}_{n \in \mathcal{N}})$，其中，$\{u_n^*\}_{n \in \mathcal{N}}$ 为无人机 n 在该势能博弈下的边际覆盖效用函数，即式(8-32)。

引理 8.1 给定一个联盟分区 Π，则 $\mathcal{G}_1$ 是一个 EPG 且拥有至少一个 NE 点。

证明 首先构建势能函数如下：

$$\phi(g_n, g_{-n}) = \int_I h\left(\min_{k \in \mathcal{N}}(\| g_k - g_i^* \|)\right)\sigma(i)\mathrm{d}i - \rho \cdot E_0(\mathrm{CO}) \tag{8-34}$$

该势能函数的物理意义指代全网的全局覆盖效用。假设任意一架无人机 n 将它的位置部署从 g_n 改成了 g_n'，考虑到不属于联盟 CO_n 的无人机传输能量消耗也不受无人机 n 的影响，因此推导公式如下：

$$u_n^*(g_n, g_{-n}) - u_n^*(g_n', g_{-n}) = \int_I h\left(\min_{k \in \mathcal{N}}(\| g_k - g_i^* \|)\right)\sigma(i)\mathrm{d}i - \int_I h\left(\min_{k \in \mathcal{N}, g_n = g_n'}(\| g_k - g_i^* \|)\right)\sigma(i)\mathrm{d}i$$
$$- \int_I h\left(\min_{k \in \mathcal{N} \setminus n}(\| g_k - g_i^* \|)\right)\sigma(i)\mathrm{d}i + \int_I h\left(\min_{k \in \mathcal{N} \setminus n, g_n = g_n'}(\| g_k - g_i^* \|)\right)\sigma(i)\mathrm{d}i$$
$$+ \rho \cdot (E_0(\mathrm{CO}_n') - E_0(\mathrm{CO}_n)) \tag{8-35}$$

直观来看，对于其他任意一架无人机 $k \in \mathcal{N} \setminus n$，其覆盖边际收益完全不受当前无人机 n 策略改变的影响，因此第三项和第四项的总和为 0，由此得出以下等式：

$$u_n^*(g_n, g_{-n}) - u_n^*(g_n', g_{-n}) = \phi(g_n, g_{-n}) - \phi(g_n', g_{-n}) \tag{8-36}$$

因此可以得出结论，将式(8-32)作为局部效用函数的博弈模型 $\mathcal{G}_1$ 是一个 EPG。因为势能函数指代全网的覆盖效用，因此可以推出 $\mathcal{P}_1$ 至少有一个 NE 解，这对于证明模型 $\mathcal{G}$ 稳定解的存在性提供了充分的理论工具。证明完毕。

学习算法对于博弈模型稳定解的求解具有明显的效率。因此引入对数线性学习[8]，并设计了一种基于该学习的覆盖优化部署迭代算法。对数线性学习在势能博弈模型下的收敛性已经在文献[7,8]中得到了证明。如算法 8.2 所示，每给定一个当前的联盟选择策略集，该算法就执行一次最优部署选择。需要说明的是，该算法是嵌套在联盟选择算法里面的,因此会被循环执行。设定 β 为学习系数,g'_n 为无人机 n 的期望位置部署。此外,无人机位置选择概率函数具体构建如下:

$$q_n^g = \frac{\exp\{\beta u_n^*(g_n, g_{-n})\}}{\exp\{\beta u_n^*(g_n, g_{-n})\} + \exp\{\beta u_n^*(g'_n, g_{-n})\}} \tag{8-37}$$

算法 8.2　一种基于对数线性学习的覆盖优化部署单次迭代算法

初始化:设置无人机集群的状态参数 $\{s_n\}_{n \in \mathcal{N}}$。

Step 1:随机选择一个无人机 n,根据式(8-32)计算其当前部署位置下的覆盖收益 $u_n^*(g_n, g_{-n})$。

Step 2:对于选中的无人机 n,从可选位置策略集中选择一个位置 g'_n。无人机 n 同样根据式(8-32)计算选择期望策略后的效用 $u_n^*(g'_n, g_{-n})$。

Step 3:无人机 n 根据概率选择式(8-37)更新其当前的状态策略 g_n。

Step 4:输出更新后的无人机集群状态集 $\{s_n\}_{n \in \mathcal{N}}$。

2. 基于信息传输的联盟形成博弈

给定覆盖部署后,博弈模型 $\mathcal{G}$ 所要考虑的就是如何执行合理的联盟形成使得数据信息的传输开销得到最大的优化。无人机集群自组织的特征促使从个体效用入手,从而提高了问题求解的效率。

1)效用函数

在步骤②中,给定固定的无人机部署,那么对于无人机 n,其局部能量消耗可以表示为

$$T1(c_n) = \sum_{k \in \text{CO}_\Pi(n)} (E(d_{k,cl_{c_n}}) \cdot U_k) + E(d_{0,cl_{c_n}}) \cdot U_{\text{CO}_\Pi(n)} \tag{8-38}$$

其中,$g_{c_n}^{cl}$ 表示联盟 c_n 的簇头无人机的三维坐标,$T1(c_n)$ 表示联盟 c_n 内的无人机将从地面收集的信息上传到中央无人机的数据传输总能量消耗。

联盟形成博弈(CFG)的定义中引入了偏好关系 $\succ_n$ 的概念,它决定了博弈中的参与者是否愿意加入或离开当前的联盟,并影响 CFG 结构的收敛性和稳定状态[20]。下面介绍一种常见的偏好关系,即帕累托秩序(Pareto order),并根据该偏好关系分析所提出博弈模型的相关性质。

定义 8.1(帕累托秩序)[21]　在 CFG 中,偏好关系 $\succ_n$ 满足帕累托秩序当且仅当对于任意的参与者 $n \in \mathcal{N}$ 和所有的联盟分区 $\text{CO}', \text{CO} \in \Pi$,都存在如下等式:

$$\begin{aligned} \text{CO} \succ_n \text{CO}' &\Leftrightarrow u_n(\text{CO}) > u_n(\text{CO}') \wedge u_i(\text{CO}) > u_i(\text{CO} \setminus n), \quad \forall i \in \text{CO} \setminus \{n\} \\ & u_i(\text{CO}') < u_i(\text{CO}' \setminus n), \quad \forall i \in \text{CO}' \setminus \{n\} \end{aligned} \tag{8-39}$$

无人机集群的覆盖收益是有限的,这就保证了帕累托秩序下的 CFG 模型更容易收敛到稳定联盟分区。

无人机的联盟选择符合偏好关系的定义,这也表明 $\mathcal{G}$ 是一个典型的 CFG。通常

来说，在 CFG 中，最重要的部分是联盟形成的标准，它决定了联盟是否能形成稳定结构。本节考虑将帕累托秩序作为该博弈的偏好关系，从而使得联盟形成依赖于无人机的局部效用而不是整个联盟的效用。此外，在确定偏好关系后，还需要设计联盟形成规则来执行算法并最终收敛到稳态分区。

作者在文献[22]中引入了融合和分裂规则，用于形成或分离联盟。这两项规则都关注联盟中所有参与者的利益。举个例子，当任意联盟 CO 和 CO′ 准备合并时，若两个联盟内所有参与者的利益都会因此增加，则该合并动作成功执行。相反，单个联盟也可以分成联盟 CO 和 CO′，当且仅当新联盟中的每个参与者都可以获得更好的利益。本节对形成规则进行了简化，通过对单架无人机的联盟策略进行选择，使得无人机达到进入和离开联盟的效果。在进行进一步的博弈分析前，首先需要说明，根据公式(8-29)，每架无人机 n 局部覆盖效用函数的第一项是由位置部署决定的，结合 $\mathcal{G}_1$ 的稳定性证明，该性质为下面的稳定联盟分区证明提供了理论支撑。

2) 联盟形成博弈分析

这一部分通过分析所提出的联盟形成博弈(CFG)模型 $\mathcal{G}$ 在给定偏好关系和联盟形成规则下的稳定性，证明了所提问题的解的存在性。

定义 8.2(稳定联盟分区，stable coalition partition)[22]　一个联盟分区 Π 可以被证明是稳定的，当且仅当没有任何一个参与者能通过任意改变其策略而使得其效用增加，公式表示如下：

$$u_n(c_n, c_{-n}) \geqslant u_n(c_n, c'_{-n}), \quad \forall n \in \mathcal{N}, \forall c_n, c'_n \in C_n, c_n \neq c'_n \tag{8-40}$$

该联盟分区也被称为稳定联盟分区。

定理 8.3　当设定偏好关系为帕累托秩序，CFG 模型 $\mathcal{G}$ 能够收敛到稳定联盟分区，即问题 $\mathcal{P}_1$ 的稳定解。

证明　(1)注意到在步骤①中，给定无人机集群的联盟选择策略 $\{c_n\}_{n \in \mathcal{N}}$，则根据引理 8.1，任务收益最大化模型 $\mathcal{G}_1$ 被证明是一个 EPG，并且至少有一个 NE 点。则根据 NE 的定义，至少存在一个无人机集群位置部署策略，使得任意一架无人机都不能够通过改变它的部署状态来提高全局的效用，则该策略被称为稳定解。

(2)在步骤②中，因为无人机的部署是确定的，所以效用函数可以用 $u_n(c_n, c_{-n})$ 来表示。基于之前的描述，帕累托秩序被用于联盟选择，而每架无人机 n 将效用函数作为其收益。根据帕累托秩序定义的描述，由于参与者(无人机)集合和策略集 $(\{C_n\}_{n \in \mathcal{N}})$ 是有限的，并且帕累托秩序可以改善当前联盟的效用而同时不损害任何其他所有无人机的利益，这就使得所有联盟的收益最终收敛到峰值。假定 CO* 为最终形成的联盟分区。如果 CO* 是不稳定的，那么就存在一个无人机 n，存在某种策略选择可以提高效用 $u_n(\text{CO}^*)$，这与之前有限收益的陈述相矛盾，因此 CO* 一定是稳定的。因为无人机 n 的局部效用能够映射到全局效用中，因此，该稳定策略集也

是问题 P_1 的稳定解。最后得出结论：当设定偏好关系为帕累托秩序时，CFG 模型 $\mathcal{G}$ 最终能够收敛到稳定联盟分区。证明完毕。

8.3.4　基于帕累托的联盟部署算法

基于上一节中稳定联盟分区的存在性，下一步将通过设计算法进行该稳定分区的求解。然而，由于无人机集和策略集（位置部署和联盟选择）的策略多样性，传统的最优选择方法往往落入循环陷阱，即局部最优。在这种情况下，需要利用学习算法来探索博弈模型的稳定状态。受文献[12]中空间自适应行动（SAP）下探索机制的启发，结合 8.3.3 节给出的基于对数线性学习的覆盖最大化部署算法，本节设计了基于帕累托秩序的联盟选择和覆盖部署优化算法（以下简称基于帕累托的联盟部署算法）。该算法的特点是，在每次迭代下，所选择的无人机都进行一次位置部署，并根据帕累托秩序进行联盟选择的更新。由定理 8.3 可知，该算法可以解出 P_1 的稳定解。算法 8.3 的具体过程如下所示。通过设定学习参数 $\beta > 0$，无人机 n 的联盟选择概率函数构建如下：

$$q_n^c(j) = \frac{\exp\{\beta u_n(c_n, c_{-n})(j)\}}{\exp\{\beta u_n(c_n, c_{-n})(j)\} + \exp\{\beta u_n(c_n', c_{-n})(j)\}} \tag{8-41}$$

算法 8.3　基于帕累托秩序的无人机集群联盟选择和覆盖部署算法

初始化：设置迭代次数 $j=1$ 和中央无人机的坐标 g^{cen}，初始化无人机集群的状态参数 $s_n = \{g_n, c_n, n \in \mathcal{N}\}$ 和任务区域 I 的环境参数 $\sigma(i)$，$i \in I$。所有的无人机都从各自的可用联盟集中选择一个联盟作为初始状态。

Loop：

Step 1：全网的无人机集群进行信息交互（位置部署和联盟选择）。

Step 2：每次迭代都随机选择一个无人机 n。输入无人机当前的位置信息 $\{s_n\}_{n \in \mathcal{N}}$ 到算法 8.2 中得到部署状态 $\{s_n^{\mathrm{opt}}\}_{n \in \mathcal{N}}$。更新当前状态，即 $\{s_n\}_{n \in \mathcal{N}} \leftarrow \{s_n^{\mathrm{opt}}\}_{n \in \mathcal{N}}$。

Step 3：除了无人机 n 以外，其他所有无人机保持之前的策略选择不变，即 $c_k(j+1) = c_k(j), k \in \mathcal{N} \setminus n$。无人机 n 改变当前联盟选择策略为 $c_n' \in C_n \setminus c_n$。更新此时的状态 $s_n' = \{g_n^{\mathrm{opt}}, c_n'\}$，并将该状态 $\{s_n'\}_{n \in \mathcal{N}}$ 输入到算法 8.1 中，从而得到给定联盟选择下的覆盖部署 s_n^{opt}。更新当前状态，即 $\{s_n'\}_{n \in \mathcal{N}} \leftarrow \{s_n^{\mathrm{opt}}\}_{n \in \mathcal{N}}$。

Step 4：设置 $\mathrm{CO} = \mathrm{CO}_{c_n}, \mathrm{CO}' = \mathrm{CO}_{c_n'}$，无人机 n 计算其在初始联盟和期望联盟下的覆盖效用，并依据定义 8.1 给出的帕累托顺序进行策略的更新，效用的对比关系由概率函数式(8-41)所给出。其中，β 是学习系数，通过设定其大小，可以调整算法的收敛性能，并提升收敛的速度。

Step 5：$j = j+1$。若满足停止准则，输出无人机状态 $\{s_n\}_{n \in \mathcal{N}}$，否则重新进入 Step 1。

停止准则：当 $q_n^c(j)$ 的数值连续 5 次超过 0.98 或者迭代次数 j 达到了设定好的最大迭代数量。

总的来说，结合 $\mathcal{G}_1$ 中的 NE 点和 $\mathcal{G}$ 中稳定联盟分区的存在性，本节通过设计相应的偏好和规则，提出了一个可以将问题 $\mathcal{P}_1$ 收敛到稳定解的解决方案。

8.3.5 实验结果及分析

本节对算法进行仿真，以验证所提的基于高效信息传输的覆盖部署方法的收敛性和有效性。系统仿真采用 MATLAB 软件。仿真参考了文献[17]中对能量消耗公式参数的定义，并设置 $E_0 = 50(\text{nJ/bit})$，$\varepsilon_s = 10(\text{nJ/bit/m}^2)$，$\varepsilon_l = 10(\text{nJ/bit/m}^4)$，$d_0 = 100\text{m}$。任务区域被划分为 50×50 的网格，其中，单位网格的距离设置为 10m。考虑一个无人机集群网络，其中包含一架中央控制无人机(坐标为 $g^{\text{cen}} = (150,150,400)\ (\text{m})$)和一定数量执行覆盖和数据传输任务的无人机(飞行高度都设置为 300m，单位覆盖收益的数据量设置为 1000MB)。

1. 仿真基本场景

假设任务区域的先验信息是已知的。如图 8-14(a)所示，构建一个符合正态分布的概率密度函数来描述任务区域的重要性(即数据业务量)。在图中，任务区域的重要度进行了颜色编码，因此 $\{\sigma_i\}_{i \in I}$ 表示为全网数据业务的密度。

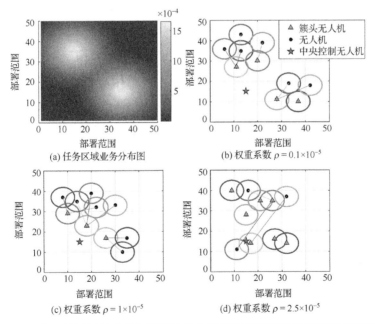

图 8-14 基于帕累托的联盟部署算法的位置部署和联盟选择示意图(见彩图)

图 8-14(b)～图 8-14(d)展示了 10 架无人机在所提方法下根据不同权重系数 ρ 所执行的位置部署和联盟形成示意图。可以看出，随着权重系数的增加，无人机集

群更偏向于任务收益最大化，因此全网偏向于覆盖最优部署，联盟编队形成较少；当 ρ 适中的时候，无人机集群会在任务收益和传输开销中做一个权衡并进行位置部署和联盟形成；当 ρ 不断增大后，无人机集群会更倾向于总传输开销最小，这就使得相应的位置部署下实际任务收益产生骤减。

2. 基本性能对比

为了更好地分析所提方法在无人机集群进行覆盖部署和联盟形成过程中的性能，设计了一个基于覆盖收益的部署算法作为对比算法。在对比算法中，覆盖效用仅取决于覆盖收益，并且没有联盟形成机制。为了使结果具有对照性，从而产生更好的对比效果，设定在每个权重系数下，对比方法都需要将全网的覆盖收益收敛到所提基于帕累托的联盟部署算法对应的性能。在此前提下，针对无人机集群通过覆盖图 8-14(a) 中的任务区域所产生的总能量开销和覆盖效用进行性能对比。权重系数 ρ 是基于无人机和任务环境参数的计算和测量所确定的。为了不失一般性，考虑不同权重系数下的性能比较。同时，为了避免算法的偶然性，对两种方法都进行了 100 次独立的算法重跑，然后取平均结果。相关的仿真结果如下所示。

在图 8-15 中，当权重系数增加时，两种方法的总覆盖效用都出现下降，这与能量开销的重要性逐渐增加的事实是相符的。对比算法的效用和基于帕累托的联盟部署算法几乎近似相等，这也符合之前对比算法设定的目的。如图 8-16 所示，与对比算法相比，基于帕累托的联盟部署算法明显可以实现更低的数据传输能量消耗。分析原因可知，联盟形成机制的存在使得无人机间通过转发手段避免了数据信息因

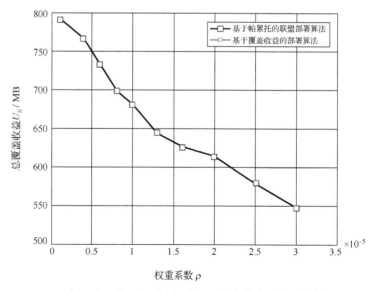

图 8-15　全网覆盖收益 U_N 随权重系数的变化(10 架无人机)

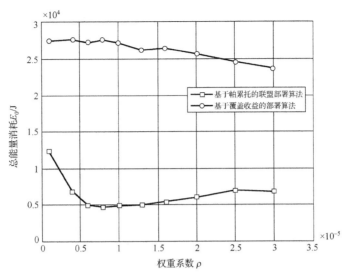

图 8-16　全网数据传输能量开销 E_0 随权重系数的变化(10 架无人机)

长距离单跳传输而消耗的高能量。此外，在所提算法中，随着权重系数的增加，E_0 一开始会迅速减少，这表明此时整个无人机网络更倾向于形成联盟。然而在后期，由于数据传输的高能耗，无人机不会再主动去覆盖任务高收益区域，这使得无人机集群的数据携带量逐渐达到上限。因此，联盟形成机制下的能源消耗也逐渐趋于稳定。

覆盖效用是整个无人机集群网络的一个重要指标，其随权重系数变化的性能比较如图 8-17 所示。可以看到，随着权重系数的增加，所有算法下的覆盖效用都会降

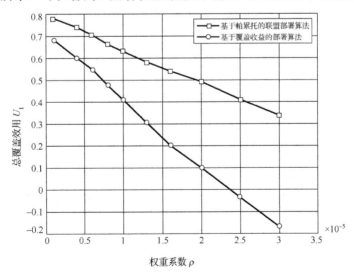

图 8-17　全网覆盖效用 U_1 随着权重系数的变化(10 架无人机)

低，但基于帕累托的联盟部署算法可以在相同的权重系数下实现更高的覆盖效用。这表明，如果没有联盟形成机制的保证，相同的任务收益就需要更多的信息传输能量开销，从而使得覆盖效用更低，任务实施变得低效。

为了对所提的基于帕累托的联盟部署算法进行有效性检验，下面考虑不同数量无人机的全网覆盖收益和覆盖效用曲线的变化。如图 8-18 所示，随着无人机数量的

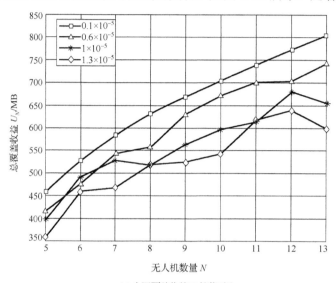

(a) 全网覆盖收益U_N性能对比

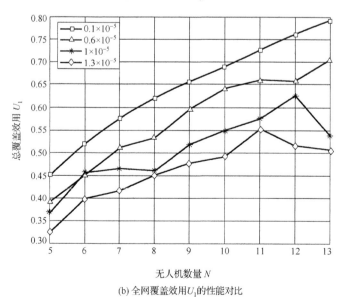

(b) 全网覆盖效用U_1的性能对比

图 8-18　考虑不同无人机数量和权重系数的覆盖性能对比图

增加，全网的覆盖性能得到了一定改善，这与更多的无人机能够从地面收集更多数据信息的事实相一致。然而，当无人机达到一定数量时，覆盖效用的增加将会减缓，并最终下降。这是因为任务区域有限的数据信息使得覆盖收益存在上限。与此同时，在联盟结构中，更多的无人机意味着更多的传输路径，而逐渐趋于极限的覆盖收益无法平衡不断增加的传输路径下的高能量消耗，这就使得覆盖效用最终出现下降。值得注意的是，权重系数的增加也会使当前模型更加关注能量开销。因此，相同无人机数量下，随着权重系数的增加，全网覆盖率效用将会减少，甚至会提前到达"饱和"状态(如 11 架无人机在 $\rho=1.3\times10^{-5}$ 以及 12 架无人机在 $\rho=1\times10^{-5}$ 时)。综上分析，图 8-18 中的曲线趋势以及波动是合理的。

3. 收敛性能分析

为了深入研究收敛性能，下面选择 $\rho=1\times10^{-5}$ 作为参考系数。图 8-19(a)展示了无人机集群位置部署和联盟形成的最终稳定收敛图。如图 8-19(b)～图 8-19(d)所示，三个参数在算法中的曲线都在经历一定数量的迭代之后收敛，这表明基于帕累托的

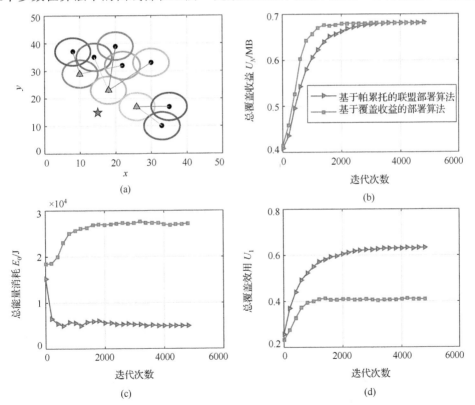

图 8-19　所提模型的性能收敛图

联盟部署算法可以实现并给出系统模型的解决方案。对比算法和基于帕累托的联盟部署算法的覆盖收益在迭代后逐渐收敛到同一数值。然而，由于没有联盟形成机制，对比算法的信息传输能量开销和覆盖效用相较于所提算法明显更差，这与前面的描述是一致的。

仿真结果表明，基于联盟信息传输的无人机集群覆盖部署模型可以很好地描述无人机集群间的合作行为。权重系数的设置可以为不同的任务需求提供理论参考。最后，通过与对比算法的仿真性能对比，所设计的基于帕累托的联盟部署算法被证实了可以实现更高的覆盖效用，这也反映了联盟形成机制在所提模型中的有效性，体现了博弈优化的良好性质。

8.3.6　小结

本节提出了一种基于高效信息传输的无人机集群部署模型。通过建立一个多无人机覆盖部署和传输机制模型，研究了无人机集群网络下的覆盖效用和相应的传输能量开销。该模型被构建成一个联盟形成博弈（CFG）。帕累托秩序的提出证明了该CFG至少有一个稳定的联盟分区解。然后，通过设计一个基于帕累托秩序的位置部署和联盟选择算法对模型的稳定解进行求解。最后，算法仿真验证了所提方法对于系统模型的有效性，并证明了稳定解的存在和收敛性。该模型可以很好地描述无人机集群执行覆盖任务的合作行为，并与无人机集群网络中仅考虑覆盖收益的优化方法相比具有更好的性能。

8.4　开放性讨论

针对无人机集群网络部署拓扑优化问题，还有一些内容需要进一步研究和完善。

(1)针对因环境、拓扑、业务等高动态条件下的集群动态拓扑优化问题，需要突破现有研究中信息获取与拓扑优化决策行为相对分离、决策所需的信息条件相对完备等不足，围绕集群任务目标，采用群体智能优化方法，研究面向决策的信息获取优化、不完全信息条件下的快速决策方法等，实现无人机集群网络在高动态条件下的拓扑快速调整和响应。

(2)需要深入研究无人机集群网络中的通信模块和链路特征，并考虑连续变化下的信息传输和基于任务的位置部署。传统无人机集群网络过多强调集群模式和部署优化，对于底层的通信链路则缺少完备的理论支撑。因此需要结合完备的无人机集群网络特征，结合博弈论、凸优化、强化学习等多样化理论工具探讨任务驱动下无人机集群的拓扑优化问题。

参 考 文 献

[1] Mozaffari M, Saad W, Bennis M, et al. Efficient deployment of multiple unmanned aerial vehicles for optimal wireless coverage[J]. IEEE Communications Letters, 2016, 20(8): 1647-1650.

[2] Liu D, Wang J, Xu Y, et al. A coalition-based communication framework for intelligent flying Ad-Hoc networks[J]. arXiv: 1812.00896, 2018.

[3] Fan R, Cui J, Jin S, et al. Optimal node placement and resource allocation for UAV relaying network[J]. IEEE Communications Letters, 2018, 22(4): 808-811.

[4] Baek J, Han S I, Han Y. Optimal resource allocation for non-orthogonal transmission in UAV relay systems[J]. IEEE Wireless Communications Letters, 2018, 7(3): 356-359.

[5] Venugopal K, Valenti M C, Heath R W. Interference in finite-sized highly dense millimeter wave networks[C]//Information Theory and Applications Workshop, 2015: 175-180.

[6] Al-Hourani A, Kandeepan S, Jamalipour A. Modeling air-to-ground path loss for low altitude platforms in urban environments[C]//2014 IEEE Global Communications Conference, 2014: 2898-2904.

[7] Arslan G, Marden J R, Shamma J S. Autonomous vehicle-target assignment: A game-theoretical formulation[J]. Journal of Dynamic Systems Measurement & Control, 2007, 129(5): 2007.

[8] Arnborg S. Efficient algorithms for combinatorial problems on graphs with bounded, decomposability: A survey[J]. Bit Numerical Mathematics, 1985, 25(1): 1-23.

[9] Xu Y, Wang J, Xu Y, et al. Centralized-distributed spectrum access for small cell networks: A cloud-based game solution[J]. arXiv: 1502.06670, 2015.

[10] Feng Z, Qiu C, Feng Z, et al. An effective approach to 5G: Wireless network virtualization[J]. IEEE Communications Magazine, 2015, 53(12): 53-59.

[11] Zhang Y, Xu Y, Anpalagan A, et al. Context-aware group buying in ultra-dense small cell networks: Unity is strength[J]. IEEE Wireless Communications, 2019, 26(6): 118-125.

[12] Xu Y, Wang J, Wu Q, et al. Opportunistic spectrum access in unknown dynamic environment: A game-theoretic stochastic learning solution[J]. IEEE Transactions on Wireless Communications, 2012, 11(4): 1380-1391.

[13] Liu X, Xu Y, Jia L, et al. Anti-jamming communications using spectrum waterfall: A deep reinforcement learning approach[J]. IEEE Communications Letters, 2018, 22(5): 998-1001.

[14] Saad W, Han Z, Basar T, et al. A selfish approach to coalition formation among unmanned air vehicles in wireless networks[C]//2009 International Conference on Game Theory for Networks, 2009: 259-267.

[15] Li P, Duan H. A potential game approach to multiple UAV cooperative search and surveillance[J]. Aerospace Science & Technology, 2017: 68.

[16] Ruan L, Wang J, Chen J, et al. Energy-efficient multi-UAV coverage deployment in UAV networks: A game-theoretic framework[J]. China Communications, 2018, 15(10): 194-209.

[17] Say S, Inata H, Liu J, et al. Priority-based data gathering framework in UAV-assisted wireless sensor networks[J]. IEEE Sensors Journal, 2016, 16(14): 5785-5794.

[18] Hamilton J. Game theory: Analysis of conflict. by Myerson R. B. [J]. Managerial & Decision Economics, 2010, 13(4): 369.

[19] Xu Y, Wang J, Wu Q, et al. Dynamic spectrum access in time-varying environment: Distributed learning beyond expectation optimization[J]. IEEE Transactions on Communications, 2017, 65(12): 5305-5318.

[20] Zhang Y, Xu Y, Wu Q, et al. Context awareness group buying in D2D networks: A coalition formation game-theoretic approach[J]. IEEE Transactions on Vehicular Technology, 2018.

[21] Bogomolnaia A, Jackson M O. The stability of hedonic coalition structures[J]. Games & Economic Behavior, 2002, 38(2): 201-230.

[22] Apt K R, Witzel A. A generic approach to coalition formation[J]. International Game Theory Review, 2007, 11(3): 347-367.

第9章 智能无人机集群网络优化的场景运用

9.1 引 言

随着无人机产业的迅速成长，其应用已经深入到社会的各个方面。各个行业的很多传统工作模式都因为无人机的迅速普及而正在被改变。智能无人机集群在应急通信、救灾、监控、物联等方面正在发挥越来越明显的作用，技术和产业运用的发展速度越来越快。本章将展开智能无人机集群在具体运用中的场景例证、组织模式、技术要点等方面的探讨。

9.2 辅 助 通 信

利用无人机实现高速无线通信有望在未来的通信系统中发挥重要作用。事实上，无人机辅助的无线通信是一种很有前途的解决方案，可以为由于城市或山区地形的严重衰落或自然灾害[1]造成的通信基础设施损坏而没有基础设施覆盖的设备提供无线连接。首先，无人机系统更具成本效益，可以更迅速地部署，这使得它们特别适合意外或有限持续时间的任务。在低空无人机的帮助下，大多数情况下都可以建立近距离视线(LoS)通信链路，这可能会显著改善源与目的地之间的直接通信(如果可能的话)或通过远距离视线链路的混合接入点(hybrid access point，HAP)中继。无人机的机动性为性能提升提供了新的机遇，可以通过动态调整无人机状态来适应通信环境。同时，自适应通信可以与无人机机动控制联合设计，进一步提高通信性能。例如，当无人机与地面终端有良好的信道时，除了以更高的速率传输外，还可以降低速度以保持良好的无线连接，向地面终端传输更多的数据。

这些明显的优势使得无人机辅助无线通信成为未来无线系统不可或缺的组成部分，未来无线系统需要支持更多样的应用，其容量要比当前系统提高几个数量级。图 9-1 展示了无人机辅助无线通信的三个典型使用案例。

(1)无人机辅助覆盖，即部署无人机协助现有的通信基础设施，在服务区域内提供无缝无线覆盖。两个示例场景是：在自然灾害造成基础设施损坏后的快速服务恢复，以及在极其拥挤的地区(如体育赛事期间的体育场)卸载基站。后一种情况已被确定为第五代(5G)无线系统[2]需要有效解决的五个关键场景之一。

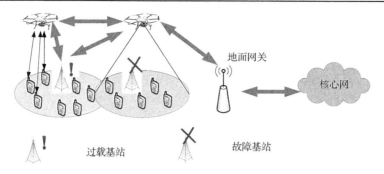

过载基站　　　　　　　　故障基站

(a) 无人机辅助的覆盖

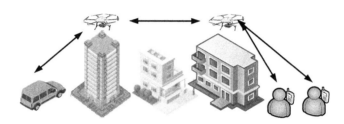

(b) 无人机辅助中继

(c) 无人机辅助信息传播和数据收集

图 9-1　无人机辅助无线通信的三个典型使用案例

(2)无人机辅助中继，即在没有可靠的直接通信链路的情况下，部署无人机在两个或多个远程用户或用户组之间提供无线连接。

(3)无人机辅助信息传播和数据收集。无人机被派往大量分布式无线设备传播（或收集）容忍延迟的信息。无线传感器在精确农业中的应用就是一个例子。

尽管有许多优点，无人机的无线通信也面临着一些新的设计挑战。首先，除了地面系统中的常规通信链路，无人机系统还需要附加具有更严格延迟和安全要求的控制和非有效载荷通信(control and non payload communications，CNPC)链路，以支持实时控制、碰撞和避撞等安全关键功能。这就需要更有效的资源管理和专门为无人机通信系统设计的安全机制。此外，无人机系统的高机动性环境通常导致高度动态的网络拓扑，通常是稀疏和间歇性连接[3]。因此，需要设计有效的无人机集群操作，以确保可靠的网络连通性[2]。同时，需要设计新的通信协议，考虑到稀疏和间歇性网络连接的可能性。另一个主要挑战来自无人机的尺寸、重量和功率限制，这可能会限制它们的通信、计算和续航能力。为了解决这些问题，需要能源感知无人机的部署和操作机制，实现能源的智能使用和补给。由于无人机的机动性以及缺乏固定的回程链路和集中控制，与地面蜂窝系统相比，具有无人机支持的空中基站的相邻小区之间的干扰协调更具挑战性。

9.2.1　网络架构

图 9-2 显示了无人机辅助无线通信的总体组网架构[4]，包括两种基本类型的通信链路：CNPC 链路和数据链路。

CNPC 环节对于确保所有无人机系统的安全运行至关重要。这些链路必须支持高可靠、低延迟和安全的双向通信，通常数据速率要求较低，用于无人机之间以及无人机与地面控制站(ground control station，GCS)之间交换安全关键信息。CNPC 的主要信息流可大致分为三种类型：

①从全球导航卫星系统到无人机的指挥和控制；

②从无人机到地面的飞机状态报告；

③无人机之间的感应和规避信息。

即使是能够依靠机载计算机完成任务而无须实时人工控制的自主无人机，在需要紧急人工干预的情况下，CNPC 的链接也是必要的。由于需要支持关键功能，CNPC 链路一般应在保护频谱中运行。目前已经分配了两个这样的波段：L 波段(960～977MHz)和 C 波段(5030～5091MHz)[5]。CNPC 的另一个关键要求是优越的安全性。应该采用有效的安全机制来避免无人机被未经授权的操控者通过欺骗或导航信号控制。因此，CNPC 的链路应该采用强大的认证技术，并可能辅以新兴的物理层安全技术。

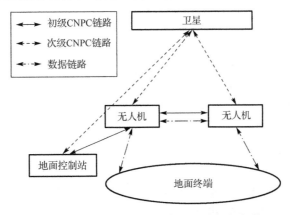

图 9-2　无人机辅助无线通信的基本网络架构

数据链路用于支持地面终端任务的相关通信，根据不同的应用场景，包括地面基站、移动终端、网关节点、无线传感器等。以图 9-1(a)所示，无人机维护的数据链路需要支持以下通信模式：

①作为基站卸载或在基站完全故障期间的直接移动无人机通信；

②无人机基站和无人机网关无线回程；

③无人机-无人机无线回程。

这些数据链路的容量要求主要取决于应用，可能从无人机传感器链路的每秒几千比特到无人机网关无线回程的每秒几十千兆比特不等。与 CNPC 链路相比，数据链路通常在延迟和安全要求方面具有更高的容忍度。就频谱而言，无人机数据链路可以复用为支持的特定应用分配的现有频段(如在协助蜂窝覆盖的同时使用 LTE 频段)，或者可以分配专用的新频谱以提高性能(如使用毫米波、高容量无人机无线回程频段)[6]。

9.2.2　信道特征

CNPC 链路和无人机辅助通信中的数据链路都由两种类型的信道组成，无人机-地面和无人机-无人机信道。

1. 无人机-地面信道

无人机空地信道的系统测量和建模仍在进行中[5,7]。与有人驾驶飞机系统不同，在有人驾驶飞机系统中，地面站通常位于具有高天线塔的开阔区域，无人机系统的无人机-地面通道由于更复杂的操作环境而更加复杂。虽然 LoS 链接在大多数情况下是这样的通道，但它们也可能偶尔被障碍物阻挡，如地形、建筑物或机身本身。在飞机机动期间，无人机地面通道可能会遭受长达几十秒的严重机体阴影[7]。对于低空无人机，无人机-地面通道也可能由于山、地面、树叶等的反射、散射和衍射而构成多径分量。对于在沙漠或海上作业的无人机来说，由于 LoS 和表面反射分量的优势，双射线模型已被广泛使用。另一个广泛使用的模型是随机 Rician 衰落模型，它由一个确定性 LoS 分量和一个具有某些统计分布的随机散射分量组成。根据地面终端周围的环境以及使用的频率,无人机地面信道表现出变化很大的莱斯因数(即视距和散射分量之间的功率比)，在丘陵地形中，L 波段的典型值约为 15 分贝，C 波段约为 28 分贝[5]。

2. 无人机-无人机信道

无人机-无人机信道主要是 LoS 链接。尽管由于地面反射，可能存在有限的多径衰落，但与无人机地面或地面对地面信道相比，其影响是最小的。此外，由于无人机之间潜在的较大相对速度，无人机-无人机信道可能比无人机-地面信道具有更高的多普勒频率。这种信道特性对无人机间链路的频谱分配有直接影响。一方面，LoS 链路的主导地位可能意味着新兴的毫米波通信可以用来实现大容量无人机-无人机无线回程。另一方面，无人机之间的高相对速度加上毫米波频段的较高频率可能导致过度的多普勒频移。

9.2.3　技术研究要点

本节介绍了无人机无线通信的主要设计考虑。讨论了无人机系统中的路径规划、能量感知部署和操作以及多输入多输出（MIMO）通信等方面的问题。

1.　无人机部署与路径规划

无人机集群网络系统的一个重要内容是路径规划[8,9]。特别是对于无人机辅助通信，适当的路径规划可以显著缩短通信距离，因此对高容量性能至关重要。然而，寻找最优飞行路径通常是一项具有挑战性的任务。一方面，由于待确定的无人机轨迹是连续的，因此无人机路径优化问题本质上涉及的变量是无限的。另一方面，这些问题通常也受到各种实际约束（如连通性、燃料限制、碰撞和地形规避）的影响，其中许多都是时变的，难以精确建模。一种有用的无人机路径规划方法是用离散时间状态空间近似无人机动力学，状态向量通常是由位置和速度组成的三维坐标系。然后根据受有限过渡约束的状态序列给出无人机的运动轨迹，以反映实际无人机的移动限制。由此产生的许多具有这种近似的问题属于混合整数线性规划（mixed integer linear programming，MILP）[9]类。

直观地看，无人机的最优飞行路径主要取决于应用场景。例如，对于图 9-1 (a) 中无人机辅助的蜂窝覆盖，显然应在服务区域上方联合部署多架无人机，以协同实现与地面用户的实时通信；而对于无人机辅助的信息传播或容迟数据收集，如图 9-1 (c) 所示，只需派遣一架无人机飞越该区域，与地面节点进行顺序通信即可。此外，对于蜂窝覆盖应用，一种选择是使用盘旋在覆盖区域上方的旋翼无人机作为静态航空基站。在这种情况下，不需要专门的路径规划，无人机部署的主要设计问题通常涉及寻找最佳无人机间距及其悬停高度，以实现最大覆盖。一般来说，就覆盖最大化而言，有一个最佳的无人机高度，这是由于以下重要的权衡[10,11]：虽然增加无人机高度将导致更高的自由空间路径损耗，但它也增加了 LoS 与地面终端链接的可能性。

2.　无人机通信移动中继

通过移动中继，无人机在源和目的地之间连续飞行，旨在减少无人机信息接收和中继阶段的链路距离。例如，对于半双工移动中继，每个中继周期由两个阶段组成，每个阶段的持续时间为 δ 秒，其中，δ 由最大容许延迟决定。如图 9-3 (a) 所示，第一阶段对应于无人机信息接收，在该阶段，无人机继续接收和解码从源发送的信息，并将其存储在其数据缓冲器中。同时，从源和目的地之间中点的初始位置开始，无人机首先以最大可能速度 v 飞向源，然后迅速飞回，以便在第一阶段结束时返回初始位置($t=\delta$)。值得注意的是，如果 v 和/或 δ 非常大，无人机将有时间在返回前悬停在信号源上方，以便享受数据接收的最佳通道。在从 $t=\delta$ 开始的第二阶段，无人机将缓冲区中的数据发送到目的地。这伴随着对称的无人机运动，它首先飞向目的地，在时间允许的情况下悬停在离目的地最近的位置上方，然后在周期结束时返回初始位置($t=2\delta$)。很明显，与固定无人机位置在相同初始位置的静态中继相比，所提出的移动中继策略在信息接收和中继的两个阶段的每一个阶段总是享有更短的链路距离(或更好的平均信道)。如图 9-3(b)所示，在不同无人机速度和恒定飞行高度 $H=100\text{m}$ 下，$\delta=20\text{s}$。载波频率为 5GHz，假设源和目的地相隔 $R=1\text{km}$。从图 9-3(b)可以看出，随着无人机速度的提高，移动中继比静态中继享有更大的链路增益[12]。

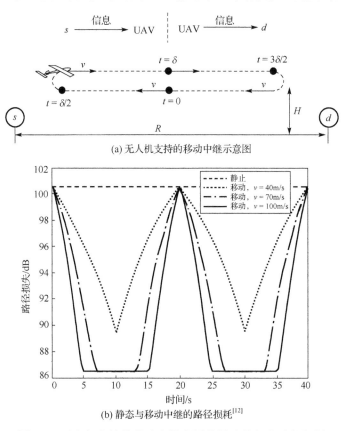

(a) 无人机支持的移动中继示意图

(b) 静态与移动中继的路径损耗[12]

图 9-3　无人机支持的移动中继和通信链路的相应路径损耗

移动中继的另一种策略被称为数据传送或负载携带和交付[3]。通过这种策略，无人机在到达离源最近的可能位置时从源"装载"数据，带着装载的数据飞往目的地，直到到达离目的地最近的可能位置，然后将数据传送到目的地。

9.3　灾害管理和应急救援

9.3.1　无人机集群辅助灾害管理

大规模的自然灾害对人类最基本的生存本能进行了考验，造成了巨大的、往往无法预测的生命和财产损失。各种类型的自然灾害，如地球物理(地震、海啸、火山、滑坡、雪崩)、水文(山洪、泥石流、洪水)、气候(极端温度、干旱、野火)和气象(热带风暴、飓风、沙尘暴、强降雨)，造成了许多人的生命损失。在过去的 30 年里，灾害造成的物质损失也增加了 100%～150%[13]。灾难发生后的头 72 小时是最关键的，这意味着搜索和救援行动必须快速有效地进行。无人驾驶飞行器(UAV)能增强网络辅助救援，如图 9-4 和图 9-5 所示，避免由于信息不畅造成灾难期间缺乏沟通和态势感知，从而降低了救援任务的效率[14]。

图 9-4　翼龙无人机

2021 年 7 月，河南省突遭大规模极端强降雨，部分区域发生洪涝灾害，巩义市米河镇多个村庄通信中断。7 月 21 日，应急管理部紧急调派翼龙无人机空中应急通信平台，跨区域长途飞行，历时 4.5 个小时抵达巩义市，18 时 21 分进入米河镇通信中断区，利用翼龙无人机空中应急通信平台搭载的移动公网基站，实现了约 50 平方公里范围长时稳定的连续移动信号覆盖。截至 20 时，空中基站累计接通用户 2572 个，产生流量 1089.89M，单次最大接入用户 648 个，为灾区居民及时报告灾情、报送平安恢复了移动公网信号，打通了应急通信保障生命线。

图9-5　翼龙无人机遂行灾害救援通信服务线路图

1．无人机灾害管理概述

自然灾害期间态势感知可以通过空中评估——无人机网络实现，以帮助第一反应人员尽快评估情况[15]。使用无人机，第一反应者可以更好地了解哪些结构受到事件的影响，这些结构的损坏程度、运输基础设施的状态，以及受事件影响的潜在人数。

无人机集群可以提供侦察和绘图支持，进行结构评估，确定被困的幸存者，并指引他们到达安全的地方；并作为一个特殊的通信基础设施，将移动设备连接到最近的无线电接入网络[16]。

目前，无人机已被用于灾害管理应用[17]的不同方面。

①监测、预报和早期预警：利用结构、环境监测和分析信息进行预报；

②灾害信息融合和共享：结合不同来源的可用信息或提供不同信息技术之间的桥梁；

③态势感知、后勤和疏散支持：无人机可以在灾难阶段帮助收集信息，特别是有关受影响人员的移动和部署的救援队；

④独立通信系统：无人机可以在灾难期间重建受损或被摧毁的通信基础设施；

⑤搜救任务：无人机可以搜索和救援失踪、受伤或被残骸困住的人；

⑥损伤评估：无人机可以通过不同的方法对损伤进行评估，如结构健康监测和无人机视频检查；

⑦媒体报道：无人机有助于为观众提供及时的信息（相对于为救援队提供态势感知）；

⑧医疗应用：尽管在有效载荷重量方面受到限制，但专用无人机可以自动运送对维持生命至关重要的物资。

2．无人机灾害管理运用流程

图 9-6 显示了参与自然灾害管理的无人机运行生命周期，包括三个阶段[18]，每个阶段都有一系列无人机任务需求，时间长度不同，优先级不同。

①灾前准备：无人机调查灾前相关事件，提供基于 WSN 的静态阈值感知；

②灾难评估：无人机在灾难期间实时提供态势感知，并为后勤规划完成损害研究；

③灾难应对和恢复：无人机支持搜救任务，形成通信主干，并提供实地调查。

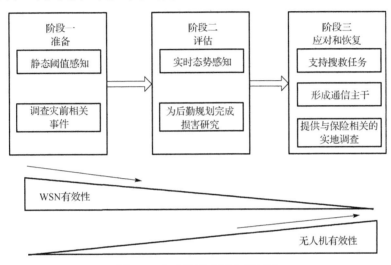

图 9-6　灾难阶段和无人机辅助

随着灾难阶段的进展，静态无线传感器网络(WSN)部署变得不那么有效

（1）第一阶段：准备。

准备阶段没有预先定义的持续时间，可能在预期的灾难事件发生前几年开始，并在实际发生时达到高潮。对于三个灾难阶段，WSN 起着主导作用，从无人机获得有限的支持。图 9-7 显示了洪水和滑坡监测的案例研究。这一阶段无人机的主要作用是优化 WSN 数据采集和数据分析，以评估未来灾难发生的概率。

（2）第二阶段：评估。

这一阶段发生在灾难正在进行的时候，使得部分地形区域不能用于交通工具或人类居住。无线网络的重点从监控转移到提供对情况的准确评估。当任务分配分散时，无人机必须首先建立一个空中网格，通过本地协调建立一个完全连接的网络（图 9-8）。多个无人机站战略性地部署在一个广阔的地理区域[19]，可以保证即使在灾难发生后无人机基础设施的一些部分是可运行的。如果 WSN 的基础设施是部分运行的，它可能仍然与已部署的无人机网络一起使用[20,21]，无人机网络可以作为桥接节点，并维持整个 WSN 拓扑结构。无人机可能会因为失去多个传感器而靠近网

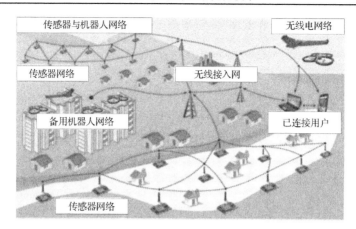

图 9-7　洪水和滑坡监测备灾的混合 WSN 无人机部署方案示例

多个传感器收集物理信息—监控河岸的水位和山腰的振动/位移—并将其转发到一个集中的位置

络分区区域，并充当 WSN 的转发中继。对于出现强烈湍流、强风和其他与天气相关的人为因素或不允许无人机进行安全的空中操作的灾难，一种可行的方法是通过分布式协作感知、使用多通道协议的拓扑感知路由和准确的资源定位来支持灾难响应[22]，需要构建移动和静态网关以及一套提供网络服务、数据分析和决策支持的服务器。

（3）第三阶段：应对和恢复。

无人机集群网络将在这一阶段发挥关键作用，首先与受影响的用户建立短距离蜂窝连接，然后通过中继网络将数据传输到骨干蜂窝基础设施（图 9-8）。该网络还可以根据灾害评估阶段收集的信息，向用户提供关于安全区域和疏散路线的反馈。

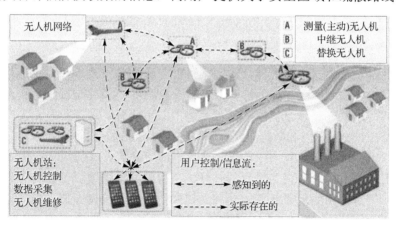

图 9-8　空中连接平面的网络体系结构

多个无人机站战略性地部署在一个广阔的地理区域，可以保证即使在灾难发生后，

无人机基础设施的一些部分仍可运行

创建无人机的多跳中继网络，该网络从孤立的用户块延伸到最近的功能性无线

接入网（radio access network，RAN）。这导致了一个多目标优化问题，即保持中间转发能力和到用户的最后一英里连通性[19]。当支援 WSN 完全运行时，它可以通过卸载一些非时间关键的任务来协助无人机的运行[23]。现有的 WSN 也可以有助于多跳无线接入网络的动态建立。可以通过个人移动设备将互联网连接从幸存的接入点扩展到灾难受害者[24]。类似的概念可以扩展到混合 WSN 无人机体系结构，无人机形成虚拟接入点，WSN 连接到无人机网络。如果灾难涉及通信基础设施的重大破坏，蜂窝塔或固定基站失效，可行的解决方案是传感器使用低功率转发数据，形成多跳中继链到受影响区域的边缘，使用无人机在这个边缘的拾取点获取信息。

9.3.2　无人机集群辅助应急救援

1.　应用框架

如图 9-9 所示，假设发生了一场灾难，无人机可以被广泛用于医疗运送、应急通信建立、监视和救援。紧急通信网络对于自然灾害中的紧急救援至关重要，尤其是当通信基础设施（如基站）因灾难而遭到破坏时。无人驾驶飞行器（UAV）由于其固有的灵活性和机动性优势，可以作为飞行基站在灾害中为地面设备提供无线覆盖[12]。

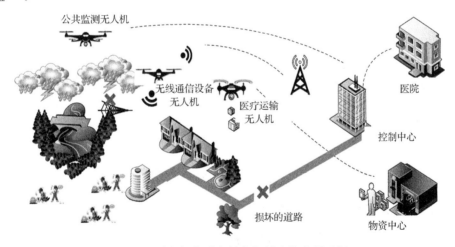

图 9-9　无人机集群在救灾场景中的应用示例

已有部分研究关注无人机辅助的灾难应急网络方面[17,25,26]。在文献[17]中，Erdelj 和 Natalizio 演示了无人机网络的灾难管理应用，并讨论了一些开放的研究问题。Mase 和 Okada 在文献[25]中研究了在大规模灾难中借助无人机的信息无线传输系统。Christy 等在文献[26]中为灾难中的设备到设备（D2D）通信优化了无人机飞行路径。灾害中无人机辅助应急网络框架如图 9-10 所示，描述如下。

场景 1：在地面基站活跃的场景中，无人机可以与幸存的基站合作，为地面设备提供无线服务。

场景 2：在没有基站的情况下，大型无人机可以充当飞行基站，在多跳 D2D 的帮助下提供无线连接，以扩展其覆盖区域。

多跳无人机中继：场景 1 和场景 2 中灾区与外界的信息交换都可以通过多跳无人机中继来实现，其中，无人机的最佳悬停位置可以以较低的复杂度获得。

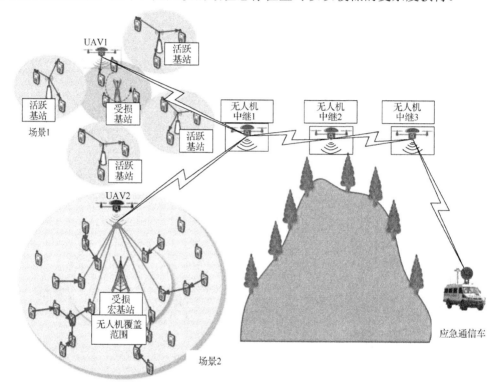

图 9-10　无人机辅助灾害应急网络框架

2. 应急救援调度优化

在灾害中，受害者和救援人员通常是随机分布的。可以充分利用无人机的灵活性和机动性，通过特定的飞行轨迹向地面设备提供无线连接。在文献[27]中，已经进行了一些基础工作来联合优化无人机的轨迹、发射功率和调度，而不考虑任何幸存的地面基站。当存在一些活动的幸存基站时，如图 9-10 的场景 1 所示，应考虑更复杂的情况，适当避免基站服务设备和无人机服务设备之间的干扰，以保证可靠的传输[28]。在图 9-10 的场景 2 中，所有的地面基站都因灾害而受损，可以部署一架大型多天线无人机作为飞行基站来提供无线服务，如图 9-11 所示。因此，无人机收发器可以仔细设计，以保证下行链路和上行链路的可靠性。此外，无人机的覆盖区域因其电池限制而受到限制；因此，可以建立多跳 D2D 链路来扩展其覆盖范围。

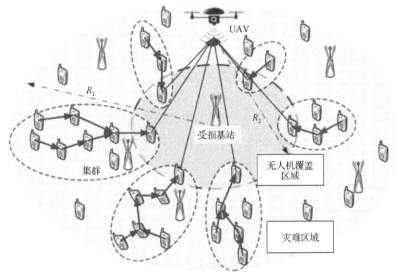

图 9-11　通过具有多跳 D2D 链路的大型无人机无线覆盖

如图 9-11 所示，由于发射功率的限制，无人机覆盖范围有限。因此，为了有效地增加无人机对随机分布的受害者和救援人员的覆盖，可以建立多跳 D2D 链路来连接无人机直接覆盖范围内的节点和外部节点。

为了在灾难中有效地建立多跳 D2D 链路，由于每一跳的功率限制和电源的短缺，跳数应该被最小化并且具有可靠的性能。因此，可以设计最短路径路由（shortest path routing，SPR）算法，在该算法中，如果设备比当前节点的覆盖半径 r 内的所有其他可用设备更靠近目的地，则可以选择该设备作为中继节点，以保证可靠性。

如图 9-10 的场景 1 和场景 2 所示，应该在这些无人机和外部应急通信车辆或核心网络之间有效地建立信息桥梁。为了实现灾区和外界的信息交换，可以建立多跳无人机中继来克服空间和环境的限制，如图 9-12 所示。

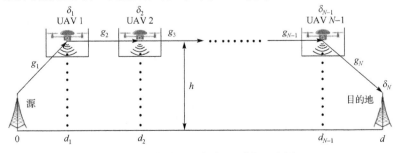

图 9-12　多跳无人机中继系统示意图

9.4　空中物联网

目前智慧城市的概念迅速受到关注，城市背景的物联网范式已经吸引了全世界的兴趣。在不久的将来，日常生活中的物体将配备微控制器、用于数字通信的收发器和合适的协议栈，使它们能够与他人进行通信。空中物联网是由若干无人驾驶飞行器(UAV)组成的无人机集群，连接到地面的几个毫米波基站(base station, BS)来实现的。无人机不仅可以与地面通信，还可以通过飞行自组网形成集群进行通信。此外，还可以利用短距离无线通信技术，实现无人机之间物联网设备、计算资源和数据传输链路的共享[29]。

9.4.1　无人机物联网架构

无人机物联网具有四个层次的分层架构。如图 9-13 所示，阶段一是领导者无人机和所有跟随者无人机的总体机动设计、路径生成和轨迹跟踪；阶段二是机组领航和航路点定义，以及领头无人机的变速；阶段三是跟随无人机的路径生成，并生成虚拟航路点；阶段四是一种特定的跟随无人机，包括姿态、速度和位置传感器，还包括由于传感器和能见度仪器而使用基于优先级的架构操作的所需命令[30]。

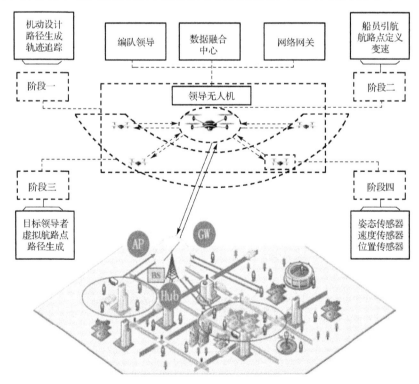

图 9-13　面向智慧城市的无人机集群物联网体系结构

9.4.2　编队控制

　　编队控制在无人机集群飞行过程中至关重要,是多无人机协同编队飞行的核心,对高效、可靠地完成任务起着重要作用。面临的挑战是设计一个简单但鲁棒的编队控制器[31]。由于多架无人机之间高度非线性涡流耦合的影响,无人机集群在编队飞行过程中存在许多不确定因素[32]。因此,需要一个高度稳定的飞行控制器来控制跟随无人机的飞行,维护和重新配置飞行队形。如图 9-14 所示,领头无人机包括一个编队控制器,负责与跟随无人机通信,指示它们编队飞行。当一个控制器(特别是领头无人机)被引入无人机编队时,它可以根据无人机编队的当前条件和任务要求向相应的无人机发出适当的指令。这可以形成一个常规队列,并实现实时调整。另外,每个无人机只需要与领头无人机进行交互即可;因此,可以用少量数据实现高控制效率。领头无人机的引入大大增强了编队的灵活性,使其能够处理更复杂的任务场景,并大大提高了飞行编队的安全性和任务完成率。

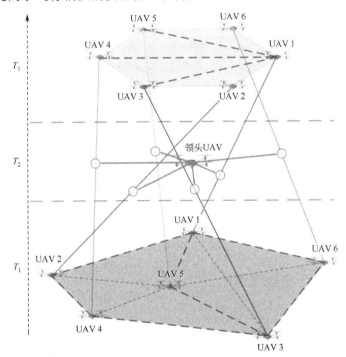

图 9-14　领头无人机在编队控制中的作用

9.4.3　物联数据融合

　　基于无人机的物联网网络的一个共同任务是将感知数据传递给领头无人机,即数据融合中心。然而，如何在众多用户之间有效地获取、存储和传输数据仍然是一个挑战。如图 9-15 所示，领头无人机以数据融合中心为特征。通过将压缩数据传输到基于无人机的物联网网络，将接收数据的失真和通信负担降至最低。此外，数据重构和分析也发生在领头无人机。因此，基于无人机的物联网网络是一种灵活的架构，可以在物联网[33]中获取多种不同的信息。

在基于无人机的物联网网络中，每个平台都包含终端设备、融合中心和集线器的架构。终端设备根据自身目的捕获信息，集线器负责从多个设备收集数据并转发给领头无人机。最后将所有数据传输给领头无人机，并对数据进行单独的处理、管理和分析。

图 9-15　无人机物联网的数据融合示意图

9.5　安　全　监　控

9.5.1　无人机安全监控概述

无人机目前已经开始用于环境监测，以监测土地污染和工业事故。在农业中，它们被用来监测植物的总体健康状况，显示水分和营养压力，以及发现昆虫的危害[34]。在文献[35]中，提出了一种云支持的无人机框架，如图 9-16 所示，用于在不连续、间歇和资源有限的环境中进行灾害传感应用。在日本东部大地震期间，无人机被用于协调救灾工作、捕捉福岛第一核电站受损反应堆的图像以进行现场评估、提供核电站辐射水平的实时数据，以及评估福岛县清理和重建工作的状况[36]。

无人机还被用于执法边境管制，检测企图跨越国界的人的位置。在一个救援和边境控制的使用案例中,无人机每天都被用来在视频监控系统的帮助下营救地中海的移民。此外,无人机用于公共安全,通过识别可疑人员为人群提供安全。无人机的一个潜在用途是人群监控[37],摄像机安装在无人机上,通过在流式视频上应用面部识别方法,可以有效实时检测可疑人员。

图 9-16 配备各种监控和连接设备的无人机

9.5.2 系统构成

1. 数据感知支持系统

无人机集群构成物联网平台在空中运行[34]。通过该平台,可以通过安装在无人机上的远程可控物联网设备收集物联网数据,在正确的时间、在预期的位置和/或根据特定的事件触发。收集的数据可以在无人机上进行本地处理,或者卸载到地面的云服务器上。为了构建一个高效的基于无人机的物联网平台,需要一个平台协调器(集中式或分布式),该平台协调器能够感知无人机的各种上下文信息,如飞行路线、物联网设备和电池状态。图 9-17 显示了基于无人机的物联网平台架构,每个无人机都被分配到一个特定的任务:一些正在飞行,一些准备在需要时飞行。

2. 数据传输支持系统

无人机根据计算物联网数据所需的能量和物联网任务的紧迫性,可以在本地处理收集的物联网数据,或者将其传送到适当的服务器[38]。数据可以从任何传感器(如温度和湿度)或任何成像设备(如数码相机)收集。大多数现有的无人机都有能力将数据实时传送到地面控制站。

图 9-17　基于无人机的物联网平台示意图

　　无人机集群可以利用 FANET 原理向服务器发送数据。FANET 解决了无人机与全球导航卫星系统之间的通信范围限制，并为通信提供了一定程度的可靠性[39]。由于无人机的动态和移动特性，需要保证它们之间的可靠通信（良好的覆盖、稳定的连接和足够的吞吐量）。先进的通信系统（即 LTE 4G 和 5G 移动网络）将是支持无人机长距离、高海拔和高移动性的通信标准。无人机将使用这些通信技术，以机器对机器（machine to machine，M2M）的方式与地面上的各种物联网设备传输或交换数据。当前的 LTE 4G 系统可用于将低成本、远程和低功耗机器类型通信（machine type communication，MTC）/物联网设备的网络可扩展性提高到数十万个连接。此外，5G 网络将提供高数据速度（即超过 10Gb/s）和极低的延迟（即 1 毫秒）[40]。这些网络将提供无处不在的覆盖，包括在高海拔地区。与移动边缘计算系统（mobile edge computing，MEC）一起，这些先进的通信系统可以解除无人机的计算和存储资源限制，使它们能够将密集的计算卸载到边缘云。MEC 的目标是在移动网络环境中将通用存储和计算置于网络边缘。MEC 的突出特点是其服务移动性支持、接近最终用户，以及 MEC 服务器的密集地理部署[41]。

9.5.3　运用例

1. 运用例 1: 人群监视

近年来, 通过在人群中发现和识别罪犯来预测犯罪是一种重要的方法。在传统的巡逻系统中, 需要许多保安和大量的人力来为人们提供必要的安全。在这种情况下, 无人机可以通过远程监控来帮助保安。

无人机不仅有助于控制, 而且有助于跟踪、检测和识别罪犯。使用具有适当物联网设备的无人机, 如摄像机, 可以提供高效的人群监控系统。用于面部识别的记录视频的处理可以在本地进行, 也可以在远程服务器上进行, 使得面部识别操作可以卸载到 MEC。OpenCV 为人脸识别提供了引人注目的算法。它使用机器学习来搜索视频帧中的侧脸。OpenCV 使用局部二进制模式直方图(local binary pattern histogram, LBPH)及其相关的库和数据库。LBPH 的方法是通过比较相邻像素来总结图像的局部结构, 进行准确的人脸识别。图 9-18 描述了运用无人机进行人群监视的应用场景[30]。一架配备摄像机并通过 LTE 蜂窝网络连接到 GCS 的无人机, 底层的 LTE 网络专门用于提供低延迟和高比特率以及扩展的覆盖范围以支持各种场景, 无人机配备了一个 LTE 调制解调器、一个带有高分辨率数码相机的万向节, 以及几个计算和传感资源。保安进入控制站并持续监视, 当注意到特定人员(或一组人员)的异常行为后, 他们会命令无人机拍摄该人员的视频, 并对捕获的视频进行面部识别, 以识别可疑人员, 并验证其是否有任何犯罪记录。

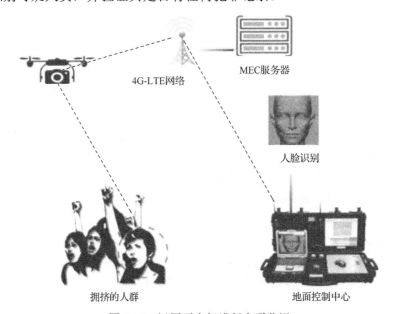

图 9-18　运用无人机进行人群监视

2. 运用例 2：环境监测

在现代智能城市中，使用无人机互联网(internet of drone，IoD)的高效、实时和安全的环境监控系统变得越来越重要。IoD 在污染监测、气象监测、交通监测等方面与智慧城市深度融合。由于单架无人机的机动性和覆盖范围有限，大规模环境监测往往需要多架任务无人机组成集群，进行安全可靠协调。因此，IoD 的稳定和信任合作极其依赖于复杂的控制关系和精确的调度[42]。同时，IoD 系统的异构性和复杂性也依赖于更高效和灵活的网络架构来确保其运行[4]。软件定义网络(software defined network，SDN)侧重于控制平面和数据平面的隔离，大大增强了网络对异构性和灵活性的支持[43]。软件定义技术的优势为智能城市中复杂的无人机辅助环境监测应用提供了合适且可靠的平台。然而，尽管可编程网络大大提高了网络的性能，不同服务提供商的可信服务仍然对软件定义的 IoD(software defined-internet of drone，SD-IoD)的部署提出了挑战[44]。区块链的应用是可跟踪的和不可逆的[45]。这为跨供应商 SD-IoD 控制器协作和互操作提供了机会。区块链具有去中心化和不可变的特性，可以保证不同厂商的合作范式和安全性。文献[46]的作者提出了一种新的基于神经区块链的无人机缓存方法，旨在确保超可靠性，并通过区块链提供一个扁平的架构。在文献[47]中，区块链技术用于存储无人机采集的数据，并将信息更新为分布式账本，以减轻无人机的负担。图 9-19 展示了智能城市中无人机辅助环境监测的一种模式：跨域任务无人机、无人机控制器和区块链。来自不同 SD-IoD 服务提供商的控制器协同工作，实现大规模无人机辅助服务。

跨域任务无人机：在智慧城市，往往有许多无人机服务提供商，提供大规模的无人机辅助服务。智慧城市中的许多应用需要多无人机协同(如大规模无人机配送、实时交通监控、智慧城市日常监控)。任务无人机通常需要由来自不同服务提供商的不同控制器控制。

无人机控制器：无人机控制器的主要功能是控制无人机的飞行和定位。它们不仅集成到现有的 SDN 网络中，进行定期的网络通信和分组转发，而且保证了 SD-IoD 的安全稳定运行。基于区块链，来自不同服务提供商的不同无人机控制器可以通过智能合约达成合作关系，共同保证 SD-IoD 的安全调度与协作。

区块链：为了实现 SD-IoD 的完全灵活性和可扩展性，来自不同无人机辅助服务提供商的控制器通过智能合约实现完全信任和互操作性。智能合约不仅涉及无人机服务的具体细节，还需要双方控制器提供的安全资源。利用区块链形成协作关系的控制器将共同保护无人机相关服务的隐私(用户数据隐私、无人机位置隐私、流表安全等)。将过去形成的智能合约存储在区块链中，确保无人机控制器之间的安全稳定运行。控制器之间达成的新的合作协议被打包成新的区块，并添加到现有的区块链中。

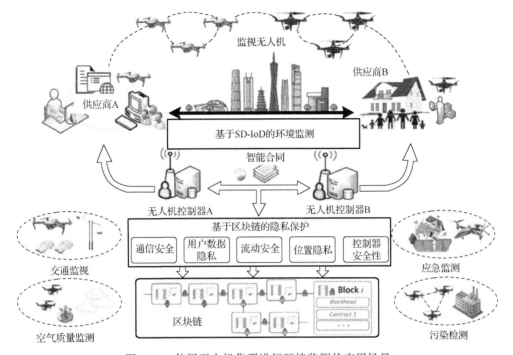

图 9-19　使用无人机集群进行环境监测的应用场景

9.6　医　疗　服　务

9.6.1　无人机的医疗应用场景

目前，在医疗任务中使用无人机越来越普遍，如图 9-20 所示。无人机的医学应用可分为三大类。

1. 医疗运输服务

类似亚马逊运送商业物品，无人机适用于直接运送医疗用品，尤其适用于紧急情况和具有地理挑战性的情况。这种应用最早可以追溯到 2007 年，并在一些严重灾害中被频繁采用，如 2010 年海地地震和 2015 年尼泊尔地震。一个比较有名的案例是卢旺达的送血服务，从 2016 年开始由 Zipline 提供[48]。一架名为 Zips 的固定翼无人机，将血液包从一个配送中心空运到 75 公里内的 21 家医院，一般血包 30 分钟就能到达目的地。由于卢旺达的天气条件和交通基础设施，其他航空公司无法达到这样的效率。目前，Zipline 的医疗运输服务已经覆盖了整个卢旺达，并且正在扩展到加纳、印度和坦桑尼亚。在危急情况下，及时获得急救药物对维持生命至关重要。医用无人机由于其固有的高机动性可以促进交付过程[49]。荷兰的代尔夫特大学已经

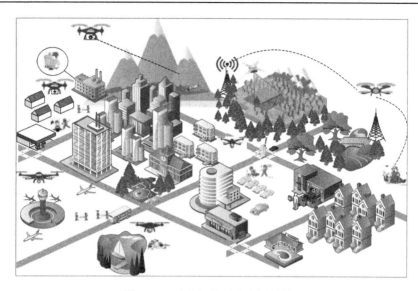

图 9-20　无人机的医疗应用场景

研究了向心脏骤停的人提供自动体外除颤器(automated external defibrillator，AED)，在 $1.2m^2$ 的半径范围内，无人驾驶飞机能够在不到 2 分钟的时间内完成 AED 交付的任务[49]，从而提高了生存的可能性。此外，也有使用无人机运送疫苗、人体器官、微生物、复苏设备和受伤士兵的报道[48-50]。

2. 无人机辅助远程医疗服务

与提供医疗物品不同，远程医疗是指无人机除了医疗包之外还装备有某些不可或缺的设备/能力的情况，多媒体指导或在线教学可集成到此类应用中。远程医疗被认为是最有前途的无人机应用之一[49]。卫生综合救援行动项目[7]是一个典型的案例，基于无人机的工作原型被配置用于农村地区的应急响应，配备有诊断设备和易于使用的救生治疗的无人机迅速抵达急救现场，然后呼叫远程医生进行指导和医疗处理[51]。另一种远程医疗应用使用无人机作为无线基础设施的一部分，如 Harnett 等首次使用无人机作为远程手术的无线通信提供商[52]，通过无人机建立的无线连接，两名远离患者的外科医生可以使用机器人进行手术。

3. 公共医疗保健监督和救援

为了消灭疟疾，人们利用无人机通过视频/照片监控来识别蚊子的栖息地。与地面团队相比，无人机为水体测绘提供了一种高效、灵活和低成本的解决方案，并进一步帮助根除蚊媒传播的疾病[53]。在救援应用中，一些瑞典研究人员研究使用无人机识别溺水者[54]，从开始到定位模拟人体模型，无人机花了 0.47min，而地面搜索队花了 4.34min，定位过程平均节省 3.87min，对于后续心肺复苏等抢救治疗具有重要意义。在更大范围的搜索和安全任务中，无人机显然可以更快地定位受害者，然后带着救援设备或药物更早到达。

9.6.2　技术要点

在部署无人机的医疗应用之前，仍需要解决大量的安全问题。

机密性：机密性是指防止敏感信息暴露给未经授权的实体。医疗应用程序所产生的资料纪录，往往涉及病人的隐私，若资料被泄露或误用，可能会对资料拥有者造成严重干扰，甚至危及病人的生命。从法律和道德角度来看，医疗应用中的任何信息都应安全使用、传输和存储。一般可以采用数据加密标准(data encryption standard，DES)、高级加密标准(advanced encryption standard，AES)等数据加密方法。

可用性：数据必须在用户和应用程序需要的任何时候都可用。这一属性是任何信息系统为其服务的基本要求。可靠性、可访问性和及时性通常被用来描述可用性的主要特征。高可用性系统还必须防止电源供应、硬件故障等方面的其他服务损失。由于固有的紧急属性，医疗应用需要严格的可用性。

完整性：完整性是信息安全的第三个基本组成部分。与可用性不同，数据完整性指的是接收数据的可信赖性，因为任何未经授权的修改都应该被假定为恶意的。它是指数据的整体准确性、可靠性和完整性。具体来说，只有授权用户才能访问、修改和删除数据。为了保证信息的完整性，应采用错误检查技术，即防止恶意实体修改发送的数据。

身份验证：身份验证在无人机辅助医疗应用中非常重要。身份验证是指验证某人(某事)是否是他(它)宣称的那个人(某事)。被验证的目标可能是一个人，如飞行员，也可能是一个设备，如打算加入应用程序的另一个无人机。无人机辅助医疗应用必须有严格的安全约束，任何未经授权的访问都会给患者的隐私和飞行安全带来极大的风险[55]。在文献[56]中，Bohagen 等报告了一个特定的软件使用这种攻击来控制一架无人机。增强的认证技术必须用于无人机辅助医疗应用。

1. 利用 5G 技术提高通信可靠性

可靠的通信是推动无人机医疗应用的高度要求。利用高数据速率、低延迟等优势，不断发展的 5G 蜂窝网络是一个很有前途的解决方案。

高数据速率：4G 的数据速率限制了无线传输的速度，特别是集成远程监控或视频传输的块状应用(如远程手术)。5G 的峰值数据速率预计将达到 10Gb/s，在一定条件下可能增加到 20Gb/s。这样的速度大约是 4G 的 10 倍。这种速度使远程医生拥有高分辨率的患者监控图片。

低延迟：无人机的应用总是需要严格的延迟，因为远程飞行员必须以一种能得到指令响应延时保证的方式操作无人机，以避免碰撞。4G 的 10ms 延迟将在 5G 中减少到 1ms,这将使无人机的精确驾驶成为可能。远程手术也受益于这种低延迟。在未来的情况下,缺乏现代医疗或交通便利的患者可以选择远程治疗,而手术医生可能位于世界上的任何地方。

高可扩展性和低能耗:5G 蜂窝网络支持 M2M 和物联网解决方案,因此大量设备可以通过 5G 基础设施连接。对于相关应用,5G 可以很好地集成无人机和患者的可穿戴设备,以改善治疗。

2. 利用区块链提高安全性

虽然 5G 中存在一些安全机制,但 5G 蜂窝网络无法完全满足无人机辅助医疗应用的安全需求。在这种情况下,区块链是一个很有前途的解决方案。通过利用区块链的内在特性,可以实现显著的安全性增强。

保密性:如前所述,非对称密码学用于加密区块链应用程序中的隐私敏感信息。对等节点可以监听事务,但无法知道这些消息的参与者。此外,还可以对事务中的数据记录进行加密,以进一步增强。在这种情况下,参与者和事务消息都是安全的,不会被窃听。

完整性:区块链的不变性完全符合完整性的概念。对于区块链应用程序的每个共识协议,事务一旦被接受就永远不能被修改。它与当前计费周期的其他事务一起存储在一个块中。修改一个块会导致后续所有块的连续不匹配。这意味着这种交替会立即被感觉到,从而被阻止。即使一个对手改变了一个节点中的所有区块,因为对等节点有一个账本的副本,修改也很容易被发现。因此,可以获得更高的完整性。

可用性:尽管每个区块链节点都很脆弱,但区块链系统的分散特性为抵御此类攻击带来了很高的安全性。因为在所有节点中维护和保存了分类账的副本,所以被攻击/不可用的节点可以立即从整个网络中排除,而其他节点可以照常运行。

参 考 文 献

[1] Merwaday A, Guvenc I. UAV assisted heterogeneous networks for public safety communications[C]// 2015 IEEE Wireless Communications & Networking Conference Workshops, 2015: 329-334.

[2] Goddemeier N, Daniel K, Wietfeld C. Role-based connectivity management with realistic air-to-ground channels for cooperative UAVs[J]. IEEE Journal on Selected Areas in Communications, 2012, 30(5): 951-963.

[3] Frew E W, Brown T X. Airborne communication networks for small unmanned aircraft systems[J]. Proceedings of the IEEE, 2009, 96(12): 2008-2027.

[4] Fan Q, Ansari N. Towards traffic load balancing in drone-assisted communications for IoT[J].

IEEE Internet of Things Journal, 2019, 6(2): 3633-3640.

[5] Matolak D W, Sun R. Unmanned aircraft systems: Air-ground channel characterization for future applications[J]. IEEE Vehicular Technology Magazine, 2015, 10(2): 79-85.

[6] Rappaport T S, Heath R W, Daniels R C, et al. Millimeter Wave Wireless Communications[M]. Upper Saddle Rive: Prentice Hall, 2014.

[7] Sun R, Matolak D W. Initial results for airframe shadowing in L- and C-band air-ground channels[C]// 2015 Integrated Communication, Navigation, & Surveillance Conference, 2015: 1-8.

[8] Han Z, Swindlehurst A L, Liu K J R. Optimization of MANET connectivity via smart deployment/movement of unmanned air vehicles[J]. IEEE Transactions on Vehicular Technology, 2009, 58(7): 3533-3546.

[9] Schouwenaars T, Moor B D, Feron E, et al. Mixed integer programming for multi-vehicle path-planning[C]// 2001 European Control Conference(ECC), 2001: 2603-2608.

[10] Hourani A, Kandeepan S, Lardner S. Optimal LAP altitude for maximum coverage[J]. IEEE Wireless Communication Letters, 2014, 3(6): 569-572.

[11] Mozaffari M, Saad W, Bennis M, et al. Drone small cells in the clouds: Design, deployment and performance analysis[C]// 2015 IEEE Global Communications Conference, 2015: 1-6.

[12] Yong Z, Rui Z, Teng J L. Wireless communications with unmanned aerial vehicles: Opportunities and challenges[J]. IEEE Communications Magazine, 2016, 54(5): 36-42.

[13] Loss events worldwide 1980–2014[DB/OL].[2022-05-22]. https://www.preventionweb.net/files/44281_19802014paket worldusde4zu3.pdf.

[14] Ochoa S F, Santos R. Human-centric wireless sensor networks to improve information availability during urban search and rescue activities[J]. Information Fusion, 2015, 22: 71-84.

[15] Drones for disaster response and relief operations[DB/OL]. [2019-09-14]. www. issuelab. org/resources/21683/21683. pdf.

[16] Camara D. Cavalry to the rescue: Drones fleet to help rescuers operations over disasters scenarios[C]// 2014 IEEE Conference on Antenna Measurements & Applications, 2014: 16-19.

[17] Erdelj M, Natalizio E. UAV-assisted disaster management: Applications and open issues[C]// International Conference on Computing. IEEE, 2016: 1-5.

[18] Erdelj M, Natalizio E, Chowdhury K R, et al. Help from the sky: Leveraging UAVs for disaster management[J]. IEEE Pervasive Computing, 2017, 16(1): 24-32.

[19] Felice M D, Trotta A, Bedogni L, et al. Self-organizing aerial mesh networks for emergency communication[C]// 2014 IEEE 25th Annual International Symposium on Personal, Indoor, and Mobile Radio Communication(PIMRC), 2014: 1631-1636.

[20] Melodia T, Pompili D, Gungor V C, et al. Communication and coordination in wireless sensor

and actor networks[J]. IEEE Transactions on Mobile Computing, 2007, 6(10): 1116-1129.

[21] Tuna A G, Gungor V C, Gulez K. An autonomous wireless sensor network deployment system using mobile robots for human existence detection in case of disasters - ScienceDirect[J]. Ad Hoc Networks, 2014, 13(1): 54-68.

[22] Stephen G, Wei Z, Harshavardhan C, et al. DistressNet: A wireless ad hoc and sensor network architecture for situation management in disaster response[J]. IEEE Communications Magazine, 2010, 48(3): 128-136.

[23] Kruijff G, Tretyakov V, Linder T, et al. Rescue robots at earthquake-hit Mirandola, Italy: A field report[C]// 2012 IEEE International Symposium on Safety Security, and Rescue Robotics, 2012: 1-8.

[24] Minh Q T, Nguyen K, Borcea C, et al. On-the-fly establishment of multihop wireless access networks for disaster recovery[J]. IEEE Communications Magazine, 2014, 52(10): 60-66.

[25] Mase K, Okada H. Message communication system using unmanned aerial vehicles under large-scale disaster environments[C]// 2015 IEEE 26th Annual International Symposium on Personal, Indoor, and Mobile Radio Communications(PIMRC), 2015: 2171-2176.

[26] Christy E, Astuti R P, Syihabuddin B, et al. Optimum UAV flying path for device-to-device communications in disaster area[C]// 2017 International Conference on Signals and Systems (ICSigSys), 2017: 318-322.

[27] Wu Q, Yong Z, Rui Z. Joint trajectory and communication design for multi-UAV enabled wireless networks[J]. IEEE Transactions on Wireless Communications, 2018, 17(3): 2109-2121.

[28] Cheng F, Zhang S, Li Z, et al. UAV trajectory optimization for data offloading at the edge of multiple cells[J]. IEEE Transactions on Vehicular Technology, 2018, 67(7): 6732-6736.

[29] Motlagh N H, Bagaa M, Taleb T. UAV-based IOT platform: A crowd surveillance use case[J]. IEEE Communications Magazine, 2017, 55(2): 128-134.

[30] Akpakwu G A, Silva B J, Hancke G P, et al. A survey on 5G networks for the internet of things: Communication technologies and challenges[J]. IEEE Access, 2017, 6: 3619-3647.

[31] Haghighi H, Heidari H, Sadati S H, et al. A hierarchical and priority-based strategy for trajectory tracking in UAV formation flight[C]// 2017 8th International Conference on Mechanical and Aerospace Engineering(ICMAE), 2017: 797-800.

[32] Zhang M. PSO & PID controller design of UAV formation flight[C]// 2016 IEEE Chinese Guidance, Navigation and Control Conference(CGNCC), 2016: 592-596.

[33] Lee H, Lee N. A compressive sensing-based data processing method for massive IoT environments[C]// 2016 International Conference on Information and Communication Technology Convergence(ICTC), 2016: 1242-1246.

[34] Motlagh N H, Taleb T, Arouk O. Low-altitude unmanned aerial vehicles-based internet of things

services: Comprehensive survey and future perspectives[J]. IEEE Internet of Things Journal, 2016, 3(6): 899-922.

[35] Luo C, Nightingale J, Asemota E, et al. A UAV-cloud system for disaster sensing applications[J]. 2015 IEEE 81st Vehicular Technology Conference, 2015: 1-5.

[36] Jacek S. Fukushima Plants Radiation Levels Monitored with an UAV[DB/OL]. [2019-09-14]. https://theaviationist.com/2014/01/29/fukushima-japan-uav.

[37] Qazi S, Siddiqui A S, Wagan A I. UAV based real time video surveillance over 4G LTE[C]// 2015 International Conference on Open Source Systems and Technology(ICOSST), 2016: 141-145.

[38] Koulali S, Sabir E, Taleb T, et al. A green strategic activity scheduling for UAV networks: A sub-modular game perspective[J]. IEEE Communications Magazine, 2016, 54(5): 58-64.

[39] Tareque M H, Hossain M S, Atiquzzaman M. On the Routing in Flying Ad hoc Networks[C]// 2015 Federated Conference on Computer Science and Information Systems, 2015: 1-9.

[40] Shariatmadari H, Ratasuk R, Iraji S, et al. Machine-type communications: Current status and future perspectives toward 5G systems[J]. IEEE Communications Magazine, 2015, 53(9): 10-17.

[41] Taleb T, Dutta S, Ksentini A, et al. Mobile edge computing potential in making cities smarter[J]. IEEE Communications Magazine, 2017, 55(3): 38-43.

[42] Alsamhi S H, Ma O U, Ansari M S, et al. Survey on collaborative smart drones and internet of things for improving smartness of smart cities[J]. IEEE Access, 2019, 7: 128125-128152.

[43] Alharthi M, Taha A, Hassanein H S. An architecture for software defined drone networks[C]// 2019 IEEE International Conference on Communications(ICC), 2019.

[44] Chowdhary A, Huang D J, Alshamrani A, et al. TRUFL: Distributed trust management framework in SDN[C]// 2019 IEEE International Conference on Communications, 2019:1-6.

[45] Wang S, Ouyang L, Yuan Y, et al. Blockchain-enabled smart contracts: architecture, applications, and future trends[J]. IEEE Transactions on Systems, Man, and Cybernetics: Systems, 2019, 49(11): 2266-2277.

[46] Aggarwal S, Shojafar M, Kumar N, et al. A new secure data dissemination model in internet of drones[C]//2019 IEEE International Conference on Communications(ICC), 2019.

[47] Sharma V, You I, Jayakody D, et al. Neural-blockchain based ultra-reliable caching for edge-enabled UAV networks[J]. IEEE Transactions on Industrial Informatics, 2019, 15(11): 5723-5736.

[48] Ackerman E, Strickland E. Medical delivery drones take flight in east africa[J]. IEEE Spectrum, 2018, 55(1): 34-35.

[49] Rosser J C, Vignesh V, Terwilliger B A, et al. Surgical and medical applications of drones: A comprehensive review[J]. Journal of the Society of Laparoendoscopic Surgeons, 2018.

[50] Bhatt K, Pourmand A, Sikka N. Targeted applications of unmanned aerial vehicles (drones) in telemedicine[J]. Telemedicine and E-health: The Official Journal of the American Telemedicine Association, 2018, 24 (11): 833-838.

[51] Braun J, Gertz S D, Furer A, et al. The promising future of drones in prehospital medical care and its application to battlefield medicine[J]. The Journal of Trauma and Acute Care Surgery, 2019, 8 (1S): 28-34.

[52] Harnett B M, Doarn C R, Rosen J, et al. Evaluation of unmanned airborne vehicles and mobile robotic telesurgery in an extreme environment. [J]. Telemedicine and E-Health, 2008, 14 (6): 539-544.

[53] Hardy A, Makame M, Dónall C, et al. Using low-cost drones to map malaria vector habitats[J]. Parasites & Vectors, 2017, 10 (1): 29.

[54] Claesson A , Svensson L , Nordberg P , et al. Drones may be used to save lives in out of hospital cardiac arrest due to drowning[J]. Resuscitation, 2017, 114: 152-156.

[55] Krishna C G L, Murphy R R. A review on cybersecurity vulnerabilities for unmanned aerial vehicles[C]//2017 IEEE International symposium Safety, Security and Rescue Robotics, 2017: 194-199.

[56] Bohagen F, Orten P, Oien G E. Design of optimal high-rank line-of-sight MIMO channels[J]. IEEE Transactionson Wireless Communications, 2007, 6 (4): 1420-1425.

彩　　图

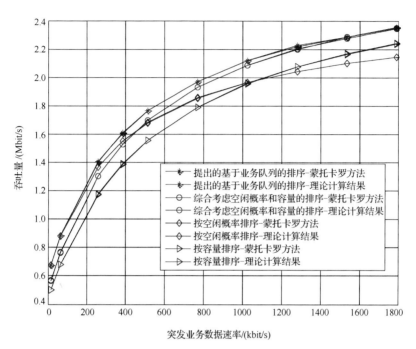

图 6-3　不同应用数据率条件下序贯检测次序优化算法性能对比

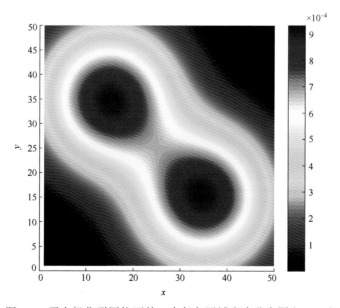

图 8-5　无人机集群网络下的一个任务区域密度分布图(×200m)

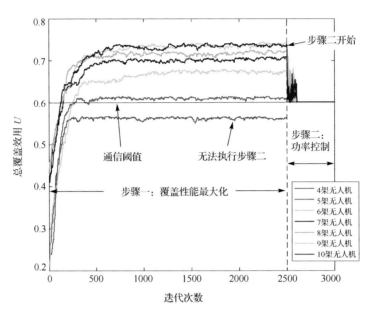

图 8-6　不同无人机数量下利用 MUECD-SAP 算法得出的全网覆盖效用 U

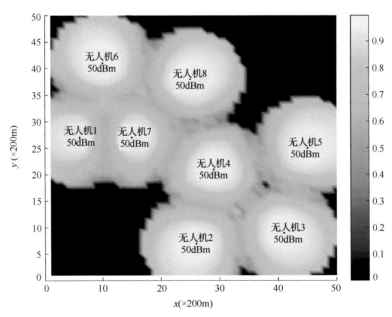

图 8-7　给定最大功率(50dBm)下的 8 架无人机最优覆盖部署

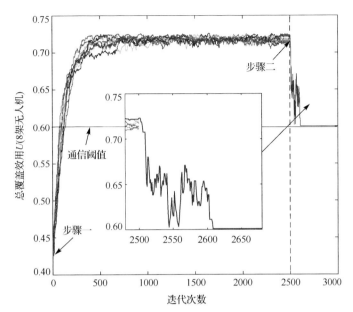

图 8-8　无人机集群总覆盖效用 U 在 MUECD-SAP 算法下的收敛曲线

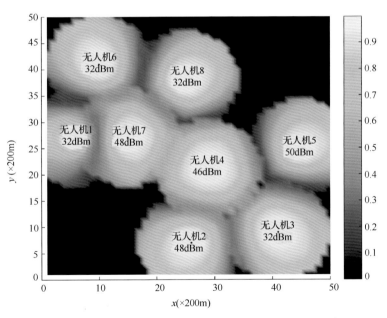

图 8-9　最大覆盖部署下的最优功率控制示意图(8 架无人机)

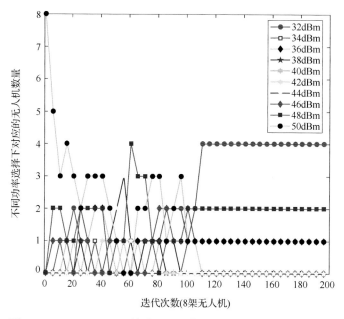

图 8-10　MUECD-SAP 算法下无人机载波传输功率的收敛曲线

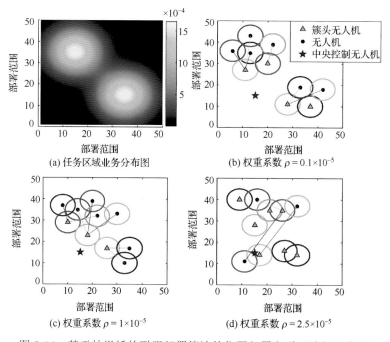

(a) 任务区域业务分布图

(b) 权重系数 $\rho = 0.1 \times 10^{-5}$

(c) 权重系数 $\rho = 1 \times 10^{-5}$

(d) 权重系数 $\rho = 2.5 \times 10^{-5}$

图 8-14　基于帕累托的联盟部署算法的位置部署和联盟选择示意图